AF167416

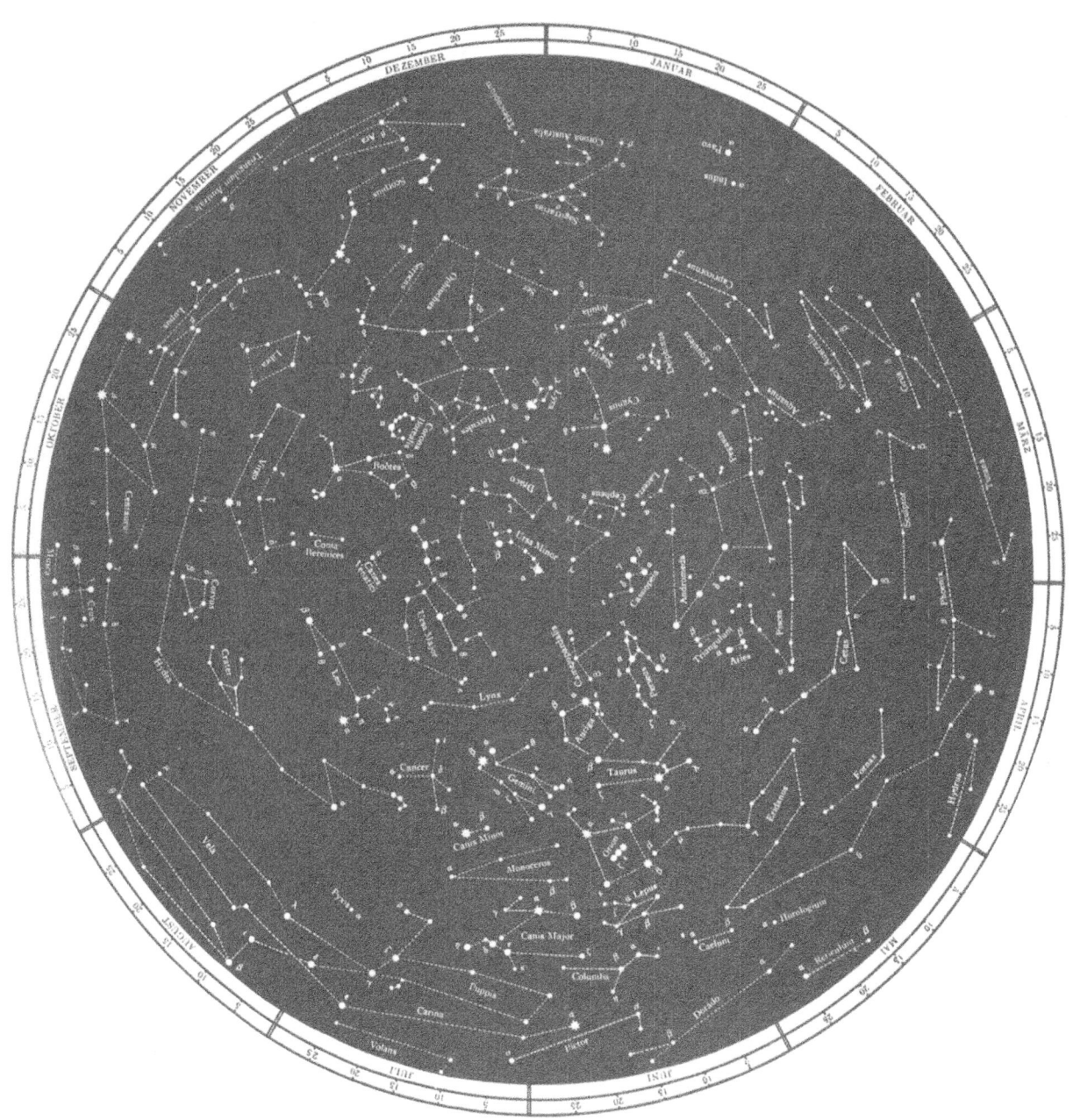

Moderne Sternkarte

Verlag Astronomy Charted, Worcester (Mass.)

WISSENSCHAFT UND KULTUR

Band 23

B. L. VAN DER WAERDEN

ERWACHENDE
WISSENSCHAFT

Band 2

Die Anfänge der Astronomie

Springer Basel AG 1968

Ursprünglich unter dem Titel

DIE ANFÄNGE DER ASTRONOMIE

Erwachende Wissenschaft II

1966 bei P. Noordhoff Ltd., Groningen, erschienen

© Springer Basel AG 1968
Ursprünglich erschienen bei Birkhäuser Verlag Basel 1968.

ISBN 978-3-0348-4054-5   ISBN 978-3-0348-4127-6 (eBook)
DOI 10.1007/978-3-0348-4127-6

Die „Erwachende Wissenschaft", die 1950 holländisch, 1954 englisch und 1956 deutsch erschien, war von Anfang an als erster Band eines Werkes geplant, das die Anfänge der exakten Wissenschaften zusammenhängend darstellen sollte. Der Titel „Erwachende Wissenschaft" war als Gesamttitel des ganzen Werkes gedacht.

In der Einleitung des ersten Bandes wurde dargelegt, wie in der NEWTONschen Mechanik drei Fäden zusammenkommen, die alle drei im klassischen Altertum anfangen, nämlich die der Mathematik, der Astronomie und der Mechanik. Der Faden der Astronomie soll im vorliegenden zweiten Band aufgenommen werden.

Es gab im Altertum zwei Arten von wissenschaftlicher Astronomie, die eine arithmetisch, die andere vorwiegend geometrisch, nämlich die babylonische und die griechische. Das Hauptthema dieses Bandes ist die Entwicklung und Ausbreitung der babylonischen Astronomie. Parallel mit der babylonischen wird auch die weniger bedeutende ägyptische Sternkunde behandelt. Die Entwicklung der griechischen Astronomie soll in einem dritten Band dargestellt werden.

Den Höhepunkt der babylonischen Astronomie bildet die rechnende Astronomie der hellenistischen Zeit. Die Darstellung dieser Endphase stützt sich vor allem auf O. NEUGEBAUERs Standardwerk ACT (Astronomical Cuneiform Texts), in dem alle vor 1955 bekannten Rechentafeln und Lehrtexte zusammengestellt und gedeutet sind.

Viel schwieriger war das Problem, die älteren Phasen der babylonischen Sternkunde einigermassen adäquat darzustellen. Eine wichtige Quelle bilden Beobachtungen aus der Zeit von 750 bis 50 vor Christus, die A. SACHS unter dem Titel „Late Babylonian Astronomical and Related Texts copied by T. G. PINCHES and J. N. STRASSMAIER" 1955 publiziert hat. Als ich versuchte, von Sachverständigen etwas über den Inhalt dieser Texte zu erfahren, erhielt ich den Bescheid, dass sie in einem komprimierten Telegrammstil geschrieben sind, dessen Entzifferung keineswegs leicht ist.

In dieser schwierigen Situation kam mir der damalige Mathematikstudent (jetzt Professor an der Eidgenössischen Technischen Hochschule) PETER HUBER zu Hilfe, der sich bereits in mehreren Publikationen als vorzüglicher Kenner der babylonischen Mathematik und Astronomie ausgewiesen hatte. Durch eine grosszügig gewährte Unterstützung von Seiten des Schweizerischen Nationalfonds gelang es, HUBER als Mitarbeiter für diesen Band zu gewinnen. Von seiner Hand stammen ein erheblicher Teil des zweiten Kapitels und der Hauptteil des dritten, insbesondere die Diskussion der Beobachtungstexte der neubabylonischen und persischen Zeit. Für das erste Kapitel hat er umfangreiche numerische Rechnungen mit bewunderungswürdiger Sorgfalt ausgeführt. Der Grund, warum HUBER nicht als mitverantwortlicher Autor auf dem Titelblatt erscheint, ist, dass das Buch manche persönliche Meinungen und Vermutungen enthält, für die ich allein die Verantwortung trage.

ERNST WEIDNER (Graz) hat mich unermüdlich und immer liebenswürdig beraten und hat mir grosszügig Transkriptionen und Übersetzungen von Keilschrifttexten zur Verfügung gestellt.

MARTIN VERMASEREN (Amsterdam) war so freundlich, das Kapitel über Religion und Astrologie kritisch zu lesen. Seine Bemerkungen führten zu bedeutenden Verbesserungen der Formulierung. Er hat mich auch bei der Wahl der Bilder zu diesem Kapitel beraten und Photos aus seiner eigenen Sammlung zur Verfügung gestellt.

Bei der Auswahl der ägyptischen Bilder war mir die Beratung des vorzüglichen Fachkenners und liebenswerten Menschen JOSEF JANSEN (Leiden) äusserst wertvoll. Vor wenigen Monaten hat ihn der Tod mitten in seiner Arbeit dahingerafft.

In allen Fragen der indogermanischen, insbesondere der altpersischen Sprachwissenschaft hat mich MANU LEUMANN (Zürich) beraten. KLAUS BAER (Berkeley) hat mir über die ägyptische Chronologie wertvolle Auskunft gegeben.

JOHANN JAKOB BURCKHARDT, OTTO FLECKENSTEIN, MAGDA JÄGER, WALTER MEIER und ERNST BINZ waren mir beim Lesen der Korrekturen und bei der Herstellung des Index behilflich.

Allen diesen gilt mein herzlicher Dank. Dem Verlag danke ich für die schöne Ausstattung des Buches. Herr MOLENKAMP hat keine Mühe gescheut, immer die besten Photos zu beschaffen.

INHALTSVERZEICHNIS

EINLEITUNG

VORKENNTNISSE

Dieses Buch ist nicht nur für Astronomen und Mathematiker bestimmt, sondern für alle, die sich für die Geschichte unserer Wissenschaft und die Kulturgeschichte des Altertums interessieren. Ich habe mich daher bemüht, alle astronomischen Begriffe im Buch selbst deutlich zu erklären. Was man vorher wissen muss, um diese Erklärungen zu verstehen, soll jetzt zusammengestellt werden.

Fixsternsphäre, Pole und Äquator

Wenn man die antike Astronomie verstehen will, muss man sich auf den *geozentrischen Standpunkt* stellen, d.h. man muss alle Erscheinungen von der Erde aus betrachten und die Begriffe „Ruhe" und „Bewegung" relativ zur Erde bestimmen. In diesem Sinne bewegen sich die Sonne und die Fixsterne und ruht die Erde.

Die Fixsterne denken wir uns, wie die Griechen es taten, alle in gleicher Entfernung vom Beobachter, also auf einer Kugelfläche, die man *Fixsternsphäre* nennt. Die Sonne, der Mond und die Planeten werden von unserem Auge aus auf diese Sphäre projiziert.

Für einen nach Süden blickenden Beobachter dreht sich die Fixsternsphäre mit allen ihren Sternen in gleichmässiger Bewegung nach rechts, d.h. von Ost nach West, wie die Sonne in ihrer täglichen Bewegung. Bei dieser Drehung bleiben zwei Punkte der Sphäre in Ruhe: der *Nordpol* und der *Südpol*.

Der Grosskreis, dessen Punkte gleich weit vom Nordpol wie vom Südpol entfernt sind, heisst *Äquator*. Den Abstand eines Sternes vom Äquator nennt man die *Deklination* des Sternes. Südliche Deklinationen werden mit dem Vorzeichen — versehen.

Auf der beigefügten Sternkarte sind die Sterne so eingezeichnet, dass ihre Abstände vom Nordpol längentreu wiedergegeben sind. Dadurch werden die südlicheren Sternbilder stark verzerrt, nämlich in ostwestlicher Richtung gedehnt. Ferner ist zu beachten, dass der Nordpol im Altertum nicht an derselben Stelle zwischen den Sternen war wie heute, sondern 11 bis 12 Grad vom heutigen Nordpol entfernt. Die Sternkarte gilt für heute.

Der Tierkreis

Die Sonne, der Mond und die klassischen fünf Planeten haben außer der täglichen Drehung der Fixsternsphäre, an der sie alle teilnehmen, noch eine langsamere *Eigenbewegung* in Bezug auf die Fixsterne. Dabei bleiben sie immer im *Tierkreisgürtel*, der auf der Sternkarte durch die *Tierkreis-Sternbilder* gekennzeichnet ist. Diese sind:

Aries, Taurus, Gemini,
Cancer, Leo, Virgo,
Libra, Scorpius, Sagittarius,
Capricornus, Aquarius, Pisces.

In der Mitte dieses Gürtels verläuft der *Tierkreis* (Zodiacus) oder die *Ekliptik*, die Bahn der Sonne. Die Sonne durchläuft diese Bahn in einem Jahr nach links, d.h. entgegengesetzt zu ihrer täglichen Bewegung. Der Name Ekliptik erklärt sich dadurch, dass Eklipse oder Finsternisse der Sonne und des Mondes nur dann stattfinden, wenn der Mond direkt vor der Sonne oder direkt ihr gegenüber, also im Tierkreis oder ganz nahe dabei steht.

Der Tierkreis ist gegen den Äquator geneigt. Er wird in 12 gleiche Abschnitte geteilt, die *Tierkreiszeichen*. Sie haben ihre Namen von den Sternbildern, die in ihnen stehen oder zumindest im Altertum in ihnen standen. Die deutschen Namen der Zeichen, die in diesem Buch dauernd verwendet werden, sind:

(1) Widder, (2) Stier, (3) Zwillinge,
(4) Krebs, (5) Löwe, (6) Jungfrau,
(7) Waage, (8) Skorpion, (9) Schütze,
(10) Steinbock, (11) Wassermann, (12) Fische.

Der Ausgangspunkt der Zwölfteilung ist willkürlich. Die heutigen und die meisten griechischen Astronomen legen den Anfangspunkt des Zeichens Widder auf den *Frühlingspunkt*, wo die Ekliptik nach Norden aufsteigend den Äquator schneidet. Steht die Sonne in diesem Punkt, so findet das *Frühlingsäquinoktium* statt (Äquinoktium = Tag- und Nachtgleiche). Steht die Sonne im gegenüberliegenden Schnittpunkt, so hat man das *Herbstäquinoktium*.

Jedoch die babylonischen Astronomen, einige ihrer griechischen und indischen Kollegen und manche Astrologen legten den Anfangspunkt des Widders nicht auf den Frühlingspunkt, sondern sie definierten die Anfangspunkte der Zeichen durch ihre Lage in Bezug auf die Fixsterne. Sie nahmen z.B. an, dass der Stern Spika (α Virgo) bei 28° oder 29° des Zeichens Jungfrau liegt. Auf diese *siderische Tierkreisteilung* kommen wir später zurück. Ich vermerke jetzt nur, dass der Frühlingspunkt keine feste Lage in Bezug auf die Fixsterne hat, sondern sich ganz langsam auf der Ekliptik rückwärts, d.h. nach rechts bewegt. Das ist die *Präzession der Äquinoktien*, die der griechische Astronom HIPPARCHOS (um 130 vor Chr.) entdeckt hat.

Jedes Tierkreiszeichen wird in 30 *Grade* geteilt, so dass der ganze Kreis 360 Grade hat. Jeder Grad hat 60 *Bogenminuten* ($1° = 60'$), jede Minute 60 *Sekunden* ($1' = 60''$) u.s.w. Diese Teilung kannten sowohl die Babylonier als die Griechen. Je nach Bedarf setzten sie die sexagesimale Teilung noch weiter fort ($1'' = 60'''$, etc.).

Der Ort eines Sternes in Bezug auf die Ekliptik wird durch *Länge* λ und *Breite* β des Sternes gekennzeichnet. Die *Länge* wird vom Nullpunkt der Ekliptik nach links (also im Sinne der Reihenfolge der Zeichen) bis zum Fusspunkt des Lotes vom Stern auf die Ekliptik gezählt. Die *Breite* ist der Abstand des Sternes von der Ekliptik (mit dem Vorzeichen —, wenn der Stern südlich von ihr steht).

Der Mond

Mond und Sonne bewegen sich im Tierkreisgürtel *rechtläufig*, d.h. nach links. Die Mondbahn ist gegenüber der Ekliptik ein wenig geneigt. Die Schnittpunkte der Mondbahn mit der Ekliptik sind die *Knoten* der Mondbahn oder kurz die *Mondknoten*. Nur in der Nähe der Mondknoten können Finsternisse stattfinden.

Kurz nach Neumond wird die Mondsichel am Abendhimmel zum ersten Male sichtbar: das ist das *Neulicht*. Der *Vollmond* steht in Opposition zur Sonne und scheint die ganze Nacht. Kurz vor dem nächsten Neumond ist der Mond am Morgenhimmel zum letzten Male sichtbar: das ist das *Altlicht*.

Der *synodische Monat* ist die Zeit von einem Neumond zum nächsten. Die Zeit, in der der Mond zum gleichen Knoten zurückkehrt, heisst *drakonitischer Monat* oder *Drachenmonat*, weil der Knoten offenbar der Ort jenes Drachen ist, der bei einer Finsternis den Mond oder die Sonne verschlingt.

Der Mond bewegt sich in seiner Bahn nicht ganz gleichmässig: er hat eine *Anomalie*. Die Zeit, die er braucht um vom Maximum seiner Geschwindigkeit über das Minimum wieder zum Maximum zu kommen, ist die *anomalistische Periode* des Mondes.

Fixsternphasen

Ein Stern wie Sirius, der nicht das ganze Jahr sichtbar ist, erscheint an einem bestimmten Tag zuerst am Morgenhimmel. Diese Erscheinung nennt man *Morgenaufgang* oder *Morgenerst*. Von da an geht der Stern jede Nacht etwas früher auf, bis er am Anfang der Nacht gerade noch sichtbar aufgeht. Das ist der *Abendaufgang*.

Wenn der Stern zum ersten Mal am Ende der Nacht sichtbar untergeht, so hat er seinen *Morgenuntergang*. Von da an geht er jede Nacht etwas früher unter, bis er zum letzten Male gerade noch am Abendhimmel sichtbar ist. Das ist der *Abenduntergang* oder das *Abendletzt*.

Bei südlichen Sternen wie Sirius ist die Reihenfolge der vier jährlich wiederkehrenden Sternphasen: *Morgenaufgang, Morgenuntergang, Abendaufgang, Abenduntergang*. Bei nördlicheren Sternen kann die Reihenfolge anders sein.

Die Planeten

Die Planeten bewegen sich im Tierkreisgürtel in der Regel rechtläufig, manchmal aber auch *rückläufig*, d.h. nach rechts. Die Punkte, wo die rückläufige Bewegung anfängt und aufhört, heissen *Kehrpunkte*. Sie spielen in der babylonischen Astronomie eine grosse Rolle.

Die Zeit, die ein Planet braucht um den ganzen Tierkreis einmal zu durchlaufen, heisst *siderische Periode*. Die siderische Periode von Saturn ist $29\frac{1}{2}$ Jahre, von Jupiter fast 12 Jahre, von Mars fast 2 Jahre. Die beiden *unteren Planeten* Venus und Merkur entfernen sich nie weit von der Sonne, also ist ihre siderische Periode genau 1 Jahr.

Die drei *oberen Planeten* Saturn, Jupiter und Mars bewegen sich langsamer als die Sonne. Bei der Sonne sind sie natürlich unsichtbar. Beim *Morgenerst* (Me) werden sie zum ersten Male am Morgenhimmel sichtbar. Beim *Morgenkehrpunkt* (Mk) werden sie rückläufig, kommen in *Opposition* zur Sonne (Op) und werden beim *Abendkehrpunkt* (Ak) wieder rechtläufig. Dann kommt das *Abendletzt* (Al), die letzte Sichtbarkeit am Abend, und kurz nachher die *Konjunktion*, die dadurch definiert ist, dass der Planet die gleiche Länge hat wie die Sonne. Die Zeit von einer Konjunktion zur nächsten heisst die *synodische Periode* des Planeten. Während dieser Periode finden also folgende Phänomene statt:

Me, Mk, Op, Ak, Al.

Der Planet Venus überholt die Sonne in der *oberen Konjunktion*, erscheint beim *Abenderst* (Ae) zum ersten Mal als Abendstern, wird beim *Abendkehrpunkt* (Ak) rückläufig und ist beim *Abendletzt* (Al) zum letzten Mal als Abendstern sichtbar. Dann kommen kurz nacheinander die *untere Konjunktion*, das *Morgenerst* (Me) und der *Morgenkehrpunkt* (Mk), wo der Planet wieder rechtläufig wird. Beim *Morgenletzt* (Ml) ist Venus zum letzten Mal als Morgenstern sichtbar.

Die *synodische Periode* der Venus, von einer oberen Konjunktion zur nächsten, dauert im Mittel 584 Tage. Während dieser Periode können sechs Phänomene wahrgenommen werden:

Ae, Ak, Al,   Me, Mk, Ml
Abendstern   Morgenstern

Bei Merkur sind die Phänomene ähnlich wie bei Venus; nur kann es vorkommen, dass Merkur während einer synodischen Periode als Abendstern oder als Morgenstern gar nicht sichtbar wird.

Nach diesen Vorbereitungen gehen wir zum eigentlichen Thema: zur Geschichte der Astronomie über.

DIE ROLLE DER ASTRONOMIE IN DER KULTURGESCHICHTE

Die Astronomie ist die älteste Naturwissenschaft. Die Babylonier und Griechen haben sie hoch entwickelt, viel höher als die Physik, die Chemie und die Technik. Woher kommt das? Wozu treibt der Mensch überhaupt Astronomie?

Der Zweck der Astronomie

Heute treiben wir Astronomie, weil die Astronomie ein wesentlicher Bestandteil unserer Naturwissenschaft ist. Es ist die wissenschaftliche Neugierde, die uns drängt zu erforschen, was im Weltall vor sich geht. Die Himmelsmechanik war der Prototyp der Mechanik überhaupt, die Astrophysik ist ein unentbehrlicher Teil der Physik. Zwar werden die Ergebnisse der astronomischen Forschung auch von den heutigen Astrologen dauernd benützt, aber diese Anwendung ist nicht der Hauptzweck der Astronomie.

In der Antike und im Mittelalter war das anders. Nach einer 1956 erschienenen Untersuchung von E. S. KENNEDY (Transactions Amer. Phil. Soc. *46*, Part 2) hat es im arabischen Kulturkreis, von Samarkand bis Toledo, weit über hundert astronomische Tafelwerke gegeben. Es dürfte klar sein, dass diese Tafelwerke nicht aus rein wissenschaftlicher Neugierde (und auch nicht mit Rücksicht auf die Seefahrt) berechnet, abgeschrieben, korrigiert und wieder abgeschrieben wurden, sondern vor allem deswegen, weil sie für die Astrologen unentbehrlich waren. Die Herrscher, die viel Geld für den Bau von Sternwarten und Präzisionsinstrumenten hergaben, erwarteten etwas für ihr Geld, und zwar nicht nur Ruhm als Förderer der Wissenschaften, sondern auch astrologische Voraussagen. In Europa zur Zeit von TYCHO BRAHE und KEPLER war es ebenso.

Gewiss gab es im islamischen Kulturkreis ausgezeichnete Beobachter und hervorragende theoretische Astronomen. Gewiss haben diese Theoretiker sich auch für die Struktur des Weltalls interessiert. Aber von diesem rein theoretischen Interesse zeugen nur wenige Bücher. Die viel zahlreicheren Tafelwerke enthalten weder Beobachtungen noch Theorie, sondern nur Zahlentabellen und praktische Anwendungsvorschriften.

Was eben über die islamische Astronomie gesagt wurde, gilt noch stärker für die indische. In den indischen astronomischen Handbüchern aus der Zeit von etwa 500 bis etwa 1900 nach Chr. habe ich bisher keinen einzigen Beobachtungsbericht und keine mathematische Herleitung gefunden, sondern nur Zahlenangaben, Rechenvorschriften und dogmatische Aussagen über das Weltall ohne Begründung. Was der Astrologe braucht, ist alles da, aber auf die Frage nach dem Warum erhält man keine Antwort, ausser gelegentlichen Hinweisen auf ältere Tradition oder göttliche Offenbarung.

In eine ganz andere Sphäre treten wir ein, wenn wir das um 140 nach Chr. geschriebene Hauptwerk des grossen griechischen Astronomen PTOLEMAIOS lesen, den sogenannten *Almagest*.[1] Hier steht das rein theoretische Interesse im Vordergrund. Die benutzten Beobachtungen werden angeführt, die theoretischen Annahmen gerechtfertigt, die Rechenvorschriften exakt begründet. Aber derselbe PTOLEMAIOS hat auch ein astrologisches Handbuch geschrieben, den „Tetrabiblos", und er hat „handliche Tafeln" herausgegeben, die keine Theorie, sondern nur praktische Rechenvorschriften enthalten und die besonders von den späteren byzantinischen Astrologen viel benützt wurden.[2] Die astrologische Anwendung war PTOLEMAIOS also keineswegs fremd.

---

[1] Vorzügliche deutsche Übersetzung mit Kommentar von MANITIUS: Des Claudius Ptolemäus Handbuch der Astronomie. Neudruck B. G. Teubner, Leipzig 1963 mit Berichtigungen von O. NEUGEBAUER.
[2] VAN DER WAERDEN: Die Handlichen Tafeln des Ptolemaios. Osiris *13*, S. 54 (1958).

Gehen wir weiter in der Zeit zurück, so stossen wir zunächst auf ägyptische Tafeln für die Eintrittsdaten der Planeten in die Tierkreiszeichen aus der Zeit von AUGUSTUS bis HADRIANUS. Da diese Tafeln gerade aus der Blütezeit der Horoskop-Astrologie stammen und sich für das Aufstellen von Horoskopen sehr gut eignen, so ist anzunehmen, dass sie für eben diesen Zweck geschaffen wurden.

Angaben über die Tierkreiszeichen, in denen die Planeten sich befinden, sowie über ihre Eintritte in andere Zeichen findet man auch in babylonischen Texten aus der Seleukidenzeit, d.h. aus den letzten drei Jahrhunderten vor Christus. Aus derselben Zeit haben wir auch zahlreiche Horoskope aus Ägypten und aus Mesopotamien.

Die ältesten Keilschrifttexte, in denen Planetenpositionen in den Tierkreiszeichen angegeben sind, stammen aus der zweiten Hälfte des fünften Jahrhunderts vor Chr. Eben aus dieser Zeit und ebenfalls aus Babylon stammt auch das älteste erhaltene Horoskop.[1] Die Annahme drängt sich auf, dass die Positionsangaben eben dazu dienten, das Aufstellen von Horoskopen zu ermöglichen.

Zusammenfassend können wir sagen, dass im Altertum und Mittelalter einer der Hauptgründe, warum die Astronomie in so hohem Ansehen stand, ihre Nützlichkeit für die Astrologie war.

Aber das ist nur ein Teil der Wahrheit. Wir müssen noch einen anderen Aspekt berücksichtigen.[2]

Die Göttlichkeit der Gestirne

Die griechische Astronomie war bereits hoch entwickelt, als der Bēl-Priester BEROSSOS um 300 vor Chr. die erste griechische Astrologenschule auf der Insel Kos gründete. Siebzig Jahre früher hatte EUDOXOS Bedeutendes zur Astronomie beigetragen, aber er glaubte nicht an die Voraussagen der Astrologen (CICERO: De divinatione II 87). Daraus folgt, dass die Griechen ihre wissenschaftliche Astronomie nicht, oder zumindest nicht in erster Linie, um der astrologischen Anwendung willen entwickelt haben, sondern aus einem spezifischen Interesse an der Astronomie selbst.

PTOLEMAIOS begründet sein persönliches Interesse so:

> „Nur die Mathematik... bietet ihren Jüngern ein zuverlässiges und unumstössliches Wissen dar... Das ist auch der Grund, der uns veranlasst hat, uns nach Kräften dieser hervorragenden Wissenschaft... zu widmen, insbesondere aber dem Zweige, der sich mit der Erkenntnis der göttlichen Himmelskörper befasst, weil diese Wissenschaft allein in der Untersuchung einer ewig sich gleich bleibenden Welt aufgeht" (Almagest, Proömium).

Zwei Motive sind es, die PTOLEMAIOS hier hervorhebt: erstens der Reiz der mathematischen Methode, die allein sicheres Wissen vermittelt, zweitens der

---

[1] A. SACHS: Babylonian Horoscopes. J. of Cuneiform Studies 6.

[2] „We must consider another aspect", würde man auf Englisch etwa sagen. In diesem harmlosen Sätzchen sind zwei ursprünglich astrologische Ausdrücke versteckt: *considerare* und *aspect*. Daraus sieht man, wie wichtig die Astrologie einmal war!

erhabene Gegenstand der Astronomie: die ewig gleich bleibenden, göttlichen Himmelskörper.

Für den Reiz der mathematischen Methode sind nur wenige Leute empfänglich, aber die Bewunderung für die Schönheit des Sternenhimmels ist allgemein menschlich. Noch heute gibt es viele Amateure und Berufsastronomen, die sich vorwiegend aus dem Grunde der Sternkunde zugewandt haben, weil die Schönheit und Erhabenheit des Sternenhimmels sie tief beeindruckt hat. Dieses Motiv gilt noch stärker für die Völker der alten Zeit, die die Sonne, den Mond, die Planeten und den Himmel als Götter verehrten.

Die Sternreligion führt aber nicht nur zur Astronomie, sondern auch zur Astrologie. Weil man die Sterne für mächtige Götter hielt, hat man angenommen, dass sie unser Schicksal entscheidend beeinflussen.

Von der Sternreligion gehen also zwei Arten von Impulsen aus, die beide die Astronomie kräftig gefördert haben. Erstens treibt die Bewunderung für die erhabenen Gestirne und der Glaube an ihre Göttlichkeit die Menschen direkt dazu an, sich mit den Bewegungen der Himmelskörper zu befassen. Zweitens führt derselbe Glaube zur Astrologie, die ihrerseits die Astronomie als Hilfswissenschaft braucht und sie daher fördert.

In diesem Buch soll die Geschichte der babylonischen Astronomie in ihrer Wechselwirkung mit der Sternreligion und der Astrologie untersucht werden. Bei dieser Methode wird die Astronomie nicht aus dem kulturhistorischen Zusammenhang, in den sie hineingehört, herausgerissen. In Kap. VI werden wir sehen, dass diese Methode auch für die Astronomiegeschichte im engeren Sinn höchst nützlich ist. Die bisher sehr dunkle Geschichte der babylonischen Astronomie in der Chaldäer- und Perserzeit wird nämlich viel klarer und lässt sich in Teilperioden gliedern, wenn man die Astronomie zu der Astrologie und Religion in Beziehung setzt und dabei auch griechische und persische Quellen verwertet.

Der Plan dieses Buches

Kap. I handelt von den ersten Anfängen der ägyptischen und der babylonischen Astronomie. Es wird gezeigt, dass die ägyptische „Dekanastronomie", die aus der Zeit um 2000 vor Chr. stammt, nach einigen Jahrhunderten ganz festgefahren ist und zu keiner fruchtbaren Entwicklung geführt hat. Die babylonische Astronomie dagegen, die mit Sternlisten und Venusbeobachtungen in der Zeit der Hammurapi-Dynastie angefangen hat, entwickelte sich im Bunde mit der Astrologie ständig weiter bis zu ihrer bewunderungswürdigen Hochblüte in der persischen und hellenistischen Zeit.

In Kap. I wird auch die Frage der Datierung der Hammurapi-Dynastie im Zusammenhang mit den „Venustafeln des Ammizaduga" erneut diskutiert.

In Kap. II wird die Entwicklung in der assyrischen Zeit (bis 612 vor Chr.) besprochen. Aus dieser Zeit haben wir viele astrologische und astronomische

Texte, fast alle aus der Bibliothek des ASSURBANIPAL. Darunter befindet sich, in mehreren Exemplaren überliefert, eine Art Kompendium der Himmelskunde, MUL APIN genannt, aus dem man den Stand der Astronomie um 700 recht gut kennt. Von den Fixsternen und ihren Auf- und Untergängen wusste man damals sehr viel. Meridiandurchgänge von Fixsternen wurden zur Zeitbestimmung in der Nacht verwendet. Die Dauer der Nacht und die Auf- oder Untergangszeit des Mondes in der Nacht berechnete man nach einem groben arithmetischen Schema. Jedoch kannte man die Tierkreiszeichen noch nicht, und von den Planeten wusste man nicht viel.

Von der Chaldäer- und Perserzeit (612 bis 333 vor Chr.) wissen wir viel weniger. Immerhin haben wir eine Anzahl Abschriften von Beobachtungstexten aus dieser Zeit, aus denen P. HUBER wichtige Schlüsse ziehen konnte. Kap. III stammt grösstenteils von ihm.

Das Kernstück des Buches bilden die Kapitel IV und V, die der babylonischen Mond- und Planetenrechnung gewidmet sind. FRANZ XAVER KUGLER war der erste, der die Mondrechnung und einige Planetentafeln gedeutet hat. OTTO NEUGEBAUER hat die Editions- und Interpretationstätigkeit von KUGLER fortgesetzt. Sein dreibändiges Werk Astronomical Cuneiform Texts ist die Basis der Kapitel IV und V. Neu ist in Kap. IV die Deutung der Kolonne B = Φ der Mondtafeln des Systems A, die mit der Mondgeschwindigkeit und dem „Saros" zusammenhängt.

Kap. VI ist der Sternreligion und der Astrologie gewidmet. In der Astrologie werden drei scharf getrennte Entwicklungsstufen unterschieden, denen auch drei Religionsformen und drei Stufen der Astronomie entsprechen. Die Astrologie der ersten Stufe, die „Omen-Astrologie", geht auf die altbabylonische Zeit (HAMMURAPI-Dynastie) zurück; ihren Höhepunkt erreichte sie unter den Kassiten und Assyrern zwischen 1400 und 650 vor Chr. Die „primitive Tierkreis-Astrologie", die wir aus Texten des „Zoroaster" kennen, kam in der Zeit der Chaldäerkönige (612 bis 539) auf; sie hängt mit dem medischen Zervanismus und mit der griechischen Orphik zusammen. Auf der dritten Stufe steht die heute noch blühende Geburtshoroskopie oder „Genethlealogie". Sie wurde im 5. Jahrhundert vor Chr. möglich, als man gelernt hatte, Planetentafeln zu berechnen. Von Babylon aus verbreitete die Horoskopie sich seit etwa 300 vor Chr. nach Vorderasien, Griechenland, Ägypten und Rom, nachher auch nach Persien und Indien.

Im Gefolge der Astrologie kam natürlich auch ihre unentbehrliche Dienerin, die Astronomie, überall hin. In Kap. VII soll die Verbreitung der babylonischen Astronomie durch griechische, lateinische, ägyptische und indische Texte nachgewiesen werden.

KAPITEL I

DIE ANFÄNGE DER ASTRONOMIE
IN ÄGYPTEN UND BABYLON

Wir wollen zunächst versuchen, den Gegenstand der Untersuchung näher abzugrenzen. Wir fragen also:

Wo fängt die Astronomie an?

Alle Völker wissen, dass die Sonne im Osten aufgeht und im Westen untergeht, dass sie im Sommer höher steigt und länger scheint als im Winter. Alle rechnen die Zeit nach Tagen, Monden und Jahren. Dass der Mond zunächst als Sichel am Abend sichtbar wird, dass er nach etwa 14 Tagen als Vollmond die ganze Nacht scheint und nach weiteren 14 Tagen verschwindet, lehrt die alltägliche Erfahrung. Die tägliche Drehung des Fixsternhimmels um den Pol ist für jeden sichtbar. Dass Venus und Jupiter heller sind als alle anderen Sterne und dass sie nicht immer im gleichen Sternbild stehen, entgeht keinem aufmerksamen Betrachter.

Diese alltäglichen Erfahrungen, die allen Völkern gemeinsam sind, entziehen sich der historischen Fixierung. Sie bilden die Grundvoraussetzung für jede wissenschaftliche Astronomie, aber man kann nicht sagen: Hier und dort wurden diese Erkenntnisse zuerst formuliert und der Nachwelt überliefert.

Ebenso verhält es sich mit den Namen der Sternbilder. Es gibt eine ausgedehnte Literatur über Sternnamen und Sternsagen bei Natur- und Kulturvölkern, aber für die Wissenschaftsgeschichte ist diese Literatur nicht sehr ergiebig. HOMEROS kennt die Plejaden, die Bärin, auch Himmelswagen genannt, Orion und die Hyaden; aber die griechische Astronomie fängt erst mit THALES an. Auch die Völker, die es nie zu einer wissenschaftlichen Astronomie gebracht haben, haben Namen für gewisse Sternbilder. Die Benennung der Sternbilder bedeutet eben noch nicht den Anfang der Astronomie.

Ein echtes Stück Astronomie haben wir vor uns, wenn Listen von Sternbildern angefertigt werden, geordnet nach ihrer Lage am Himmel oder nach den Monaten, in denen sie zum ersten Mal erscheinen. Solche Listen stellen ein systematisch geordnetes Wissen dar. Sie sind dazu bestimmt, an spätere Generationen überliefert und von ihnen gelernt und benutzt zu werden.

Es gibt ägyptische und babylonische Listen dieser Art. Die ägyptischen sind die „Dekanlisten", die wir auf Grabdeckeln des Mittleren Reiches und in Königsgräbern des Neuen Reiches finden. Wir werden die Listen nachher ausführlich besprechen, bemerken aber jetzt schon, dass die Dekanlisten für die spätere Astronomie nicht viel bedeutet haben. Die Ägypter haben zwar eine Art Theorie der Auf- und Untergänge und Kulmination der „Dekane" entwickelt, aber diese Theorie war grob-schematisch und sehr ungenau. Diese primitive Theorie wurde in späteren Zeiten noch überliefert und kommentiert und die Astrologen haben die Dekane zu Voraussagen benutzt; aber die wissenschaftliche Astronomie hat nicht daran angeknüpft, sondern ist ganz andere Wege gegangen.

Im Gegensatz dazu sind die babylonischen Sternlisten im Laufe der Jahrhunderte immer mehr verfeinert und verbessert worden. Listen von zwölf mal drei Sternen, die den zwölf Monaten des Jahres zugeordnet sind, finden wir schon um — 1100 in Assyrien; wahrscheinlich sind ihre babylonischen Vorlagen noch älter. Aus der spätassyrischen Zeit (um — 700) haben wir einen regelrechten Sternkatalog mit genauen Angaben über die gegenseitige Lage, den Aufgang, die Kulmination und den Untergang der Gestirne. Die Liste gehört zu einem umfangreichen Text, der nach seinen Anfangsworten den Namen ᵐᵘˡAPIN trägt. Dieser Text enthält auch Tabellen für die Schattenlänge, für die Dauer der Nacht und die Leuchtzeit des Mondes, einige Angaben über den Lauf der Sonne, des Mondes und der Planeten und noch vieles andere. Wir haben hier den Anfang der wissenschaftlichen Astronomie der Babylonier vor uns. Aus derselben Zeit haben wir auch Listen von Sternen, die nacheinander am Südhimmel durch den Meridian gehen, mit den Differenzen ihrer Kulminationszeiten. Diese Listen wurden vermutlich zur Zeitbestimmung während der Nacht benutzt.

Wir beschränken uns in diesem Buch auf diejenigen Kulturen, die unsere abendländische Wissenschaft nachweisbar beeinflusst haben. Die chinesische Astronomie mag sehr interessant sein, aber ich weiss von ihr zu wenig und sie hat auf unsere Astronomie sicher nicht eingewirkt. Das gleiche gilt von der Astronomie der Mayas.

Unsere Astronomie ist von der griechischen Astronomie ausgegangen. Die alten Kulturen, mit denen die Griechen in Kontakt waren, sind die sumerisch-babylonische und die ägyptische. Die Babylonier und die Ägypter sind es also, auf die wir zunächst unsere Aufmerksamkeit richten müssen.

Wir wollen nun versuchen, bei diesen Völkern die Grenze zwischen vorwissenschaftlicher und wissenschaftlicher Astronomie etwas genauer zu ziehen.

Sɪʀɪᴜsᴀᴜꜰɢᴀɴɢ ᴜɴᴅ Kᴀʟᴇɴᴅᴇʀ ɪᴍ ᴀʟᴛᴇɴ Äɢʏᴘᴛᴇɴ

Sirius als Bringer des neuen Jahres

Die alten Ägypter verehrten Sothis, d.h. Sirius als „Bringer des Neuen Jahres und der Überschwemmung". Diese Worte stehen auf einer Elfenbeintafel aus einem Grabmal der ersten Dynastie in Abydos (publiziert von W. M. Fʟɪɴᴅᴇʀs Pᴇᴛʀɪᴇ, The Royal Tombs of the First Dynasty, London and Boston 1901, Vol. II, Pl. V 1 und VIa 2). Was bedeuten sie genau?

Fangen wir mit der Überschwemmung an. Das Hinaustreten des Nils aus seinen Ufern ist das wichtigste Ereignis im landwirtschaftlichen Jahr der Ägypter. Das ausgetrocknete Land wird dadurch neu befruchtet.

Diese Nilschwelle wird einige Wochen vorher durch ein auffälliges Ereignis am

Sternhimmel angekündigt, nämlich durch die erste Sichtbarkeit von Sirius am Morgenhimmel. Dieses Ereignis nennt man den *heliakischen Aufgang* von Sirius. Ein bequemerer Ausdruck ist *Morgenaufgang*. Wir werden noch kürzer *Morgenerst* sagen. Dieses Ereignis fand in Ägypten im Altertum am 20. Juli oder wenige Tage früher oder später statt.

Unser Text sagt also erstens, dass das Morgenerst des Sirius die Nilflut ankündigt und zweitens, dass um diese Zeit auch das neue Jahr anfängt.

Das ägyptische Wanderjahr

Um zu verstehen, was hier mit dem Anfang des neuen Jahres gemeint ist, müssen wir uns zunächst etwas mit dem ägyptischen Kalender befassen. Das gebräuchlichste ägyptische Jahr war ein „Wanderjahr" zu genau 365 Tagen. Es war eingeteilt in 12 „Monate" zu je 30 Tagen und 5 Zusatztage am Ende des Jahres. Die Namen der Monate, wie sie in der griechischen Zeit üblich waren, sind:

1. Thoth	5. Tybi	9. Pachon
2. Phaophi	6. Mechir	10. Payni
3. Athyr	7. Phamenoth	11. Epiphi
4. Choiak	8. Pharmuti	12. Mesori

Die ägyptischen Texte nennen die ersten vier Monate „Monate der Überschwemmungszeit", die mittleren vier „Monate der Wachstumszeit", die letzten vier „Monate der Hitzezeit". Sie benennen die Monate demnach so, als ob sie zu festen Jahreszeiten gehörten. Da aber das Sonnenjahr ungefähr $365\frac{1}{4}$ Tage hat, bleibt der ägyptische Jahresanfang alle 4 Jahre um einen Tag hinter dem Sonnenjahr zurück. Der ägyptische Jahresanfang wandert also im Laufe der Jahrhunderte durch alle Jahreszeiten hindurch, daher der Ausdruck Wanderjahr.

Die Einteilung des Jahres in Überschwemmungs-, Wachstums- und Hitzezeit deutet darauf hin, dass es zur Zeit der Einführung des 365-tägigen Jahres in der Vorstellung der Ägypter ein anderes Jahr gegeben hat, das mit der Nilflut anfing und aus drei Jahreszeiten bestand. Die Nilflut wird durch das Morgenerst des Sirius, das wenige Wochen vorher stattfindet, angekündigt. Von dieser Vorstellung aus können wir die Worte „Sothis (Sirius), Bringer des Neuen Jahres und der Überschwemmung" sehr gut verstehen. Der Anfang dieses Bauernjahres braucht nicht auf den Tag genau definiert gewesen zu sein, ebenso wenig wie der Anfang der Wachstums- und der Hitzezeit.

Es gibt Texte aus dem Mittleren und Neuen Reich, d.h. aus dem zweiten Jahrtausend vor Chr., in denen das Morgenerst des Sirius als „Anfang des Jahres" bezeichnet wird. Was für ein Jahr hier gemeint ist, darüber sind die Gelehrten verschiedener Meinung. Einige nehmen ein „Sothisjahr" an, das genau von einem Morgenerst zum nächsten reicht. R. A. PARKER dagegen hat in seinem höchst lehrreichen Werk „The calendars of ancient Egypt" (Univ. of Chicago Press 1950) die Hypothese aufgestellt, dass das Jahr mit dem Tag des Verschwindens des Mondes nach dem Morgenerst des Sirius anfing. Nach dieser Hypothese würde jedes dieser Jahre 12 oder 13 Mondmonate enthalten.

Für die Einrichtung eines solchen Siriuskalenders braucht man keine Astronomie. Die blosse Beobachtung der ersten Sichtbarkeit des Sirius und der darauf folgenden letzten Sichtbarkeit der Mondsichel am Morgenhimmel genügt.

Aber auch wenn man die Hypothese von PARKER verwirft und annimmt, dass die Ägypter ein reines Siriusjahr hatten, das von einem Morgenaufgang des Sirius zum nächsten reichte, auch dann braucht man keine grossen astronomischen Kenntnisse anzunehmen. Den Siriusaufgang kann man ja ohne jede astronomische Theorie beobachten. Es ist auch ziemlich leicht, vorher zu wissen, wann der Siriusaufgang ungefähr zu erwarten ist, nämlich 12 Mondmonate und 8 bis 14 Tage nach dem vorigen Siriusaufgang. Hat man einmal das Wanderjahr, so kann man die Schätzung sogar noch genauer machen. Der nächste Siriusaufgang hat im Wanderjahr ungefähr das gleiche Datum wie der vorige, mit einer möglichen Abweichung von nur wenigen Tagen. Die Behörden können also ein für allemal festsetzen, dass das Fest des Jahresanfangs in der Regel am gleichen Datum gefeiert werden soll wie im Jahr zuvor; nur muss man im Durchschnitt alle vier Jahre das Datum um einen Tag verschieben. Die Verschiebung kann von Fall zu Fall auf Grund einer Beobachtung des Siriusaufgangs angeordnet werden. Astronomische Kenntnisse sind dazu nicht erforderlich.

Gab es im Alten Reich der Ägypter eine wissenschaftliche Astronomie?

Wir wissen es nicht. Die vorhin erwähnte Elfenbeintafel aus Abydos ist, soviel ich weiss, der einzige Text aus der Zeit des Alten Reiches, der auf astronomische Dinge Bezug nimmt.

Vielfach ist behauptet worden, dass in den Maassen der Pyramiden mathematische oder astronomische Weisheit versteckt sei, aber zum Beweis wird immer nur angeführt, dass gewisse aus diesen Maassen berechnete Zahlen mit gewissen anderen Zahlen, die der modernen Wissenschaft entnommen sind, übereinstimmen. Mir scheint, dass solche Übereinstimmungen nichts beweisen. Es gibt so viele Möglichkeiten, die Maasse der Pyramiden in irgend eine natürlich erscheinende Maasseinheit umzurechnen, und es gibt so viele Zahlen und Zahlenverhältnisse in der modernen Wissenschaft, dass eine Übereinstimmung immer zu finden ist, wenn man fleissig danach sucht und von der umfassenden Weisheit der alten Ägypter von vornherein überzeugt ist.

Die Sothisperiode

Für die Zivilverwaltung Ägyptens war der ägyptische Kalender mit seinen Monaten und Jahren von völlig gleichbleibender Länge sehr bequem, aber für die Festlegung der religiösen Feste, die an bestimmte Jahreszeiten geknüpft waren, bildete das Wanderjahr eine Schwierigkeit. Trotzdem haben die Ägypter jahrtausendelang das Wanderjahr beibehalten. Erst zur Zeit der Kaisers AUGUSTUS ist man in Alexandrien dazu übergegangen, in jedes vierte Jahr einen sechsten Zusatz-tag einzuschalten und so die mittlere Jahreslänge auf $365\frac{1}{4}$ Tage zu bringen. Diesen *Alexandrinischen Kalender* benützt PTOLEMAIOS (der sonst immer den für astrono-mische Rechnungen viel bequemeren ägyptischen Kalender verwendet) in seinem Buch *Phaseis*, um die Daten der jährlich wiederkehrenden Fixsternphasen (wie Morgenerst und Abendletzt) festzulegen. Dabei bezeichnet er den Alexandrini-schen Kalender als ,,den heute bei uns üblichen''. In ägyptischen Planetentafeln der römischen Kaiserzeit sind beide Kalender, der ägyptische und der Alexandri-nische, nebeneinander in Gebrauch.

Spätestens in der Ptolemäerzeit (323 bis 30 vor Chr.) haben die Astronomen bemerkt, dass sich im ägyptischen Kalender das Datum des Morgenerst des Sirius, von wetterbedingten Schwankungen abgesehen, alle vier Jahre um einen Tag ver-schiebt.[1] Daraus folgt, dass im Alexandrinischen Kalender das Datum des Morgen-erst von Jahr zu Jahr nahezu gleich bleibt, oder anders ausgedrückt, dass das Alex-andrinische Jahr dem Siriusjahr nahezu gleich ist. Nun gilt aber die Gleichung

(2) $\qquad$ 1460 Alexandr. Jahre = 1461 ägypt. Jahre

Also folgt, dass nach Ablauf von 1461 ägyptischen Jahren das Morgenerst des Sirius im ägyptischen Kalender wieder ungefähr am gleichen ägyptischen Datum stattfindet. Die Periode (2) nennt man *Sothisperiode*, weil Sothis der ägyptische Name für Sirius war.

Man kann die Sothisperiode, von irgendeiner Beobachtung ausgehend, beliebig weit zurückrechnen. So ist THEON von Alexandrien vom Morgenerst des Sirius im julianischen Jahr 139 ausgegangen, das im ägyptischen Kalender auf den 1. Thoth fiel, und hat daraus berechnet, dass auch in den Jahren

$$-4241, \quad -2781, \quad -1321$$

das Morgenerst auf den 1. Thoth fiel.[2] Diese ganze Rechnung hat mit der altägypti-schen Chronologie wenig oder nichts zu tun. Ob im Jahr -4241 der ägyptische Kalender schon in Gebrauch war und ob man am 1. Thoth dieses Jahres Sirius beob-achtet hat, das wusste THEON genau so wenig wie wir es wissen. In altägyptischen Texten wird die Sothisperiode, soviel ich weiss, nirgends erwähnt.

Astronomische und historische Jahreszählung

In der eben ausgeführten Rechnung haben wir die sogenannte *astronomische Zählung* der Jahre benutzt. In dieser Zählung geht dem Jahre 1 der christlich-julia-nischen Zeitrechnung das Jahr 0 voran, diesem das Jahr -1, u.s.w. In der üblichen *historischen Zählung* gibt es aber kein Jahr 0, sondern das Jahr 0 wird als ,,Jahr 1 vor

---

[1] Deshalb wurde im Dekret von Kanopos im Jahre 238 vor Chr. angeordnet, dass alle vier Jahre ein sechster Zusatztag einzuschalten sei. Effektiv eingeführt wurde diese Schaltung allerdings erst 2 Jahrhunderte später. Siehe etwa W. KUBITSCHEK, Grundriss der antiken Zeitrechnung, Handbuch d. Altertumswiss. I 7, S. 89.

[2] Siehe O. NEUGEBAUER, Die Bedeutungslosigkeit der Sothisperiode..., Acta Orientalia *17* (1938) und Chro-nique d'Egypte *28* (1939).

Christus" gezählt, das Jahr −1 als „Jahr 2 vor Christus", u.s.w. Allgemein hat man die folgende Umrechnungsregel:

$$\text{Jahr } -n \text{ (astron.)} = \text{Jahr } (n+1) \text{ vor Chr.}$$

Wo im folgenden negative Jahreszahlen benutzt werden, sind immer astronomisch gezählte julianische Jahre gemeint. Bei ungefähren Zeitangaben wie „um −100" ist es natürlich gleichgültig, ob man astronomisch oder historisch rechnet.

Die Phasen der Fixsterne und Planeten

Nicht nur Sirius, sondern auch andere Sterne wurden von den Völkern der alten Welt beobachtet. An ihre jährlichen Auf- und Untergänge hat man Wettervoraussagen und Bauernregeln geknüpft. Wir wollen diese Fixsternphasen zuerst möglichst genau definieren und dann Beispiele bringen.

Es gibt Fixsterne, die niemals auf- oder untergehen. Man nennt sie, weil sie um den Pol herum stehen, *Zircumpolarsterne*. Die südlicheren Sterne haben ihren *Morgenaufgang* oder *Morgenerst*, wenn sie zum ersten Mal in der Morgendämmerung sichtbar werden. Von da an gehen sie jede Nacht 4 Minuten früher auf. Nach fast 6 Monaten sieht man sie in der Abenddämmerung nahe beim Horizont aufgehen; das ist der *Abendaufgang*. Man kann diese Erscheinung nicht auf den Tag genau definieren; denn was heisst genau „nahe beim Horizont" und wann endigt die Abenddämmerung? Das gleiche gilt für den *Morgenuntergang*, den sichtbaren Untergang nahe beim Horizont in der Morgendämmerung. Auch der tägliche Untergang verfrüht sich jede Nacht um 4 Minuten, bis nach fast 6 Monaten der Stern zum letzten Mal am Abend sichtbar ist: das ist der *Abenduntergang* oder das *Abendletzt*. Sterne im Bereich des Tierkreises bleiben nach dem Abendletzt einige Wochen ganz unsichtbar, weil sie zu nahe bei der Sonne stehen. Dann kommt das *Morgenerst* und der ganze Zyklus fängt von vorne an. Südlichere Sterne bleiben zwischen Abendletzt und Morgenerst noch länger unsichtbar, z.B. Sirius in Ägypten 60 bis 70 Tage.

Für Planeten, die sich langsamer als die Sonne bewegen, also für Mars, Jupiter und Saturn, sind die Erscheinungen ähnlich wie für Fixsterne in der Nähe des Tierkreises, nur ist die Periode von einem Morgenerst zum nächsten, die sogenannte *synodische Periode*, für diese Planeten grösser als ein Jahr. Für die „unteren Planeten" Venus und Merkur verlaufen die Erscheinungen ganz anders; wir kommen darauf bei der Besprechung der Venustafeln des AMMIZADUGA zurück.

Sternphasen bei Hesiodos

Der griechische Dichter HESIODOS schreibt in „Werke und Tage", Vers 383-387

> „Wenn das Gestirn der Pleiaden, der Atlastöchter, emporsteigt,
>   Dann beginne die Ernte, doch pflüge, wenn sie hinabgehen.
> Vierzig Nächte und Tage hindurch sind diese verborgen,
>   Doch wenn im kreisenden Laufe des Jahres sie wieder erscheinen,
> Dann beginne, die Sichel zur neuen Ernte zu wetzen".

Nach HESIODOS vergehen also zwischen Abendletzt und Morgenerst der Pleiaden 40 Nächte und Tage. Das kann wohl nur als ungefähre Schätzung gemeint sein. Bei einer genauen Angabe müsste es entweder „40 Nächte und 39 Tage" oder „41 Nächte und 40 Tage" heissen. Ausserdem schwankt die Unsichtbarkeitsdauer von Jahr zu Jahr, da die Sichtbarkeit von so schwachen Sternen stark vom Wetter abhängt. Auch in babylonischen Fixsternkalendern erscheinen die Zeiten zwischen Fixsternphasen meistens auf Vielfache von 10 Tagen abgerundet.

HESIODOS beschreibt dann den Herbst, wo die Gewalt des sengenden Helios nachlässt, wo Zeus Regengüsse sendet und Sirius länger leuchtet zur Nachtzeit. Der alljährliche Ruf des Kranichs mahnt zum Säen und kündigt die Regenschauer des Winters an. Sechzig Tage nach der Wintersonnenwende markiert der Abendaufgang des Arktur das Ende des Winters:

> „Hat nun sechzig Tage, nachdem sich die Sonne gewendet,
> Zeus des Winters Tage beendet, dann wird des Arkturos
> Stern die heilige Flut des Okeanos hinter sich lassen
> Und im strahlenden Glanz zuerst aus der Dämmerung steigen."
>
> (Vs 564—567, deutsch von THASSILO VON SCHEFFER)

Auch diese 60 Tage sind natürlich abgerundet. Der Abendaufgang des Arktur fand in der Tat in Böotien zur Zeit des HESIODOS ungefähr 2 Monate nach dem Wintersolstitium statt.

Die Verse 609-611 lauten:

> „Wenn Orion und Sirius dann zur Mitte des Himmels
> Steigen, und den Arkturos die rosige Eos betrachtet,
> Dann, o Perses, schneide die Trauben und bring sie nach Hause."

In Vers 614-616 heisst es:

> „ . . . doch wenn dann
> Die Pleiaden und auch die Hyaden und auch des Orion
> Stärke sinken, dann musst du wieder des Pfluges gedenken."

In den Versen 619-622 und 663-665 werden die zur Seefahrt ungeeigneten und geeigneten Zeiten besprochen:

> „Wann das Pleiaden-Gestirn die mächtige Kraft des Orion
> Flieht und sich niedersenkt in des Meeres umdunstete Tiefe,
> Alle Winde erheben sodann ihr wirbelndes Wehen,
> Lass dann die Schiffe nicht länger auf dunklem Meere verweilen . . ."
> „Fünfzig Tage, nachdem sich am Himmel die Sonne gewendet
> Bis zum Ende des Sommers, der so erschlaffenden Tage,
> Kommt die geeignete Zeit für die Menschen zur Seefahrt . . "

Diese Beispiele mögen genügen um einen Eindruck von der Gliederung des Jahres des HESIODOS zu geben. Sommer- und Winterwende, Morgenerst und Abendletzt der Pleiaden, Abendaufgang des Arktur, das sind die festen Punkte dieses Jahres. Von diesen festen Punkten ausgehend, wird das Jahr in Jahreszeiten gegliedert und es werden die richtigen Zeiten für Aussaat und Ernte, für Weinlese und Schiffahrt angegeben.

Was wir hier vor uns haben, ist kein astronomisches Jahr, sondern ein Bauern-
jahr, gegliedert durch Himmelserscheinungen, die jedermann mit der dazu erforderlichen geringen Genauigkeit selbst beobachten kann. Gewiss, dieser Bauernkalender lässt sich ausbauen zu einem exakteren astronomischen Kalender, aber dazu sind systematische Beobachtungen nötig. METON und EUKTEMON, DEMOKRITOS
und EUDOXOS haben in den Jahrzehnten vor und nach −400 solche Beobachtungen angestellt und astronomische Kalender angefertigt, die lange Zeit sehr popu-
lär geblieben sind. So ist der Bauernkalender des HESIODOS eine Vorstufe zur
griechischen Astronomie geworden.

Die Bedeutung der Sternphasen für die Landwirtschaft

Für die Bauern in einem Lande wie das alte Griechenland oder Mesopotamien
waren Bauernregeln von der Art, wie HESIODOS sie überliefert hat, eine Lebens-
notwendigkeit. Unsere Bauern brauchen so etwas nicht, weil unsere Gelehrten
ihnen einen perfekten, nach dem Sonnenjahr geordneten Kalender zur Verfügung
gestellt haben.

Die alte babylonische Zeitrechnung richtete sich, wie die griechische, nach dem
Monde. An dem Abend, wo die neue Mondsichel sichtbar wurde, fing immer ein
neuer babylonischer Monat an. Noch heute fängt der jüdische Sabbath mit dem
Sonnenuntergang an. Zwölf oder dreizehn babylonische Monate wurden zu einem
lunisolaren Jahr zusammengefasst. Das Jahr begann in Babylonien um die Zeit des
Frühlingsäquinoktiums, aber die Aufeinanderfolge der Jahre zu 12 und zu 13
Monaten war in der alten Zeit sehr unregelmässig, sodass die Jahre manchmal
früher, manchmal später anfingen. Der Bauer konnte sich also auf den offiziellen
Jahresanfang nicht verlassen, sondern er war auf die direkte Beobachtung der Fixsterne und der Sonne angewiesen. Ebenso wie in Ägypten das landwirtschaftliche
Jahr mit dem Morgenerst des Sirius anfing und ebenso wie HESIODOS sein Bauern-
jahr durch Sternphasen und Sonnenwenden gliederte, so wird auch in Babylonien
der Bauer auf gewisse jährlich wiederkehrende Himmelserscheinungen geachtet haben, die ihm z.B. den Anfang der Regenzeit im voraus ankündigten.

Altbabylonische Bauernregeln sind uns nicht überliefert, aber wohl finden wir
recht früh in Babylonien und Assyrien Listen von Sternen und Sternbildern, die
den zwölf Monaten des Jahres zugeordnet wurden. Die meisten dieser Sterne haben, wie wir später sehen werden, ihr Morgenerst gerade in den Monaten, zu
denen sie in den Texten gehören. Da die überlieferten Texte nicht mehr der altbabylonischen Zeit angehören, werden wir sie erst in Kapitel II besprechen. Es ist
jedoch sehr gut möglich, dass diese Listen auf altbabylonische Vorlagen zurückgehen und dass diese Vorlagen ihrerseits zum Teil auf populäre Traditionen zurückgehen, auf Bauernregeln von der Art, wie HESIODOS sie gibt. Jedenfalls enthalten die späteren Listen Bemerkungen über die Jahreszeiten, das Wetter und die
Landwirtschaft.

Zusammenfassend können wir folgendes sagen. Sowohl in Ägypten als in Grie-

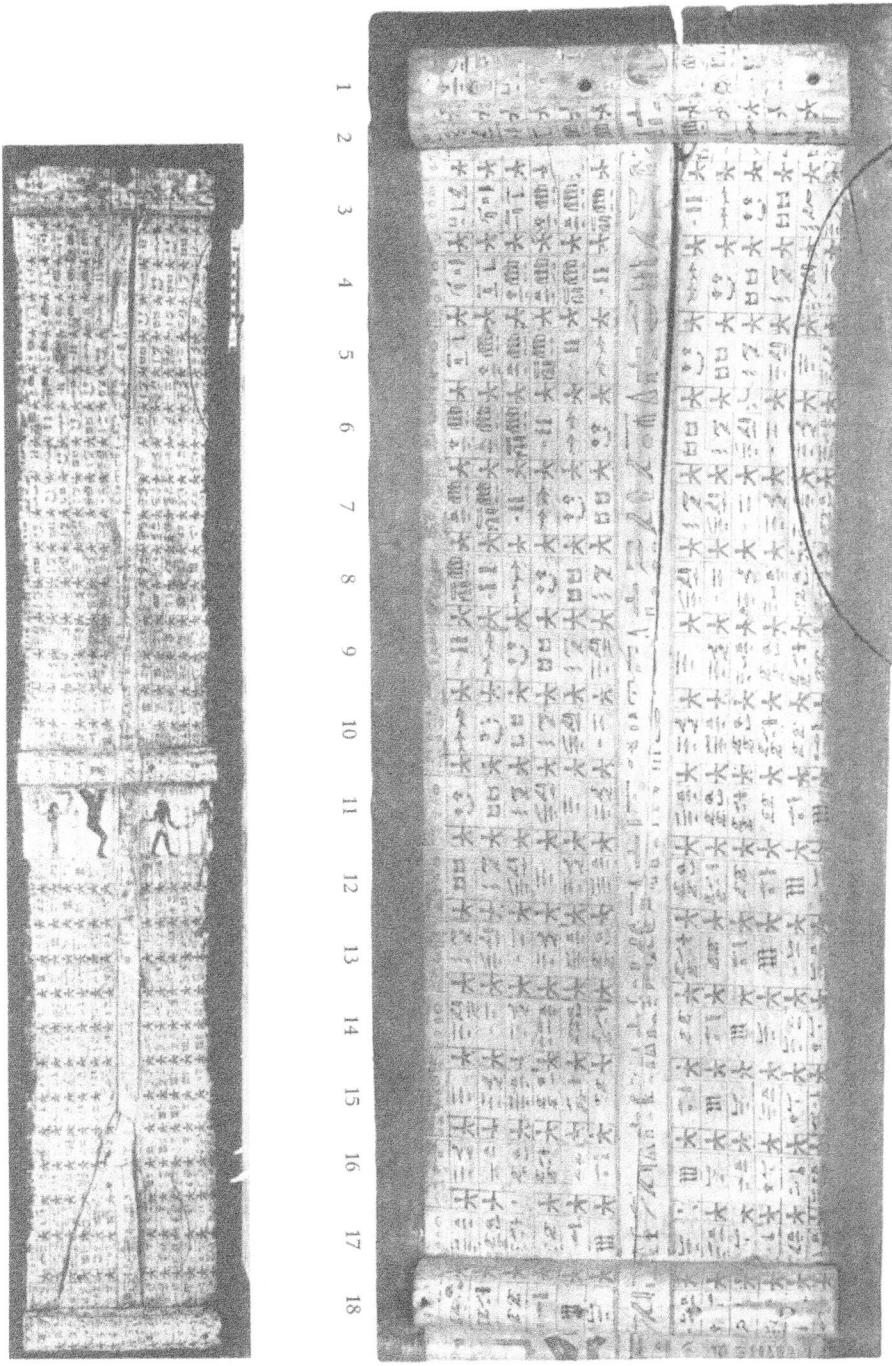

BILD 1 Grabdeckel des Tefabi aus Assiut (um −2100). Links der ganze Deckel, stark verkleinert. Rechts die obere Hälfte (Kolonne 1 bis 18) deutlicher. In jeder Kolonne 12 Dekane, die während der Nacht aufgehen

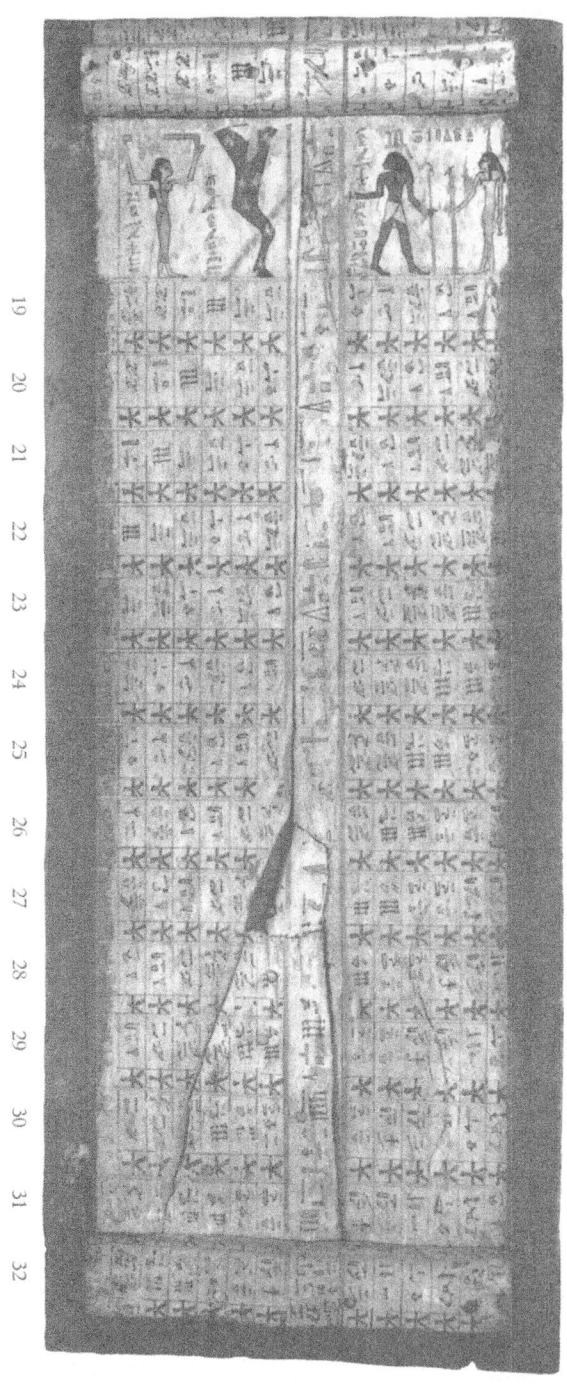

BILD 2 Grabdeckel des TEFABI, untere Hälfte (Kolonne 19 bis 32). In jeder Kolonne wieder 12 Dekane, jedesmal um eine Stelle nach links verschoben. Genauere Erklärung auf Seite 17

BILD 3 Inschrift im Kenotaph SETI I. in LUXOR (um −1300). Die Himmelsgöttin Nut, getragen von Shu, der Luft, überspannt mit ihren ausgestreckten Armen und Beinen das Weltall. Darunter erklärender Text in Hieroglyphen (siehe S. 22). Photo Oriental Institute, University of Chicago. Durch Farbfilter aufgenommen

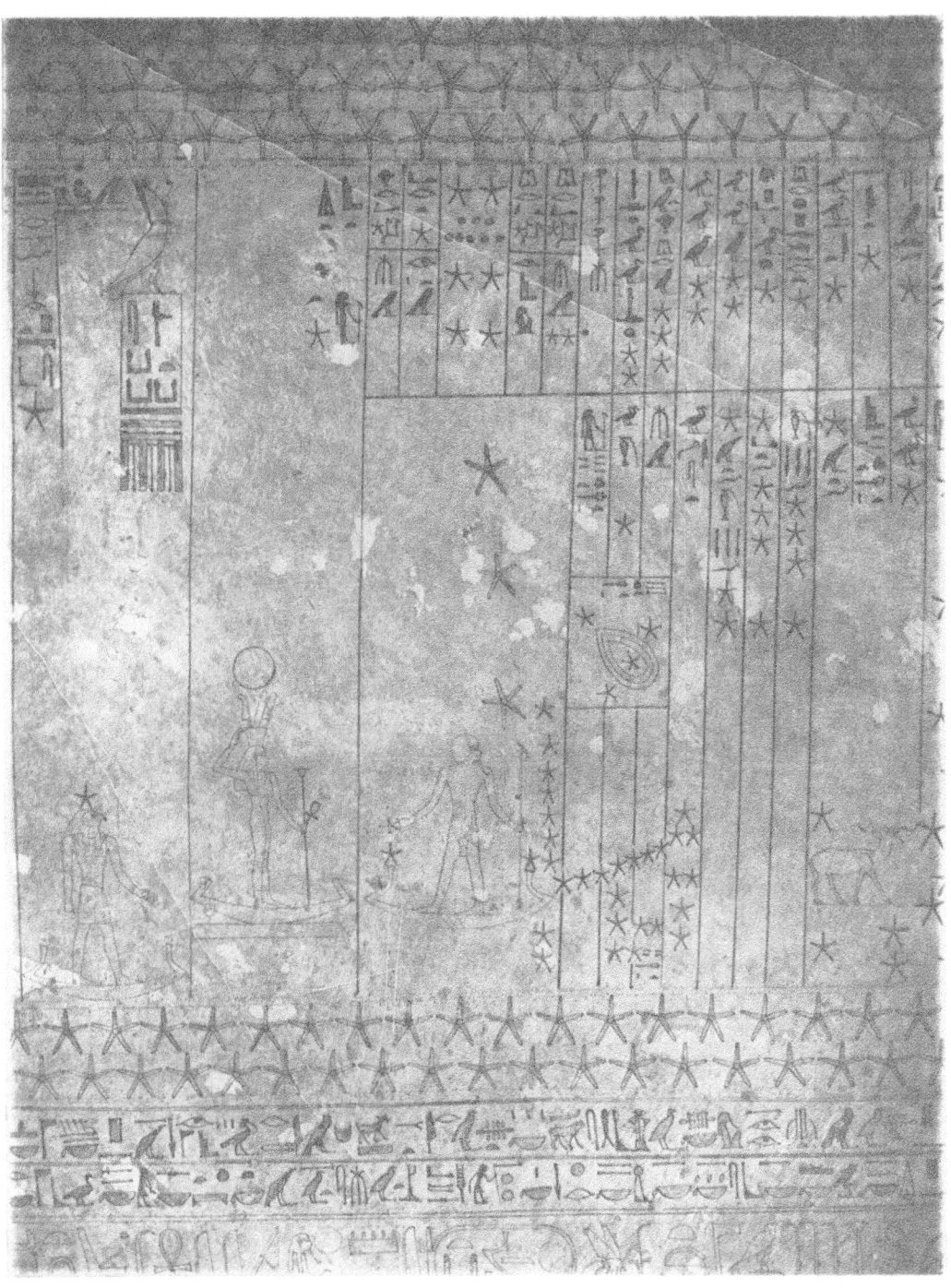

BILD 4 Ausschnitt aus der Decke des Grabes von SENMUT, dem Kanzler von HATSHEPSUT. Die drei grossen Sterne bilden den Gürtel des Sternbildes Orion. Darunter Osiris, der Gott Orions, verfolgt von Isis, der Göttin des Sirius, beide auf Barken. Der Text rechts zählt die Dekane auf (siehe S. 25). Photo Metropolitan Museum of Art, Egyptian Expedition

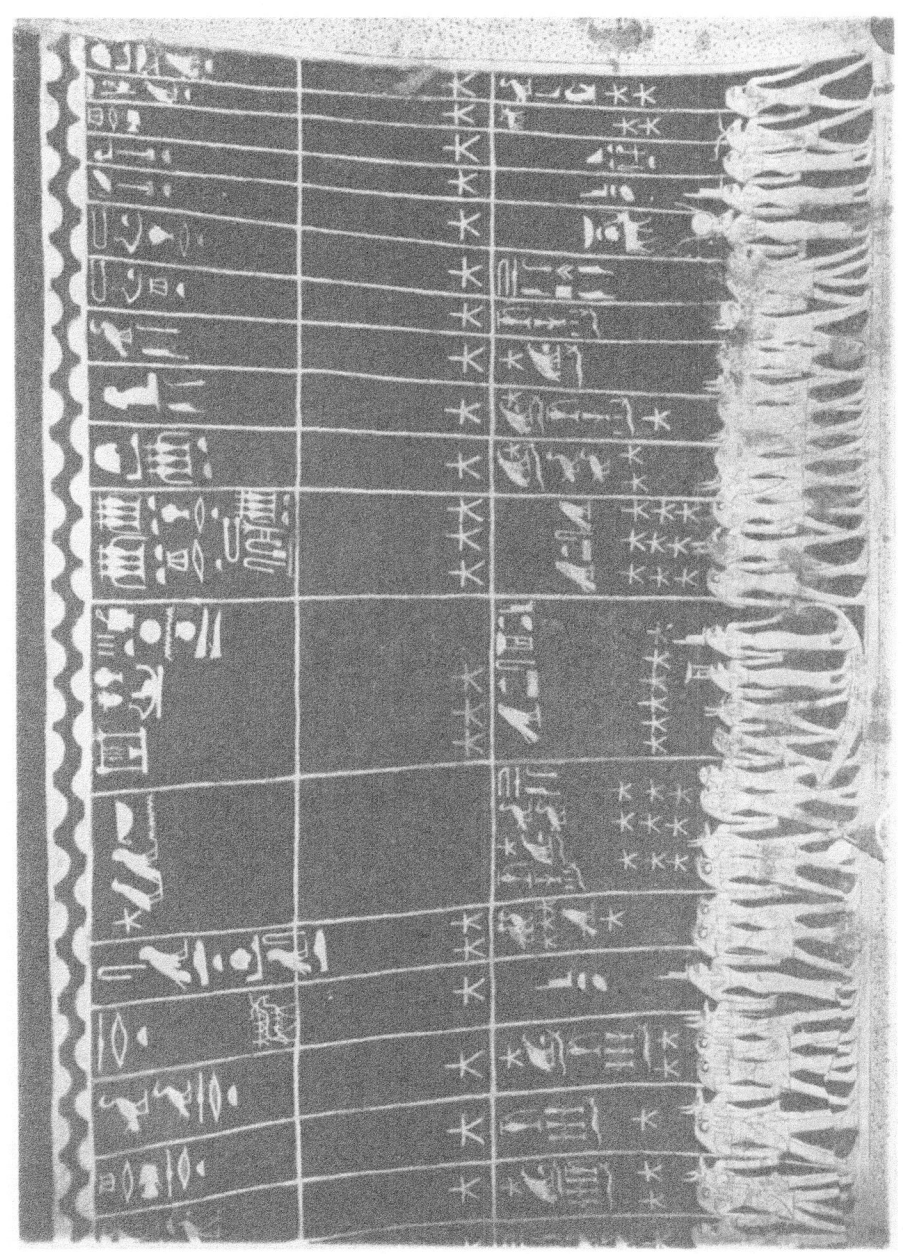

BILD 5 Astronomisches Deckengemälde des Grabes von Seti I. (−1300). Unten die Dekane, in der Mitte Isis und Osiris auf einer Barke.
Photo Metropolitan Museum of Art, Egyptian Expedition

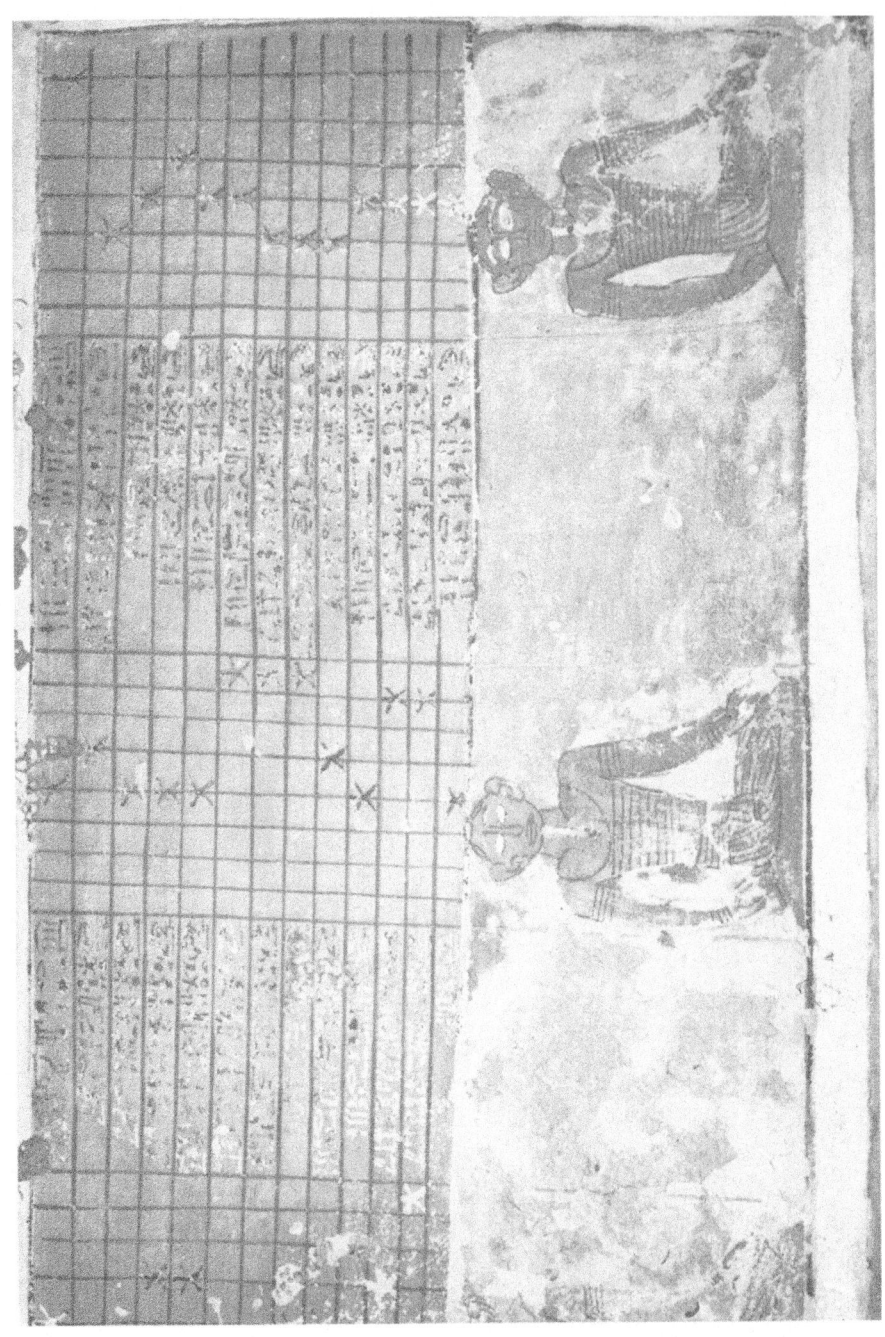

BILD 6 Grab von RAMSES VII in Luxor. Ueber einem sitzenden Mann sind jeweils für die 12 Stunden der Nacht
Sterne angegeben, die in eben dieser Stunde über seinem linken oder rechten Ohr, über seiner Stirn oder über
seiner linken oder rechten Schulter stehen sollen. Siehe S. 25 und die dort in Fussnotte 2 erwähnte Literatur.
Photo Oriental Institute, University of Chicago

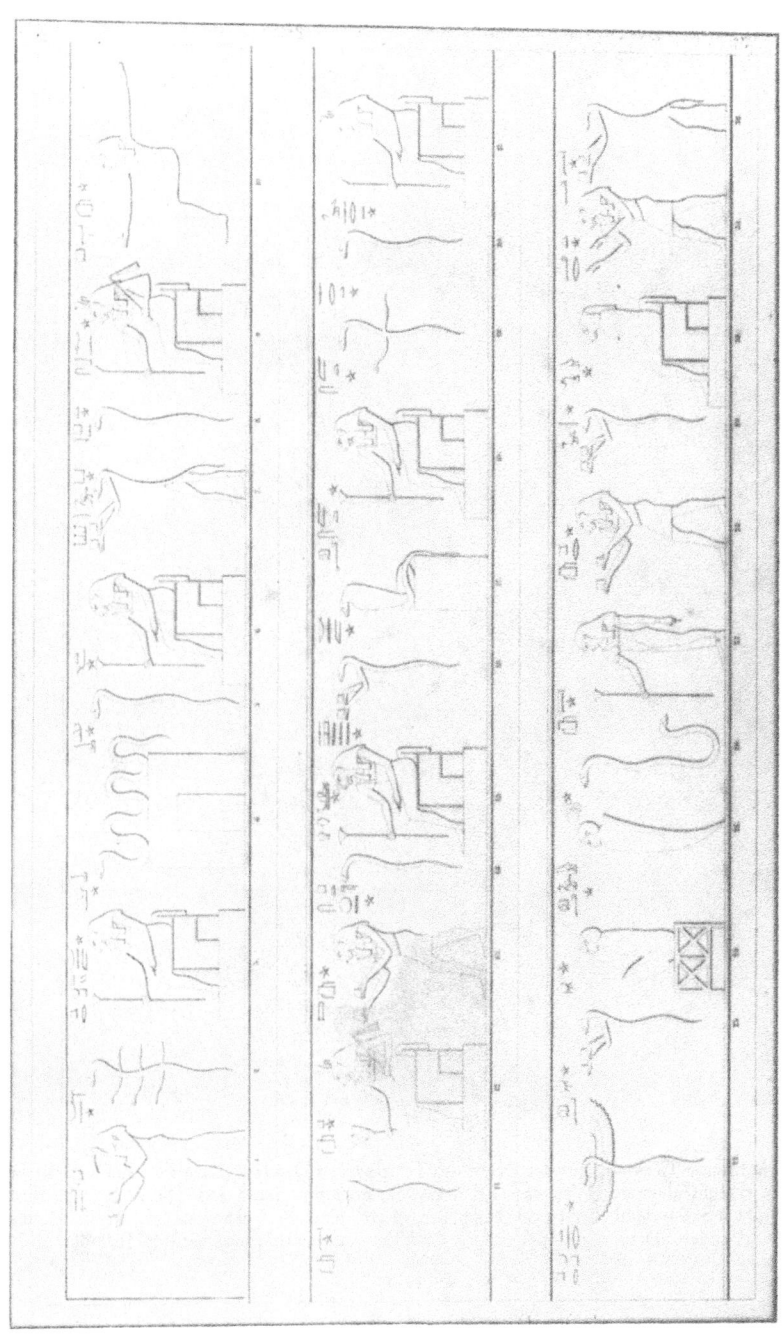

BILD 7 Die ersten 32 Dekane im Tempel von Edfu (Ptolemäerzeit, 2. Jahrh. vor Chr.), in Dreiergruppen rhythmisch geordnet. Jede Dreiergruppe gehört vermutlich zu einem Tierkreiszeichen. Der mittlere Dekan einer Dreiergruppe erscheint jeweils als Schlange. Aus H. BRUGSCH, Monumens d'Egypte, 1e série, Tafel VII

BILD 8 Der „runde Tierkreis" auf der Decke des Tempels von Dendera (Römische Zeit). Im Kreis innen Sternbilder. Man erkennt unter der Mitte rechts den Löwen, über ihm den Krebs. Die übrigen Tierkreisbilder sind
auf Bild 13 (nach S. 96) deutlicher zu erkennen. Ringsherum sind die Dekane als schreitende Männer, Schlangen
und andere Tiere abgebildet. Photo Archives photographiques Paris HHLE 86, 23 189

BILD 9 Fresco im Palazzo Schifanoia in Ferrara, Monat März. In der Mitte ein Widder, weil im Monat März
die Sonne im Widder steht. Im gleichen Mittelfeld die drei zum Widder gehörigen Dekane. Darunter: Landwirtschaft im Monat März und andere Genrebilder. Photo Alinari

BILD 10 Fresco im Palazzo Schifanoia, Monat April. Die Sonne (in der Mitte) steht im Stier. Links davon, über dem Stier und rechts von ihm die drei Dekane des Tierkreiszeichens Stier. Oben Triumph der Venus. „Rechts und links von ihr ist das verliebte und musikfrohe Treiben der Venuskinder dargestellt; die drei Grazien zeigen sich oben auf dem Felsplateau" (F. BOLL und C. BEZOLD, Sternglaube und Sterndeutung, 3. Aufl. 1926). Photo Alinari

chenland gab es vor dem Anfang der wissenschaftlichen Astronomie ein Wissen um die Zusammenhänge zwischen Himmelserscheinungen und Jahresablauf. Sternphasen wie das Morgenerst des Sirius oder das Morgenletzt der Pleiaden wurden als Vorzeichen für die Nilflut oder als Mahnung zum Pflügen aufgefasst. Wahrscheinlich gab es ein ähnliches populäres Wissen, auf alljährlicher Beobachtung beruhend, auch in Mesopotamien. Diese Bauernregeln rechnen wir noch nicht zur Astronomie, aber sie bilden eine Vorstufe dazu. Das populäre Wissen um die praktische Bedeutung der Himmelserscheinungen wurden von den Astronomen verfeinert, erweitert und systematisiert. So entstanden die ägyptischen Dekanlisten, die babylonischen Listen von „Monatssternen" und die Fixstern- und Wetterkalender der Griechen, die sogenannten Parapegmen.

DIE ÄGYPTISCHEN DEKANE

Die Ägypter gaben ihren vornehmen Toten alles mit, was sie auf ihrem langen Weg durch Raum und Zeit brauchen konnten: Nahrung, Reichtümer, Bücher und Anweisungen zur astronomischen Zeitbestimmung. Diese letzteren interessieren uns hier, und zwar betrachten wir zunächst die sogenannten Diagonalkalender.

Diagonalkalender

Man findet sie auf der Innenseite von Sargdeckeln aus der Zeit des Mittleren Reiches (−2050 bis −1700) und sogar schon vorher, unter der 9. und 10. Dynastie (um −2100). Unsere Bilder 1 und 2 zeigen die beiden Hälften eines solchen Deckels, vom Grabe des TEFABI (oder TEFIBI oder *'It-'ib*) in Assiut.

Ein vollständiger Diagonalkalender sollte 36 Querspalten erhalten: 18 rechts vom Mittelbild, gegenüber dem Kopf der Mumie, und 18 links. Es gibt Deckel, die alle diese 36 Spalten enthalten, aber der Sargdeckel des TEFABI hat nur 32 Spalten. Die restlichen haben wohl keinen Platz mehr gehabt. Die uns erhaltenen Sargdeckel waren vermutlich nur schlechte Kopien von Inschriften in Königsgräbern. Solche Inschriften sind uns auch erhalten, aber erst aus der Zeit des Neuen Reiches.

Aus der ausgedehnten Literatur über die astronomischen Grabinschriften[1] mögen drei Aufsätze hervorgehoben werden, die besonders lehrreich und angenehm kurz sind, nämlich:

A. POGO, Calendars of coffin lids from Asyut, Isis *17* (1932) p. 6.
O. NEUGEBAUER, The Egyptian „Decans", Vistas in Astronomy I (1955).
R. BÖKER, Miszellen, Zeitschr. f. ägypt. Sprache 82 (1957).

Die Hauptergebnisse dieser Forscher sollen jetzt an Hand der Bilder 1 und 2 erklärt werden. Wir nehmen die Bilder mit der rechten langen Seite quer vor uns, so dass im Götterbild die Beine nach links zeigen. Die Vögel im Text schauen dann alle nach rechts; die Hieroglyphen sind von rechts nach links zu lesen und die

[1] Siehe vor allem das Standardwerk von O. NEUGEBAUER and R. A. PARKER, Egyptian Astronomical Texts I Lund Humphries, London 1960). Eben ist auch Band II erschienen.

Spalten auch von rechts nach links zu numerieren. Bild 1 enthält die Spalten 1 bis 18, Bild 2 links von der Götterzeichnung die Spalten 19 bis 32.

Jede Kolonne enthält eine Überschrift und zwölf Sternnamen (6 über und 6 unter dem langen Mittelstreifen). Die Überschriften geben Monatsdrittel an. Über Kol. 1 steht z.B.: 1. Drittel des 1. Monats der Überschwemmungszeit. Die darunter stehenden Sternnamen bezeichnen teils Einzelsterne wie Sirius, teils Sternbilder wie Orion, häufig auch Teile von Sternbildern. Insgesamt kommen 36 Namen von Sterngruppen vor. Ihre Lage am Himmel ist, von Sirius und Orion abgesehen, nicht genau bekannt; wir werden aber später sehen, dass man ihre ungefähre Lage wohl bestimmen kann.

Es scheint, dass in den ältesten Texten diese Sterne einfach darum ausgezeichnet wurden, weil sie sich zur Zeitbestimmung gut eignen. Im Laufe der Jahrhunderte sind aus diesen Zeitsternen Zeit- und Schicksalsgötter geworden. Die griechischen Astrologen nannten diese himmlischen Mächte *Dekane* und ordneten jedem Dekan einen Bogen von 10° auf der Ekliptik zu. Es ist üblich, den Namen Dekane auch auf die ursprünglichen ägyptischen Kalendersterne anzuwenden. Die Ägypter selbst nannten sie „Widder" oder einfach „Sterne".

Schaut man die Hieroglyphen in Bild 1 und 2 etwas genauer an, so sieht man, dass der Sternname, der in einer beliebigen Kolonne ganz unten steht, in der nächsten Kolonne um einen Platz höher erscheint, in der übernächsten wieder einen Platz höher u.s.w. Wie ist diese diagonale Anordnung zu erklären?

In Kol. 18 findet man ganz unten den Dekan Sopdet (= Sothis = Sirius). Die Ägypter haben nun angenommen, dass in dem Monatsdrittel, auf das sich die Kol. 18 bezieht, Sirius gerade am Ende der Nacht, unmittelbar vor der Morgendämmerung aufgeht, und analog für alle anderen Kolonnen. Genauer kann man sagen, dass am 1. Tag dieses Monatsdrittels Sirius gerade zum ersten Mal sichtbar wird. Von diesem 1. Tag an geht Sirius jeden Tag 4 Minuten früher auf. Am Anfang des nächsten Monatsdrittels wird Sirius etwa 40 Minuten vor dem Ende der Nacht sichtbar werden. Am Ende der Nacht wird der nächste Dekan gerade sichtbar, und so geht es weiter. Alle 10 Tage rücken alle Dekane einen Platz weiter nach oben und ein neuer Dekan erscheint in der untersten Zeile.

„Ein Dekan stirbt, ein Dekan lebt jeden zehnten Tag", so heisst es im Papyrus Carlsberg 1, den wir später ausführlicher behandeln werden. Mit „sterben" ist der Abenduntergang, das Verschwinden der Sterne in der Duat (Unterwelt) gemeint, mit „leben" der Morgenaufgang, das Sichtbarwerden der Sterne am Morgenhimmel.

Die Lage der Dekane am Himmel

Ein Stern P möge am Morgenhimmel zum ersten Male sichtbar werden. Er steht dann etwas über dem Horizont, denn am Horizont sind die Sterne unter diesen Umständen nicht sichtbar. Für die Berechnung des Morgenerst nimmt man jedoch, der einfachen Rechnung halber, den Stern genau im Horizont an. Man ver-

nachlässigt ferner die Strahlenbrechung (Refraktion), die bewirkt, dass der scheinbare Sternort etwas höher liegt als der wahre.

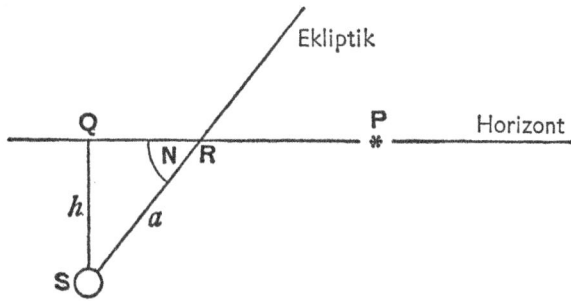

Fig. 1.   Morgenerst eines Sternes in P, Sonne in S

Damit der Stern gesehen werden kann, muss die Sonne in dem Augenblick, da der
Stern aufgeht, eine gewisse Tiefe unter dem Horizont haben. Diese Tiefe QS = h
ist ein Bogen an der Himmelskugel, den man den *Sehungsbogen* (Arcus visionis) des
Sternes nennt. Für helle Sterne wie Sirius beträgt der Sehungsbogen beim Morgenerst unter günstigen Wetterbedingungen nur 9 oder 10 Grad; für schwache Sterne
ist er grösser.[1] Auch hängt h natürlich vom Wetter ab: bei klarem Wetter sind
die Sterne früher sichtbar als bei Dunst.

Der Sonnenort S liegt auf der Himmelskugel immer auf einem festen Kreis, den
man heute die *Ekliptik* nennt. Die Griechen nannten ihn den *Kreis durch die Mitte
der Zeichen* (zodia = Tierkreiszeichen). Der Schnittpunkt R dieses Kreises mit dem
östlichen Horizont heisst *der mit dem Stern P aufgehende Ekliptikpunkt*; von dem
Stern P sagt man auch, dass er *mit dem Punkt R gleichzeitig aufgeht*. Diese gleichzeitig
aufgehenden Sterne (griechisch Paranatellonta, von para = neben und anatellōn
= aufgehend) spielen in der griechischen beschreibenden Astronomie und in der
Astrologie eine grosse Rolle.

Sind die Höhe h und der Neigungswinkel N der Ekliptik gegen den Horizont
bekannt, so kann man den Ekliptikbogen a = SR ausrechnen. Für Ägypten ist der
Neigungswinkel N niemals sehr klein, also ist a zwar grösser als h, aber nicht sehr
viel grösser. Für Ägypten liegt a meistens zwischen 10° und 20°.

Wir machen nun eine Näherung, indem wir a in allen Fällen gleich 15° setzen.
Dasselbe tut auch der griechische Astronom AUTOLYKOS in seinem Buch über die
rotierende Sphäre.

Vom Morgenerst eines Dekanes zum Morgenerst des nächsten Dekanes vergehen
nach der ägyptischen Theorie 10 Tage. Die Sonne legt in diesen 10 Tagen fast 10°
in der Ekliptik zurück. Wir ersetzen in unserer schematischen Betrachtung diese
fast 10° durch genau 10°.

Markiert man auf der Ekliptik den Sonnenort im Augenblick des Morgenerst

---

[1] Für genauere Angaben siehe B. L. van der WAERDEN, Die Sichtbarkeit der Sterne am Horizont, Vierteljahrsschr. d. Naturf. Ges. Zürich *99* (1954).

des Sirius und geht von diesem Punkte aus in Schritten von 10° weiter im Sinne wachsender Sonnenlänge, so erhält man 36 äquidistante Punkte auf der Ekliptik. Geht man nun von jedem dieser Punkte 15° zurück, um die mit den Dekanen aufgehenden Ekliptikpunkte R zu erhalten, so erhält man wieder 36 äquidistante Punkte auf der Ekliptik:

$$R_1, R_2, \ldots, R_{36}.$$

Die 36 Dekansterne sind nun, wenn die ägyptische Theorie wörtlich genommen wird, Paranatellonta zu diesen 36 Ekliptikpunkten. Nimmt man einen drehbaren Sternglobus, der auf die geographische Breite von Memphis oder Theben eingestellt wird, mit einem eingezeichneten Ekliptikkreis und einem festen Horizontring aussen herum, so kann man die Ekliptikpunkte $R_1, \cdots, R_{36}$ folgendermassen konstruieren. Man markiert zunächst auf dem Globus den Siriusort P_{36} (die Nummer 36 soll daran erinnern, dass Sirius in allen Dekanlisten der 36. Dekan ist). Sodann dreht man den Globus im Sinne der täglichen Drehung des Himmels so weit, dass der Punkt P_{36} gerade am Horizont aufgeht. Jetzt kann man den gleichzeitig aufgehenden Ekliptikpunkt R_{36} einzeichnen. Von hier aus zeichnet man, im Sinne der Tierkreiszeichen auf der Ekliptik immer um 10° weitergehend, nacheinander die Punkte R_1 bis R_{35} ein. Dreht man nun den Globus so weit, dass einer dieser Punkte R im Horizont aufgeht, so muss jeder mit R gleichzeitig aufgehende Stern P im gleichen Aufgangshorizont, d.h. in der östlichen Hälfte des jeweiligen Horizontkreises liegen (Fig. 2).

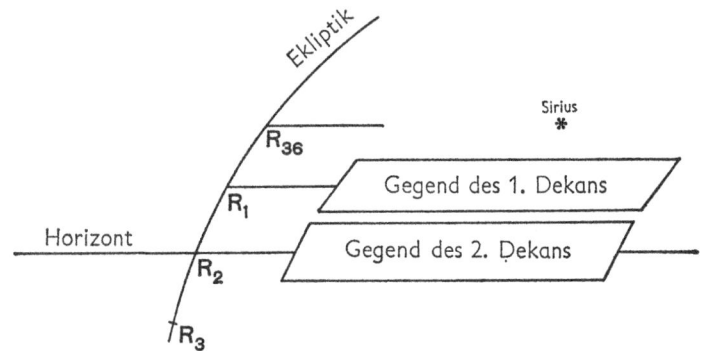

Fig. 2.   Die Lage der Dekane am Himmel

Berücksichtigt man erstens, dass die Bogen *a* nicht genau gleich sind, und zweitens, dass die ägyptischen Daten für das Morgenerst nur ungefähr stimmen können, so folgt, dass die Dekane nicht genau in den 36 eben konstruierten Aufgangshorizonten zu liegen brauchen. In der Nähe müssen sie aber liegen, weil sonst die Daten ganz falsch ausfallen würden.

Man verstehe mich wohl. Ich behaupte nicht, dass die Ägypter einen Globus gehabt oder dass sie die geschilderte geometrische Konstruktion auch nur in Gedanken ausgeführt haben. Wahrscheinlich haben sie nicht einmal den Tierkreis gekannt; zumindest wird in den Texten des Mittleren und Neuen Reiches der Tierkreis überhaupt nicht erwähnt. Erst auf den Deckengemälden der Tempel der römischen Kaiserzeit sind ausser den Dekanen auch die Tierkreisbilder abgebildet.

Nach dem erwähnten Papyrus Carlsberg 1 ist jeder Dekan zwischen Abendletzt und Morgenerst 70 Tage unsichtbar. Der Stern hält sich 70 Tage „in der Unterwelt, im Hause des Geb" auf. Dort „reinigt er sich und entsteht im Horizont wie Sothis". Danach scheint es, dass man Sirius, der tatsächlich ungefähr 70 Tage unsichtbar bleibt, als Muster für alle Dekane genommen hat.

Wenn ein Stern 70 Tage unsichtbar bleibt, so muss er, wie Sirius, ziemlich weit südlich von der Ekliptik stehen. Sterne in der Ekliptik bleiben nämlich nur 30 bis 40 Tage unsichtbar, und Sterne nördlich davon noch kürzer. Daher wurde in Fig. 2 als Gegend des ersten bezw. des zweiten Dekans jeweils ein viereckiger Bereich um den Horizont herum, südlich von der Ekliptik eingezeichnet. Die viereckigen Bereiche, die man so für die 36 Dekane erhält, liegen alle in einem Gürtel südlich von der Ekliptik. In diesem Gürtel müssen die Dekane liegen, wenn die Aussagen der Texte auch nur annähernd richtig sein sollen.

Der Aufgang der Dekane in der Nacht

Warum gibt es in den Diagonalkalendern gerade 12 Zeilen?

Jede Kolonne bezieht sich, wie wir gesehen haben, auf ein bestimmtes Monatsdrittel. Die Kolonne enthält 12 Dekane, von denen der letzte in diesem Monatsdrittel am Ende der Nacht aufgeht. Wenn nun der erste Dekan derselben Kolonne am Anfang der Nacht aufgehen würde, so könnte man das Aufgehen der 12 Dekane zur Zeitbestimmung in der Nacht verwenden. Stimmt das? Gehen im Laufe einer Nacht wirklich 12 Dekane auf?

Bei der Beantwortung dieser Frage können wir offenbar die Dekane P durch die gleichzeitig aufgehenden Ekliptikpunkte R ersetzen. Diese liegen annähernd gleichverteilt auf der Ekliptik, in Abständen von 10°. Es fragt sich also, wie viele von diesen 36 Punkten R im Laufe einer Nacht aufgehen. Die Sonne sei in S.

Am Ende der Nacht geht die Sonne in S auf. Am Anfang der Nacht geht die Sonne unter, also geht der Gegenpunkt T der Sonne dann auf. Die Punkte S und T liegen auf der Ekliptik um 180° voneinander entfernt, daher liegen zwischen ihnen genau 18 Punkte R. Diese 18 Punkte und die mit ihnen aufgehenden Dekansterne gehen nun, einer nach dem anderen, im Laufe der Nacht auf. Wir müssten also nicht 12, sondern 18 Zeilen erwarten.

Wir haben aber die Dämmerung am Anfang und am Ende der Nacht noch nicht berücksichtigt. In der Dämmerung kann man in der Nähe des Horizontes nur die allerhellsten Sterne sehen. Damit das ägyptische Schema genau stimmt, müsste man je 3 Dekane am Anfang und am Ende der Nacht weglassen, weil ihre Aufgänge in die Dämmerung hineinfallen. Man müsste also im Durchschnitt 2 Stunden Abend- und 2 Stunden Morgendämmerung rechnen. Das wäre eine reichlich lange Dämmerung! Es scheint aber, dass die Ägypter tatsächlich am Anfang und am Ende der

Nacht je zwei Stunden für die Dämmerung abgerechnet haben. In einer Inschrift aus dem 13. Jahrhundert v. Chr. heisst es nämlich: „Zwei Stunden vergehen am Morgen bevor die Sonne scheint und zwei Stunden vergehen auch am Abend nachdem die Sonne untergegangen ist, wegen der Ermüdung der Nachtstunden".[1]

Während der eigentlichen Nacht, ohne die Dämmerung, gehen also nach der ägyptischen Theorie 12 Dekane nacheinander auf und markieren dadurch die 12 Teile der Nacht. Hat man die Liste der Dekane und hat man beobachtet, welcher Dekan am Anfang der Nacht aufgeht, so kann man mit Hilfe der aufgehenden Dekane die Zeit während der Nacht bis zur Morgendämmerung erkennen. Die Diagonalkalender sagen einem, wie man das macht. Sie sind, wie NEUGEBAUER richtig bemerkt, keine eigentlichen Kalender, sondern Sternuhren.

Die Überschriften der Kolonnen

geben, wie sich aus dem gesagten ergibt, die Monatsdrittel an, an deren Anfang die Dekane gerade sichtbar werden. Mit historischen Schlüssen aus diesen Daten muss man aber vorsichtig sein. POGO meint, dass die Überschriften einfach in der natürlichen Reihenfolge des ägyptischen Jahres von rechts nach links von einen Handwerker, der nichts von Astronomie verstand, eingefügt wurden. Es ist aber auch möglich, dass die Überschriften genau so in der Vorlage standen und dass die Vorlage von einem Astronomiekundigen geschrieben wurde. Dann hätte dieser den Morgenaufgang des Sirius auf den Anfang des 18. Monatdrittels, d.h. auf den 21. Mechir angesetzt. Nun wissen wir schon, dass nach der Rechnung des THEON der Siriusaufgang im Jahre −2781 auf den 1. Thoth fiel und dass er sich alle 4 Jahre um einen Tag verspätete. Nach 680 Jahren, d.h. im Jahre −2101 würde der Morgenaufgang des Sirius demnach auf den 21. Mechir fallen. Da das Morgenerst sehr wohl einmal 4 oder 5 Tage früher oder später fallen kann als nach der Rechnung des THEON, muss man nach jeder Seite etwa 20 Jahre Spielraum lassen. Die Sargdeckel des Mittleren Reiches würden dann also auf eine Vorlage zurückgehen, die zwischen −2120 und −2080 zu datieren wäre. Dieser Ansatz erscheint durchaus möglich, denn der älteste bekannte Diagonalkalender stammt aus der Zeit um −2100.

Spätere Ausgestaltung der Dekanlehre

Auf Grabinschriften des Neuen Reiches (−1560 bis −1080) finden wir die Lehre von den Dekanen ausgestaltet und mit der Kosmologie und Sonnentheologie verknüpft. Die für uns wichtigsten Texte S und R sind Inschriften im Kenotaph von SETI I (um −1300, Bild 3) und im Grabe RAMSES IV (um −1155). Beide Inschriften bestehen aus einem grossen Bild der Himmelsgöttin Nut, die mit ihren ausgebreiteten Armen und Beinen das Weltall überspannt, und einem Text, in dem dieses Bild erklärt und das Weltall beschrieben wird, Zu diesen Texten gibt es einen sehr aufschlussreichen Kommentar P, der von LANGE und NEUGE-

---

[1] H. FRANKFORT, The Cenotaph of Seti I at Abydos, Memoir 36 of the Egypt. Explor. Soc. (1933), p. 78.

BAUER [1] publiziert wurde. Der zentrale Teil des Kommentars P ist der Lehre von den Dekanen gewidmet.

Sieben Dekane sind jeweils in der Duat (Unterwelt), sagt unser Kommentar P. Diese 7 Dekane sind die ganze Nacht unsichtbar. Die übrigen 29 Dekane werden eingeteilt in:

8 Dekane „auf der Ostseite des Himmels",

12 Dekane, die „in der Mitte des Himmels arbeiten",

9 Dekane „im Westen".

Die ersten 8 Dekane gehen einer nach dem andern auf, bevor der dunkle Teil der Nacht zu Ende geht, aber sie erreichen die „Mitte des Himmels", d.h. den Meridian nicht. Die 12 Dekane, die in der Mitte des Himmels „arbeiten", sind die, die in der Nacht kulminieren, der erste von ihnen am Anfang der Nacht, der letzte am Ende. Die letzten 9 Dekane stehen am Anfang der Nacht schon westlich vom Meridian, sie gehen dann nacheinander im Westen unter.

Zehn Tage später ist ein Dekan aus der Unterwelt aufgetaucht und einer verschwunden. Alle Dekane sind dann um einen Platz in der Reihe weitergerückt.

Verfolgt man nun, wie es der Kommentar P tut, den Kreislauf eines Dekanes durch das ganze Jahr, so sind drei Ereignisse dabei wichtig:

A) *die Abendkulmination*. Der Dekan bezeichnet durch seine Kulmination die erste Stunde der Nacht. In der nächsten Dekade wird er vor Anfang der Nacht kulminieren; er hat also am Ende der laufenden Dekade seine letzte sichtbare Kulmination. Der Kommentar drückt das so aus: „Das ist der Tag, an dem er aufhört, Arbeit zu tun".

B) *das Abendletzt*. Der Dekan ist zum letzten Male am Abendhimmel sichtbar. Einen Tag später wird er unsichtbar sein. Der Kommentar drückt das so aus: „Der Dekan des Abends, der zur Unterwelt geht ohne in der Unterwelt zu sein, nämlich um in sie einzugehen. Das ist der Dekan, der sich im Mund der Duat befindet". Dieser Dekan ist offenbar der letzte der 9 Dekane „im Westen". Also vergehen 90 Tage von der Abendkulmination zum Abendletzt. Das stimmt auch mit den Listen der Inschriften S und R überein.

C) *das Morgenerst*. Der Dekan ist zum ersten Male am Morgenhimmel sichtbar, oder, wie der Kommentar es ausdrückt „Er geht auf am Himmel aus der Unterwelt an diesem Tage". Am Tage vorher war der Dekan noch unsichtbar, als letzter der 7 Dekane der Unterwelt. Also vergehen 70 Tage vom Abendletzt bis zum Tag vor dem Morgenerst.

Da die Zusatztage am Ende des Jahres in den Listen vernachlässigt werden, muss man das Jahr zu 360 Tagen rechnen. Für die Zeit vom Morgenerst bis zur Abendkulmination verbleiben

$$360-(90+70) = 200$$

[1] H. O. LANGE und O. NEUGEBAUER, Papyrus Carlsberg No. I, Kon. Danske Vid. Selskap Hist. fil. Skrifter I, Nr. 2 (1940).

Tage. Während der letzten 120 von diesen 200 Tagen „arbeitet der Dekan in der Himmelsmitte", wie der Kommentar sagt, d.h. er kulminiert in der Nacht.

Nach dieser Theorie kann man alle Daten der Phasen A), B) und C) berechnen, sobald ein Datum, z.B. das Morgenerst des Sirius bekannt ist. Die Inschriften S und R und der Kommentar P setzen dieses Morgenerst auf den 26. Pharmuti. Ich vermute, dass dieses Morgenerst auf Grund einer wirklichen Beobachtung bestimmt wurde.

Historische Folgerungen

Wenn der Siriusaufgang genau am 26. Pharmuti beobachtet wurde, so kann man die Beobachtung nach der früher angewandten Methode datieren. Man kommt so auf ein Jahr zwischen −1860 und −1820. Legt man die etwas largere Annahme von LANGE und NEUGEBAUER zugrunde, dass die Beobachtung an irgend einem Tag der dritten Dekade des Monats Pharmuti gemacht wurde, so würde man die weiteren Grenzen −1880 und −1800 erhalten.

Nun stammen aber unsere Texte S und R aus der Zeit nach −1300. Wir kommen also zu dem erstaunlichen Ergebnis, dass die Datenlisten, die man als Leitfaden zur Zeitbestimmung den toten Herrschern des Neuen Reiches mitgegeben hat, auf Beobachtungen aus der Zeit vor −1800 beruhen. Dass das Datum des Siriusaufganges sich in den 7 Jahrhunderten von −1840 bis −1300 um $4\frac{1}{2}$ Monate verschoben hatte, das kümmerte den Verfasser der Inschrift S überhaupt nicht. Er kopierte einfach eine alte Datenliste als ob sie ewige Gültigkeit hätte, und der Schreiber der Inschrift R, $1\frac{1}{2}$ Jahrhunderte später, folgte seinem Beispiel.

Wir schliessen daraus, dass die ganze Dekan-Astronomie ein Produkt des Mittleren Reiches ist, das nach −1800 völlig erstarrte und nur noch abgeschrieben und kommentiert wurde. Etwas besseres als diese längst überholte Theorie haben die Schreiber des Mittleren Reiches offenbar nicht gehabt; sonst hätten sie es dem mächtigen SETI I doch wohl zur Verfügung gestellt.

Zwischen der Dekanliste der Sargdeckel von Assiut und der Dekanliste der Texte S und R bestehen Unterschiede, die LANGE und NEUGEBAUER auf S. 72 ihrer Publikation vermerkt haben. Auf den Sargdeckeln ist nur der Aufgang der Sterne berücksichtigt, in den jüngeren Texten auch der Untergang und die Kulmination. Wir haben schon gesehen, dass das Morgenerst des Sirius in den jüngeren Texten auf ein anderes Datum gelegt wurde als auf den älteren Sargdeckeln. Daraus folgt, dass in der Zeit des Mittleren Reiches die Theorie noch nicht erstarrt war. Man hat bis etwa −1840 noch Beobachtungen gemacht und die Theorie den Beobachtungen angepasst.

Das Mittlere Reich war anscheinend die Blütezeit der altägyptischen Astronomie, wie es ja auch die Blütezeit der altägyptischen Mathematik war (siehe Erw. Wiss. I).

Weitere astronomische Deckeninschriften

SENMUT, der reiche und mächtige Kanzler der Königin HATSCHEPSUT (um

—1500) hat in seinem Grab ebenfalls eine astronomische Inschrift anbringen lassen, von der ein Teil als Bild 4 reproduziert ist. Der Text in den schmalen Kolonnen rechts zählt die Dekane und ihre zugeordneten Götter auf. In der Mitte sieht man einen Gott auf einem Schiff, darüber drei große Sterne und darüber in einem schmalen Rechteck sechs Sterne, die das Sternbild Orion darstellen sollen. Die drei grossen Sterne darunter stellen nach POGO (Isis *14*, p. 319) den Gürtel des am Horizont aufgehenden Orion dar. Darunter sieht man Osiris, den Gott des Sternbildes Orion, und dahinter Isis, die Göttin des Sirius, die den Osiris verfolgt.

Ganz ähnliche Darstellungen findet man im Amontempel in Theben, der von RAMSES II um —1280 vollendet wurde[1]. Auch am Grab von SETI I (um —1300) sieht man Isis und Osiris in der Mitte der Dekanreihe (Bild 5).

In den Gräbern von RAMSES VI, VII und IX (12. Jahrhundert vor Chr.) ist eine neue Methode der astronomischen Zeitbestimmung dargestellt, die einen prinzipiellen Fortschritt gegenüber der alten Dekanmethode bedeutet.[2] Wir sehen in Bild 6 einen sitzenden Mann, einen aus einer Reihe von vierundzwanzig. Für den 1. und 16. Tag eines jeden Monats ist je eine Männerfigur vorhanden. Die Inschrift darüber hat jeweils 12 Zeilen für die 12 Teile der Nacht. Die vertikalen Striche, auf denen Sterne stehen, bezeichnen Sternpositionen. In jeder Zeile wird ein Stern erwähnt, der zu dieser Stunde in einer bestimmten Position gesehen werden kann. Der Text beschreibt die Positionen so: „Über dem linken Ohr" oder „Über der linken Schulter", u.s.w.

Es scheint, dass auch diese neuere Theorie der Orts- und Zeitbestimmung bald erstarrte. Nach NEUGEBAUER hat man die Texte immer wieder mechanisch abgeschrieben, ohne zu beachten, dass die Daten nach einiger Zeit nicht mehr stimmen können. In späterer Zeit sind diese Methoden mit Recht der Vergessenheit anheim gefallen. Die Babylonier und die Griechen hatten viel bessere Methoden der astronomischen Zeitbestimmung und viel genauere Sternkataloge.

Die Dekane in der Astrologie

Im 2. Jahrhundert vor Christus, unter den Ptolemäern, finden wir die Dekane im Pronaos des grossen Tempels von Edfu wieder. Ihre Namen sind fast dieselben geblieben, aber ihre bildliche Darstellung ist stark verwandelt. Jeder Dekan erscheint jetzt in einer besonderen Gestalt dargestellt. Meistens sind es Gestalten von Schlangen oder von Göttern mit Menschen- oder Tierköpfen. Ferner sind die Dekane in Dreiergruppen rhythmisch gegliedert, wobei der mittlere Dekan einer Dreiergruppe immer als Schlange erscheint (Bild 7).

Wieder anders erscheinen die Dekane im Tempel von Dendera aus der römischen Zeit (Fig. 3). Man sieht hier in der oberen Zeile eine Darstellung des Tierkreises. Von rechts nach links erkennt man oben Wassermann, Fische, Widder und Stier, unten Löwe, Jungfrau mit Ähre (Spica), Waage und Skorpion. Diese Bilder

---

[1] Abbildung und Übersetzung bei H. BRUGSCH, Monumens de l'Egypte, Berlin 1857, Pl. V—VI.
[2] O. NEUGEBAUER, The exact sciences in antiquity, 2nd ed., Brown Univ. Press, Providence 1957, p. 89. NEUGEBAUER and PARKER, Eg. astron. texts II (1964).

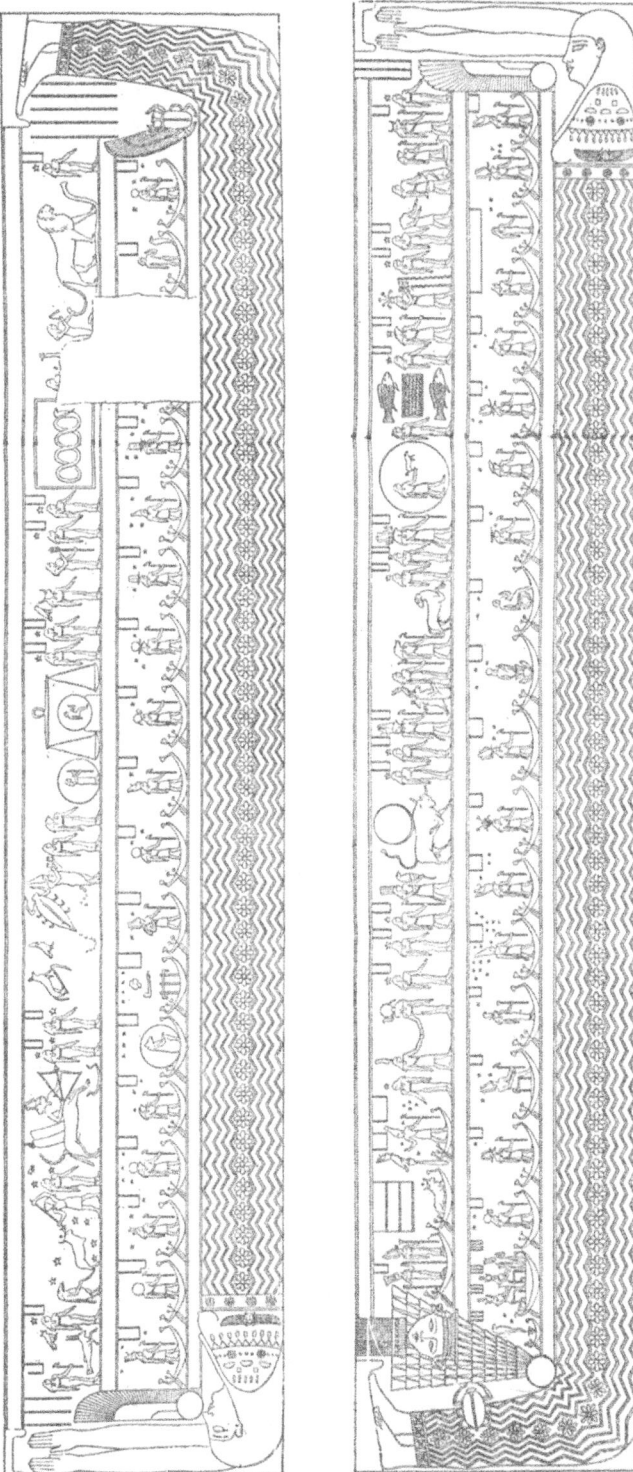

Fig. 3. „Rechteckiger Tierkreis" von Dendera (Römische Zeit). Oben die Tierkreiszeichen und andere Sterngötter, unten die Dekane auf Barken.

sind, wie wir später nachweisen werden, babylonischen Ursprungs und nur im Stil ägyptisiert. Darunter sind die Dekane als ägyptische Götter auf Barken stehend dargestellt. Ganz unten sieht man wieder die Himmelsgöttin Nut, die mit ihren Armen und Beinen das Ganze umfasst.

Auf dem Rundbild von Dendera (Bild 8) erscheinen innen wieder die Tierkreisbilder und andere Himmelsmächte oder Sternbilder, aussen herum die 36 Dekane. Die beigeschriebenen Namen sind fast dieselben wie in den älteren Dekanlisten. Die Gestalten sind zum Teil denen von Edfu ähnlich, zum Teil denen auf dem rechteckigen Denderabild, aber es treten auch ganz neue Gestalten auf.

Mit der Gestalt hat sich auch der Begriff des Dekans gewandelt. Waren die Dekane ursprünglich schlicht und einfach Sternbilder, die sich zur Zeitbestimmung in der Nacht eigneten, so erscheinen sie in der astrologischen Literatur der Spätzeit als Götter, die das menschliche Schicksal bestimmen. „Von ihrer Macht rührt alles her, was an Katastrophen die Menschheit trifft", so heisst es in der Offenbarung des HERMES TRISMEGISTOS.[1] Aus den Texten ergibt sich, dass man den Tierkreis in 36 Bezirke zu je 10° geteilt hat, von denen je drei ein Tierkreiszeichen bilden und dass man jedem solchen Bezirk einen Dekan zugeordnet hat. Die Dekane üben nach FIRMICUS MATERNUS „ihre Herrschaft und Macht über je 10 Grade aus". Das griechische Wort Dekanos bedeutet Befehlshaber über 10 Leute (GUNDEL, Dekane, S. 29).

Die Dekane heissen nach HERMES TRISMEGISTOS auch Horoskopoi, Stundenschauer. Der Dekan, der in der Geburtsstunde eines Kindes aufgeht, bestimmt die Eigenschaften des Kindes (GUNDEL, Dekane, S. 344 und 347).

Ich glaube, man kann ganz gut verstehen, warum die Astrologen die Dekane, die ursprünglich Sterne südlich der Ekliptik waren, in der Ekliptik lokalisiert haben. Wir haben früher gezeigt, dass die Dekansterne gleichzeitig mit gewissen Ekliptikpunkten aufgehen, die ungefähr in Abständen von 10° auf der Ekliptik liegen. Nun sind die Aufgangszeiten der Ekliptikpunkte viel leichter zu berechnen als die Aufgangszeiten der Fixsterne. Also war es ein rechnerischer Vorteil, die Dekansterne durch die mit ihnen aufgehenden Abschnitte der Ekliptik zu ersetzen. Wollte man für die Geburtsstunde eines Kindes den aufgehenden Dekan bestimmen, so berechnete man einfach dasjenige Drittel eines Tierkreiszeichens, das zu dieser Stunde aufging. Eine Gebrauchsanweisung für Horoskopsteller brauchte nur zu jedem dieser Drittel die Einflüsse anzugeben, die beim Aufgang dieses Abschnittes von Himmel her wirkten. Man hat dann offenbar die Gesamtheit dieser Wirkungen als eine himmlische Macht personifiziert. „Das Wesen eines Dämons ist seine Wirkung", sagt ein Text des HERMES TRISMEGISTOS (GUNDEL, Dekane, S. 346), und aus dem Zusammenhang geht hervor, dass mit Dämonen hier eben die Dekane gemeint sind.

HEPHAISTION von Theben (4. Jahrh. nach Chr.) überliefert uns die Namen der

---

[1] Die Zeugnisse sind bei W. GUNDEL, Dekane und Dekansternbilder (Studien Bibl. Warburg 1936), S. 342—355 zusammengestellt.

Dekane in griechischer Umschrift. Ein Vergleich mit den Inschriften des Neuen Reiches zeigt, dass die von HEPHAISTION mitgeteilten Namen tatsächlich aus den altägyptischen entstanden sind. In der folgenden Liste sind die Namen der ersten 5 Dekane der Datenliste der Texte R und S und die ersten fünf Dekannamen nach HEPHAISTION zusammengestellt. Damit man sie aussprechen kann, wurden die alten Namen nach POGO (Isis *14*, p. 317) vokalisiert.

Nummer	Ägyptisch (Neues Reich)	HEPHAISTION
1	Kenmut	Chnumis ($\chi\nu o\nu\mu\iota\varsigma$)
2	Kher-khept-kenmut	Charchnumis ($\chi\alpha\varrho\chi\nu o\nu\mu\iota\varsigma$)
3	Hā-tchat	Etet ($\mathring{\eta}\tau\mathring{\eta}\tau$)
4	Pehui-tchat	Phutet ($\varphi o\nu\tau\mathring{\eta}\tau$)
5	Themat	Tom ($\tau\mathring{\omega}\mu$)

Zu den Dekannamen siehe ferner das Dekanbuch von GUNDEL und die Rezension von A. SCHOTT in Quellen u. Studien z. Gesch. d. Math. *B4*, S. 167.

Von der weltweiten Verbreitung der Dekanlehre zeugen die vielen bildlichen Darstellungen, die GUNDEL zusammengestellt hat. In Fig. 4 möge eine japanische, in Bild 9 und 10 eine besonders schöne italienische Darstellung reproduziert werden. Siehe auch BOLL-BEZOLD-GUNDEL: Sternglaube und Sterndeutung (3. Aufl. 1926) S. 59 und 148.

ALTBABYLONISCHE ASTRONOMIE

In den ägyptischen Texten haben wir nichts gefunden, was als Anfang der wissenschaftlichen Astronomie betrachtet werden könnte. Das Kernstück der Astronomie des Mittleren Reiches, die Lehre von den Dekanen, ist um −1800 anscheinend erstarrt; jedenfalls hat die spätere Astronomie daran nicht angeknüpft.

Im Gegensatz dazu werden wir in Mesopotamien eine stetige Weiterentwicklung der astronomischen Begriffe und Methoden nachweisen, die in der altbabylonischen Zeit beginnt. Im Laufe der Jahrhunderte haben die Babylonier immer mehr Beobachtungen angesammelt und einen immer verfeinerten Begriffsapparat entwickelt. Der Höhepunkt der babylonischen Astronomie ist die rechnende Astronomie der letzten drei Jahrhunderte vor Christus, der Seleukidenzeit. Wir werden versuchen, zu verstehen, wie es zu diesem Höhepunkt kommen konnte.

In diesem Kapitel beschränken wir uns auf die altbabylonische Zeit, d.h. auf die Zeit der HAMMURAPI-Dynastie. In diese Zeit fallen die ältesten Zeugnisse für die babylonische Astronomie und auch die ältesten astrologischen Texte.

Die Zeit des Hammurapi

Wann lebte HAMMURAPI? Das ist ein zentrales Problem der babylonisch-assyrischen Chronologie. Man hat eine „kurze", eine „mittlere" und eine „lange" Chronologie vorgeschlagen. Nach der kurzen Chronologie regierte HAMMURAPI von

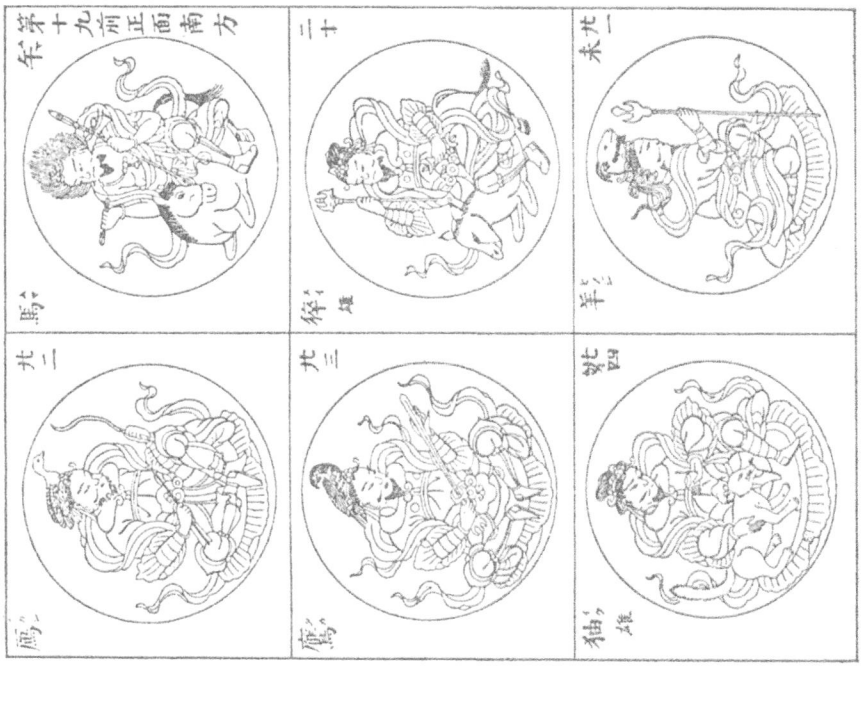

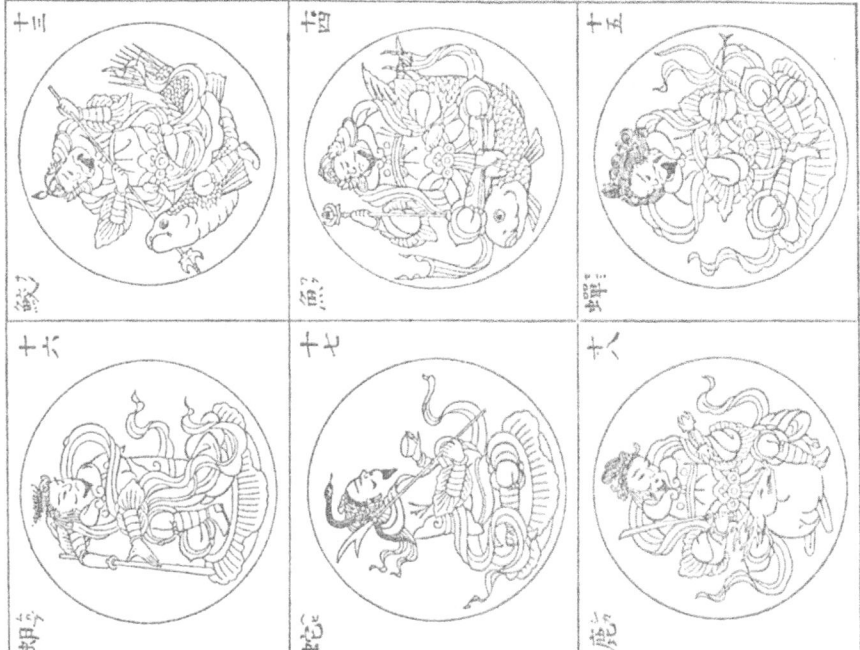

Fig. 4.   Zwölf Dekane nach einer japanischen Darstellung. Aus GUNDEL, Dekane und Dekansternbilder
(Studien Bibl. Warburg 1936).

1728 bis 1686 vor Chr. Seine Dynastie, die Dynastie von Amurru, würde dann
von 1830 bis 1531 regiert haben. Nach der mittleren Chronologie müssten alle
diese Zahlen um 56 oder 64 Jahre erhöht werden und nach der langen Chronologie um 120 Jahre. Warum gerade diese Zahlen möglich sind und andere nicht, das
werden wir bei der Besprechung der Venustafeln von AMMIZADUGA näher begründen.

Die Amurru-Dynastie war eine Fremdherrschaft; sie wurde von einer anderen
Fremdherrschaft, die der Kassiten abgelöst. Die HAMMURAPI-Zeit war eine Zeit
der Hochblüte der Kultur, die Kassitenzeit eine des kulturellen Niederganges. Die
neubabylonische Renaissance unter dem grossen NEBUKADNEZAR knüpfte bewusst an die glorreiche Zeit des HAMMURAPI an.

Die altbabylonische Kultur beruht auf der älteren der Sumerer. Die Sumerer
hatten die Keilschrift erfunden; die Babylonier benützten sie und passten sie ihrer
semitischen Sprache an, wobei sie aber viele sumerischen Wortzeichen in der ursprünglichen Wortbedeutung als „Ideogramme" beibehielten. Für Fachtermini
der Mathematik und Astronomie wurden häufig solche sumerische Zeichen benutzt. Sie hatten den Vorteil der Kürze, da die sumerischen Wörter meistes einsilbig
waren und daher mit einem einzigen Silbenzeichen geschrieben werden konnten.
Akkadische Wörter, d.h. Wörter der semitischen Umgangssprache konnte man
auch phonetisch schreiben, indem man sie in Silben zerlegte und für jede Silbe ein
Keilschriftzeichen verwendete, das ein gleich lautendes sumerisches Wort wieder-
gab. In der modernen Umschrift der Keilschriftzeichen werden phonetisch geschriebene Silben *kursiv* gedruckt.

Ein Beispiel möge das gesagte erläutern. Das Sternbild der Waage heisst akkadisch *zibanitu(m)*, sumerisch rin, „Waage". Dieses Wort kann nun einerseits ideographisch mit einem Keilschriftzeichen

$$rin = zibanitu$$

anderseits phonetisch mit vier Keilschriftzeichen

$$zi\text{-}ba\text{-}ni\text{-}tum$$

geschrieben werden. zi ist das sumerische Wort für „Seele", ba bedeutet „schen-
ken", usw.

Auch die Zahlenschrift haben die Babylonier von den Sumerern übernommen.
Ganze Zahlen unter 60 wurden einfach durch Aneinanderreihen der Zeichen für
10 und 1 geschrieben. Das Zeichen für 10 war ein Winkelhaken, das Zeichen für
1 ein senkrechter Keil. Zwei Winkelhaken und drei Keile bedeuten also 23. Für
grössere Zahlen und für Brüche wurde eine *Positionsschreibweise* benutzt, ähnlich
unserem Dezimalsystem, aber mit der Basis 60. Das heisst: 1,1,15 bedeutet, wenn
die 15 als 15 Einheiten gelesen werden,

$$60^2 + 60 + 15 = 3675.$$

Es kann aber auch sein, dass die 15 als 15 mal 60^k zu lesen sind; dann sind auch die Exponenten der beiden Potenzen 60^2 und 60 um k zu erhöhen und die Zahl 3675 ist mit 60^k zu multiplizieren. Schliesslich kann es sein, dass die 15 als $15/60^k$ zu lesen sind; dann ist die Zahl 3675 durch 60^k zu dividieren.

Um es dem Leser möglichst bequem zu machen und Vieldeutigkeiten zu vermeiden, werden wir bei der Umschrift von babylonisch geschriebenen Zahlen die Ganzen von den Sechzigsteln durch ein Semikolon trennen und an leeren Stellen eine Null schreiben, wie in unserem Dezimalsystem. 1, 0, 0 bedeutet also 60^2 und 0; 0, 15 bedeutet $15/60^2$.

Für das Rechnen mit sexagesimal geschriebenen Zahlen hatten die Sumerer Multiplikationstafeln, Reziprokentafeln, Quadrat- und Quadratwurzeltafeln. Auf der Grundlage der hoch entwickelten sumerischen Rechentechnik baut sich die altbabylonische Arithmetik und Algebra auf. Die Babylonier konnten Systeme von linearen und quadratischen Gleichungen lösen, sogar gewisse kubische und biquadratische Gleichungen, sie konnten arithmetische und andere Reihen summieren. Sie kannten auch schon zur Zeit der HAMMURAPI-Dynastie den „Satz des PYTHAGORAS". Für eine ausführlichere Beschreibung der babylonischen Mathematik siehe Band I dieses Werkes.[1]

HAMMURAPI war ein grosser Jurist. Sein Gesetzbuch beruhte zwar auf älteren sumerischen Gesetzen und Gewohnheitsrecht, aber als Ganzes stellte es etwas Neues, Grossartiges dar.

Die Priester und Schreiber der HAMMURAPI haben auch die Götter der alten Stadtstaaten zu einem grossen Pantheon vereinigt und sie dem Gott von Babylon, Marduk, unterstellt. Marduk wurde zum Schöpfer der Welt erklärt.

Die Zeitrechnung

Ebenso wie das Recht und die Religion, wurde auch der Kalender unifiziert. Die babylonischen Monatsnamen wurden im ganzen Reich eingeführt. Sie lauten:

I Nisannu	VII Tašritu
II Aiaru	VIII Arahsamna
III Simānu	IX Kislīmu
IV Dūzu	X Ṭebētu
V Ābu	XI Šabaṭu
VI Ulūlu	XII Adaru

Der Monat fing immer am Abend mit der beobachteten Sichtbarkeit der neuen Mondsichel an. Demzufolge hatten die Monate 29 oder 30 Tage in unregelmässiger Abwechslung. Der Mittelwert der Monatsdauer ist 29.530 . . . Tage.

Das Jahr fing immer mit dem Beginn eines neuen Monats, im Frühling an. Die Jahre hatten 12 oder 13 Monate. In den Jahren zu 13 Monaten wurde als Schaltmonat entweder ein „zweiter Ulūlu" VI_2 oder ein „zweiter Adaru" XII_2 angenommen. Die Schaltung geschah bis in die Perserzeit hinein ganz unregelmässig. Wir

---

[1] VAN DER WAERDEN: Erwachende Wissenschaft (Birkhäuser, Basel 1956).

haben ein königliches Dekret von NABUNAID, in dem es heisst, dass im laufenden Jahr 15 (beginnend 541 vor Chr.) ein zweiter Adaru sein wird. Erst ab 527 vor Chr. werden die Schaltungen regelmässig.[1] Sie folgen zunächst (von 527 bis 502) einem 8-jährigen Zyklus, sodann (ab 499 mit einer Ausnahme im Jahre 385) einem 19-jährigen Zyklus, wie er noch heute für die jüdische und die christliche Osterrechnung benutzt wird, mit 7 Schaltmonaten in 19 Jahren. Der 19-jährige Schaltzyklus wurde in den astronomischen Keilschrifttexten bis zum Jahre 75 nach Chr. beibehalten.

Was die Einteilung des Tages betrifft, müssen wir zwischen der populären und der astronomischen Zeitrechnung unterscheiden. Für den täglichen Gebrauch wurde die Nacht in drei „Wachen" eingeteilt und der Tag ebenso. Im Sommer sind die Nachtwachen also kürzer und die Tagwachen länger als im Winter. In den „Astrolabtexten", die wir im nächsten Kapitel ausführlich besprechen werden, erscheinen die Tagwachen weiter in Halb- und Viertelwachen unterteilt.

Die Astronomen aber teilten den Volltag (= Tag+Nacht) zunächst in 12 gleiche Doppelstunden, die sie *bēru* (Meilen) nannten, und dann jeden *bēru* wieder in 30 uš oder *Zeitgrade*. Ein Zeitgrad umfasst also genau 4 moderne Minuten. In altbabylonischen Texten kommen die *bēru* und uš allerdings noch nicht vor.

Der Anfang der Astrologie

Ob die Sumerer sich für Astrologie und Astronomie interessiert haben, wissen wir nicht. Die ältesten astronomischen und astrologischen Texte, die wir haben, nämlich ein einziger astrologischer und ein einziger astronomischer Text, stammen aus der altbabylonischen Zeit.

Der astrologische Text [2] bietet Prognosen, die auf dem Mondlauf und dem Zustand des Himmels am Tage des Neulichtes (d.h. des Erscheinens der neuen Mondsichel) am Anfang eines neuen Jahres beruhen. Der Text lautet:

1. Wenn der Himmel düster ist, wird das Jahr schlecht.
2. Wenn das Antlitz des Himmels beim Erscheinen des neuen Mondes hell ist und man [ihn] mit Jubel [begrüsst], wird das Jahr gut.
3. Wenn über das Antlitz des Himmels vor Neumond der Nordwind weht, wird das Getreide gedeihen.
4. Wenn am Neulichtstag der (Mond-)Gott nicht rasch genug vom Himmel verschwindet wird „Zittern" (wohl eine Krankheit) im Lande eintreten.
5. Wenn der Standort des Gottes versperrt ist, bleibt der Gott bis zum 6. Tag trübe. (In den späteren Texten wird „versperrt" häufig vom Regenbogen ausgesagt.)
6. Wenn das Antlitz des Himmels wie Wasser ist, wird sich Hochwasser ergiessen(?).
7. Wenn der Gott am 7. Tag zu früh, noch während der ersten Nachtwache untergeht, wird sich Nannar (der Mondgott) bis zum 10. Tag einen Siegelring machen.

---

[1] R. A. PARKER and W. H. DUBBERSTEIN, Babylonian Chronology 626 B.C.—A.D. 75, Brown Univ. Studies *19* Providence 1956. Dazu meine Rezension in Bibliotheca Orientalis 15 (1958).
[2] V. ŠILEIKO: Mondlaufprognosen aus der Zeit der ersten babyl. Dynastie. Comptes Rendus Acad. Sci. URSS 1927, p. 125. TH. BAUER, Z. f. Assyriol. *43* (1936), p. 308.

8. Wenn er (sc. der Gott) am Himmel bis zum 25. ein Kreuz bindet, wird unter dem Mastvieh des Königs die Fall (Seuche) auftreten.

9. Wenn ein aussergewöhnlich grosses [. . .] aus Wolken, einer roten, einer hellen und einer schwarzen, sich am Mittag hinstellt und [den ganzen Tag] ausharrt, wird am dritten Tag [der Gott] umwölkt(?) sein, (doch) bis zum Tagesanbruch wird es nicht tropfen, und der Himmel wird den ganzen dritten Tag über nicht [. . .].

Wie man sieht, haben diese Prognosen einen ganz primitiven Charakter. Man beobachtete den Mond und den Himmel an dem Abend, wo das neue Jahr beginnt, und man leitete aus dieser Beobachtung durch Analogieschlüsse den Charakter des Jahres ab.

Die alte babylonische Astrologie interessiert sich nicht, oder zumindest nicht in erster Linie, für das Schicksal des Einzelnen. Ihr Hauptinteresse galt dem Wohle des Landes. Ihre Voraussagen betreffen das Wetter und die Ernte, Dürre und Hungersnot, Krieg oder Frieden und natürlich auch das Schicksal der Könige.

Den Babyloniern war es klar, dass der regelmässige Wechsel der Tage, Monate, Jahreszeiten und Jahre, also das ganze bäuerliche Leben vom Lauf der grossen Götter: Mond und Sonne abhängt. Vielleicht wussten sie auch, dass Ebbe und Flut vom Monde beherrscht werden; liegt doch das alte Land Sumer, der südliche Teil Mesopotamiens, direkt am Persischen Golf. Mond und Sonne wurden jedenfalls als sehr mächtige Götter verehrt.

Aber Ishtar, die Göttin der Liebe, die Göttin auch des Planeten Venus, bildete mit Mond und Sonne zusammen eine Dreiheit grosser Götter. Dass die Liebe in unserem Leben eine grosse Rolle spielt, wussten die Babylonier so gut wie wir. Also war es wichtig, die Erscheinungen ihres Planeten am Himmel und deren Auswirkungen auf Erden sorgfältig zu beachten.

In der Tat findet man in der grossen Omensammlung „Enuma Anu Enlil", die wahrscheinlich in der Kassitenzeit zusammengestellt wurde, eine grosse Anzahl Venus-Omina, d.h. Phänomene des Planeten Venus mit astrologischer Deutung. Ein Beispiel:

„Wenn Venus im Monat Airu im Osten erscheint und die grossen und kleinen Zwillinge sie alle vier umgeben und sie dunkel ist, so wird der König von Elam erkranken und nicht am Leben bleiben". [1]

Nach SCHAUMBERGER ist dieses Omen wahrscheinlich alt; es könnte sehr gut auf die Zeit der Dynastie von Akkad zurückgehen. Es gibt Omina, in denen die Namen der Könige SARGON von Akkad und IBI-SIN von Ur genannt sind (E. F. WEIDNER, Mitteil. d. altoriental. Ges. 4, S. 231 und 236). Die Omen-Astrologie scheint also auf die Zeit vor HAMMURAPI zurückzugehen.

Die Serie „Enuma Anu Enlil"

Diese grosse Serie ist gewissermassen ein Kompendium der Astrologie des zwei-

---

[1] J. SCHAUMBERGER, 3. Ergänzungsheft zu F. X. KUGLER, Sternkunde u. Sterndienst in Babel (Münster 1935) S. 344.

ten Jahrtausends vor Christus. Sie wurde auch noch im ersten Jahrtausend immerfort zitiert, kommentiert und benutzt. Wenn etwa ein assyrischer König wissen wollte, ob die Vorzeichen günstig oder ungünstig seien, so griff der Hofastrologe zu der alten Omenserie, zitierte ein Omen daraus und erläuterte die Anwendung auf die gerade vorliegende Situation. Weil die Archive dieser Hofastrologen in der Bibliothek des Assurbanipal zu einem grossen Teil erhalten sind, kennen wir zahlreiche Fragmente der Serie. Auch gibt es Inhaltsverzeichnisse, aus denen wir schliessen können, dass die Serie aus 70 oder mehr Tafeln bestand, die zusammen etwa 7000 Omina enthielten.[1] ,,Im Zweistromlande wurden die Fundamente zu jenem Riesenbau der Astrologie gelegt, der im Zeitalter des Hellenismus immer weiter ausgestaltet wurde und später für viele Jahrhunderte seinen düsteren Schatten über alle Völker des Abendlandes warf'' schreibt Weidner. Man kann noch hinzufügen, dass ebenfalls im Zweistromlande von genau jenen Priestern, die das System der Astrologie entworfen haben, auch die sorgfältig aufgezeichneten Finsternisbeobachtungen herrühren, die es Hipparchos und Ptolemaios ermöglicht haben, eine exakte Theorie der Bewegung der Sonne und des Mondes zu entwerfen.

Die von Hipparchos und Ptolemaios benutzten Finsternisbeobachtungen fangen erst −721 an, aber in der Serie Enuma Anu Enlil sind bedeutend ältere Venusbeobachtungen enthalten. Diesen äusserst wichtigen Beobachtungen wenden wir uns jetzt zu.

Die Venusbeobachtungen unter Ammizaduga

Diese Beobachtungen stehen in der 63. Tafel der Serie ,,Enuma Anu Enlil''. Von dieser Tafel sind verschiedene Abschriften teilweise erhalten. Obwohl die Abschriften nicht immer übereinstimmen und zahlreiche offenkundige Fehler enthalten, kann man doch aus ihnen den Originaltext grösstenteils rekonstruieren. Die astronomische Rechnung, die Kugler[2] und später Fotheringham[3] und andere durchgeführt haben, lehrt, dass die Mehrzahl der Textdaten richtig ist und dass diese Daten auf wirkliche Beobachtungen zurückgehen müssen. Über diesen Punkt besteht zwischen den verschiedenen Bearbeitern der Tafel volle Einigkeit.

Die vollständigste Abschrift, nämlich der Text K 160 aus der Bibliothek des Assurbanipal, besteht aus drei Teilen, die Kugler mit A_1, B und A_2 bezeichnet hat. Teil B enthält keine Beobachtungen, sondern schematische Berechnungen des Erscheinens und Verschwindens von Venus, verbunden mit astrologischen Voraussagen. Die Teile A_1 und A_2 enthalten Beobachtungen derselben Erscheinungen, ebenfalls mit astrologischen Deutungen. Dabei schliesst sich A_2 zeitlich unmittelbar an A_1 an, wie Schiaparelli (Weltall 1906, Heft 6) erkannt hat.

---

[1] E. F. Weidner, Die astrologische Serie Enuma Anu Enlil, Archiv f. Orientforschung *14*, S. 173. F. Boll und C. Bezold: Sternglaube und Sterndeutung, Kap. I.

[2] F. X. Kugler, Sternkunde und Sterndienst in Babel II, p. 257.

[3] Langdon and Fotheringham, The Venus Tablets of Ammizaduga, Oxford 1928. In dieser Standardausgabe findet man den Text der Venustafeln. Für Textkritik siehe A. Ungnad, Mitt. altorient. Ges. *13* (1940), Heft 3.

Vereinigt man A_1 mit A_2 und ergänzt man A_1 mit Hilfe von weiteren Texten wie K 2321, erhält man eine fast vollständige Liste von Beobachtungen der heliakischen Auf- und Untergänge der Venus, die sich über 21 aufeinanderfolgende Jahre erstreckt, mit astrologischen Deutungen, in folgender Art:

(Jahr 1) „Wenn im Monat Šabatu am 15. Tage Venus im Westen verschwand, 3 Tage unsichtbar blieb und am 18. Šabatu wieder erschien, (so gibt es) Katastrophen von Königen; Adad wird Regen bringen, Ea unterirdische Wasser; Könige werden Königen Grüsse senden".

(Jahr 10) „Wenn im Monat Araḫsamna am 10. Tage Venus im Osten verschwand, 2 Monate 6 Tage unsichtbar blieb und im Monat Tebētu am 16. wieder erschien, so wird die Ernte des Landes gedeihen".

Diese zwei Beispiele mögen genügen. Bevor wir den Text diskutieren, wird es nützlich sein, die Haupterscheinungen der Venus während einer synodischen Periode, so wie sie von der Erde aus erscheinen, zu beschreiben. Ich richte mich dabei nach KUGLER (Sternkunde u. Sterndienst I, S. 16).

Phasen der Venus

Für uns, Beobachter auf der nördlichen Halbkugel, bewegen sich die Sonne, der Mond und die Sterne in ihrer täglichen Bewegung nach rechts, nämlich von Ost über Süd nach West. Sonne und Mond gehen aber in ihrer jährlichen Bewegung in bezug auf die Fixsterne nach links. In diesem Sinne sind die Worte rechts und links hier und in diesem ganzen Buch zu verstehen. Die tägliche Bewegung, die Venus mit allen Sternen gemeinsam hat, interessiert uns jetzt nicht; wir achten nur auf die jährliche Bewegung der Venus und der Sonne im Gürtel des Tierkreises, wobei wir die Fixsterne als Marksteine benutzen. Der geneigte Leser wird gebeten, die Theorie, nach der die Erde sich in Wirklichkeit bewegt und die Sonne still steht, für einen Augenblick zu vergessen.

Venus sei zunächst in *oberer Konjunktion* mit der Sonne, d.h. in derjenigen Konjunktion, bei der Venus am weitesten von uns entfernt ist. Der Planet ist wegen des grellen Sonnenlichtes unsichtbar. Sonne und Venus bewegen sich im Tierkreisgürtel nach links, Venus aber rascher. Nach etwa 40^d beträgt ihre östliche Elongation von der Sonne 10°. In diesen Tagen wird sie am Abend zum ersten Male sichtbar (*Abenderst*). In den folgenden 6 Monaten nimmt die Elongation mehr und mehr zu, gleichzeitig kommt der Planet der Erde näher und wird demzufolge immer heller. Nach etwa 222^d (von der Konjunktion aus gerechnet) erreicht Venus ihre grösste östliche Elongation (ungefähr 46 bis 47 Grad). Ihre tägliche Bewegung in bezug auf die Fixsterne nimmt jetzt rasch ab. Nach 272^d kommt der Planet bei einer Elongation von 28° zum Stillstand (*Abendkehrpunkt*). Von jetzt ab wird er *rückläufig*, d.h. er bewegt sich im Tierkreisgürtel nach rechts und zwar mit wachsender Geschwindigkeit. Nach etwa 287^d verschwindet er bei einer Elongation von 10° in den Sonnenstrahlen *(Abendletzt)*. Nach etwa 14-tägiger Unsichtbarkeit, während der er die Sonne passiert *(untere Konjunktion)*, erscheint er zum ersten

Male am Morgenhimmel *(Morgenerst)*. Immer noch ist der Planet rückläufig, aber nach etwa 314^d kommt die Bewegung zum Stillstand *(Morgenkehrpunkt)*. Damit hat die rückläufige Bewegung die etwa 15° beträgt und 42^d dauert, ihr Ende erreicht; von jetzt an geht Venus wieder nach Osten, aber langsamer als die Sonne. Nach 364^d erreicht sie ihre *grösste westliche Elongation* (46 bis 47 Grad). Ihre Helligkeit nimmt jetzt ab und nach 546^d verschwindet sie bei einer Elongation von etwa 10° in den Sonnenstrahlen *(Morgenletzt)*. Nach Ablauf einer *synodischen Periode*, die im Mittel 584^d beträgt, tritt Venus wieder in obere Konjunktion mit der Sonne.

Die Zahlenangaben sind nur genäherte Durchschnittswerte: Die Zeit der Unsichtbarkeit bei der unteren Konjunktion kann 2 Tage oder fast 3 Wochen betragen, je nach der Jahreszeit. Wenn also die babylonischen Venustafeln manchmal nur 3 Tage und manchmal 20 Tage Unsichtbarkeit zwischen Abendletzt und Morgenerst angeben, so ist das ganz in der Ordnung.

Nach dieser Vorbereitung wenden wir uns dem Texte selbst zu.

Das „Jahr des goldenen Thrones"

Diese Jahresformel steht in unserem Text bei den Beobachtungen des achten Jahres. Derartige Formeln zur Bezeichnung eines bestimmten Jahres findet man in vielen altbabylonischen Texten, aber nicht mehr in der Kassitenzeit. Aus altbabylonischen Texten kennt man ein einziges Jahr, das mit der Formel „Jahr des goldenen Thrones" bezeichnet wurde, nämlich das Jahr 8 des Königs AMMIZADUGA. Dieser regierte genau 21 Jahre und die Beobachtungen unseres Textes erstrecken sich auch auf 21 Jahre. Daraus schloss bereits KUGLER (Sternkunde u. Sterndienst II, p. 280), dass die Beobachtungen unter der Regierung des AMMIZADUGA gemacht wurden.

Die Richtigkeit dieses Schlusses wurde durch die Betrachtung der Schaltjahre erhärtet. Aus Daten von Kontrakten hatte KUGLER die folgenden Jahre des AMMIZADUGA als Schaltjahre mit einem zweiten Ululu (U) oder Adaru (A) erkannt:

$$4(A), \quad 10(U), \quad 11(U).$$

Im Text selbst sind die Jahre 11 (U) und 19 (U) als Schaltjahre bezeugt. Das U-Jahr 11 stimmt also mit den Kontrakten überein. Ferner folgt aus den Datenintervallen des Textes, dass die folgenden Jahre sicher Schaltjahre waren:

$$4(\text{U oder A}), \quad 5(U), \quad 9(A) \text{ oder } 10(U), \quad 13(U), \quad 20(\text{U oder A}).$$

Davon stimmen zwei mit den überlieferten 4 (A) und 10 (U) überein. Damit ist die Datierung der Beobachtungen auf die 21 Jahre des AMMIZADUGA gesichert. Ferner ergibt sich die folgende Liste der Schaltungen:

$$4A, \quad 5U, \quad 10U, \quad 11U, \quad 13U, \quad 19U, \quad 20(\text{U oder A}).$$

Sonst kann es von der Zeit der ersten Venusbeobachtung (Jahr 1, Monat XI) bis zur letzten (Jahr 21, Monat XII) keine Schaltmonate gegeben haben. Sieben Schaltungen in 19 Jahren (vom Jahr 2 bis zum Jahr 20) ist gerade die richtige Anzahl.

Die sieben Schaltungen waren aber, wie man sieht, ganz ungleichmässig verteilt. Dreimal folgen zwei Schaltjahre unmittelbar aufeinander und einmal hat man 5 Jahre lang nicht geschaltet.

Chronologie der Hammurapidynastie

Aus babylonischen Königslisten sind die Regierungsjahre der Könige der Hammurapidynastie zuverlässig bekannt. Man weiss also, dass AMMIZADUGA genau 146 Jahre nach HAMMURAPI zu regieren begann, dass er 21 Jahre regierte und dass 31 Jahre nach seinem Todesjahr die Dynastie (zufolge eines Angriffs der Hethiter) erlosch. Aus Dokumenten aus Mari am Euphrat wissen wir, dass HAMMURAPI ein jüngerer Zeitgenosse des SHAMSHI-ADAD I von Assyrien war. Für Assyrien gibt es fortlaufende Königslisten bis zur Zeit der Sargoniden (−721 bis −605). Diese Listen gestatten es, die assyrischen Könige bis um −1300 zuverlässig und bis SHAMSHI-ADAD I wenigstens ungefähr zu datieren. Dazu kommen Tempelurkunden von späteren assyrischen Königen, in denen z.B. angegeben ist, dass von SHAMSHI-ADAD I bis TIGLATH-PILESAR I 701 Jahre sind. Diese Angaben stimmen zwar untereinander und mit den Königslisten nicht genau überein, aber man kann daraus doch wohl schliessen, dass HAMMURAPI zwischen −1900 und −1680 seine Regierung angetreten hat.[1] Auch die hethitischen Texte führen zu dem gleichen Schluss. Würde man nämlich mit HAMMURAPI unter −1680 herabgehen, so hätte man für die inschriftlich bezeugten Generationen der Hethiterkönige zu wenig Raum. Würde man andererseits über −1900 hinausgehen, so würde man unmöglich lange Regierungszeiten für gewisse assyrische und babylonische Könige erhalten, wie aus der zitierten Untersuchung von ROWTON hervorgeht.

Diese Grenzen ergeben, wenn man 146 Jahre weiter geht, die Grenzen −1754 und −1534 für den Regierungsantritt des AMMIZADUGA. Es fragt sich nun: Welche Jahre innerhalb dieser Grenzen passen einigermassen zu den überlieferten Venusbeobachtungen?

Bevor wir diese Frage beantworten, müssen wir zunächst den Text der Venustafeln, der zahlreiche Fehler enthält, etwas bereinigen. Dabei wird uns eine Venusperiode helfen, die auch den Babyloniern der späteren Zeit gut bekannt war, nämlich:

Die achtjährige Venusperiode

Die Venuserscheinungen wiederholen sich recht genau nach 5 synodischen Perioden. Diese sind nämlich gleich 8 Jahren minus $2\frac{1}{2}$ Tage, oder gleich 99 babylonischen Monaten minus 4 Tage. Diese Periode benutzen wir jetzt dazu, ein paar Fehler im Text der Venustafeln zu berichtigen und einige fehlerhafte Daten auszuscheiden.

Wir schreiben Al und Me für Abendletzt und Morgenerst, Ml und Ae für Morgenletzt und Abenderst. Der Text bietet für die Jahre 1, 9 und 17 die folgenden Daten:

---

[1] M. B. ROWTON: The date of Hammurapi, Journal of Near Eastern Studies *17*, p. 97. Dort weitere Literatur.

Jahr   1: Al XI 15, unsichtbar 3^d, Me XI 18.
Jahr   9: Al III 11, unsichtbar 9^M4^d, Me XII 15.
Jahr 17: Al XII 11, unsichtbar 4^d, Me XII 15.

Geht man vom ersten Datum 99 Monate minus 4 Tage weiter, so kommt man auf XII 11, während der Text bietet III 11. Die Unsichtbarkeitsperiode von 9 Monaten und 4 Tagen ist ganz unmöglich. Berichtigt man aber III zu XII, so stimmen die Beobachtungen der Jahre 1 und 9 sehr gut überein.

Im Jahre 17 sollten die Daten um etwa 4 Tage früher sein als im Jahre 9; sie sind aber genau gleich. Es entsteht der Verdacht, dass die Daten für das Jahr 17 von denen des Jahres 9 kopiert und an falscher Stelle eingetragen wurden. Wir lassen sie daher lieber weg.

Für die Jahre 3, 11 und 19 bietet der Text:

Jahr   3: Al VI 23, unsichtbar 20^d, Me VII 13.
Jahr 11: Al VI 26, unsichtbar 12^d, Me VI_2 8.
Jahr 19^1: Al VI_2 1, unsichtbar 15^d, Me VI_2 17.

Die Daten des Jahres 19 sind unmöglich: sie sind etwa 17 Tage zu früh, wie der Vergleich mit den Jahren 3 und 11 lehrt. Die Me der Jahre 3 und 11 sind gut miteinander in Übereinstimmung. Die Al-Daten der Jahre 3 und 11 stimmen nicht, und zwar lehrt die astronomische Rechnung, dass die Unsichtbarkeitsdauer von 12^d viel zu kurz, die von 20^d aber in Ordnung ist. Wir behalten also Al und Me des Jahres 3 und Me des Jahres 11 bei und streichen die übrigen Daten.

Für die Jahre 5, 13 und 21 haben wir:

Jahr   5: Al II 2, unsichtbar 15^d, Me II 18.
Jahr 13: Al II 5, unsichtbar 7^d, Me II 12.
Jahr 21: Al I 26, unsichtbar 7^d, Me II 3.

Die Me-Daten der Jahre 5 und 13 stimmen annähernd überein, aber das Me des Jahres 21 ist zu früh. Wir lassen dieses Me also weg. Auch muss das Al des Jahres 13 weggelassen werden, da es nicht mit dem des Jahres 1 übereinstimmt und die Unsichtbarkeitsdauer von 7^d viel zu klein ist. Die Al der Jahre 5 und 21 stimmen recht gut überein; wir behalten sie also bei.

Für die Jahre 6 und 14 haben wir:

Jahr   6: Al VIII 28, unsichtbar 3 oder 5^d, Me IX 1.
Jahr 14: Al VII 10 oder 11, unsichtbar 46 oder 47^d, Me VIII 26 oder 28.

Das Al des Jahres 14 ist offensichtlich ganz falsch. Die übrigen Daten stimmen gut überein; eine Unsichtbarkeitsperiode von 3 bis 5 Tagen ist nach moderner Rechnung für Dezember oder Januar sehr gut möglich.

Für die Jahre 8 und 16 hat man:

Jahr   8: Al IV 25, unsichtbar 7^d, Me V 2.
Jahr 16: Al IV 4 oder 5, unsichtbar 15^d, Me IV 20.

Das Al des Jahres 8 passt gar nicht zu dem des Jahres 16; auch ist die Unsichtbarkeitsdauer von 7^d viel zu klein. Im Jahre 16 ist die Unsichtbarkeitsdauer (15^d) gerade richtig. Das Me des Jahres 8 ist nicht in Übereinstimmung mit dem des Jahres 16; wir lassen es daher lieber weg.

Ganz analoge Betrachtungen kann man für Ml und Ae anstellen; nur muss man hier viel grössere Schwankungen zulassen. Bei der oberen Konjunktion ändert sich die Elongation der Venus nämlich nur um etwa $1°$ in 4^d. Es kann also vorkommen, dass Venus 8 Tage nach dem

---

[1] Diese Angaben stimmen nicht überein, aber sie stehen so im besten Text K 160.

berechneten Ml noch als Morgenstern sichtbar oder 8 Tage vor dem berechneten Ae schon als Abendstern sichtbar ist.

Die Daten von Ml und Ae für die Jahre 2 und 10 sind vorzüglich miteinander in Übereinstimmung. Die für das Jahr 18 fehlen im Text.

Die Daten für das Jahr 4 sind in Ordnung, die für das Jahr 12 ganz unmöglich. Für das Jahr 20 ist das Ml-Datum III 25 in Übereinstimmung mit dem Ml-Datum IV 2 des Jahres 4, aber das Ae-Datum VI 24 ist um 25 bis 30^d zu spät.

Aus den Varianten, die in den verschiedenen Manuskripten für die Jahre 5 und 13 geboten werden, wählen wir diejenigen Daten aus, die am besten miteinander und mit der Astronomie in Einklang stehen. Fügen wir noch die Daten für das Jahr 21 hinzu, obwohl sie nicht sehr gut dazu stimmen, so erhalten wir:

Jahr 5: Ml IX 25, unsichtbar 2 Mon. 4^d, Ae XI 29.
Jahr 13: Ml IX 21, unsichtbar 2 Mon., Ae XI 21.
Jahr 21: Ml X 28, unsichtbar 2 Mon., Ae XII 28.

Die Daten für die Jahre 7 und 15 stimmen gut überein; wir behalten sie daher bei.

Für die Jahre 8/9 und 16/17 sind nur die Ml-Daten überliefert; sie stimmen überein.

Die vorgenommene Bereinigung des Textes ist von jeder chronologischen Hypothese unabhängig. Die astronomische Rechnung wird lehren, dass auch die bereinigten Daten noch Fehler enthalten, dass aber die grosse Mehrzahl der Daten nach der vorgenommenen Berichtigung ganz in Ordnung ist.

Bereinigte Daten

Jahr	Al	Me	Jahr	Ml	Ae
1	XI 15	XI 18	2	VIII 11	X 19
3	VI 23	VII 13	4	IV 2	VI 3
5	II 2	II 18	5	IX 25	XI 29
6	VIII 28	IX 1	7	V 21	VIII 2
			8	XII 25	
9	XII 11	XII 15	10	VIII 10	X 16
11		VI$_2$ 8			
13		II 12	13	IX 21	XI 21
14		VIII 28	15	V 20	VIII 5
16	IV 5	IV 20	16	XII 25	
			20	III 25	
21	I 26		21	X 28	XII 28

Wir stellen noch die Unsichtbarkeitszeiten zwischen Al und Me für die ersten 8 Jahre zusammen. Im Jahre 1 betrug diese Zeit 3^d; diese Zahl ist durch die Übereinstimmung mit dem Jahre 9 gut gesichert. Statt der besonders langen Unsichtbarkeitsdauer des Jahres 3 nehmen wir das Mittel aus den Zeiten 20, 12 und 15 der Jahre 3, 11 und 19, also 16^d. Im Jahre 5 war die Zeit 15^d, aber mit Rücksicht auf das frühe Me des Jahres 13 können wir auf 14^d heruntergehen. Im Jahre 6 war die Zeit nach den Texten 3 oder 5^d; wir wählen das Mittel 4^d. Statt des Jahres 8 nehmen wir, weil das Al dieses Jahres offensichtlich falsch ist, das Jahr 16. So erhalten wir, nach der Jahreszeit geordnet, für die erste 8-jährige Periode die folgenden Unsichtbarkeitszeiten:

für die Jahre 5,   8,   3,   6,   1,
in den Monaten II,   IV,   VI,   IX,   XI,
die Zeiten 14^d, 15^d, 16^d, 4^d, 3^d,

die einen einigermassen glatten, wellenförmigen Verlauf zeigen und mit der modernen Rechnung, wie wir sehen werden, recht gut übereinstimmen.

Möglichkeiten für das Jahr 1 Ammizaduga

Im Jahre 1 war nach unserer Tafel die Unsichtbarkeitsdauer von Al bis Me besonders kurz, nämlich 3^d. Fünf Jahre später, im Jahre 6, war die Unsichtbarkeit wieder kurz (3 oder 5^d).

Eine so kurze Unsichtbarkeitsdauer, nach 5 Jahren gefolgt von einer fast ebenso kurzen, kommt alle 8 Jahre nur einmal vor. Ende März —1700 war Venus nach moderner Rechnung nur 3 Tage und nach 5 Jahren wieder nur 3 Tage unsichtbar. Das stimmt vorzüglich zum Text. Nach 8 Jahren wiederholen sich die Venuserscheinungen; wir könnten also den Anfang des 1. Jahres des AMMIZADUGA auf das Jahr —1701 legen oder ein Vielfaches von 8 Jahren früher oder später. Jedesmal stimmen die berechneten Unsichtbarkeitszeiten der Venus gut mit den im Text überlieferten überein, wie die folgenden durchgerechneten Beispiele zeigen.

Jahre AMMIZADUGA	5	8	3	6	1
Unsichtbar nach Text	14	15	16	4	3
Rechnung für —1701	13	17	15	3	3
Rechnung für —1645	11	16	18	4	2
Rechnung für —1637	10	16	17	4	2
Rechnung für —1581	9	15	19	6	1

Dass in der letzten Zeile einmal eine Abweichung von 5 Tagen vorkommt, braucht uns nicht zu stören. Die modernen Tafeln sind nämlich unter der Annahme von festen Grenzwerten des „Arcus visionis" berechnet. Die Grenzwerte sind, dezimal geschrieben:

5.2 Grad für Al,   5.7 für Me,   6.0 für Ml und Ae.

Man rechnet immer für den Augenblick, wo Venus im Horizont steht, und man nimmt an, dass Venus nur dann an dem betreffenden Abend oder Morgen sichtbar ist, wenn die Höhe der Sonne unter dem Horizont den Grenzwert mindestens erreicht.[1] Diese Annahme trifft natürlich nicht immer zu. Je nach dem Wetter kann Venus früher oder später erscheinen oder verschwinden. Eine Unsichtbarkeitsperiode, die um 3 Tage kürzer oder um 5 Tage länger ist als die berechnete, ist also durchaus möglich.

Im Mittel über die 5 Jahre stimmen die beobachteten Zeiten fast genau mit den

---

[1] Für eine Erklärung der Rechenmethode und für Tafeln siehe VAN DER WAERDEN, Sitzungsber. sächs. Akad. (math. Kl.) *94* (1943), p. 23.

berechneten überein. Dasselbe findet man auch bei den Zeiten von Ml bis Ae. Diese schwanken nämlich nach dem Text zwischen 59^d und 74^d und betragen im Mittel 65^d. Die moderne Rechnung ergibt für die Jahre um -1700 Unsichtbarkeitszeiten, die je nach der Jahreszeit zwischen 56 und 71 schwanken, mit einem Mittelwert von 64^d. Für die Jahre um -1580 findet man etwas kleinere Schwankungen, aber denselben Mittelwert. Das empirische Mittel 65 stimmt mit dem theoretischen Mittelwert 64 erstaunlich gut überein.

Die bei der Rechnung angenommenen Sehungsbogen (5.2 für Al, 5.7 für Me, 6.0 für Ml und Ae) sind durch Mittelung aus antiken und modernen Beobachtungen gewonnen (siehe Chapter VII in LANGDON-FOTHERINGHAM, Venus Tablets of AMMIZADUGA). Es war von vornherein nicht klar, ob diese Mittelwerte für die altbabylonische Zeit auch gelten. Nachträglich kann man aber aus der vorzüglichen Übereinstimmung zwischen den mittleren Unsichtbarkeitszeiten nach dem Text und nach der Rechnung schliessen, dass die angenommenen Sehungsbogen jedenfalls nicht systematisch zu gross oder zu klein sind. Würde man etwa den Wert 6.0 in 5.0 oder 7.0 ändern, so würde die mittlere Unsichtbarkeitsdauer um ein Sechstel ihres Betrages, also um 10 oder 11^d kleiner oder grösser werden und die Übereinstimmung mit dem Text ginge verloren.

Grösser als die Abweichungen zwischen den Mittelwerten sind die Abweichungen in einzelnen Fällen. Die Zeit von Al bis Me kann nach der Tabelle der „bereinigten Daten" um 3^d kürzer oder um 5^d länger sein als nach der Rechnung für -1581. Ebenso ist die Zeit von Ml bis Ae in einzelnen Fällen um bis zu 5^d kürzer oder um bis zu 8^d länger als nach der Rechnung für -1581. Bei der Datierung -1701 kommen sogar noch grössere Abweichungen (bis zu 11^d) vor. Rechnet man also ein einzelnes Datum des Erscheinens und Verschwindens der Venus aus und vergleicht es mit dem Text, so sind bei Al und Me Abweichungen bis 2 oder 3^d, bei Ml und Ae Abweichungen bis 6 oder 8^d zu erwarten.

Mit diesen Erkenntnissen gewappnet, können wir jetzt daran gehen, die verschiedenen chronologischen Ansätze für AMMIZADUGA eingehender zu prüfen.

Einschränkung der Möglichkeiten

Wir haben bisher nur die Unsichtbarkeitsdauer berücksichtigt, aber nicht die Beziehung der Venuserscheinungen zum Anfang des babylonischen Monats, d.h. zu der Sichtbarkeit der neuen Mondsichel. Als ein textlich gut gesichertes Beispiel wählen wir das Morgenerst der Venus im Jahre 1 des AMMIZADUGA. Dieses Me fand nach dem Text am 18. Tag eines babylonischen Monats statt. Das stimmt nach der Rechnung ganz genau, wenn der Anfang des 1. Jahres Ammizaduga auf -1701 gelegt wird. Ebenso fand in diesem Jahre das vorangehende Al am 15. Tag, also 3 Tage vor dem Al statt. Dabei wird nach babylonischem Usus der Abend immer zum folgenden Tag gerechnet.

Acht Jahre später würden alle Venuserscheinungen 4^d früher im babylonischen

Monat stattfinden, denn 5 Venusperioden sind 99 Monate minus 4 Tage. Die im Jahre −1701 erreichte Übereinstimmung geht bei dieser Verschiebung verloren. Um wieder eine Übereinstimmung zu erreichen, muss man sieben- oder achtmal 8 Jahre, also 56 oder 64 Jahre weitergehen. Dann nämlich verschieben sich die Venuserscheinungen um 28 oder 32 Tage, d.h. um rund einen Monat, wodurch die richtige Lage zum Neumond wieder hergestellt ist. Man kann auch um 56+64 = 120 Jahre weitergehen. So erhält man innerhalb der angenommenen Grenzen −1754 und −1534 die folgenden drei Möglichkeiten:

a) Antrittsjahr −1701: *lange Chronologie*, vorgeschlagen von SIDERSKY (Revue d'Assyriologie *37*, 1940, S. 45), neuerdings befürwortet von A. GOETZE (J. of Cuneiform Studies *11*, 1957, p. 53);

b) Antrittsjahr −1645 oder −1637: *mittlere Chronologie*, befürwortet von SIDNEY SMITH (Alalakh and Chronology, London 1940) und UNGNAD (Mitteil. d. altorient. Ges. *13*, 1940, Heft 3).

c) Antrittsjahr −1581: *kurze Chronologie*, vorgeschlagen von CORNELIUS (Klio *35*, 1942, S. 1) und ALBRIGHT (Bull. Amer. Soc. Oriental Res. *69*, Dec. 1942, S.18).

Es gibt drei Methoden, zwischen diesen drei Möglichkeiten zu entscheiden: Die *astronomische Methode*, die *Radiodatierung* und die *historische Methode*.

Die astronomische Methode besteht darin, dass man für jede der vier möglichen Datierungen die Daten der Venusphasen berechnet und sie mit den Textdaten vergleicht. Im folgenden soll diese Methode eingehend erklärt werden. Ich nehme jetzt schon das Resultat vorweg. Achtet man nur auf die Grösse der Differenzen „Text minus Rechnung'', so ergibt sich, dass die kurze Chronologie am besten stimmt und die lange am schlechtesten. Achtet man auch auf die Vorzeichen der Differenzen, so zeigt sich, dass die mittlere Chronologie ganz auszuschliessen ist. Möglich bleiben die lange und die kurze Chronologie; die kurze passt viel besser zum Text als die lange.

Die Radiodatierung mittels radioaktivem Kohlenstoff spricht, wie wir sehen werden, ebenfalls für die kurze und gegen die lange Chronologie, ohne diese ganz auszuschliessen.

Die historische Methode wertet vor allem die assyrischen, babylonischen und hethitischen Königslisten aus. Die sehr sorgfältige Untersuchung von M. B. ROW-TON (J. of Near Eastern Stud. *17*, p. 97) hat gezeigt, dass die lange Chronologie zu ungewöhnlich langen Regierungszeiten für aufeinanderfolgende Generationen von Königen führt, z.B. 230 Jahre für 7 Generationen von Hethiterkönigen, 260 Jahre für 7 assyrische Könige, 90 Jahre für zwei aufeinanderfolgende Könige in Babylon. Schliesst man durch die astronomische Methode die mittlere Chronologie aus, so bleibt nur die kurze Chronologie übrig. Auch die Archäologie spricht nach ALBRIGHT eher für die kurze als für die lange Chronologie.

Im folgenden werden wir die astronomische Methode genau erklären. Die

Rechnungen, die ich zum Teil schon früher ausgeführt und veröffentlicht hatte, wurden von P. HUBER nachgeprüft und ergänzt. Da die Untersuchung einen technisch-astronomischen Charakter hat und zur Geschichte der Astronomie nichts beiträgt, soll sie klein gedruckt werden. Wer sich nicht speziell für die Datierung der HAMMURAPI-Dynastie interessiert, kann den klein gedruckten Teil überspringen.

Die astronomische Methode

Für jede der vier möglichen Datierungen kann man mit modernen Tafeln die Daten der Venusphasen Al, Me, Ml und Ae berechnen, in den babylonischen Kalender umrechnen und mit den Textdaten vergleichen. In den folgenden Tabellen sind nur die Differenzen „Text minus Rechnung" in Tagen angegeben. Die Übereinstimmung ist auf Grund der früher gemachten Bemerkungen als „befriedigend" zu bezeichnen, wenn die Differenzen in den folgenden Grenzen bleiben:

$$-3 \text{ bis } +2 \text{ für Al}, \quad -2 \text{ bis } +3 \text{ für Me},$$
$$-8 \text{ bis } +6 \text{ für Ml}, \quad -6 \text{ bis } +8 \text{ für Ae}.$$

Ein besonders frühes Verschwinden oder spätes Erscheinen der Venus ist, besonders bei schlechtem Wetter, eher möglich als ein sehr spätes Verschwinden oder frühes Erscheinen. Aus diesem Grunde wurden die Grenzen unsymmetrisch gewählt.

Überschreitet eine Differenz diese Grenzen, so entsteht der starke Verdacht, dass entweder mit dem Text oder mit der angenommenen Datierung etwas nicht in Ordnung ist. Die Überschreitungen wurden jedesmal durch ein f (= falsch) gekennzeichnet.

I. Al und Me, berechnet für 4 mögliche Datierungen

Jahr	Textdaten		−1701	−1645	−1637	−1581
1	Al	XI 15	0(−)	−2	+1	−3
	Me	XI 18	0(+)	−1	+2	−1
3	Al	VI 23	−6(f)	−5(f)	−1	−1
	Me	VII 13	−1	−3(f)	+1	0(+)
5	Al	II 2	+4(f)	+1	+5(f)	+2
	Me[1]	II 18	(+8)	(+6)	(+10)	(+8)
6	Al	VIII 28	+1	0(−)	+3(f)	+3(f)
	Me	IX 1	+1	−2	+2	0(+)
9	Al	XII 11	0(−)	−3	+2	−2
	Me	XII 15	+1	−1	+4(f)	0(+)
11	Me	VI$_2$, 8	−2	−4(f)	0(+)	−2
13	Me	II 12	(+5)	(+5)	(+9)	(+7)
14	Me	VIII 28	+5(f)	−1	+2	+1
16	Al	IV 5	+4(f)	−2	+2	−2
	Me	IV 20	+2	−3(f)	+1	−2
21	Al	I 26	(+7)	(+4)	(+8)	(+8)

[1] Im Jahre 5 Me hat ein Text das Datum II 8; das würde besser stimmen.

Die Me-Daten der Jahre 5 und 13 und das Al des Jahres 21 sind bei jeder Datierung viel zu spät; wir müssen sie als Textfehler betrachten und von der weiteren Auswertung ausschliessen. Die zugehörigen Differenzen sind in der Tabelle eingeklammert.

Von den eingeklammerten Zahlen abgesehen, gibt es bei den Datierungen −1701 und −1645 je vier mit f bezeichnete „Fehler", bei der Datierung −1637 nur drei und bei der Datierung −1581 sogar nur ein f. Die kurze Chronologie (−1581) passt also besser zum Text als die drei übrigen. Ferner bemerken wir, dass die Differenzen für −1645 fast alle negativ, für −1637 aber fast alle positiv sind. Das ist sehr verdächtig; wir kommen auf diesen Punkt nachher zurück.

II. Ml und Ae, berechnet für 3 mögliche Datierungen

Jahr	Textdaten		−1645	−1637	−1581
2	Ml	VIII 11	−9(f)	−6	−7
	Ae	X 19	+1	+4	0(+)
4	Ml	IV 2	−3	0(−)	+3
	Ae	VI 3	−5	−3	−2
5	Ml	IX 25	−2	+1	−3
	Ae	XI 29	−1	+2	0(+)
7	Ml	V 21	−7	−2	−5
	Ae	VIII 2	−1	+2	−2
8	Ml	XII 25	−5	−2	−7
10	Ml	VIII 10	−7	−3	−5
	Ae	X 16	+1	+5	+2
13	Ml	X 21	−3	+1	−5
	Ae	XII 21	−6	−3	−6
15	Ml	V 20	−3	+1	−1
	Ae	VIII 5	+5	+9(f)	+6
16	Ml	XII 25	−2	+2	−2
20	Ml	III 25	−1	+3	+7(f)
21	Ml	X 28	(+8)	(+12)	(+7)
	Ae	XII 28	+4	+8	+5

Die Datierung −1701 wurde nicht durchgerechnet, weil es aus theoretischen Gründen klar ist, dass die für −1701 berechneten Differenzen die gleiche Grössenordnung und Vorzeichen haben wie die für −1581. Ausserdem hat SIDERSKY die Datierung −1701 bereits durchgerechnet und dabei eine gute Übereinstimmung gefunden. Eine neue Rechnung würde sein Ergebnis sicherlich nur bestätigen.

Das Ml-Datum des Jahres 21 ist in jeder Chronologie zu spät. Es passt auch gar nicht zu den Daten der Jahre 5 und 13. Wir schliessen dieses Ml also von der Untersuchung aus (eingeklammerte Zahlen). Von den übrig bleibenden Zahlen ist in jeder Spalte eine falsch (f); das besagt also gar nichts. Was die Vorzeichen betrifft, so finden wir wieder ein starkes Überwiegen der Minuszeichen für −1645 und der Pluszeichen für −1637. Diesen Punkt wollen wir jetzt etwas genauer untersuchen.

Die Verteilung der Vorzeichen

Wir wollen einmal annehmen, das Anfangsjahr des AMMIZADUGA sei −1645 oder −1637. Unter dieser Annahme überlegen wir uns, wieviele Vorzeichen + und − in den Tabellen I und II zu erwarten sind.

Bei der Berechnung der Tabelle wurden feste Grenzwerte für den Sehungsbogen, d.h. für die Tiefe der Sonne unter dem Horizont beim Aufgang oder Untergang der Venus angenommen, nämlich:

$$5.2 \text{ für Al, } 5.7 \text{ für Me, } 6.0 \text{ für Ml und Ae.}$$

In Wirklichkeit sind die Sehungsbogen stark veränderlich. Sie hängen vom Wetter und von der Art der Beobachtung ab. Der Sehungsbogen für Al und Me wechselt in babylonischen Beobachtungsberichten zwischen 3.0 und 7.9 und bei modernen Beobachtungen in der Schweiz, Deutschland und England [1] zwischen 3.2 und 11.6.

Wir nehmen zunächst an, dass die angenommenen Werte 5.2, 5.7 und 6.0 gerade die *Zentralwerte* sind, um die herum zur Zeit des AMMIZADUGA die effektiven Sehungsbogen in der Weise schwankten, dass 50 % der effektiven Werte kleiner sind als der Zentralwert. Wir machen also die folgende Wahrscheinlichkeitsannahme. Bei jedem beobachteten Al besteht 50 % Wahrscheinlichkeit dafür, dass der Sehungsbogen an diesem Abend kleiner als 5.2 ist und entsprechend bei jedem Me, Ml oder Ae.

Wenn nun am Abend eines beobachteten Al der Sehungsbogen *kleiner* als 5.2 ist, so bedeutet das, dass das beobachtete Al mindestens einen Tag später fällt als das rechnerisch ermittelte, dass also die Datendifferenz ,,Text minus Rechnung" *positiv* wird. Ist dagegen der Sehungsbogen *grösser*, so wird die Datendifferenz *negativ oder Null*. Beim Me ist es gerade umgekehrt: Ist der Sehungsbogen *kleiner* als 5.7, so ist Venus früher sichtbar als nach der Rechnung, also wird die Datendifferenz *negativ*; ist der Sehungsbogen aber *grösser*, so wird die Datendifferenz *positiv oder Null*. Anolog bei Ml und Ae.

Aus dieser Betrachtung folgt zunächst, dass bei Al und Ml diejenigen Differenzen, die Null sind, zu den negativen Differenzen hinzuzuzählen sind, aber bei Me und Ae zu den positiven. Aus diesem Grunde wurde in den Tabellen zu jeder Null bei Al und Ml ein (−), bei Me und Ae ein (+) beigefügt. Diese Nullen rechnen wir künftig nicht als Nullen, sondern als negativ (−) oder positiv (+).

Ferner folgt, dass unter den gemachten Annahmen die Wahrscheinlichkeit eines Vorzeichens − oder + jedesmal 50 % ist. Wenn also −1645 das wahre Datum wäre, so wären in der Spalte −1645 in jeder der Tabellen I und II ungefähr die Hälfte + und die Hälfte − zu erwarten. In Wirklichkeit stehen aber

in der Spalte −1645 in Tafel I 12 Minuszeichen, 1 Pluszeichen,
        in Tafel II 14 Minuszeichen, 4 Pluszeichen;
in der Spalte −1637 in Tafel I   1 Minuszeichen, 12 Pluszeichen,
        in Tafel II   7 Minuszeichen, 11 Pluszeichen.

Rein zufällig können Abweichungen von der Gleichverteilung allerdings vorkommen, aber nicht so starke. Die Wahrscheinlichkeit, dass unter 13 zufällig ausgewürfelten Vorzeichen nur 1 Minuszeichen oder nur 1 Pluszeichen vorkommt, liegt unter $\frac{1}{250}$. Schon aus der Tabelle I allein kann man also mit nur 4 Promille Irrtumswahrscheinlichkeit schliessen, dass die Daten −1645 und −1637 für AMMIZADUGA nicht in Frage kommen. Durch Tabelle II wird dieser Schluss noch weiter erhärtet.

Die gemachte Annahme, dass 5.2 bzw. 5.7 der Zentralwert der Sehungsbogen für Al bzw.

---

[1] LANGDON-FOTHERINGHAM, The Venustablets of AMMIZADUGA, Chapter VII.

Me ist, braucht nicht genau zuzutreffen. Untersuchen wir also, welche Verteilung der Vorzeichen zu erwarten sind, wenn die Zentralwerte der Sehungsbogen für Al und Me etwas
grösser oder kleiner sind als angenommen wurde. Nehmen wir etwa an, dass nur 40 % der
Sehungsbogen für Al kleiner sind als 5.2 und ebenso 40 % für Me kleiner als 5.7. In diesem
Fall wäre zu erwarten, dass in Tafel I für Al ungefähr 40 % der Differenzen positiv und 60 %
negativ oder Null ausfallen, für Me dagegen 60 % positiv oder Null und 40 % negativ. Da
aber in Tafel I fast die Hälfte der Beobachtungen Al-Beobachtungen sind, würde man insgesamt doch ungefähr 50 % positive und 50 % negative Differenzen erwarten. Dass in der
Spalte für −1645 nur eine positive Differenz vorkommt und in der Spalte für −1637 nur
eine negative Differenz, bleibt nach wie vor ganz unerklärlich, wenn −1645 oder −1637 die
richtige Datierung sein sollte.

Der Grund, warum der Grenzwert 5.2 für Al etwas kleiner angenommen wurde als der
für Me, ist folgender. Bei der Beobachtung des Abendletzt weiss der Beobachter von vornherein, in welcher Himmelsgegend er Venus zu suchen hat; denn er hat sie ja am vorigen Abend
noch gesehen. Das ist ein Vorteil, also kann er Venus unter etwas ungünstigeren Bedingungen,
d.h. bei einem kleineren Sehungsbogen noch sehen. Es ist also vernünftig, den Grenzwert 5.2
etwas kleiner anzusetzen als 5.7. Beide Werte sind etwas kleiner angesetzt als der Grenzwert
6.0 für Ml und Ae. Auch das ist vernünftig, denn bei der unteren Konjunktion (Al und Me)
ist Venus meistens etwas heller als bei der oberen (Ml und Ae). Den Grenzwert 6.0 kann man,
wie wir früher gesehen haben, nicht viel grösser oder kleiner machen, weil dann die Unsichtbarkeitsdauer zwischen Ml und Ae nicht mehr mit dem Text übereinstimmen würde. Also
kann man die Zahl 5.7 auch nicht viel grösser machen.

Die Spanne zwischen 5.2 und 5.7 kann etwas verringert werden; man könnte z.B. 5.4 und
5.5 annehmen. Jedoch würde das auf die Daten von Al und Me nur sehr wenig Einfluss haben.
Das einzige, was man noch versuchen könnte, wäre, den Grenzwert 5.2 etwa durch 3.2 zu
ersetzen und so die Spanne grösser zu machen. Aber sogar diese radikale und höchst unwahr-
scheinliche Änderung bewirkt im Durchschnitt nur eine Erhöhung der berechneten Al-
Daten um 1^d. Die Differenzen „Text minus Rechnung" würden für Al um 1 kleiner werden
und für Me ungeändert bleiben. Die Datierung −1645 würde dadurch noch unmöglicher
werden. Die Datierung −1637 würde, mit zwei statt nur einem Minuszeichen, einen etwas
günstigeren Eindruck machen, aber die Verteilung wäre immer noch ausserhalb der normalen
Zufallsgrenzen.

Ein anderer unsicherer Punkt ist die Umrechnung in den babylonischen Kalender. Sie beruht
auf der Berechnung der ersten Sichtbarkeit des neuen Mondes nach den Tafeln von SCHOCH [1].
Die Ergebnisse dieser Rechnung sind von SCHOCH selbst für die Seleukidenzeit verifiziert
worden. Dabei ergab sich, dass das berechnete Neulicht in 80 % aller Fälle mit dem beobachteten Neulicht übereinstimmte; in den übrigen 20 % der Fälle beträgt die Differenz nur einen
Tag. Nimmt man nun an, dass dieselben Prozentsätze auch für die Zeit des AMMIZADUGA
gelten, so folgt, dass die Vorzeichen in unseren Tabellen durch die geringfügige Unsicherheit
von 1^d in 20 % aller Fälle kaum beeinflusst werden.

Es könnte auch noch sein, dass die Berechnung der Bewegungen des Mondes und der Venus
nach modernen Tafeln für die Zeit um −1640 einen systematischen Fehler aufweist. Dazu
ist zunächst zu bemerken, dass die aus modernen Beobachtungen berechneten Bewegungen
für die Zeit um −400 sehr gut mit antiken Beobachtungen von Finsternissen und Bedeckun-
gen von Planeten durch den Mond übereinstimmen. Man muss nur zur Uhrzeit eine Korrektur von 1 bis 1½ Stunde anbringen wegen der Verlangsamung der Erdrotation durch die
Reibung von Ebbe und Flut [2]. Die Korrektur ist in erster Näherung proportional dem

---

[1] in LANGDON-FOTHERINGHAM, Venus Tablets of Ammizaduga.
[2] Siehe etwa P. V. NEUGEBAUER, Astronomische Nachrichten 244 (1931) Spalte 305.

Quadrat der Zeit von damals bis 1900; sie würde also für die Zeit um −1640 etwa 3 Stunden betragen. Diese 3 Stunden sind in unseren Rechnungen bereits einkalkuliert. Dazu kommt noch eine Unsicherheit der Uhrzeit in der Grössenordnung von vielleicht 1 oder 2 Stunden wegen der unregelmässigen Rotation der Erde. Da es sich bei unseren Rechnungen um Tage und nicht um Stunden handelt, ist diese Unsicherheit ganz unbedeutend. Aber sogar wenn sich durch die unregelmässige Drehung der Erde gegen alle Wahrscheinlichkeit ein systematischer Fehler von 1 bis 2 Tagen ergeben sollte, so würde dieser Fehler doch den Neumond und die Venusphasen in genau gleicher Weise beeinflussen und in den Differenzen, von denen die Daten der Venusphasen im babylonischen Kalender letzten Endes abhängen, im Mittel herausfallen. Man müsste also doch wieder gleich viele positive wie negative Differenzen in unserer Tabelle erwarten. Da diese Erwartung in den mit −1645 und −1637 überschriebenen Spalten nicht erfüllt wird, sind diese Datierungen nunmehr *endgültig* zu verwerfen.

Von den beiden übrigen Datierungen −1701 und −1581 passt die letztere, wie wir gesehen haben, viel besser zum Text als die erstere. Bei der Datierung −1701 muss man ausser den schon früher ausgeschiedenen Textdaten vier weitere Daten der Tabelle I als falsch oder zumindest sehr zweifelhaft betrachten, bei der Datierung −1581 aber nur eines. Dieses eine Datum überschreitet gerade eben die (ziemlich willkürlich gezogene) Grenze des Zulässigen, aber die 4 mit (f) bezeichneten Daten in der Spalte −1701 überschreiten diese Grenze um 2 bis 3 Tage. Die kurze Chronologie (AMMIZADUGA ab −1581, HAMMURAPI ab −1727) passt also viel besser zum Text als die lange (AMMIZADUGA ab −1701, HAMMURAPI ab −1847).

Radiodatierung

Ausser der astronomischen Methode gibt es noch eine naturwissenschaftliche Datierungsmethode, nämlich die Datierung mittels radioaktivem Kohlenstoff.

Für eine Erklärung des Prinzips, auf dem diese Methode beruht, verweisen wir auf das Buch von W. F. LIBBY, Radiocarbon Dating (1955). Angewandt auf eine Holzkohleprobe aus einem Haus in Nippur (LIBBY p. 131), ergab die Methode für den Regierungsantritt des HAMMURAPI das Jahr −1756 mit einem Standardfehler von 106 Jahren. Dieser Standardfehler bedeutet, dass man mit Abweichungen bis zum doppelten Standardfehler, also bis 212 Jahren rechnen muss, aber dass grössere Abweichungen unwahrscheinlich sind.

Eine andere Probe aus Uruk wurde von MÜNNICH (Science *126*, S.198) auf das Jahr −1868 ±85 datiert. Man tut nach MÜNNICH gut daran, den Standardfehler wegen verschiedener Unsicherheiten auf 100 zu erhöhen. Für den Regierungsantritt des HAMMURAPI ergibt sich daraus −1580± 100. Wenn die Probe nicht verunreinigt war, folgt aus dieser Messung, dass HAMMURAPI sehr wahrscheinlich zwischen −1780 und −1380 zur Regierung kam. Die beiden Radiodaten sprechen jedenfalls deutlich für die kurze und gegen die lange Chronologie.

Ergebnisse

Durch die astronomische Methode konnte die mittlere Chronologie ganz ausgeschlossen werden. Die lange Chronologie erscheint sowohl historisch und astronomisch als auch auf Grund der Radiodatierung viel weniger wahrscheinlich als die kurze; sie kann also ebenfalls ausgeschlossen werden. Die einzige Chronologie die zu allen Daten gut passt, ist die kurze. Danach regierte die HAMMURAPI-Dynastie von −1829 bis −1530, HAMMURAPI von −1727 bis −1685 und AMMIZADUGA von −1581 bis −1561.

Schematische Berechnung von Venusphasen

Solche Berechnungen finden sich in Teil B des Textes K 160, der zwischen die Teile A$_1$ und A$_2$ eingeschoben ist. Der Text fängt so an:

„Wenn im Monat Nisannu am 2. Tage Venus im Osten erschien, so wird Not im Lande sein. Bis zum 6. Kislīmu wird sie im Osten stehen, am 7. Kislīmu wird sie verschwinden. Drei Monate bleibt sie vom Himmel aus. Am 7. Adaru wird Venus im Westen wieder erscheinen und ein König wird dem anderen die Feindschaft erklären."

Im nächsten Abschnitt wird angenommen, dass Venus im II. Monat am 3. Tage im Westen erscheint, im übernächsten, dass Venus im III. Monat am 4. Tage im Osten erscheint, etc. Die Monatsnummer und der Monatstag werden immer um 1 erhöht, die Sichtbarkeitsdauer ist immer 8 Monate und 5 Tage. Die Unsichtbarkeitsdauer von Ml bis Ae ist immer 3 Monate, von Al bis Me immer 7 Tage. Der Verlauf der Zahlen ist also so:

1) Me I 2, Ml IX 6, unsichtbar 3 Monate, Ae XII 7;
2) Ae II 3, Al X 7, unsichtbar 7 Tage, Me X 15;
3) Me III 4, Ml XI 8, unsichtbar 3 Monate, Ae II 9;
etc. bis
12) Ae XII 13, Al VIII 17, unsichtbar 7 Tage, Me VIII 25.

Die Daten steigen, wie man sieht, in arithmetischen Reihen. Was wir hier vor uns haben, ist die erste Anwendung von arithmetischen Reihen auf die Astronomie. Allerdings ist die Anwendung ganz primitiv und für unser Gefühl wenig sinnvoll. Spätere Generationen von babylonischen Astronomen haben dasselbe mathematische Hilfsmittel in viel raffinierterer Weise auf die Berechnung von Himmelserscheinungen angewandt.

Eine wichtige Erkenntnis, die in unserem Text ganz klar zum Ausdruck kommt, ist die der *Periodizität der Himmelserscheinungen*. Die Sichtbarkeitsdauer der Venus als Abend- oder Morgenstern ist nach dem Text immer dieselbe und die Unsichtbarkeitsdauer wechselt periodisch zwischen 7 Tagen und 3 Monaten. Das ist freilich eine starke Vereinfachung der Wirklichkeit, aber mit solchen Vereinfachungen muss man anfangen, wenn man Regelmässigkeiten im Verlauf der Himmelserscheinungen erkennen will.

Wie die konstanten Zeiten (8 Monate 5 Tage, 3 Monate 7 Tage) gewonnen wurden, wissen wir nicht. KUGLER vermutet, dass sie durch Mittelung aus den wechselnden Zeiten der in A$_1$+A$_2$ enthaltenen Beobachtungen erhalten wurden. Durch eine solche Mittelung konnte er sowohl den richtigen Wert 7^d als auch den viel zu grossen Wert von 3 Monaten erklären, denn die Beobachtungen von A$_1$ +A$_2$ enthalten einige fehlerhafte, nämlich viel zu grosse Werte für die Unsichtbarkeitsdauer von Ml bis Ae. Entsprechend erklärt sich auch der zu kleine Wert für die Sichtbarkeitsdauer als Abend- oder Morgenstern.

Wenn KUGLERS Vermutung zutrifft, so haben die Babylonier die unter AMMIZA-

DUGA gemachten Venusbeobachtungen nicht nur astrologisch, sondern auch astronomisch ausgewertet. Sie haben die genäherte Periodizität der Venuserscheinungen erkannt und versucht, durch Mittelung möglichst genaue Werte für die Dauer der Sichtbarkeit und der Unsichtbarkeit zu erhalten.

Aus welcher Zeit diese schematischen Berechnungen stammen, wissen wir nicht. Als sehr weite Grenzen haben wir einerseits den Regierungsantritt des AMMIZADUGA (−1580) und andererseits die Zerstörung der Bibliothek des ASSURBANIPAL durch die Meder (−611). Der Name, mit dem Venus im Text B genannt wird, nämlich NIN.DAR.AN.NA, ist in der assyrischen Zeit sonst nicht üblich; das spricht vielleicht für eine frühe Datierung.

Eine Tatsache war bestimmt zur Zeit des AMMIZADUGA schon bekannt, nämlich:

Die Identität von Morgen- und Abendstern

Diese Identität ist schon im Wortlaut der Beobachtungen ausgedrückt: ,,Wenn Venus am 15. im Westen verschwand, 3 Tage unsichtbar blieb und am 18. wieder erschien ...''.

Die Erkenntnis, dass Morgen- und Abendstern identisch sind, ist nicht uraltes Gemeingut aller Völker. Das sieht man daraus, dass die Griechen diese Erkenntnis als eine relativ neue Errungenschaft betrachteten. Einige schrieben sie PARMENIDES, andere PYTHAGORAS zu.[1] Diese Zuschreibungen wären unmöglich, wenn es sich um eine allgemein bekannte Erkenntnis gehandelt hätte. Um so bemerkenswerter ist es, dass die Babylonier schon zur Zeit des AMMIZADUGA die Identität erkannt und den Planeten Venus mit einem einzigen Götternamen ᵈNIN.DAR.AN. NA, d.h. etwa ,,bunte Herrin des Himmels'' benannt haben.

Die Sternreligion

Was mag wohl der Grund gewesen sein, warum man das Erscheinen und Verschwinden der Venus während 21 Jahren so sorgfältig beobachtet, aufgezeichnet und überliefert hat?

In manchen Fällen sind astronomische Beobachtungen für die Regulierung des Kalenders nützlich. Beispiele dafür (Aufgang des Sirius in Ägypten, Sommerwende und Pleiadenphasen bei Hesiodos) sind uns schon begegnet. Die Beobachtung des Planeten Venus trägt aber zur Lösung von Kalenderproblemen gar nichts bei. Wir müssen also die Motive, die zu den Venusbeobachtungen geführt haben, in anderer Richtung suchen.

Drei Möglichkeiten bieten sich, nämlich das Interesse an der Astronomie, an der Astrologie und an der Sternreligion.

1. Es kann sein, dass man die Venusbeobachtungen aus rein wissenschaftlicher Neugierde angestellt hat, weil man sich über die Regelmässigkeit in der periodischen Wiederholung der Venusphasen Klarheit verschaffen wollte. Diese Erklärung ist nicht aus der Luft gegriffen, sondern sie findet eine Stütze in dem zwischen die

---

[1] DIOGENES LAERTIOS, Leben und Meinungen der Philosophen VIII 14 und IX 23.

Beobachtungen eingeschobenen Abschnitt B, in dem die Venusphasen nach einem einfachen arithmetischen Gesetz berechnet wurden. Um dieses Gesetz zu finden, musste man zunächst Beobachtungen aufstellen und dann die unregelmässigen Schwankungen der beobachteten Zeiten durch Mittelung über mehrere Perioden ausgleichen. Man könnte also annehmen, dass die Beobachtungen zu eben diesem Zweck angestellt wurden.

Aber warum hat man die Beobachtungen Jahrhunderte lang immer wieder kopiert? Sicherlich nicht aus rein wissenschaftlichem Interesse, sondern wegen der astrologischen Deutung. Bilden doch die Venustafeln einen Teil der astrologischen Serie Enuma Anu Enlil. Wir müssen also ausser dem wissenschaftlichen Interesse jedenfalls auch ein Interesse an der astrologischen Verwertung voraussetzen.

2. Es kann auch sein, dass man die Beobachtungen ursprünglich nur gemacht hat um empirisches Material für astrologische Voraussagen zu erhalten. Die Venuserscheinungen wurden mit wichtigen Ereignissen im Lande und in der Politik, die gleichzeitig oder kurz nachher eintraten, in Verbindung gebracht. Zugunsten dieser von O. NEUGEBAUER (Exact Sciences in Antiquity, 2nd ed., S. 100) vorgeschlagenen Erklärung kann man anführen, dass im Text selbst die Venusphasen mit astrologischen Deutungen verknüpft erscheinen.

Aber auch diese Erklärung lässt eine Frage offen, nämlich: Wie kam man dazu, gerade die Venuserscheinungen mit den Ereignissen auf Erden zu verknüpfen und sie als Ursachen oder zumindest Anzeichen für diese Ereignisse zu betrachten?

3. Dieser Grund liegt, wie mir scheint, in der Sternreligion. Die Venuserscheinungen waren den Babyloniern wichtig, weil der Planet Venus als sichtbare Gestalt der grossen Göttin Ishtar betrachtet wurde. Ebenso wie die grossen Götter Sin (Mond) und Shamash (Sonne) offensichtlich für den regelmässigen Wechsel von Monaten, Tagen und Jahren verantwortlich sind und so unser ganzes Leben beeinflussen, ebenso hat man angenommen, dass auch die Göttin Ishtar uns durch ihr Erscheinen und Verschwinden wichtige Dinge verkündet. Dass der Planet nur ein Spielball der Gravitationskraft ist, konnte man damals noch nicht wissen. So kam man dazu, die Venusphasen sorgfältig zu beobachten, aufzuzeichnen und mit den eintretenden Ereignissen zu verknüpfen.

Die drei Erklärungen schliessen sich nicht aus, sondern sie ergänzen sich gegenseitig. Bei der ersten Erklärung bleibt eine Frage offen, die durch die zweite befriedigend erklärt wird. Diese lässt wiederum eine Frage offen, zu deren Beantwortung man die Sternreligion heranziehen muss.

Nicht nur der Mond, die Sonne und Venus wurden als Götter verehrt, sondern auch die anderen Sterne. Das sieht man aus einem berühmten altbabylonischen Opferschaugebet, das hier in der Übersetzung von W. VON SODEN wiedergegeben werden möge (FALKENSTEIN-VON SODEN: Sumerische und akkadische Hymnen und Gebete, Artemis-Verlag 1953, S. 274).

Opferschaugebet bei Nacht

Unruhig sind die Fürsten, heruntergelassen(?) die Riegel,
  Opferschauen sind veranstaltet.
Die sonst lärmenden Menschen sind ganz still,
  die sonst offenen Tore verriegelt.
Die Götter des Landes, die Göttinnen des Landes, Shamash, Sin, Adad und Ishtar
            sind eben eingetreten, um im Himmel zu schlafen;
  sie fällen keinen Rechtsspruch, entscheiden keine Streitsachen.
Verhüllt ist die Nacht, der Palast liegt erstarrt da, ganz still sind die Steppen;
  der noch auf dem Wege ist, ruft den Gott an, und der, dem der Rechtsspruch
                    gilt, verweilt im Schlaf.
Der Richter in Wahrhaftigkeit, der Vater der Waisen,
  Shamash trat eben ein in sein heiliges Gemach.
Die grossen Götter der Nacht,
  der lichte Gibil, der Krieger Irra,
der Bogen(stern), der Joch(stern), der (Stern des) „durch die Waffe gespaltenen",
                    der Schlangendrachen(stern),
  der Wagen(stern), der Ziegen(stern), der Wisent(stern)(?), der Vipern(stern),
mögen hintreten; durch die Eingeweideschau, die ich anstelle,
  durch das Lamm, das ich weihe, gewährt mir dann (Erkenntnis des) Richtigen!

Die in diesem Gebet genannten Sterne sind *qá-aš-tum* (Bogen) = Grosser Hund;
ni-ru-um (Joch) = Arktur; *ši-ta-ad-da-ru-um* = Orion; *mu-uš-ḫu-uš-šu-um* = Hydra
(falls mit dem späteren MUŠ identisch), ^{giš}MAR.GID.DA (Wagen) = Grosser
Bär; *in-zu-um* (Ziege) = Lyra mit Wega; *ku-sa-ri-ik-ku-um* = ?; *ba-aš-mu-um* = ?.

Wie man sieht, wird hier die altüberlieferte Opferschau den Himmelsgöttern
unterstellt. Nicht das Opferlamm ist es, das die Erkenntnis vermittelt, auch nicht
der Gott, dem das Lamm geopfert wird, sondern es sind die Sterne, die als Zeugen
zugegen sind. Man spürt die religiöse Ergriffenheit des Dichters durch den Sternen-
himmel.
  Auch wir heutige Menschen stehen manchmal tief ergriffen unter den Sternen.
Viele Liebhaber- und Berufsastronomen sind zur Astronomie gekommen, weil sie
beim Anblick des gestirnten Himmels dieses Gefühl der Bewunderung und Verehrung immer wieder neu empfinden. Dieses Gefühl ist, wie mir scheint, die tiefste
Wurzel der Sternreligion und letzten Endes auch der Astronomie.

Sternreligion und Astrologie

Die Babylonier haben von jeher die Planeten mit Göttern identifiziert oder
zumindest ihren Göttern zugeordnet. Jupiter wurde $^{mul\ d}$Marduk, d.h. „Stern
Gott Marduk" oder „Stern des Gottes Marduk" genannt. Venus war der Stern

der Liebesgöttin Ishtar, Mars wurde mit dem Kriegsgott Nergal identifiziert.[1] Dementsprechend beziehen sich die astrologischen Deutungen der Marserscheinungen meistens auf Krieg und Zerstörung. Die Venusomina haben es häufig mit Liebe und Fruchtbarkeit zu tun, allerdings auch mit dem Krieg, denn Ishtar war auch eine Kampfgöttin. Drei Beispiele aus der Serie Enuma Anu Enlil mögen das erläutern:

„Wenn Mars sich dem Stern ŠU.GI nähert, wird Aufstand in Amurru und Feindschaft sein; einer wird den anderen umbringen..." (GÖSSMANN, Planetarium S. 182).

„Wenn Venus hoch steht, Glück der Begattung..." (GÖSSMANN S. 37).

„Wenn Venus in ihrem Standort steht, Aufstand der feindlichen Heeresmacht, „Fülle" der Frauen wird im Lande sein..." (GÖSSMANN S. 39).

Man sieht aus diesen Beispielen, dass die babylonische Sterndeutung wesentlich auf der Sternreligion beruhte. Weil Mars der Stern des Nergal war, kündete er Krieg und Zerstörung, weil Venus zur Göttin Ishtar gehörte, bezog man die Venuserscheinungen auf Liebe, Ehe und Fruchtbarkeit. Vermutlich wird auch die Erfahrung bei der Aufstellung der Deutungen eine Rolle gespielt haben (man beobachtete eine Himmelserscheinung und kurz darauf traf ein wichtiges Ereignis ein), aber der Leitgedanke, dass die Himmelsgötter unser Leben beherrschen, war ein religiöser Gedanke. Mit Recht haben Kirchenväter und Konzile die Astrologie verdammt.

---

[1] Für Belegstellen siehe GÖSSMANN, Planetarium Babyloniacum Nr 260, 134 und 293.

KAPITEL II

DIE ASSYRISCHE ZEIT

Allgemeine Übersicht

Bereits unter HAMMURAPIS Sohn und Nachfolger SAMSUILUNA begann die politische Macht Babylons zu schwinden. Ihr äusseres Ende kam um 1530, als der Hethiterkönig MURSILI I. auf einem Raubzug Babylon eroberte und plünderte. Zwar konnte er es nicht dauernd halten, aber die Kassiten, ein Volk aus dem östlichen Bergland, benützten die Gelegenheit, ihre Herrschaft auf Babylon auszudehnen.

Das politisch nicht sehr aktive Regime der Kassiten endete etwa um 1160. Unterdessen war aber Assyrien unter ASSUR-UBALLIT I. (1356—1320) erstarkt und erreichte unter TUKULTI-NINURTA I. (1235—1198), dem NINOS der Griechen, einen ersten Höhepunkt seiner Macht. Von nun an hatte Assyrien die politische Vorherrschaft — mit gelegentlichen Unterbrüchen — bis etwa 630 v. Chr. inne.

Wenn auch Babylon in der zweiten Hälfte des zweiten Jahrtausends politisch eher eine untergeordnete Rolle spielte, begannen seine kulturellen Ausstrahlungen erst jetzt richtig sichtbar zu werden. Der babylonische Dialekt des Akkadischen wurde Verkehrssprache im ganzen vorderen Orient; das beweisen die Tontafelarchive von El-Amarna in Ägypten und Boghazköy im Herzen Kleinasiens. Bezeichnend ist auch, dass seit ASSUR-UBALLIT die assyrischen Könige ihre Inschriften nicht in ihrem eigenen assyrischen, sondern im babylonischen Dialekt abfassten.

Die Zeit von etwa 1350 bis 1100 muss zunächst in Babylonien, später auch in Assyrien geistig sehr lebendig gewesen sein. Man sammelte und systematisierte die ältere Überlieferung; z.B. wurde die riesige astrologische Serie Enuma Anu Enlil wahrscheinlich in dieser Zeit zusammengestellt. Viele Werke der religiösen Literatur, Gebete, Epen und anderes, wurden neu gestaltet oder neu geschaffen. So goss wahrscheinlich im 12. Jahrhundert ein besonders begnadeter Dichter in meist nur losem Anschluss an ältere Dichtungen das grossartige Gilgamesch-Epos [1] in seine endgültige Form. Wir werden sehen, dass auch die ersten Anfänge der rechnenden Astronomie in diese Zeit fallen.

Auch im ersten Jahrtausend v. Chr. blieb Assyrien kulturell weitgehend von Babylon abhängig. Als eigenständige Leistung der Assyrer ist jedoch die zur Zeit des ASSURNASIRPAL II. (884—859) geschaffene Flachreliefkunst zu nennen, die einzigartig dasteht.

Eine letzte Blüte erlebte Assyrien unter den Herrschern der Sargoniden-Dynas-

---

[1] *Das Gilgamesch-Epos.* Übersetzt von A. SCHOTT, durchgesehen u. ergänzt von W. VON SODEN, Reclam 1958. Die obige Darstellung stützt sich zum Teil auf das vorzügliche Bändchen von W. VON SODEN, *Herrscher im alten Orient*, Springer 1954.

tie: SARGON II. (722—705), SANHERIB (705—681), ASSARHADDON (681—669) und ASSURBANIPAL (669—630). ASSURBANIPAL hat seinen Namen für uns Heutige vor allem dadurch berühmt gemacht, dass er, unseres Wissens als erster Herrscher des Orients, in seinem Palast eine grosse Bibliothek aufbaute, die die gesamte Keilschriftliteratur in sumerischer und akkadischer Sprache umfassen sollte.

Aber schon wenige Jahre später ging das Assyrerreich unter; im Jahre 614 wurde Assur, 612 Ninive von den Babyloniern und Medern eingenommen und völlig zerstört.

DIE ÄLTEREN TEXTE

Unser Quellenmaterial fliesst vorerst immer noch spärlich. Wir besitzen nur drei astronomische Texte, die einigermassen sicher in die zweite Hälfte des zweiten Jahrtausends zu datieren sind, nämlich:

(I) HILPRECHTS Text HS 229 aus Nippur;

(II) die sogenannten „Astrolabe", Listen von 36 Sternen, die mit den 12 Monaten des Jahres verknüpft sind.
Mit den Astrolaben verwandt, aber wahrscheinlich noch älter sind:

(III) die Listen der Sterne von Elam, Akkad und Amurru.

Einzelne Autoren haben geglaubt, dass HILPRECHTS Text die Existenz einer hochentwickelten altbabylonischen wissenschaftlichen Astronomie beweise. Wir werden zunächst mit dieser Legende aufräumen und dann zur Diskussion der wichtigeren Astrolabe übergehen. Wir werden sehen, dass HILPRECHTS Text bloss ein mathematisches Übungsstück aus dem vorwissenschaftlichen Stadium der babylonischen Astronomie ist. Die Astrolabe jedoch stellen den Beginn der wissenschaftlichen Astronomie dar. Sie sind der erste Versuch einer Systematisierung der vorwissenschaftlichen volkstümlichen Kenntnisse über Sterne, die während der verschiedenen Jahreszeiten am Himmel sichtbar werden. Zugegeben, das System war noch sehr unvollkommen, aber es war ein guter Ausgangspunkt.

Spätere Texte, vor allem die beiden Tafeln der Serie ^{mul}APIN, modifizierten und vervollständigten das System der Astrolabe. Indem wir diese Texte untersuchen und vergleichen, werden wir einen Einblick in die Entwicklung des astronomischen Interesses in Mesopotamien erhalten.

Für Literatur zu diesen älteren Texten sei ein für allemal auf VAN DER WAERDEN, Babyl. Astron. II, J. of Near Eastern Studies *8*, p. 6—26 verwiesen.

I. Hilprechts Text HS 229

Einige Zeilen dieses Texts hat HOMMEL 1908 in den „Münchner Neuesten

Nachrichten" publiziert. Sie lauten wie folgt:

> 44, 26, 40 mal 9 ist 6,40. (Somit:)
>
> 13 *bēru* 10 UŠ ist der Stern ŠU.PA über den Stern BAN entfernt.
>
> 44, 26, 40 mal 7 ist 5, 11, 6, 40. (Somit:)
>
> 10 *bēru* 11 UŠ 6½ GAR 2 *ammatu* ist der Stern GIR₂.TAB über den Stern ŠU.PA entfernt.

Zur Erklärung: Die Sexagesimalzahl 44, 26, 40 kann als 44, 26; 40 gelesen werden, d.h. als

$$44 \times 60 + 26 + 40/60.$$

Diese Zahl, mit 7 multipliziert, ergibt 5, 11, 6; 40.

Die Längeneinheit ist, wie in den meisten mathematischen Texten, 1 GAR = 12 *ammatu* (Ellen).

60 GAR sind 1 UŠ, und 30 UŠ sind 1 *bēru* (Doppelstunde, als Wegstrecke ca. 10,8 km). Somit gilt 5, 11, 6; 40 GAR = 10 *bēru* 11 UŠ 6½ GAR 2 *ammatu*, wie der Text angibt.

HOMMELS Publikation verursachte eine heftige Diskussion zwischen KUGLER und WEIDNER über die Genauigkeit der Messung von Sterndistanzen oder Rektaszensionsdifferenzen in der altbabylonischen Zeit. Heute, wo wir mehr über den Text wissen, erscheint die ganze Diskussion gegenstandslos. Zunächst wies THUREAU-DANGIN darauf hin, dass die im Text angegebenen Distanzen sehr wohl radiale Entfernungen sein könnten, wenn man den Text wörtlich auffasst. Wenn diese Interpretation stimmt, dann sind die Zahlen des Textes natürlich nicht gemessen, sondern reine Spekulation. Auch die pythagoreische „Sphärenharmonie" setzt voraus, dass die Entfernungen zwischen den einzelnen Planetensphären sich wie einfache ganze Zahlen verhalten. Diese Spekulationen könnten sehr wohl mit der babylonischen Kosmologie und Zahlenspekulation verwandt sein.

Nach HOMMELS Teilpublikation war der Text für einige Zeit verloren, doch 1931 entdeckte O. NEUGEBAUER ihn wieder in HILPRECHTS Sammlung in Jena und publizierte den Rest des Textes. Aus dieser Publikation wird klar, dass die Zahlen des Textes, gleichgültig, ob sie radiale oder transversale Distanzen bedeuten, keinesfalls genau gemessen waren, wie WEIDNER angenommen hatte, sondern dass die Distanzen proportional zu einfachen ganzen Zahlen angenommen wurden (19 : 17 : 14 : 11: 9 : 7 : 4), und dass die Sexagesimalstellen, die den Eindruck grosser Genauigkeit erweckt hatten, bloss das Resultat einer Division waren.

Im Grunde genommen ist HS 229 ein mathematischer Problemtext von derselben Art wie manche andere; der einzige Unterschied ist, dass Sterndistanzen benützt werden, statt der üblichen Geldbeträge, die unter sieben Brüdern verteilt werden sollen. Das Problem war: Gesetzt, es ist

19 vom Mond zu MUL.MUL (Pleiaden),

17 von MUL.MUL zu SIBA.AN.NA (Orion),

14 von SIBA.AN.NA zu KAK.TAG.GA (Sirius?),

11 von KAK.TAG.GA zu BAN (dem „Bogen", bestehend aus δ Canis maioris und benachbarten Sternen),

  9 von BAN zu ŠU.PA (Arktur),

  7 von ŠU.PA zu GIR.TAB (Skorpion),

  4 von GIR.TAB zum Stern AN.TA.GUB (das „Äusserste", Drüberstehende"),

und gesetzt, die Summe aller dieser Abstände beträgt 2,0 (= 120) *bēru*, wie gross sind dann die einzelnen Abstände? Die Lösung lautet natürlich so: Die Summe 2,0 *bēru* = 1, 0, 0, 0 GAR wird durch 19+17+14+11+9+7+4 = 1,21 geteilt; das Resultat ist 44, 26; 40 GAR. Das wird nun der Reihe nach mit 19, 17, 14, . . multipliziert, und so werden die Distanzen vom Mond zu den Pleiaden, von den Pleiaden zum Orion, usw. gefunden.

THUREAU-DANGIN und NEUGEBAUER haben aus den Zeichenformen geschlossen, dass der Text wahrscheinlich im 12. oder 11. Jahrhundert v. Chr. geschrieben wurde. Da der Schreiber ERIBA-MARDUK selber angibt, der Text sei eine Kopie, könnte das Original jedoch auch älter sein.

Jedenfalls vertritt der Text, wie THUREAU-DANGIN richtig bemerkt, das vorwissenschaftliche Stadium der babylonischen astronomischen Spekulation, nicht den Beginn der wissenschaftlichen Astronomie.

II. „Die je drei Sterne"

Wir haben in Kap. I die volkstümlichen Regeln des Hesiod zur Bestimmung der Zeit der Aussaat usw. kennengelernt. Natürlich war das Bedürfnis nach derartigen Regeln im alten Babylonien genau so gross wie anderswo. Unter der HAMMURAPI-Dynastie war der offizielle Jahresbeginn starken Schwankungen unterworfen, wegen der sehr unregelmässigen Einfügung der Schaltmonate. Die Bauern konnten sich deshalb nur auf das Wetter und die Sterne verlassen, wenn sie die rechte Zeit für ihre Arbeit bestimmen wollten.

Das erklärt, warum sich die Schreiber die Mühe nahmen, nach der Einführung der Monatsnamen des einheitlichen babylonischen Kalenders, diese Monate mit dem Aufgang der Sterne zu verknüpfen. Ihren literarischen Ausdruck fand die Verknüpfung in der fünften Tafel des Weltschöpfungsepos (Zeile 3f):

> Er (Marduk) schuf das Jahr, teilte ab die Grenzen,
> (Für die) 12 Monate, je drei Sterne stellte er hin.

Es sind uns mehrere Listen dieser 36 Sterne erhalten, mit nur geringfügigen Abweichungen untereinander. Man pflegt diese Texte heute nicht sehr prägnant

„Astrolabe" zu nennen. Die assyrischen Schreiber hatten einen besseren Namen dafür: „Die je drei Sterne".[1]

Der älteste unter den erhaltenen Texten stammt aus Assur und wurde um 1100 v. Chr. geschrieben (sog. Berliner Astrolab oder Astrolab B, veröffentlicht von O. SCHROEDER, Keilschrifttexte aus Assur (Leipzig 1920) Nr. 218. Der Text ordnet die Sterne in drei nebeneinanderstehenden Kolonnen zu 12 Sternen (s. Tafel 1). Ausser der Sternliste enthält der Text noch einen Kommentar über die gegenseitige Stellung der Sterne, ihren Auf- und Untergang, ihre Bedeutung für die Landwirtschaft und ihre mythologische Bedeutung.

Tafel 1. Astrolab B (SCHROEDER, Keilschrifttexte Nr. 218)

Monat	Sterne des Ea	Sterne des Anu	Sterne des Enlil
I. Nisannu	IKU	DIL.BAT	APIN
II. Aiaru	MUL.MUL	ŠU.GI	*A-nu-ni-tum*
III. Simānu	SIBA.ZI.AN.NA	UR.GU.LA	MUŠ
IV. Dūzu	KAK.SI.DI	MAŠ.TAB.BA	ŠUL.PA.E₃
V. Ābu	BAN	MAŠ.TAB.BA.GAL.GAL	MAR.GID₂.DA
VI. Ulūlu	*ka-li-tum*	UGA	ŠU.PA
VII. Tašrītu	NIN.MAH	*zi-ba-ni-tum*	EN.TE.NA.MAŠ.LUM
VIII. Arahsamna	UR.IDIM	GIR₂.TAB [2]	LUGAL
IX. Kislīmu	*şal-bat-a-nu*	UD.KA.DUH.A	UZA
X. Tebētu	GU.LA	*al-lu-ut-tum*	A₂ mušen [3]
XI. Šabaṭu	NU.MUŠ.DA	ŠIM₂.MAH	DA.MU
XII. Addaru	KUA	d*Marduk*	KA₅.A

Das Wort mul = Stern vor den Namen des Originaltexts ist hier der Kürze halber weggelassen (ausser bei MUL.MUL, wo es zum Namen gehört), der Zusatz „des Ea", „des Anu", „des Enlil" hinter jedem einzelnen Namen als Überschrift über die ganze Kolonne gesetzt worden.

In der Wiedergabe der Sternnamen schliessen wir uns dem Šumerischen Lexikon an (IV. Teil, Band 2, Planetarium Babylonicum, von P. GÖSSMANN, Rom 1950). Phonetisch geschriebene akkadische Wörter geben wir wie üblich mit kleinen Kursivbuchstaben wieder, sumerische Wörter und Ideogramme mit Kapitälchen. Bei den Ideogrammen ist uns die Aussprache nur in seltenen Fällen aus keilschriftlichen Glossen bekannt. Die angehängten Nummern (z.B. in KA₅.A) dienen nur dazu, genau zu bezeichnen, welches Keilschriftzeichen im Text steht; wir werden sie später meistens weglassen.

[1] A. SCHOTT, *Z. d. deutschen Morgenl. Ges.*, 88 (1934), p. 311, Anm. 2.
[2] Die Nummer 2 bei GIR₂ dient dazu, das Keilschriftzeichen GIR₂ von einem anderen, das ebenfalls als GIR ausgesprochen wird, zu unterscheiden.
[3] Das Determinativ mušen bedeutet Vogel.

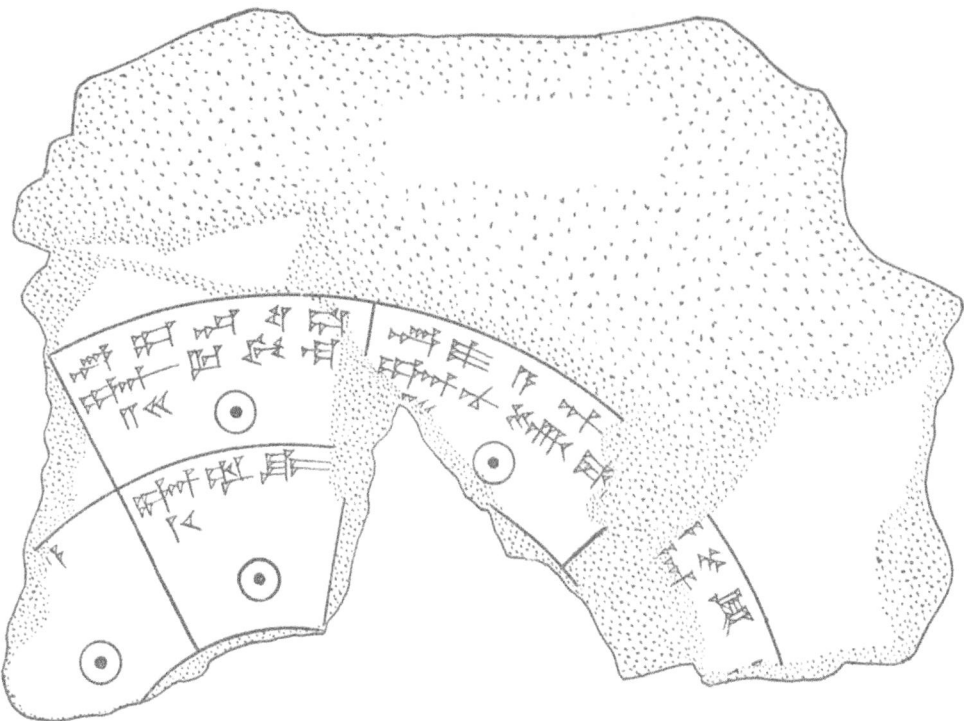

Fig. 5. Fragment eines kreisförmigen Astrolabs (Text K)

Die Listenform des obigen Textes ist wahrscheinlich nicht die ursprüngliche. Wir besitzen nämlich aus der Bibliothek ASSURBANIPALS (669—630) ein Bruchstück einer Tafel in kreisrunder Form (Text K, publiziert von L. W. KING, Cuneiform Texts in the British Museum 33, Pl. 11—12; siehe Fig. 5), und es sprechen starke Argumente, auf die wir gleich eintreten werden, dafür, dass die runde Form die ältere ist.

Die kreisförmige Tafel war, wie aus dem abgebildeten Bruchstück zu sehen ist, in Sektoren eingeteilt, von denen jeder am Rand einen Monatsnamen trägt (der Reihe nach im Uhrzeigersinn). Ausserdem sind noch zwei konzentrische Kreise gezogen, so dass die Scheibe in drei Ringe und jeder Sektor in drei Stücke zerfällt. Jedes der so entstehenden 36 Stücke enthält nun einen Sternnamen und eine Zahl. Die Sterne des Ea stehen im äusseren Ring, die Sterne des Anu im mittleren und die Sterne des Enlil im inneren Ring. Soweit man nach dem Bruchstück urteilen kann, stimmt die Verteilung der Sterne auf die Monate mit dem Astrolab B überein.

Schon vor dem Bekanntwerden des Assurtextes hatte PINCHES einen rekonstruierten Text des Astrolabs veröffentlicht.[1] Von den Keilschrifttexten, auf die er

[1] T. G. PINCHES, J. Roy. As. Soc. 1900, p. 573.

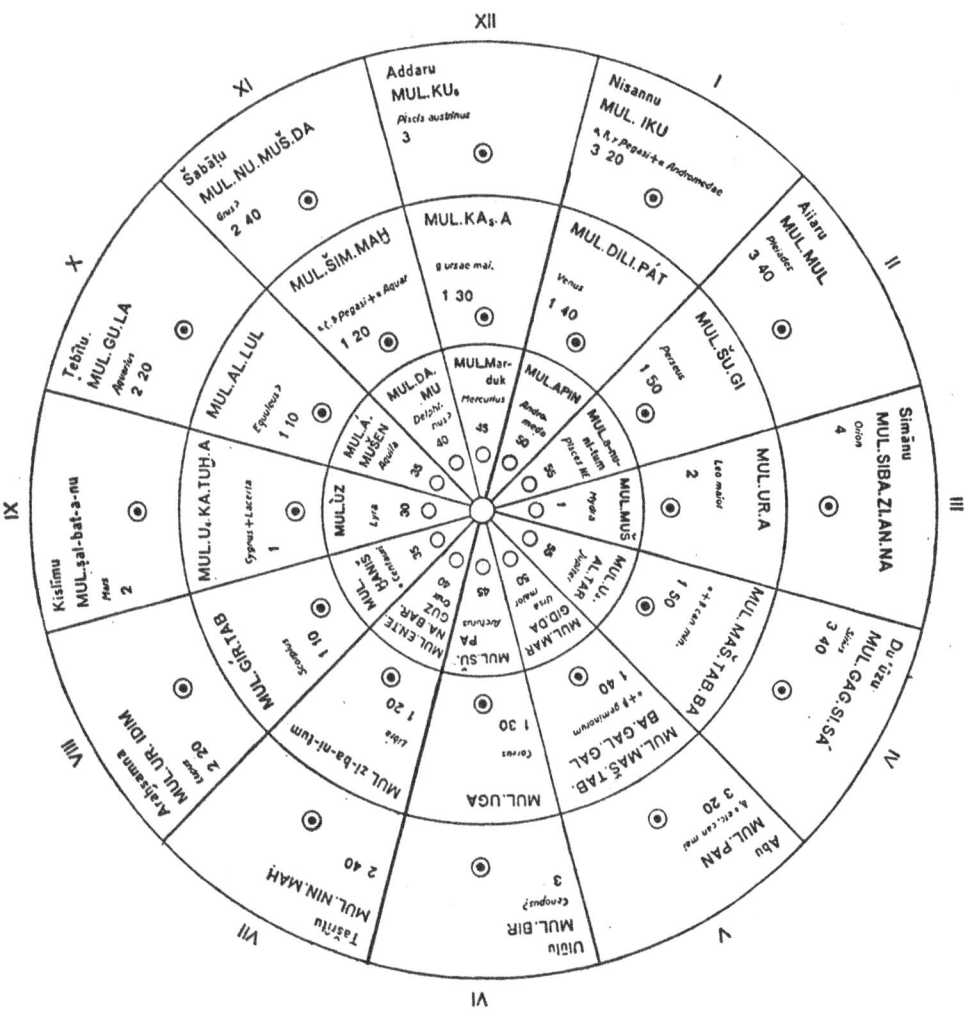

Fig. 6. Rekonstruktion des kreisförmigen Astrolabs nach A. SCHOTT, Z. Deutsche Morgenl. Ges. *88*. S. 302.

sich dabei gestützt hat, ist der wichtigste (P) jetzt publiziert.[1] Eine Rekonstruktion des kreisförmigen Astrolabs nach A. SCHOTT ist als Fig. 6 hier reproduziert. Die ersten zwölf Zeilen des von PINCHES benutzten Textes P, der aus der Seleukidenzeit stammt, sind in Tafel 2 wiedergegeben. Das Wort „Stern" vor den einzelnen Namen wurde der Kürze halber weggelassen. Einige offenkundige Schreibfehler sind stillschweigend korrigiert auf Grund des astrologischen Kommentars, der sich an die Liste anschliesst und zu jedem Stern ein Omen angibt.

[1] PINCHES, STRASSMAIER, SACHS: Late Babyl. astron. and related texts, Providence 1955, Nr. 1499.

Tafel 2. Astrolab P (Pinches-Sachs Nr. 1499)

I. Nisannu	3,20 IKU	1,30 KA₆.A	45 d*Marduk*	
II. Aiaru	3,40 MUL₂.MUL₂	1,40 DIL.BAT	50 APIN	
III. Simānu	4 SIBA.ZI.NA	1,50 ŠU.GI	55 A-nu-ni-tú	
IV. Dūzu	3,40 KAK.SI.DI	2 UR.A	1 NANGAR	
V. Ābu	3,20 BAN	1.50 MAŠ.TAB.BA	55 UD.AL.TAR	
VI. Ulūlu	3 BIR	1,40 MAŠ.TAB.BA.GAL.GAL	50 MAR.GID₂.DA	
VII. Tašrītu	2,40 NIN.MAḪ	1,30 UGAmušen	45 ŠU.PA	
VIII. Araḫsamna	2,20 UR.IDIM	1,20 RIN₂	40 EN.TE.MAŠ.LUM	
IX. Kislīmu	2 ṣal-bat-a-nu	1,10 GIR₂.TAB	35 LUGAL	
X. Ṭebētu	2,20 GU.LA	1 UD.KA.DUḪ.A	30 UZA	
XI. Šabaṭu	2,40 NU.MUŠ.DA	1,10 NANGAR	35 A₂mušen	
XII. Addaru	3 KUA	1,20 ŠIM₂.MAḪ	40 DA.MU	

Ein weiterer Text in Listenform aus Uruk wurde 1918 von Zimmern veröffentlicht (Text Z; Zeitschr. für Assyriologie 32, S. 72). Ein Vergleich zwischen den Texten zeigt, dass in P die Sterne von Anu und Enlil mitsamt den zugehörigen Zahlen fälschlich alle um einen Monat verschoben sind. Ein Fehler dieser Art kann aber nur entstehen, wenn man von einem kreisförmigen Astrolab abschreibt. Denn wenn man eine Liste kopiert, ist es ausgeschlossen, dass man versehentlich zuerst die zwölfte und dann die erste Zeile abschreibt. So bestätigt sich die seit langem von A. Schott gehegte Vermutung, die Astrolabe seien ursprünglich kreisförmig gewesen, und sie seien erst später in die schreibtechnisch bequemere Listenform umgesetzt worden.

Die sonstigen Unterschiede zwischen den Texten B, P, K und Z sind meist belanglos. In P kommt zweimal das Wort NANGAR vor (auch KUŠÚ transkribiert), welches im späteren Sprachgebrauch synonym zu (K) AL.LUL und wahrscheinlich auch zu (B) al-lu-ut-tum ist; im Monat IV dürfte NANGAR ein Schreibfehler für das ähnliche Zeichen MUŠ sein. BIR und kalītum bedeuten beide „Niere", RIN und zibanītum „Waage", ŠUL.PA.E und UD.AL.TAR sind zwei Namen des Planeten Jupiter usw.

Im Astrolab B wird unmittelbar nach der Liste der „je drei Sterne" ausdrücklich festgestellt, dass sie im zugehörigen Monat heliakisch aufgehen. Wenn aber der Text ausserdem behauptet, die Sterne gingen genau sechs Monate später wieder heliakisch unter, so ist das eine allzustarke Vereinfachung, die für die meisten Sterne nicht annähernd zutrifft.

Zur Einteilung der Sterne sei vorerst nur soviel gesagt: Die Sterne des Anu waren in der Nähe des Himmelsäquators angenommen, und die Sterne des Ea und des Enlil südlich, bzw. nördlich davon. Die Untersuchung der Zahlen auf den Texten P und K und die Identifikation der Sterne und Sternbilder müssen wir noch etwas verschieben und zunächst die Astrolabe mit verwandten Sternlisten vergleichen.

III. Die Sterne von Elam, Akkad und Amurru

Es gibt zwei Texte mit Listen von zwölf Sternen von Elam, zwölf Sternen von Akkad und zwölf Sternen von Amurru (veröffentlicht Cuneiform Texts Br. Mus. 26, Pl. 40—41, 44). Die Sterne sind in Tafel 3 zusammengestellt.

Tafel 3. Sterne von Elam, Akkad und Amurru

Nr.	Sterne von Elam	Sterne von Akkad	Sterne von Amurru
1	...	APIN	IKU
2	...	*A-nu-ni-tum*	ŠU.GI
3	...	SIBA.ZI.AN.NA	MUŠ
4	...	UD.AL.TAR	KAK.SI.DI
5	...	MAR.GID$_2$.DA	MAŠ.TAB.BA.GAL.GAL
6	...	ŠU.PA	BIR
7	...	*zi-ba-ni-tum*	NIN.MAḪ
8	GIR$_2$.TAB	UR.IDIM	LUGAL
9	...	UZA	*ṣal-bat-a-nu*
10	GU.LA	A$_2$^{mušen}	AL.LUL
11	N[U.MUŠ.DA]	DA.MU	ŠIM$_2$.MAH
12	...	*ni-bi-rum*	KA$_5$.A

Der einzige neue Stern in diesen Listen ist der ^{mul}*nibirum*, der jedoch mit $^{mul\,d}$*Marduk* identisch ist und Jupiter bedeutet. Das wird in der ersten Tafel der Serie ^{mul}APIN klar ausgedrückt (BM 86 378, Kol. I 36—38):

> Wenn die Sterne Enlils vollendet haben, dann ist der grosse, schwach leuchtende Stern, der den Himmel halbiert und dasteht, $^{mul\,d}$*Marduk-nibiru*, ^{mul}SAG.ME.GAR; er ändert seinen Ort und wandert über den Himmel.

Das Prädikat „schwach leuchtend" scheint dem Namen „grosser Stern" zu widersprechen. Jedoch kann die Bedeutung des ganzen Satzes nach SCHAUMBERGER so erklärt werden: Am Morgen, wenn die Sterne des nördlichen Himmels verschwunden sind, dann wird der grosse Stern Jupiter, in der Mitte des Himmels (im Meridian) stehend, immer noch schwach sichtbar sein.

Beinahe der gleiche Satz kommt bereits im Astrolab B vor (Kol. II 29—32):

> Der rote Stern, der, wenn die Sterne der Nacht vollendet haben, da, wo der Südwind herkommt, den Himmel halbiert und dasteht, dieser Stern ist der Gott *Nibiru-Marduk*.

So können wir mit Sicherheit schliessen, dass in unseren Texten die Identität $^{mul\,d}$*Marduk* = ^{mul}*nibiru* = Jupiter gilt.

Wir sehen jetzt, dass die Sterne von Elam, Akkad und Amurru identisch mit den Sternen des Astrolabs sind, und dass ihre Reihenfolge in jedem Fall genau der

Reihenfolge der zwölf Monate im Astrolab entspricht. Somit sind die Sterne von Elam, Akkad und Amurru Monatssterne, die den zwölf Monaten des Jahres entsprechen. Und zwar sind die Monate nach der bereits erwähnten Aussage des Astrolabs B gerade die Monate, in denen die Sterne heliakisch aufgehen, d.h. zum ersten Mal in der Morgendämmerung sichtbar werden. Selbstverständlich gilt das nur für Fixsterne, nicht für die Planeten Venus (DIL.BAT), Mars (sal-bat-a-nu) und Jupiter (UD.AL.TAR oder nibiru-Marduk), und auch nicht für Zirkumpolarsterne wie MAR.GID.DA (Ursa maior), die offenbar eingefügt wurden, um Lücken zu stopfen und ein schön symmetrisches Schema zu erhalten.

Was bedeutet „Sterne von Elam, Akkad und Amurru"? Zunächst ist zu bemerken, dass die Namen Elam, Akkad und Amurru die politische Situation der altbabylonischen Zeit wiederspiegeln. Man darf also annehmen, dass diese Listen alt sind. Weiter bemerkt man, dass dieselben drei Länder, vermehrt um Subartu und gelegentlich Gutium, das Länderschema der Omenliteratur bilden.

In der Verteilung der Sterne auf die drei Länder ist kein astronomisches Ordnungsprinzip erkennbar. Vielleicht erklärt sich die Verteilung daraus, dass die Elamiten, Akkader und Amoriter verschiedene Monatssterne benützten. Möglich ist auch, dass die Liste angibt, auf welche Länder sich die Bedeutung gewisser Omina erstrecken soll.

Die Einteilung in „Sterne des Ea, Anu und Enlil", d.h. nach Zonen parallel zum Aequator, trägt bereits einen wissenschaftlicheren Charakter. Man möchte deshalb annehmen, die Astrolabe stellten eine jüngere Stufe der Entwicklung dar, nämlich eine Umarbeitung der nach Ländern geordneten Listen. Die Schreiber hätten sich bemüht, unter Beibehaltung der Verteilung der Sterne auf die Monate, die drei Sterne jedes einzelnen Monats nach ihrer südlichen und nördlichen Position am Himmel zu ordnen.

Jedenfalls erreichte das Astrolab im alten Orient eine beträchtliche Verbreitung. Wir besitzen Texte aus Assur (B), Ninive (K), Uruk (Z) und Babylon (P), die sich über einen Zeitraum von fast tausend Jahren verteilen.

Die Zahlen auf Pinches' Astrolab

Die Zahlen sind in den Texten K und P vorhanden. Sie sind wiedergegeben in Tafel 2 und in Fig. 6. Im äusseren Ring der kreisförmigen, bzw. in der ersten Spalte der listenförmigen Astrolabe nehmen sie von 2 bis 4 mit konstanten Differenzen von 0; 20 zu und nehmen dann wieder in der gleichen Weise ab. Die Zahlen des mittleren Rings sind die Hälfte, die des inneren Rings ein Viertel derjenigen des äusseren Rings (in P sind die zweite und dritte Spalte, wie bereits festgestellt, fälschlich um eine Zeile verschoben). Da das Maximum 4 im Monat III, d.h. im Frühsommer, erreicht wird, ist es klar, dass die Zahlen etwas mit der Länge des Tages zu tun haben.

Das wird durch einen Vergleich mit dem später ausführlich zu behandelnden

Text ^{mul}APIN bestätigt, wo dieselben Zahlen auch vorkommen, eingeschoben in die Liste der heliakischen Aufgänge:

(IV 15) 4 ma-na en-nun u_4-me
2 ma-na en-nun ge$_6$

was bedeutet: „(Dūzu 15) 4 mana ist eine Tageswache, 2 mana ist eine Nacht-wache".

Es ist bekannt, dass Tag und Nacht in je drei Wachen eingeteilt waren, und eine mana ist ein Gewicht von etwa einem Pfund. So bedeutet unser Satz, wie O. NEUGEBAUER zuerst eingesehen hat: Um die Länge einer Tages- oder Nacht-wache zur Zeit des Sommersolstitiums festzulegen, hat man vier oder zwei mana Wasser in eine Wasseruhr zu giessen; ihre Leerung zeigt das Ende der Wache an.[1]

Wenn nun die Zahlen auf dem Astrolab dieselbe Bedeutung haben, dann müs-sen die Zahlen des äusseren Rings Tageswachen bedeuten, die des mittleren Rings halbe Wachen und die des inneren Rings Viertelwachen. Die Babylonier teilten also jede Wache in vier gleiche Teile, was bedeutet, dass sie den ganzen Lichttag in zwölf gleiche Teile teilten.

HERODOTOS hat also die Wahrheit gesprochen, wenn er sagte: „Die Griechen lernten den Gnomon, den Polos und die zwölf Teile des Tages von den Babylo-niern". Was den Gnomon betrifft, so wird seine Behauptung bestätigt durch die „Gnomontafeln" des Textes ^{mul}APIN, die wir später behandeln werden. Ander-seits findet man die Teilung von Tag und Nacht in je zwölf Teile nicht nur auf den Astrolaben, sondern auch, wie wir sehen werden, auf einem assyrischen Elfenbein-prisma.

Wir wissen nicht, ob die Zahlen, die wir in den Texten P und K vorfinden, in den ältesten Astrolaben schon vorhanden waren. Jedoch haben wir Grund zur Annahme, dass sie aus alten Quellen stammen könnten, denn in verschiedenen Texten kommen dieselben Zahlen mit vier multipliziert vor und sind verknüpft mit dem Auf- und Untergang des Mondes. Der älteste und zugleich vollständigste unter diesen Texten ist die vierzehnte Tafel der grossen Omenserie Enuma Anu Enlil, welche gänzlich diesen schematischen Mondrechnungen gewidmet ist. Wir kommen nachher unter „Dauer der Nacht und Leuchtzeit des Mondes" auf diese Rechnungen zurück.

Welche Sterne waren gemeint?

Wie können wir die Sterne des Astrolabs identifizieren? Wir haben bereits die Planetennamen erwähnt:

DIL.BAT   = Venus,
ṣal-bat-a-nu   = Mars,
UD.AL.TAR = ^{d}Marduk = Jupiter.

[1] O. NEUGEBAUER: The water clock in Babylonian astronomy. Isis 37 (1947) S. 37.

Ferner können wir leicht einige Sterne und Sternbilder des Tierkreises identifizieren, die in späteren Planetentexten vorkommen:

ḪUN.GA	= Widder (nicht auf den Astrolaben)
MUL.MUL	= Pleiaden
MAŠ.TAB.BA.GAL.GAL	= Zwillinge
NANGAR	= Krebs, speziell Praesepe
UR.GU.LA=UR.A	= Löwe
LUGAL	= Regulus
zibanītu	= Waage
GU.LA	= Wassermann
GIR.TAB	= Skorpion

Die dritte und wichtigste Möglichkeit der Identifikation von Sternbildern wird durch den Sternkatalog geliefert, mit dem die erste Tafel der Serie ᵐᵘˡAPIN anhebt. Mit diesem höchst wichtigen Text müssen wir uns jetzt ausführlich befassen. Wir überschreiten damit die Jahrtausendwende und kommen zum ersten Jahrtausend vor Christus, der Zeit der Hochblüte der babylonischen Astronomie.

DIE SERIE ᵐᵘˡAPIN

Die nach ihren Anfangsworten ᵐᵘˡAPIN genannte Serie[1] besteht aus zwei Tafeln. Das Hauptexemplar der ersten Tafel, der Text BM 86 378, ist von L. W. KING in den *Cuneiform Texts 33*, Pl. 1—8 veröffentlicht worden. Er stammt etwa aus dem dritten vorchristlichen Jahrhundert. Mit Hilfe von fünf Duplikaten (eines neubabylonisch, zwei aus der Bibliothek des ASSURBANIPAL, zwei aus Assur) konnte der Text vollständig wiederhergestellt werden.

Das Hauptexemplar der zweiten Tafel ist VAT 9412, aus Assur. Es ist auf 687 v. Chr. datiert und besitzt sieben Duplikate: drei aus Assur, drei aus ASSURBANIPALS Bibliothek, eines neubabylonisch.

Ausserdem gibt es Texte, welche die beiden Tafeln auf einer einzigen grossen vereinen: Rm 2,174 und AO 7540 (etwa aus dem 3. vorchr. Jahrh.).

Der älteste unter diesen Texten (VAT 9412, datiert 687 v. Chr.) stammt aus Assur, aber verschiedene Umstände machen einen babylonischen Ursprung der Serie wahrscheinlich. Erstens trägt nämlich ein Text K 11251, der nach BEZOLD ein Duplikat zu ᵐᵘˡAPIN, Tafel 1 darstellt, auf der Rückseite[2] den Vermerk „Kopie aus Babylon", und zweitens stimmen die Angaben über die heliakischen Aufgänge besser für die Breite von Babylon als für die Breite von Assur.

Zwar steht eine vollständige Publikation der Serie ᵐᵘˡAPIN noch aus, aber die meisten Abschnitte sind schon, zum Teil mehrfach, von BEZOLD, KOPFF, KUGLER,

---

[1] E. F. WEIDNER, *Ein babyl. Kompendium d. Himmelskunde*, Amer. J. of Sem. Lang. and Lit., *40*, (1924) 186.
[2] Zeile 3. Cuneiform Texts British Museum *26*, Tafel 47.

SCHAUMBERGER, WEIDNER, NEUGEBAUER und anderen bearbeitet worden.[1]

Zunächst geben wir eine Übersicht über den Inhalt der beiden Tafeln. Für die Zwecke dieses Buches numerieren wir die Abschnitte fortlaufend mit römischen Ziffern.

Erste Tafel:

    I. Liste von 33 Sternen Enlils, 23 Sternen Anus und 15 Sternen Eas.
    II. Die heliakischen Aufgänge der 36 wichtigsten Fixsterne und Konstellationen.
    III. Einander gegenüberliegende Gestirne, die zur gleichen Zeit auf- bzw. untergehen.
    IV. Zeitdifferenzen zwischen den heliakischen Aufgängen einiger ausgewählter Gestirne.
    V. Sichtbarkeit der Fixsterne im Osten und im Westen.
    VI. Liste von 14 *ziqpu*-Sternen.
    VII. Verknüpfung der Kulmination von *ziqpu*-Sternen mit heliakischen Aufgängen.
    VIII. Die Sterne im Wege des Mondes.

Zweite Tafel:

    IX. Sonne und Planeten und der Weg des Mondes.
    X. Sirius und die Äquinoktien und Solstitien.
    XI. Die Aufgänge einiger weiterer Fixsterne.
    XII. Die Planeten und ihre Wiederkehr.
    XIII. Die vier Eckpunkte des Himmels.
    XIV. Die astronomischen Jahreszeiten.
    XV. Die babylonische Schaltungspraxis.
    XVI. Gnomontafeln.
    XVII. Dauer einer Nachtwache am 1. und 15. Tag der Monate, Sichtbarkeitsdauer des Mondes.
    XVIII. Fixstern- und Kometenomina.

Die Serie ^{mul}APIN stellt allem Anschein nach eine Kompilation des gesamten astronomischen Wissens der Zeit vor −700 dar. Zwar geben uns andere Texte manchmal genauere Auskünfte über Einzelfragen, aber sozusagen alles, was wir über die damalige Astronomie wissen, steht in irgend einer Beziehung zur Serie ^{mul}APIN. Es erscheint deshalb gegeben, die Astronomie des beginnenden ersten Jahrtausends vor Christus auf Grund von ^{mul}APIN darzulegen.

Wir werden die einzelnen Abschnitte von ^{mul}APIN mehr oder weniger der Reihe nach behandeln und die weiteren Quellentexte an den passenden Stellen einfügen. Sukzessive werden wir dabei auch zu einem besseren Verständnis der älteren Astrolabtexte gelangen. Die zweite Tafel werden wir leider nicht vollständig behandeln können, da einige Abschnitte noch nicht publiziert sind.

---

[1] — BEZOLD-KOPFF, Sitz. ber. d. Heidelberger Akad. d. Wiss. (phil.-hist. Kl.), (1913), 11. Abh.
   — F. X. KUGLER, *Sternkunde und Sterndienst in Babel*, Erg. hefte 1, 2 und 3 (letzteres von J. SCHAUMBERGER), Münster 1913—35.
   — E. F. WEIDNER, Archiv f. Orientforschung 7 (1931), S. 170.
   — O. NEUGEBAUER, Isis XXXVII (1947), S. 37.
   — siehe auch VAN DER WAERDEN, *Babyl. Astron.* II und III, J. of Near Eastern Stud. *8* (1948), S. 6 und *10* (1951), S. 20.

Der Sternkatalog

Wie A. Schott gesehen hat, folgt der Anfang der Serie ^{mul}APIN sehr eng dem System der Astrolabe, verbessert es aber ganz wesentlich. Zunächst einmal löst er das starre Schema der zwölf mal drei Sterne in getrennte Listen auf: einerseits eine Liste der Sterne des Enlil, Anu und Ea, anderseits eine Liste der heliakischen Aufgänge. Dadurch wird er der unregelmässigen Verteilung der Sterne am Himmelszelt natürlich viel besser gerecht.

Die erste Liste enthält 33 Sterne Enlils, 23 Sterne Anus und 15 Sterne Eas. Wenn auch die Angaben des Textes über die gegenseitige Lage der Sterne meist noch nicht zur Identifikation ausreichen, geben sie doch wertvolle Anhaltspunkte. Zum Beispiel beginnt die Aufzählung der Sterne Anus wie folgt:

— ^{mul}IKU, die Wohnung des Ea, der als vorderster der Sterne Anus dahinzieht,
— der Stern, der gegenüber ^{mul}IKU steht:
    ^{mul}ši-nu-nu-tum (= ^{mul}ŠIM.MAḪ).
— der Stern, der hinter ^{mul}IKU steht:
    ^{mul}LU.ḪUN.GA, der Gott Dumuzi,
— MUL.MUL, die Siebengottheit, die grossen Götter, usw.

Die beiden letztgenannten Sternbilder: LU.ḪUN.GA und MUL.MUL sind aus späteren Texten wohlbekannt: Es sind der Widder und die Plejaden. Die ersten beiden müssen also in derselben Gegend zu suchen sein, und zwar muss der Widder hinter, d.h. östlich von IKU stehen. Aus Abschnitt II des gleichen Textes

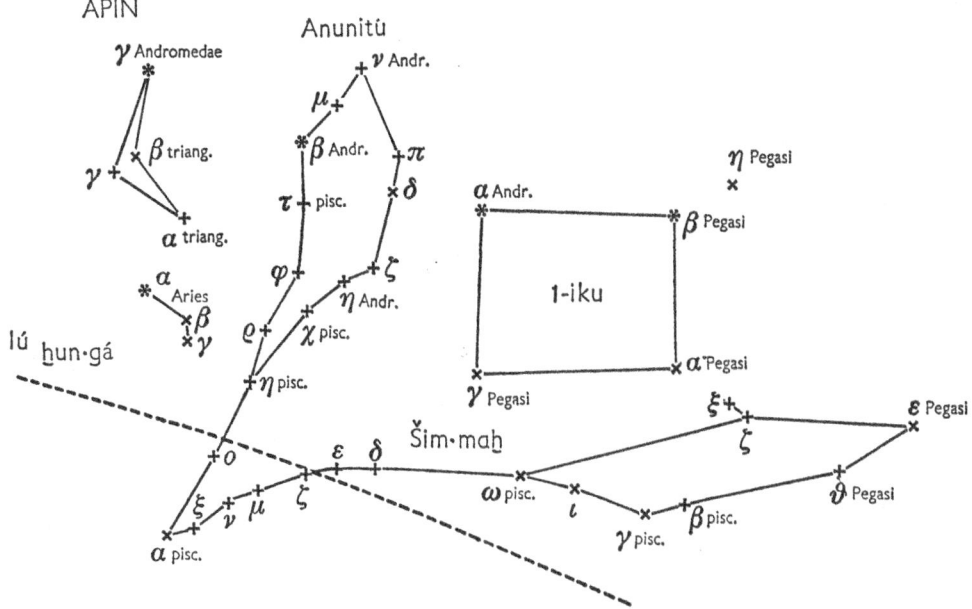

Fig. 7. IKU = Pegasus und Umgebung

entnimmt man weiter das Datum des Morgenaufgangs von IKU. Aus diesem Datum ergibt sich, dass IKU nur das Pegasusrechteck sein kann. Mit einer analogen Methode findet man, dass *šinunutum* = ŠIM.MAH, das Sternbild „gegenüber IKU", der südliche Fisch des Tierkreises mit den Sternen ϑ und ε Pegasi sein muss (siehe Fig. 7).

Die Identifikation der Sternbilder des Textes ^{mul}APIN wurde vor allem von BEZOLD und KOPFF und von KUGLER durchgeführt. Ihre Ergebnisse wurden von späteren Forschern in der Hauptsache bestätigt, in Einzelheiten verfeinert und verbessert. Auf Grund dieser Untersuchungen können, ausser den früher bereits erwähnten Tierkreisbildern, die folgenden Sternbilder mit Sicherheit identifiziert werden:

IKU („Feld") = Rechteck des Pegasus,

ŠIM.MAH („grosse Schwalbe") = südwestl. Teil der Fische (+ Sterne bis zu ε Pegasi),

Anunītu („Himmelsbewohnerin") = nordöstl. Teil der Fische (+ mittlerer Teil der Andromeda),

APIN („Pflug") = Dreieck + γ Andromedae

ŠU.GI („Greis" oder „Wagenlenker") = Perseus (+ nördl. Teil des Stiers?)

SIBA.ZI.AN.NA („treuer Hirte des Himmels") = Orion

MUŠ („Schlange" oder „Schlangendrache") = Hydra + β Cancri

KAK.SI.DI oder gag.si.sa („Pfeil") = Sirius,

BAN („Bogen") = $\tau, \delta, \sigma, \varepsilon, \varkappa, \eta$ Canis maioris + $\eta, \xi(?)$ Puppis,

MAR.GID.DA („Lastwagen") = Grosser Bär,

UGA^{mušen} („Rabe") = Rabe [1],

ŠU.PA = Arktur,

EN.TE.NA.MAŠ.LUM = Centaurus

UR.IDIM („toller Hund") = Serpens oder Caput serpentis

UD.KA.DUH.A („Maulaufreissender Sturm (-dämon)", „Panthergreif") = Schwan + $\alpha, \xi, \iota, \delta, \zeta, \mu$ Cephei,

UZA („Ziege") = Lyra,

AL.LUL = Prokyon,

A^{mušen} („Adler") = Adler [1],

KUA („Fisch") = Fomalhaut oder Piscis Austrinus.

Man sieht, dass eine ganze Anzahl von babylonischen Sternbildern genau den klassischen griechischen entsprechen. So bedeutet MAŠ.TAB.BA.GAL.GAL „die grossen Zwillinge"; sie entsprechen Kastor und Pollux. Es ist nicht ganz klar, ob UR.GU.LA „grosser Hund", „Löwe" oder „Löwin" bedeutet, aber UR.A ist ziemlich sicher „Löwe". LUGAL (Regulus) heisst „König", MUŠ heisst „Schlange", UGA^{mušen} „Rabe". Die babylonische „Schlange" trug ihren Kopf etwas höher als unsere Hydra (siehe Figur 8). Ebenso entsprechen die „Waage" (*zibanītu*)

[1]) Das Determinativ mušen bedeutet Vogel.

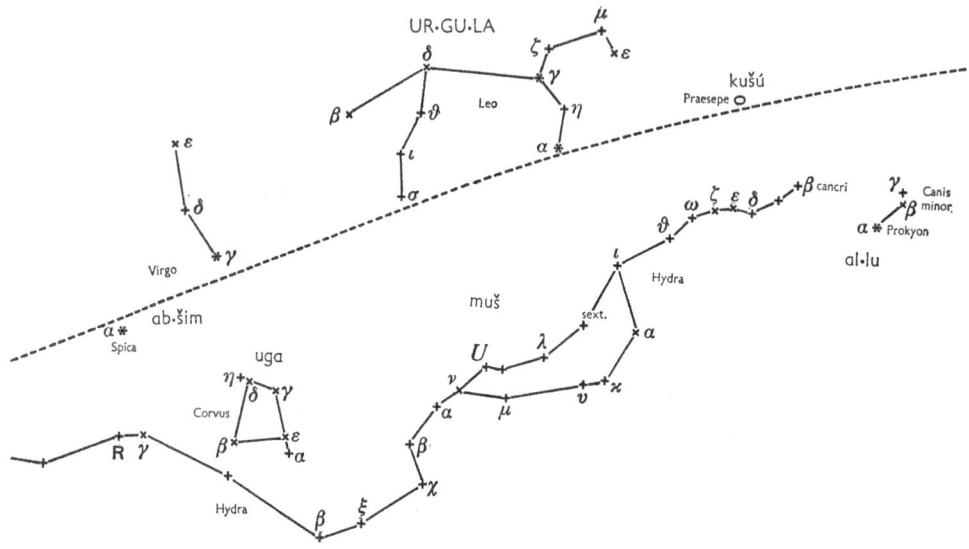

Fig. 8. Löwe und Hydra

und der „Adler" (A^{mušen}) unseren gleichnamigen Sternbildern, und der „Fisch" (KUA) unserem Südlichen Fisch. Weiter finden wir einen „Skorpion" (GIR.TAB), der unserem Skorpion, einen „Himmelsstier" (GUD.AN.NA), der unserem Stier, und einen „Ziegenfisch" (SUHUR.MAŠ), der unserem Steinbock entspricht. Der „treue Hirte des Himmels" (SIBA.ZI.AN.NA) ist unser Orion, und der „Lastwagen" (MAR.GID.DA) ist natürlich der Grosse Bär.

In anderen Fällen war die babylonische Auffassung von der griechischen verschieden. Der Schwan und der untere Teil des Cepheus bilden einen „Maulaufreissenden Sturm (-dämon)" oder Panthergreifen (UD.KA.DUH.A). APIN bedeutet „Pflug"; in der Tat hat die Konfiguration Dreieck+γ Andromedae die Gestalt eines Pfluges (siehe Figur 7). Andromeda war in drei Teile geteilt, die zu APIN, zu der „Himmelsbewohnerin" *Anunītu* und zu IKU, dem rechteckigen „Feld" gehörten. *Anunītu* und ŠIM.MAH = *šinūntu* („die grosse Schwalbe") waren viel grösser und eindrücklicher als unsere zwei kleinen Fische.

In der Gegend unseres Grossen Hundes hatten die Babylonier einen Pfeil (KAK. SI.DI) und einen Bogen (BAN). Figur 9 zeigt die wahrscheinlichste Rekonstruktion dieser Sternbilder. Statt unserer Lyra hatten die Babylonier eine Ziege (UZA). Hercules war ein Hund (UR.KU), Aries ein Mietarbeiter (LU.HUN.GA). Der helle südliche Stern Canopus war das himmlische Abbild von „Ea's Stadt Eridu" (NUN^{ki} ^{d}E-a).

Bild 11 zeigt einige Ritzzeichnungen auf Tontafeln. Die Zeichnungen sind durch die Beischriften eindeutig als Sternbilder ausgewiesen. Zu den überaus ähnlichen, mehr als tausend Jahre älteren Bildern auf Grenzsteinen fehlen leider Beischriften, so dass wir nicht ganz sicher sind, ob z.B. der himmlische oder ein irdischer Skorpion gemeint ist. Die Deutung als Sternbild wird allerdings durch die Bilder von Mond und Sternen nahegelegt (siehe Bild 12).

Die drei Wege am Himmel

Was bedeutet die Einteilung der Sterne in solche des Enlil, Anu und Ea? Wie BEZOLD auf Grund des Sternkatalogs gefunden hat, stehen die 23 Sterne Anus in einem Gürtel, der etwa von 15 Grad nördlich bis 15 Grad südlich des Äquators reicht, die 33 Sterne Enlils liegen nördlich von diesem „Weg" und die 15 Sterne Eas südlich davon. SCHAUMBERGER bestimmte die Grenzen der drei Wege genauer auf Grund einer Angabe der zweiten Tafel von mulAPIN (Abschnitt XIV), wonach die Sonne gerade je drei Monate in jedem der drei Wege verweilt; er fand, dass die Grenzen etwa 16°40′ nördlich und südlich des Äquators liegen. Die beste Übereinstimmung mit dem Sternkatalog erreicht man, wenn man die Grenzen ungefähr bei ± 17° annimmt.

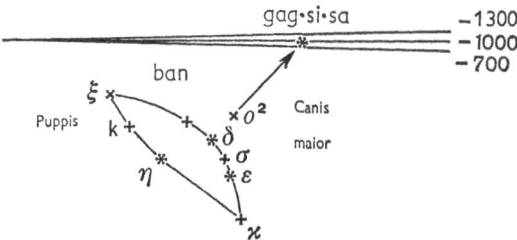

Fig. 9.   KAK.SI.DI = Pfeil und BAN = Bogen

Die Übereinstimmung ist jedoch nicht vollkommen. Das Sternbild BAN, der „Bogen", wird Anu zugeteilt, während es zu Ea gehören sollte. SCHAUMBERGER nimmt an, dass die Babylonier den „Bogen" BAN nicht vom „Pfeil" KAK.SI.DI trennen wollten. Aber warum sollten sie nicht beide Ea zuschreiben, wie es die Astrolabe taten?

Figur 9 zeigt den babylonischen Pfeil (KAK.SI.DI) und den Bogen (BAN). Es ist sicher, dass KAK.SI.DI Sirius ist (vielleicht mit einem anderen Stern zusammen), und dass BAN in der Gegend von δ Canis maioris liegt; der Rest des Bildes ist nur Vermutung. Ausserdem ist die Grenze des Anu-Weges in einer Entfernung von 17° vom Äquator für die Jahre −1300, −1000 und −700 eingezeichnet. Man ist versucht, daraus zu schliessen, der Text mulAPIN sei, unter Benützung von zum Teil älteren Quellen, erst kurz vor −700 zusammengestellt worden. Denn nur für diese Zeit ist die Zuweisung von KAK.SI.DI zu Anu wirklich gerechtfertigt. Doch steht dieses Argument auf wackeligen Füssen, da die Änderung der Deklination des Sirius zwischen −1300 und −700 mit 1°.0 im Rahmen der babylonischen Beobachtungsgenauigkeit (selbst der späteren Zeiten) bleibt.

Sicher ist, dass die Serie ^mulAPIN vor 687 v. Chr. zusammengestellt worden ist, denn in diesem Jahr ist das älteste erhaltene Exemplar geschrieben worden.

SCHAUMBERGER verglich die Liste von ^mulAPIN mit den Astrolaben und fand, dass nicht weniger als vierzehn Sternbilder anders eingeordnet wurden. In den meisten Fällen sind die Astrolabe im Unrecht, ganz gleichgültig, ob die Rechnung für 1600 oder für 1100 v. Chr. gemacht wird. Wie können wir das erklären?

Nach meiner Meinung wäre es falsch, anzunehmen, der Verfasser des Astrolabs hätte eine feste Einteilung des Himmels in drei genau abgegrenzte Zonen im Sinn gehabt. Ihm lagen die Listen der Sterne von Elam, Akkad und Amurru vor, und er wollte die Sterne gemäss ihrer nördlichen oder südlichen Stellung ordnen. Er war kein Revolutionär oder Ketzer: Er änderte die Monate nicht, in welchen die Sterne angeblich aufgingen, weil Marduk selber nach dem Schöpfungsepos „je drei Sterne für jeden Monat" hingestellt hatte. Er konnte also lediglich innerhalb jedes Monats den nördlichsten Stern Enlil, den südlichsten Ea und den mittleren Anu zuweisen. Wenn wir ausserdem annehmen, dass die Zuteilung der Planeten von vornherein festgelegt war, ist die Ordnung der drei Sterne in den Monaten I, IV, V, VI, VIII, IX, X und XI dadurch völlig erklärt. In den Monaten II, III und VII sind die südlichsten Sterne in Ordnung, aber die beiden mehr nördlichen Sterne sind aus einem uns unbekannten Grund jeweils vertauscht.

Unsere Hypothese, das Astrolab sei aus den Listen der Sterne von Elam, Akkad und Amurru hergeleitet, erklärt also die meisten Eigenheiten der Texte, wenn auch nicht alle. Die historische Entwicklung scheint jedoch ziemlich gesichert zu sein:

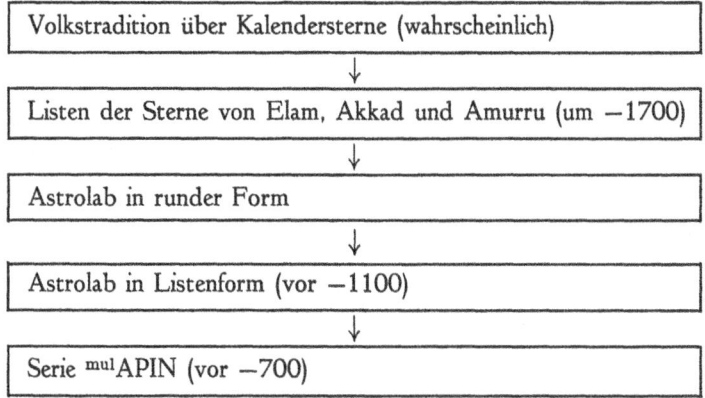

Die 36 heliakischen Aufgänge

Der zweite Abschnitt des Textes ^mulAPIN besteht aus der folgenden Liste von heliakischen Aufgängen:

I　　1 LU.H̱UN.GA geht auf,
　　　20 GAM geht auf,

II 1 MUL.MUL geht auf,
   20 *is li-e* geht auf,
III 10 SIBA.ZI.AN.NA und MAŠ.TAB.BA.GAL.GAL gehen auf,
IV 5 MAŠ.TAB.BA.TUR.TUR und AL.LUL gehen auf,
   15 KAK.SI.DI, MUŠ und UR.GU.LA gehen auf,
 V 5 BAN und LUGAL gehen auf,
VI 10 NUN^ki und UGA gehen auf,
   15 ŠU.PA geht auf,
   25 AB.SIN geht auf,
VII 15 *zibanītu*, UR.IDIM, EN.TE.NA.MAŠ.LUM und UR.KU gehen auf,
VIII 5 GIR.TAB geht auf,
   15 UZA und GAB.GIR.TAB gehen auf,
IX 15 UD.KA.DUH.A, A^mušen und PA.BIL.SAG gehen auf,
 X 15 ŠIM.MAH, *ši-nu-nu-tum*, IM.SIS geht auf,
XI 5 GU.LA, IKU und LU.LIM gehen auf,
   25 *Anunītu* geht auf,
XII 15 KUA und ŠU.GI gehen auf.

Diese Liste enthält 36 Sternnamen, genau wie die Astrolabe. Um diese Zahl zu
erhalten, nannte der Schreiber ein Sternbild mit drei synonymen Namen:
ŠIM.MAH = *ši-nu-nu-tum* = IM.SIS (Monat X). Folgende Sternbilder dieser
Liste kommen in den Astrolaben noch nicht vor:

LU.HUN.GA („Mietarbeiter") = Widder,
GAM („Krummsäbel" oder ähnlich) = Fuhrmann oder Cappella,
is li-e („Kinnlade des Stiers") = Hyaden + Aldebaran,
MAŠ.TAB.BA.TUR.TUR („die kleinen Zwillinge") = $\iota + \nu$ Geminorum (?),
NUN^ki („Stadt Eridu") = Canopus,
AB.SIN („Aehre") = Spica,
UR.KU („Hund") = Hercules,
GAB.GIR.TAB („Brust des Skorpions") = Antares,
PA.BIL.SAG (der *Gott* Pabilsag ist ein Kriegs- und Jagdgott) = Schütze,
LU.LIM („Hirsch" oder ähnlich) = Cassiopeia ohne β.

Wie steht es mit den sonstigen Beziehungen dieser Liste zu den Astrolaben?
Zunächst einmal sehen wir, dass die beiden Listen 24 Sternbilder gemeinsam
haben. Elf davon gehen nach beiden Listen im gleichen Monat auf. In sieben Fällen
beträgt die Differenz bloss einen Monat, was auf die Präzession, auf eine verschiedene Wahl des Jahresanfangs oder einfach auf zufällige Abweichungen in den Tagen der ersten Sichtbarkeit zurückgeführt werden kann, denn diese Sichtbarkeit
hängt vom Wetter und von den Augen und dem Geschick des Beobachters ab.
Nur in sechs Fällen (IKU, *Anunītu*, ŠU.GI, MAŠ.TAB.BA.GAL.GAL, LUGAL
und AL.LUL) besteht überhaupt keine Übereinstimmung.

Bei allen diesen grösseren Abweichungen bietet der Text ᵐᵘˡAPIN das Richtige‘ das Astrolab das Falsche; denn die rechnerische Kontrolle zeigt, dass die Aufgangsdaten in ᵐᵘˡAPIN für Babylon von etwa 1300 bis 1000 v. Chr. recht gut stimmen, wenn der Aufgang des LU.H̦UN.GA als Beginn des Sternjahres genommen wird, und wenn der Aufgangstag einer Konstellation als der Tag definiert wird, an dem ihr erster Stern sichtbar wird. Auch für 1600 v. Chr. würden sich noch keine grossen Differenzen ergeben.

Der Abschnitt IV von ᵐᵘˡAPIN enthält eine zu dieser Liste eng verwandte Liste von Datendifferenzen zwischen den heliakischen Aufgängen der hellsten Sterne, wie folgt:

Vom Aufgang von KAK.SI.DI 55 Tage bis zum Aufgang von NUNᵏⁱ;
vom Aufgang von KAK.SI.DI 60 Tage bis zum Aufgang von ŠU.PA;
vom Aufgang von ŠU.PA 10 Tage bis zum Aufgang von AB.SIN; usw.

Die Differenzen sind im Einklang mit der Datenliste, wenn man annimmt, das Jahr umfasse gerade zwölf Monate zu je dreissig Tagen.

Die merkwürdige Tatsache, dass die Daten der ersten Liste von IV 5 an durch 5, aber im allgemeinen nicht durch 10 teilbar sind, kann wie folgt erklärt werden:

Angenommen, es gab ursprünglich einmal eine Liste von beobachteten Datendifferenzen, welche (wie die zweite Liste) mit Sirius begann und sich über ein ganzes Jahr von 365 Tagen bis zum nächsten Aufgang von Sirius erstreckte. Wir nehmen weiter an, dass diese Differenzen mit wenigen Ausnahmen auf Vielfache von 10 Tagen gerundet waren, von Sirius aus gerechnet. Ferner nehmen wir an, dass dem Verfasser unseres Textes die Differenzenliste vorlag, aber dass er Daten statt Datendifferenzen geben wollte und deshalb ein künstliches Jahr mit zwölf Monaten zu je dreissig Tagen einführte, das mit dem Aufgang des Widders (LU.H̦UN. GA) begann. Er behielt die Datendifferenzen der ursprünglichen Liste bei, schrieb aber I 1 und II 1 statt XII 30 und I 30. So erhielt er von selbst durch 10 teilbare Daten für die Monate I, II und III, aber von IV 5 an erhielt er Daten, die nur durch 5 teilbar sind.

Durch das selbe Vorgehen, aber in umgekehrter Richtung, können wir die ursprüngliche Liste der Datendifferenzen rekonstruieren. Es ist zweckmässig, alle Differenzen aufzusummieren, so dass wir die Differenzen aller übrigen Sterne gegenüber Sirius erhalten. Es zeigt sich, dass die so rekonstruierte Liste besser mit der modernen Rechnung übereinstimmt als die Datenliste des Textes.

Die rekonstruierte Liste ist in den ersten beiden Spalten von Tafel 4 wiedergegeben. Die nächsten beiden Spalten geben an, wann der erste Stern des babylonischen Sternbilds nach moderner Rechnung sichtbar wird, und in der letzten Spalte findet man die Differenz babylonisch minus modern. Die Aufgangszeit ist angegeben in Tagen nach dem Aufgang des Sirius, der uns aus alten Beobachtungen mit grosser Genauigkeit bekannt ist. Der entstehende Unterschied oder

Tafel 4

Babylonisch		Modern		„Fehler"
Konstellation	Zeit	Erster Stern	Zeit	
KAK.SI.DI	0	Sirius	0	—
MUŠ	0	β Cancri	8	−8
UR.GU.LA	0	ε Leonis	8	−8
BAN	20	δ Can. mai.	18	2
LUGAL	20	Regulus	19	1
NUNki	55	Canopus	50	5
UGA	55	γ Corvi	—	—
ŠU.PA	60	Arktur	62	−2
AB.SIN	70	Spica	70	0
zibanītu	90	α Librae	95	−5
UR.IDIM	90	δ Serpentis	—	—
EN.TE.NA.MAŠ.LUM	90	γ Centauri	89	1
UR.KU	90	η Herculis	—	—
GIR.TAB	110	γ Scorpii	104	6
UZA	120	Vega	121	−1
GAB.GIR.TAB	120	Antares	117	3
UD.KA.DUH.A	150	δ Cygni	140	10
Amušen	150	ζ Aquilae	146	4
PA.BIL.SAG	150	γ Sagittarii	144	6
ŠIM.MAH	180	ε Pegasi	186	−6
GU.LA	200	β Aquarii	190	10
IKU	200	β Pegasi	199	1
LU.LIM	200	γ Cassiopeiae	193	7
A-nu-ni-tum	220	β Andromedae	229	−9
KUA	240	Fomalhaut	234	6
ŠU.GI	240	γ Persei	238	2
LU.HUN.GA	260	α Arietis	262	−2
GAM	280	Capella	277	3
MUL.MUL	290	Pleiaden	297	−7
is li-e	310	Aldebaran	314	−4
SIBA.ZI.AN.NA	330	γ Orionis	339	−9
MAŠ.TAB.BA.GAL.GAL	330	Castor	336	−6
MAŠ.TAB.BA.TUR.TUR	355	ι Geminorum	—	—
AL.LUL	355	Procyon	361	−6

„Fehler" ist die Summe von drei voneinander unabhängigen (unbekannten) Beiträgen:

(a) Ein systematischer Fehler in der modernen Rechnung, der zum Teil daher rührt, dass wir nicht wissen, in welchem Jahr die alten Beobachtungen angestellt wurden, zum Teil aber auch von der Ungenauigkeit von Schochs Formeln für den Sehungsbogen (arcus visionis), nach denen die Rechnung gemacht wurde.

(b) Zufällige Abweichungen der babylonischen Beobachtungen von ihren Mittelwerten wegen der wechselnden Klarheit des Himmels und anderen zufälligen Ursachen.

(c) Der Fehler, der durch die Rundung der beobachteten Werte auf Vielfache von 10 entsteht. Die Quadratwurzel aus dem mittleren Fehlerquadrat dieses Rundungsfehlers beträgt beinahe 3, und die Summe der beiden anderen Fehler wird sich als von der gleichen Grössenordnung erweisen.

Die Fehler könnten noch etwas reduziert werden, indem man den Sehungsbogen während der trockenen Jahreszeit etwas verkleinert und während der regnerischen Jahreszeit (von NUN[ki] bis GAM) etwas vergrössert.

Die modernen Rechnungen der obigen Liste beziehen sich auf das Jahr −1000 und auf die Breite von Babylon. Eine genauere Untersuchung[1] zeigte nämlich, dass die Beobachtungen sicher nicht in Assyrien, sondern in der Breite von Babylonien, wahrscheinlich zwischen −1400 und −900 angestellt wurden. In diesem Zeitraum sind die Abweichungen zwischen dem Text und den Rechnungen so klein, dass wir annehmen müssen, die Beobachtungen seien mit grosser Sorgfalt, wahrscheinlich während mehrerer Jahre, gemacht worden.

Weitere Abschnitte des Textes [mul]APIN

Abschnitt III enthält eine Liste von gleichzeitigen Auf- und Untergängen, z.B.

— [mul]SIBA.ZI.AN.NA geht auf und [mul]PA.BIL.SAG geht unter.
— [mul]KAK.SI.DI, [mul]MUŠ und [mul]UR.GU.LA gehen auf und
  [mul]GU.LA und [mul]A [mušen] gehen unter.[2]

Diese Angaben wurden schon von KUGLER dazu benutzt, die Identifizierung der Sterne nachzuprüfen und Einzelheiten zu berichtigen.

Abschnitt IV enthält die schon erwähnte Liste der Datendifferenzen von heliakischen Aufgängen. Sie bestätigt die Daten im Abschnitt II.

Abschnitt V besteht nur aus zwei Zeilen, die besagen, dass die Sterne während 60 Tagen nach ihrem Morgenaufgang am Morgenhimmel stehen und während 60 Tagen vor ihrem Abenduntergang am Abendhimmel.

Sehr viel interessanter sind die Abschnitte VI und VII. Sie handeln von den sogenannten *ziqpu*-Sternen.

---

[1] VAN DER WAERDEN, Babyl. Astron. II, J. of Near Eastern Studies *8* (1949), S. 6.
[2] Das Determinativ mul heisst Stern. In den früheren Listen haben wir es meistens weggelassen, aber in den Keilschrifttexten fehlt es fast nie.

Ziqpu-Sterne

Die Beobachtung horizontnaher Ereignisse, wie z.B. der Aufgänge der Fixsterne, wird sehr leicht durch Trübungen der Atmosphäre gestört. Wie konnte man diesem Mangel abhelfen? Aus ^{mul}APIN geht hervor, dass die Babylonier gewissermassen als Ersatz die gleichzeitig stattfindende Kulmination anderer Sterne, der sogenannten *ziqpu*-Sterne, beobachteten.

So lesen wir (^{mul}APIN, BM 86 378, Kol. IV 1 ff.):

> Die *ziqpu*-Sterne, die im Wege Enlils in der Mitte des Himmels vor der Brust des Himmelsbeschauers stehen und mittels deren man nachts die Auf- und Untergänge der Sterne beobachtet:
> ŠU.PA, BAL.UR.A, AN.GUB.BA^{meš 1}, UR.KU, UZA, UD.KA.DUH.A, LU.LIM, ŠU.GI, GAM, MAŠ.TAB.BA.GAL.GAL, AL.LUL, UR.GU.LA, ERU, HE.GAL.A.A.

Wie man das machte, wird in der Fortsetzung wie folgt erläutert:

> Wenn du dich, um das *ziqpu* zu beobachten, am 20. Nisannu morgens vor Sonnenaufgang hinstellst, Westen zu deiner Rechten, Osten zu deiner Linken, deine Augen gegen Süden gerichtet, so steht *kumaru ša* ^{mul}UD.KA.DUH.A in der Mitte des Himmels gegenüber deiner Brust und ^{mul}GAM geht auf;
> — am 1. Aiaru steht *irtu ša* ^{mul}UD.KA.DUH.A in der Mitte des Himmels gegenüber deiner Brust und MUL.MUL geht auf; usw.

Diese Schilderung lässt keinen Zweifel offen, dass *ziqpu* der babylonische Fachausdruck für Kulmination ist. Dazu passt auch die Etymologie des Wortes: es gehört zum Verbum *zaqāpu* „aufrichten". Wenn also schlechte atmosphärische Verhältnisse die Beobachtung des heliakischen Aufgangs von GAM verunmöglichten, konnte man stattdessen die gleichzeitig stattfindende Kulmination von *kumaru ša* ^{mul}UD.KA.DUH.A „Achsel (oder ähnlich) des Panthergreifen" in der Morgendämmerung beobachten, usw.

Die *ziqpu*-Sterne wurden aber auch in anderer, ungleich interessanterer Weise verwendet, nämlich zur Zeitbestimmung während der Nacht.

Die sonst meist benützten Wasseruhren waren ungenaue Instrumente. Sie mochten ganz brauchbar sein um kurze Zeitintervalle zu messen, aber sie versagten, wenn es darum ging, ein astronomisches Ereignis genau festzulegen, das mitten in der Nacht stattfand.

Deshalb bezog man in Mondfinsternisberichten spätestens seit dem Jahr −620 den Zeitpunkt des Finsternisbeginns, nicht nur auf den Auf- oder Untergang der Sonne, sondern auch auf die Kulmination eines *ziqpu*-Sterns. Das mit der Wasseruhr zu messende Zeitintervall konnte dadurch auf wenige UŠ verkürzt

---

[1] Das Determinativ meš bedeutet Mehrzahl.

werden (1 UŠ = 4 Minuten) und fiel gelegentlich sogar ganz weg. Nach SCHAUMBERGER gehören diese Zeitangaben zu den genauesten des ganzen Altertums. Zur modernen Berechnung stimmen sie durchweg mit einer Genauigkeit von 1 bis 2 UŠ.

So lesen wir im Brief HARPER 1444 (nach SCHAUMBERGER, Z. f. Assyriol. 47 (1941), S. 127):

> ... Der Mond hat in der Morgenwache eine Finsternis gemacht, im Süden begonnen(?), von Süden her (wieder) hell geworden, rechts verdunkelt, im Sternbild des Skorpion verdunkelt; der Stern *kumaru ša* ᵐᵘˡUD.KA.DUḪ.A kulminierte; 2 Finger Finsternis hat er gemacht ...

Nach SCHAUMBERGER bezieht sich dieser Text auf eine Finsternis des Jahres −620.

Um derartige Angaben in Sternzeit, wie wir heute sagen würden, miteinander vergleichen zu können, braucht man noch eine Liste, welche die Zeitdifferenzen zwischen den Kulminationen der einzelnen *ziqpu*-Sterne angibt.

Solche Listen [1] sind uns tatsächlich erhalten; das älteste Fragment stammt aus der Bibliothek des ASSURBANIPAL. Der besser erhaltene Text AO 6478 stammt aus der Seleukidenzeit, läuft aber genau parallel. Er beginnt fast wörtlich wie die bereits zitierte Stelle aus ᵐᵘˡAPIN:

> Abstand der *ziqpu*-Sterne, die im Wege Enlils in der Mitte des Himmels vor der Brust des Himmelsbeschauers stehen und mittels deren man nachts die Auf- und Untergänge der Sterne beobachtet:
>
> — 1½ mana Gewicht, 9 UŠ auf der Erde, 16200 *bēru* am Himmel von ᵐᵘˡŠUDUN bis zu ᵐᵘˡŠUDUN ANŠE EGIR-*ti*;
>
> — 2 mana Gewicht, 12 UŠ auf der Erde, 21600 *bēru* am Himmel von ᵐᵘˡŠUDUN ANŠE-EGIR-*ti* bis zu ᵐᵘˡGAM-*ti* (= *kippati*); usw.

Das „Gewicht" ist das Gewicht des Wassers, das aus der Wasseruhr ausläuft, die „UŠ auf der Erde" sind Zeitgrade zu 4 Minuten, und die „*bēru* am Himmel" beruhen offenbar auf einer Spekulation über die Grösse der Fixsternsphäre. Die Umrechnung geschieht nach der Regel: 1 mana = 6 UŠ, 1 UŠ = 1800 *bēru*. Der Umfang der Fixsternsphäre betrug somit nach babylonischer Auffassung 360×1800 = 648000 *bēru* oder rund 7 Millionen Kilometer.

Insgesamt werden 26 *ziqpu*-Sterne aufgezählt, deren Abstände zwischen 5 und 30 UŠ schwanken. Für die vollständige Liste und die Identifikation der *ziqpu*-Sterne verweisen wir auf SCHAUMBERGER, loc. cit. [1]

Die Bedeutung dieser *ziqpu*-Texte liegt nach den Worten SCHAUMBERGERS vor allem darin, dass „die blosse Tatsache von *ziqpu*-Zeitbestimmungen beweist, dass man schon in assyrischer Zeit nach möglichst genauer Zeitbestimmung strebte,

---

[1] J. SCHAUMBERGER, Z. f. Assyriol. *50* (1952), 214.

also eines der wesentlichsten Erfordernisse guter astronomischer Beobachtung zu würdigen und verhältnismässig gut zu lösen wusste".

Später, nach der Erfindung des Tierkreises, verwendete man die *ziqpu*-Sterne auch dazu, die Aufgangszeit eines Tierkreiszeichens anzugeben. Da aber diese Entwicklung kaum früher als in der neubabylonisch-persischen Zeit stattgefunden haben kann, werden wir sie erst in Kap. III behandeln.

Die Sternbilder im Wege des Mondes

Verschiedene Indizien machen wahrscheinlich, dass man zur Zeit der Abfassung des Textes ᵐᵘˡAPIN den Tierkreis im eigentlichen Sinn noch nicht gekannt hat. Jedenfalls wird er in ᵐᵘˡAPIN mit keiner Silbe erwähnt. Anderseits scheint ᵐᵘˡAPIN die letzte Stufe der babylonischen Astronomie vor der Erfindung des Tierkreises und der Tierkreiszeichen darzustellen. Diese Ansicht wird vom Abschnitt VIII des Textes, einer Liste der Sternbilder im Wege des Mondes, gestützt:

> Die Götter, die im Wege des Mondes stehen, und durch deren Bereich der Mond allmonatlich zieht und sie berührt:
> MUL.MUL, ᵐᵘˡGUD.AN.NA, ᵐᵘˡSIBA.ZI.AN.NA, ᵐᵘˡŠU.GI, ᵐᵘˡGAM, ᵐᵘˡMAŠ. TAB.BA.GAL.GAL, ᵐᵘˡAL.LUL, ᵐᵘˡUR.GU.LA, ᵐᵘˡAB.SIN, ᵐᵘˡ*zi-ba-ni-tum*, ᵐᵘˡGIR. TAB, ᵐᵘˡPA.BIL.SAG, ᵐᵘˡSUHUR.MAŠ, ᵐᵘˡGU.LA, *zibbāti*ᵐᵉˢ, ᵐᵘˡSIM.MAH, ᵐᵘˡ*A-nu-ni-tum* und ᵐᵘˡLU.HUN.GA.

Dass hier noch keine Tierkreiszeichen, sondern die Sternbilder gemeint sind, geht schon daraus hervor, dass 17 oder 18 und nicht 12 Konstellationen genannt sind. Die Zählung ist nicht ganz eindeutig, da die „Schwänze" *zibbāti*ᵐᵉˢ wahrscheinlich zu den beiden folgenden Namen gezogen werden müssen („Schwänze von ŠIM.MAH und *Anunītum*"), vielleicht aber auch einzeln gezählt werden sollten. Man vergleiche dazu die Figur 7, die den fraglichen Teil des Sternhimmels darstellt.

Wenn wir aber die sechs Namen GUD.AN.NA (Stier), SIBA.ZI.AN.NA (Orion), ŠU.GI (Perseus+nördl. Teil des Stiers?), GAM (Fuhrmann oder Capella), ŠIM.MAH (südw. Teil der Fische) und *Anunītum* (nordöstl. Teil der Fische) weglassen, bleiben genau die babylonischen Namen der späteren Tierkreiszeichen übrig, beginnend mit dem Zeichen des Stiers (MUL.MUL, eigentlich Pleiaden) der Reihe nach bis zum Zeichen des Widders (LU.HUN.GA).

Man kann auch noch erkennen, wie die Namengebung der Tierkreiszeichen vor sich gegangen ist: man wählte einfach den Namen einer in der Nähe stehenden Konstellation auf dem Wege des Mondes. Anfänglich sind noch gewisse Schwankungen festzustellen: so konnte man anfänglich das Zeichen des Stiers ebensogut mit dem Namen MUL.MUL (Pleiaden), GUD.AN.NA (Stier) oder *is li-e* (Hyaden +Aldebaran) bezeichnen; erst später setzte sich die erste dieser drei Bezeichnungen allgemein durch.

Wie nahe man damals, zur Zeit der Abfassung von ᵐᵘˡAPIN, vor der Erfindung des Tierkreises stand, wird aus Abschnitt XIV klar, der die astronomischen Jahreszeiten behandelt.

Die vier astronomischen Jahreszeiten

Die zweite Tafel der Serie ᵐᵘˡAPIN enthält im Abschnitt XIV (Text Sm 1907) die folgende bemerkenswerte Feststellung:

> Von XII 1 bis II 30 steht die Sonne im Weg des Anu:
> Wind und Sturm.
> Von III 1 bis V 30 steht die Sonne im Weg des Enlil:
> Ernte und Hitze.
> Von VI 1 bis VIII 30 steht die Sonne im Weg des Anu:
> Wind und Sturm.
> Von IX 1 bis XI 30 steht die Sonne im Weg des Ea: Kälte.

Dieser Abschnitt zeigt, dass das Sonnenjahr in zwölf schematische Monate eingeteilt wurde, während welcher die Sonne in verschiedenen Teilen des Himmels weilte. Eine solche Unterteilung des Jahres pflegt man „Zodiakalschema" zu nennen.

Die erste Frage ist: betrachteten die Babylonier die Bewegung der Sonne einfach als Nord-Süd-Bewegung, welche die vier Jahreszeiten verursachte, oder wussten sie, dass sich die Sonne in einem schiefen Kreis bewegt?

Sie wussten, dass sich die Sonne in einem schiefen Kreis bewegt, denn unmittelbar nach der Aufzählung der Sternbilder im Wege des Mondes stellt der Text ᵐᵘˡAPIN im Abschnitt IX ausdrücklich fest, dass nicht nur der Mond, sondern auch die Sonne und die andern fünf klassischen Planeten längs desselben Weges wandern.

Der Weg der Sonne wurde also aufgefasst als ein schiefer Kreis durch die Tierkreisbilder, der durch die Zonen des Ea, Anu und Enlil in vier gleich grosse Teile geteilt wurde, sodass die Sonne gerade je drei Monaten in jedem Abschnitt weilte (siehe Figur 10).

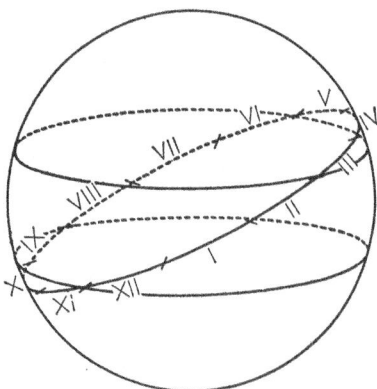

Fig. 10.   Die Zonen von Ea, Anu und Enlil und die Bahn der Sonne nach ᵐᵘˡAPIN

Nach diesem Zodiakalschema müssen die Äquinoktien und Solstitien in der Mitte der Monate I, IV, VII und X liegen. Genau das wird in ^{mul}APIN auch behauptet, einmal in der ersten Tafel und zweimal in der zweiten Tafel. Die sonderbare Verquickung von sich widersprechenden Behauptungen, „IV 15 geht KAK. SI.DI auf, 4 mana Wache des Tages, 2 mana Wache der Nacht", die so manchen Forscher verwirrt hat, kann jetzt leicht erklärt werden: Sirius geht am 15. Tag des vierten Monats des *Sternjahres* auf, dessen Beginn durch den Aufgang des Widders (LU.ḪUN.GA) definiert war. Anderseits liegt das Sommersolstitium in der Mitte des vierten Monats des *Sonnenjahres*, das durch das Zodiakalschema von Fig. 10 definiert wird. Der Schreiber von ^{mul}APIN machte wahrscheinlich den Fehler, diese beiden völlig verschiedenen schematischen Jahre zu vermischen. In Wirklichkeit ging Sirius um 700 v. Chr. drei Wochen nach dem Sommersolstitium auf.

In oben erwähnten Zodiakalschema war das Jahr in vier astronomische Jahreszeiten eingeteilt, entsprechend den vier Teilen, in welche die Ekliptik durch die Zonen von Enlil, Anu und Ea zerlegt wurde. Diese vier Jahreszeiten waren weiter in je drei künstliche Monate aufgeteilt, aber diesen zwölf Teilen entsprachen damals noch nicht zwölf Teile der Ekliptik, wenigstens sagt der Text nichts davon. Das Zodiakalschema war infolgedessen noch unvollständig: das Sonnenjahr war in 12 Teile geteilt, aber der Tierkreis nur in vier Teile. Um eine vollständige Übereinstimmung zu erreichen, mussten die vier Teile des Tierkreises weiter in je drei Teile von gleicher Länge geteilt werden, wie dies in Figur 10 angedeutet ist.

Diese Einteilung wurde erst etwas später durchgeführt. Sie liess die *Tierkreiszeichen* entstehen.

Die weitere Geschichte des Tierkreises gehört aber nicht mehr hierher, sondern in die neubabylonische und persische Zeit. Sie soll im nächsten Kapitel ausführlich behandelt werden.

Die Pleiaden-Schaltregel

In der altbabylonischen Zeit wurden die Schaltmonate nach Bedarf durch ein königliches Dekret eingefügt, wenn die Monatsnamen und die Jahreszeiten allzusehr aus dem Takt gekommen waren. Noch zur Zeit des HAMMURAPI und seines Sohnes SAMSUILUNA kam es wiederholt vor, dass zwei bis drei Schaltjahre oder vier bis fünf Gemeinjahre einander unmittelbar folgten.

In späterer Zeit schaltete man sorgfältiger. Die zweite Tafel von ^{mul}APIN enthält in Abschnitt XV mehrere Schaltregeln, nach denen man sich richten konnte, z.B. die folgende: [1]

Wenn am 1. Nisannu Mond und Pleiaden in Konjunktion stehen, so ist dieses Jahr normal; wenn erst am 3. Nisannu, so ist dieses Jahr ein Schaltjahr.

SCHAUMBERGER hat die Konsequenzen dieser Schaltregel rechnerisch überprüft.

[1] J. SCHAUMBERGER, Drittes Ergänzungsheft zu KUGLER's Sternkunde, p. 340.

Für die Zeit Assurbanipals ergab sich: wenn die Pleiaden am 1. Nisannu mit dem Mond in Konjunktion stehen, so hat dieses Jahr etwa 0 bis 8 Tage nach dem Frühlingsäquinoktium (28. März) begonnen; wenn erst am 3. Nisannu, so hat es wenigstens 15 Tage vor dem Äquinoktium begonnen.

Es gibt auch eine Schaltregel auf Grund des heliakischen Aufgangs der Pleiaden, aber hier sind die Daten weggebrochen, sodass wir nichts Genaueres darüber aussagen können.

Noch später hat man dann, wie bereits in Kap. I erwähnt wurde, einen festen Schaltzyklus eingeführt, zunächst einen 8-jährigen (ab 527), dann einen besseren 19-jährigen (ab 499 v. Chr.).

Gnomon-Tafeln

Die Griechen bezeichneten als „Gnomon" einen senkrechten Stab auf einer horizontalen Basis, der benützt wurde, um die Tageszeit durch Messung der Schattenlänge zu bestimmen. Anaximandros errichtete in Sparta einen Gnomon, der ausserdem die Äquinoktien und Solstitien anzeigte. [1]

Wir haben bereits die Mitteilung des Herodotos zitiert, wonach die Griechen „Polos und Gnomon" von den Babyloniern gelernt haben. Auch das wird von unsern Keilschrifttexten bestätigt, denn die zweite Tafel von ^{mul}APIN enthält in Abschnitt XVI eine Liste, welche für die verschiedenen Jahreszeiten angibt, wann der Schatten eines Stabes von einer Elle eine, zwei, drei, ... Ellen lang ist. [2] Diese Liste ist in Tafel 5 wiedergegeben.

Tafel 5.

Schattenlänge (in Ellen)	15. Nisannu: 3 mana Tageswache 3 mana Nachtwache		15. Dūzu: 4 mana Tageswache 2 mana Nachtwache		15. Tašrītu: 3 mana Tageswache 3 mana Nachtwache		15. Tebētu: 2 mana Tageswache 4 mana Nachtwache	
1	2½ bēru	Tag	2 bēru	Tag	2½ bēru	Tag	3 bēru	Tag
2	1 bēru 7 UŠ 30 GAR	,,	1 bēru	,,	1 bēru 7 UŠ 30 GAR	,,	1½ bēru	,,
3	2/3 bēru 5 UŠ	,,	2/3 bēru	,,	2/3 bēru 5 UŠ	,,	1 bēru	,,
4			½ bēru	,,			2/3 bēru 2 UŠ 30 GAR	,,
5			12 UŠ	,,			18 UŠ	,,
6			10 UŠ	,,			½ bēru	,,
8			7 UŠ 30 GAR	,,			11 UŠ 15 GAR	,,
9			6 UŠ 40 GAR	,,			10 UŠ	,,
10			6 UŠ	,,			9 UŠ	,,

Diese Listen beruhen auf folgenden Annahmen:

1. Die Zeit nach Sonnenaufgang, bei der die Schattenlänge 1 Elle beträgt, ist 2 bēru (= 4 Stunden) im Sommersolstitium, 3 bēru (= 6 Stunden) im Wintersolstitium und 2½ bēru in den Äquinoktien.

---

[1] Diogenes Laertios II 1 (nach Favorinus).
[2] E. F. Weidner, Amer. J. of Sem. Lang., 40 (1924), S. 198.

2. Das Verhältnis der Gnomonlänge zur Schattenlänge ist proportional zu der seit dem Sonnenaufgang verstrichenen Zeit.

Die entstehende Approximation ist für den Sommer recht gut; auch im Winter stimmt sie von der zweiten Zeile an nicht sehr schlecht, die erste Zeile enthält aber baren Unsinn. Im Monat Ṭebētu wird nämlich die minimale Schattenlänge bereits 2 *bēru* nach Sonnenaufgang gegen Mittag erreicht, und sie ist viel grösser als 1 Elle.

Dauer der Nacht und Leuchtzeit des Mondes[1]

Die ersten astronomischen Erscheinungen, welche die Babylonier berechnen lernten, waren:

(a) Sichtbar- und Unsichtbarwerden der Venus,
(b) die Dauer von Tag und Nacht,
(c) der Auf- und Untergang des Mondes.

Die Venusberechnungen, welche in einer Kopie der 63. Tafel der grossen Omen-serie Enuma Anu Enlil enthalten sind, haben wir bereits in Kap. I diskutiert. Der mathematisch-astronomische Gehalt dieser Rechnungen ist etwas dürftig.

Viel interessanter sind die Berechnungen der Dauer des Tages und der Nacht. In unseren Texten können wir zwei Systeme unterscheiden.

Nach dem *älteren System*, das wir in den Astrolaben angetroffen haben, fällt das Frühlingsäquinoktium auf XII 15, der längste Tag ist III 15, und der längste Tag verhält sich zur kürzesten Nacht wie 2:1. Das Jahr ist in zwölf schematische Monate zu je dreissig Tagen eingeteilt. Die Monate sind mit dem heliakischen Aufgang gewisser Sterne verknüpft; der Tierkreis wird nicht erwähnt.

Nach dem *jüngeren System* (u.a. ^mul^APIN, Abschnitt XVII) fällt das Frühlings-äquinoktium auf I 15 und der längste Tag auf IV 15. Der längste Tag verhält sich zur kürzesten Nacht wie 2 : 1, gelegentlich aber — im selben Text! — auch wie 3 : 2. Dieser zweite, bessere Wert wird jedoch nur erwähnt, nicht in den Rechnungen benützt. Das Jahr ist wieder in zwölf schematische Monate zu je 30 Tagen eingeteilt, aber die Monate sind jetzt mit einer Einteilung des Tierkreises in vier Abschnitte in Beziehung gebracht, wobei die Sonne je drei Monate in jedem Abschnitt verweilt.

In beiden Systemen nimmt die Länge des Tages während sechs Monaten linear zu und dann während sechs Monaten wieder linear ab. Wenn man davon ausgeht, dass die Dauer des längsten Tages 2/3 und die Dauer des kürzesten Tages 1/3 eines Volltages (Tag+Nacht) beträgt, kann man die Dauer eines beliebigen Tages oder einer beliebigen Nacht daraus leicht berechnen.

In der Seleukidenzeit wurden diese einfachen Regeln durch genauere ersetzt. Vor allem ist jetzt die Tageslänge nicht mehr von der schematischen Unterteilung des Jahres, sondern von der tatsächlichen Position der Sonne im Tierkreis ab-

---

[1] Van der Waerden, J. of Near Eastern Stud. *10* (1951), S. 20, oder Z. f. Assyriol. *49*, S. 291. Für Literatur-angaben zu diesem Abschnitt sei ein für allemal auf diese beiden Artikel verwiesen.

hängig gemacht. Die Änderung der Tageslänge erfolgt zwar immer noch stückweise linear, aber in der Nähe der Solstitien langsamer und in der Nähe der
Äquinoktien rascher. Wir kommen in Kap. IV darauf zurück.

Die Babylonier entwickelten ähnliche Methoden zur Berechnung auch anderer
astronomischer Variablen, z.B. der Mondgeschwindigkeit und der Mondbreite.
Diese Methoden wurden auch von griechischen, römischen, ägyptischen und
indischen Autoren übernommen.

Bereits in den ältesten Texten finden wir, in Verbindung mit der Dauer der
Nacht, eine Methode zur Berechnung des Auf- und Untergangs des Mondes. Diese
Methode beruht auf folgenden Annahmen:

1. In der letzten Nacht vor dem neuen Monat geht der Mond gerade bei Sonnenuntergang unter und bleibt unsichtbar.

2. Für jeden folgenden Tag bis zur fünfzehnten Nacht verspätet sich der Monduntergang gegenüber dem Sonnenuntergang um 1/15 der Nacht.

3. In der fünfzehnten Nacht geht der Mond bei Sonnenuntergang auf und bei
Sonnenaufgang unter, er scheint also die ganze Nacht.

4. Für jeden folgenden Tag verspätet sich der Mondaufgang um 1/15 der
Nacht.

5. Infolgedessen ist der Mond am dreissigsten Tag unsichtbar und geht mit der
Sonne auf.

Wie wir später sehen werden, befolgten VETTIUS VALENS und PLINIUS die gleichen Regeln zur Berechnung des Auf- und Untergangs des Mondes. Die engen
Wechselbeziehungen zwischen der babylonischen Astronomie und der hellenistischen Astrologie werden hier deutlich sichtbar.

Wir werden jetzt die Texte genauer betrachten.

Das ältere System

Das ältere System wird repräsentiert durch das kreisförmige Astrolab, die vierzehnte Tafel der grossen Omenserie und die beiden eng verwandten Texte K 90
und BM 45 821.

Die Datierung dieser Texte ist unsicher. Sicher wissen wir nur, dass der fleissige
Priester NABŪ-ZUQUP-KĒNU, der um 700 v. Chr. in Kalach lebte, die grosse
Omenserie und das kreisförmige Astrolab mit den Zahlen kopierte, welche die
Dauer des Tages angeben. Wir können annehmen, dass die Urform des Astrolabs
kreisförmig war, aber wir wissen nicht, ob sie die Zahlen bereits enthielt. Das
Berliner Astrolab B (aus Assur, 1100 v. Chr.) enthält sie nicht. Die grosse Omenserie dürfte zwar in der Hauptsache vor 1000 v. Chr. zusammengestellt worden
sein, war aber auch später noch Umarbeitungen unterworfen. Weil unsere Texte
mit dem Astrolab B und mit HILPRECHTS Nippur-Text verwandt sind, wird man
immerhin annehmen dürfen, dass unser „älteres System" vor 1000 v. Chr. entstanden ist.

Wie dem auch sei, wir können uns darauf verlassen, dass das „ältere System"
wirklich älter ist, denn es ist primitiver als das jüngere. Das Verhältnis 3 : 2 des

längsten Tages zur kürzesten Nacht, das die jüngeren Texte bieten, ist ausgezeichnet und wurde von den babylonischen Astronomen bis in die Seleukidenzeit beibehalten, während 2 : 1 nur eine sehr schlechte Approximation ist.

Das kreisförmige Astrolab

haben wir bereits ausführlich besprochen. Es gibt für jeden Monat die Dauer einer Wache, einer halben Wache und einer Viertelswache des Tages an. Die Tag- und Nachtgleichen fallen nach diesem Text in die Monate VI und XII, der längste Tag in III und der kürzeste Tag in IX. Das Verhältnis des längsten zum kürzesten Tag ist 2 : 1.

Die gleichen Zahlen, mit vier multipliziert, kommen im folgenden Text vor:

Die vierzehnte Tafel der grossen Omenserie

Der Text K 6427, der erste Teil der 14. Tafel der Serie Enuma Anu Enlil, beginnt wie folgt:

Nisannu 1.   11 UŠ 40 GAR igi-du-a des Mondes.
Nisannu 15.   ⟨... Aufgang des Mondes.⟩
Aiaru 1.   10 UŠ igi-du-a des Mondes.
Aiaru 15.   9 UŠ ⟨... Aufgang des Mondes.⟩

Die Ergänzungen in eckigen Klammern werden durch die Unterschrift der Liste gefordert: „24 igi-du-a^{meš} und Aufgänge des Mondes". Da die Aufgänge im erhaltenen Teil der Liste fehlen, müssen sie im abgebrochenen Teil gestanden haben, und zwar syntaktisch parallel zu „igi-du-a", sodass beide Wörter je zwölfmal vorkommen.

Die Zahlen des Textes sind verdorben. Nach SCHAUMBERGER sollten sie wie folgt verbessert und vervollständigt werden:

I 1.	11;20 (statt 11;40)	I 15.	10;40
II 1.	10	II 15.	9;20
III 1.	8;40	III 15.	8
IV 1.	8;40 (statt 9;40)	IV 15.	9;20
V 1.	10	V 15.	10;40
VI 1.	11;20 (statt 11;40)	VI 15.	12
VII 1.	12;40	VII 15.	13;20
VIII 1.	14	VIII 15.	14;40
IX 1.	15;20 (statt 15;40)	IX 15.	16
X 1.	15;20 (statt 16;40)	X 15.	14;40
XI 1.	14	XI 15.	13;20
XII 1.	12;40	XII 15.	12

Nach der Verbesserung bilden die Zahlen eine zunächst bis zum Minimum 8 abnehmende, dann bis zum Maximum 16 zunehmende und schliesslich wieder abnehmende arithmetische Progression mit der konstanten halbmonatlichen Differenz 0;40.

Wir wissen, was die Einheiten UŠ und GAR bedeuten: 1UŠ = 60 GAR = 4 Minuten ist die fundamentale Zeiteinheit in allen babylonischen Rechnungen. Ebenso wissen wir, dass igi-du-a = *tāmartu* „Sichtbarkeit" bedeutet, aber der Ausdruck „Sichtbarkeit des Mondes" sagt uns vorerst noch nicht viel. In solchen Fällen muss die genaue Bedeutung der Zahlen aus dem Kontext erschlossen werden.

Der Mittelwert der Zahlen ist 12 UŠ, was gerade ein Fünfzehntel einer mittleren Nacht ist. Dieser Wert steht bei Addaru 15. Nachher, wenn die Tage länger und die Nächte kürzer werden, nehmen die Zahlen des Textes ab, bis sie ihr Minimum 8 UŠ erreichen. Dann nehmen sie wieder zu bis zum Maximum von 16 UŠ, usw.

Die Zahlen hängen sehr einfach mit den Zahlen des Astrolabs zusammen. Bezeichnen wir nämlich diese mit x und jene mit y, so gilt $y = 4(6-x)$. Z.B. haben wir für die Mitte des dritten Monats $x = 4$, also $6-x = 2$ und $y = 8$, usw.

Genau diese Regel finden wir auch in den Texten der jüngeren Gruppe. In der zweiten Tafel von ᵐᵘˡAPIN, Abschnitt XVII (VAT 9412, Rev. I 13), lesen wir: „3 mana Nachtwache. Multipliziere mit 4 und du erhältst 12 als *tāmartu* des Mondes." Diese Regel entspricht genau der obigen, wenn wir berücksichtigen, dass in den Astrolaben Tageswachen angegeben sind, und dass eine Tageswache und eine Nachtwache zusammen stets 6 mana ausmachen.

Was bedeutet das? Eine mittlere Nachtwache von 3 mana dauert vier Stunden im heutigen Zeitmass, oder 60 UŠ, also haben wir 1 mana = 20 UŠ. Um die Dauer einer Nachtwache in UŠ zu erhalten, müssen wir also die Zahl der manas mit 20 multiplizieren. Um von einer Nachtwache, d.h. einem Drittel der Nacht, zu einem Fünfzehntel der Nacht überzugehen, müssen wir noch durch 5 dividieren. Gesamthaft läuft das auf eine Multiplikation mit 4 hinaus. Deshalb benützen alle unsere Texte den Faktor vier. *Sie berechnen also ein Fünfzehntel der Nacht, um das tāmartu des Mondes zu erhalten.*

Die Bedeutung von igi-du-a = *tāmartu*

Die Bedeutung des Terms *tāmartu* kann aus der zweiten Tafel von ᵐᵘˡAPIN und anderen Texten des jüngeren Systems erschlossen werden, wo es z.B. heisst (VAT 8619):

Am   1. Nisannu 3 mana 10 *šiqlu* Wache der Nacht;
        12 UŠ 40 GAR Untergang des Mondes.
Am 15. Nisannu 3 mana Wache der Nacht;
        12 UŠ Aufgang des Mondes. usw.

Noch deutlicher wird das in der 2. Tafel der Serie I.NAM.GIŠ.ḪUR ausgedrückt:

Am   1. Addaru 3;30 ⟨Wache der Nacht⟩. 3;30 mal 4:
        14 bis zum Untergang des Mondes.
Am 15. Addaru 3;20 ⟨Wache der Nacht⟩. 3;20 mal 4;
        13;20 bis zum Aufgang des Mondes.

Die Zahlen sind die gleichen wie in der 14. Tafel der Omenserie, aber um einen Monat verschoben, weil es sich um Texte des jüngeren Systems handelt. Der Vergleich ergibt also, dass das *tāmartu* die *Sichtbarkeitsdauer des Mondes am ersten Tag des Monats* ist, d.h. die Zeit zwischen Sonnen- und Monduntergang.

Es wäre aber nicht nötig gewesen, diese jüngeren Texte zu Hilfe zu nehmen, wir hätten die Erklärung bereits in der selben 14. Tafel der Omenserie finden können, deren zweiter Teil im Text 273 (80—7—19) vorliegt. Dieser Text enthält vom Wort g u b begleitete Zahlen für die ersten 16 Tage des Monats und eine ge-šàl genannte Zahl für den 16. Tag. Die Fortsetzung ist abgebrochen, kann aber auf einem anderen Text BM 45 821 gefunden werden, auf dem die gleichen Zeichen gub und ge-šàl vorkommen. Beide Texte, zusammen mit dem ganz analogen Text K 90, sind in Tafel 6 wiedergegeben. Einige Schreibfehler in K 90 sind nach Kugler verbessert. Die ganzen Zahlen wurden dezimal geschrieben.

Tafel 6. Leuchtzeit des Mondes

Tag	K 90			273 (80-7-19)									
1.	5 gub			3¾	gub								
2.	10	,,		7½	,,								
3.	20	,,		15	,,								
4.	40	,,		30	,,								
5.	80	,,		60	,,								
6.	96	,,		72	,,								
7.	112	,,		84	,,								
8.	128	,,		96	,,								
9.	144	,,		108	,,								
10.	160	,,		120	,,								
11.	176	,,		132	,,								
12.	192	,,		144	,,								
13.	208	,,		156	,,								
14.	224	,,		168	,,								
15.	240	,,		180	,,								
16.	224	,,	16 ge-šàl	168	,,	12 ge-šàl							
17.	208	,,	32 ,,	*Fortsetzung nach BM 45 821:*									
18.	192	,,	48 ,,	[144] gub	4⅔	*bēru*	4	UŠ	36	ge-šàl	1 *bēru*	[...]	
19.	176	,,	64 ,,	[132] ,,	4	,,	12	,,	48	,,	1 ,,	[...]	
20.	160	,,	80 ,,	[120] ,,	4	,,			60	,,	2 ,,	*mūši* NA	
21.	144	,,	96 ,,	[108] ,,	3	,,	18	,,	72	,,	2 ,, 12 UŠ	,, ,,	
22.	128	,,	112 ,,	[96] ,,	3	,,	6	,,	84	,,	2⅔,, 4 UŠ	,, ,,	
23.	112	,,	128 ,,	[84] ,,	2⅔	,,	4		96	,,	3 ,, 6 ,,	,, ,,	
24.	96	,,	144 ,,	[72] ,,	2	,,	12	,,	108	,,	3 ,, 18 ,,	,, ,,	
25.	80	,,	160 ,,	[60] ,,	2	,,	*mūši* gub	120	,,	4 ,,		,, ,,	
26.	40	,,	176 ,,	[30] ,,	[1]	,,			150	,,	5	,, ,,	
27.	20	,,	192 ,,	....					165	,,	5½ ,,	,, ,,	
28.	10	,,	208 ,,	....					172½	,,	5⅔ ,, 2½ ,,	,, ,,	
29.	5	,,	224 ,,	....					[176]¾	,,	....		
30.	an-na gub												

KUGLER, der den Text K 90 als erster diskutierte, wurde durch die geometrische Folge in den ersten 5 Zeilen irregeführt und interpretierte gub als den beleuchteten Teil der Mondscheibe. Wie aber WEIDNER bemerkt hat, müssen die Zahlen Zeiten bedeuten, denn im Text BM 45 821 sind die Zahlen des Texts 273 (80−7−19) fortgesetzt und in die typischen Zeiteinheiten *bēru* und UŠ umgerechnet (1 *bēru* = 30 UŠ = 2 Stunden). Am 20. Tag sehen wir, dass die Zahl 60 ge-šàl als 2 *bēru* übersetzt wird. In der nächsten Zeile wird 72 als 2 *bēru* 12 UŠ wiedergegeben. Die Zahlen 36, 48, 60, . . . sind die direkte Fortsetzung der mit 12 ge-šàl beginnenden Folge des Textes 273 (80−7−19). Das zeigt, dass alle Zahlen *Zeiten* bedeuten, ausgedrückt in UŠ oder auch in *bēru* und UŠ.

Wir wollen jetzt den Text K 90 etwas näher betrachten. Die einzige mir bekannte astronomische Zeit, die in der ersten Hälfte des Monats von 0 bis 240 wächst und in der zweiten Hälfte wieder bis 0 abnimmt, ist die Zeit, die der Mond während der Nacht scheint.

Das ist also die Bedeutung von gub; die komplementäre Zeit ge-šàl ist die Zeit von Sonnenuntergang bis Mondaufgang. Wörtlich übersetzt, bedeutet gub „er steht da", und ge-šàl ist aus „Nacht" und „dauern" zusammengesetzt.

Die Summe der beiden Zeiten beträgt 240 UŠ = 8 *bēru* im Text K 90 (ausser in den letzten fünf Zeilen, wo der Text in Unordnung ist) und 180 UŠ = 6 *bēru* in den beiden andern Texten. Nun ist 6 *bēru* gerade die Dauer einer Äquinoktialnacht, und 8 *bēru* ist die Dauer der längsten Winternacht, gemäss der altbabylonischen Theorie. *Somit ist K 90 für das Wintersolstitium gerechnet und die beiden anderen Texte für die Äquinoktialnächte.*

In allen drei Texten ist die tägliche Verspätung des Monduntergangs von der 5. bis zur 25. Nacht gerade ein Fünfzehntel der Nacht. Diese Regel erzeugt einfache arithmetische Folgen für die Zahlen gub und ge-šàl.

Für die ersten und letzten fünf Tage ist die arithmetische Folge für gub aus uns unbekannten Gründen durch eine geometrische ersetzt, aber im Text K 90 wurde die arithmetische Folge für die Zahlen ge-šàl beibehalten. Das ergab einen Widerspruch: die Summe der beiden Zahlen ist nicht mehr 240. Dieser Widerspruch zeigt, dass die letzten fünf Zeilen nicht in Ordnung sind.

Von dieser Ausnahme abgesehen, folgen die Texte der älteren Gruppe einem in sich geschlossenen Muster. Sie beginnen mit einem sehr einfachen Schema für die Änderung der Dauer des Tages und der Nacht und einer ebenso einfachen Regel für den Auf- und Untergang des Mondes, und sie entwickeln die arithmetischen Konsequenzen dieser beiden Regeln in logisch einwandfreier Weise.

Das jüngere System

wird durch die Serien ᵐᵘˡAPIN und I.NAM.GIŠ.HUR und einige weitere Texte repräsentiert.

Wie O. NEUGEBAUER bemerkt hat, enthält die Kompilation I.NAM.GIŠ.HUR das ausgezeichnete Verhältnis 3 : 2 des längsten Tages zur kürzesten Nacht. Die Stelle lautet:

„1 2/3 längste Lichttage sind ein Tag, (50 längste Lichttage sind) ein Monat, und 600 längste Lichttage sind ein Jahr."

Indessen, zur Berechnung der Länge des Tages und der Nacht für verschiedene Monate, und der täglichen Verspätung des Unter- und Aufgangs des Mondes behalten die Kompilationen aus der Sargonidenzeit das alte Schema mit dem ungenauen Verhältnis 2 : 1 bei. Die einzige Änderung ist, dass das Äquinoktium nunmehr auf den 15. Nisan verlegt ist.

Ein näheres Eintreten auf diese Texte erübrigt sich umsomehr, als wir die relevanten Stellen bereits bei der Diskussion des älteren Systems herangezogen haben.

Nur ein Text erfordert eine eingehendere Diskussion: das Elfenbeinprisma BM 56-9-3, 1136.

Das Elfenbeinprisma des British Museum

Das von LOFTUS im zentralen Teil der Ruinen von Nineve gefundene Prisma ist lange ein Rätsel geblieben. LENORMANT bezeichnete es als „règles d'un jeu". Die vier Seiten des Prismas enthalten vorwiegend Zahlen. Die Seiten A und B sind noch ungedeutet, aber FOTHERINGHAM gelang es, die Seiten C und D zu entziffern und zu ergänzen. Nur die unteren Hälften dieser Seiten sind erhalten; ihre obersten Zeilen erklären in sehr knappen Worten, was die Zahlen bedeuten. Wir geben hier die obersten Zeilen der Seite C wieder, und alles, was von der Seite D erhalten ist.

Seite C

Tag Aiaru Ulūlu	Nacht Aiaru Ulūlu
Nacht Araḫsamna Adaru	Tag Araḫsamna Adaru
6 2/3 (*bēru*) Tag	5 (*bēru*) 10 (UŠ) Nacht
. . . . .	. . . . .

Seite D

Tag Dūzu		Nacht Dūzu	
Nacht Ṭebētu		Tag Ṭebētu	
8 (*bēru*) Tag		4 (*bēru*) Nacht	
	20 (UŠ)		10 (UŠ)
1 (*bēru*)	10		20
2		1	
2 2/3		1	10
3	10	1	20
4		2	
. . .		2	10
		. . .	

Die Maasseinheiten *bēru* und UŠ sind im Text nicht genannt, aber sie können wie folgt erschlossen werden. Zunächst ist aus der regelmässigen Bildung der arithmetischen Zahlenfolge klar, dass die grössere Einheit das dreissigfache der kleineren ist. Das ist der Fall für *bēru* und UŠ und für keine anderen bekannten Einheiten. Zweitens, wenn die Einheiten *bēru* und UŠ sind, dann ist die behauptete Dauer des Lichttages und der Nacht in vollkommener Übereinstimmung mit allen anderen Texten des jüngeren Systems. Dann können wir nämlich das Schema der Seiten C und D des Elfenbeinprismas wie folgt ergänzen (die römischen Ziffern bezeichnen die Monate):

Tag IV Nacht X	} 8 *bēru*
Tag III und V Nacht IX und XI	} 7 *bēru* 10 UŠ
Tag II und VI Nacht VIII und XII	} 6 2/3 *bēru*
Tag I und VII Nacht I und VII	} 6 *bēru*
Nacht II und VI Tag VIII und XII	} 5 *bēru* 10 UŠ
Nacht III und V Tag IX und XI	} 4 2/3 *bēru*
Nacht IV Tag X	} 4 *bēru*

Die Zahlen in den Zeilen 4 bis 10 von Seite D stellen offensichtlich ein, zwei, drei, vier, fünf, sechs und sieben Zwölftel des Tages oder der Nacht dar.

Volkstümliche und astronomische Zeiteinheiten

Das Elfenbeinprisma zeigt uns, dass die Babylonier den Tag und die Nacht in je 12 gleiche Teile teilten, wie die Griechen. Das bestätigt die bereits mehrfach zitierte Mitteilung des HERODOTOS (II 109): ,,Von den Babyloniern lernten die Griechen Polos und Gnomon und die zwölf Teile des Tages."

Wir haben gesehen, dass bereits auf den Astrolaben die Einteilung des Tages in zwölf gleiche Teile vorkam, indem nämlich dort die drei Tageswachen halbiert und dann nochmals halbiert wurden, was gerade ein Zwölftel des Lichttages ergibt.

Es ist klar, dass diese Wachen, Halbwachen und Viertelwachen in Babylonien, ebenso wie die Zwölftel des Tages und der Nacht in Griechenland und Rom, *volkstümliche* Zeiteinheiten waren. Astronomen wie PTOLEMAIOS benützten ,,Äquinoktialstunden" von exakt gleicher Länge, und wir Heutige folgen diesem astronomischen Brauch. Die babylonischen wissenschaftlichen Einheiten waren *bēru* und UŠ. Keine andere Zeiteinheiten kommen in den astronomischen Texten der Perser- und Seleukidenzeit vor.

Anderseits benützen die älteren astrologischen Texte die volkstümliche Einteilung von Tag und Nacht. Das Omen einer Finsternis hängt von der Wache ab, in der sie stattfindet.

Nun ist der Zweck des Elfenbeinprismas leicht zu erraten. Es kann nämlich dazu benutzt werden, *bēru* und UŠ in volkstümliche Zeiteneinheiten umzurechnen. Wenn z.B. der Zeitpunkt einer Finsternis mit Hilfe von Wasseruhren in *bēru* und UŠ gemessen wurde, musste man diese Zeit in Wachen und Viertelwachen umrechnen, damit sie für astrologische Prophezeiungen verwendbar war.

Infolge eines glücklichen Zufalls können wir diese Vermutung bestätigen, indem wir zwei Berichte von einer und derselben in Babylonien beobachteten Finsternis vergleichen, von denen der eine Temporalstunden und der andere wissenschaftliche Einheiten benützt. Der wissenschaftliche Bericht steht in Zeile 19 der Rückseite des Textes „STRASSMAIER KAMBYSES 400" und lautet:

> Jahr 7, Dūzu 14, nachts, 1⅔ *bēru* nach Sonnenuntergang, eine Mondfinsternis, vom Anfang bis zum Ende sichtbar; sie erstreckte sich über die nördliche Hälfte der Mondscheibe. (KUGLER, Sternkunde I, S. 71).

Der andere Bericht steht bei PTOLEMAIOS (Syntaxis V, Kap. 14) und lautet:

> Im 7..Jahr des KAMBYSES, in der Nacht nach dem 17. ägyptischen Phamenoth, eine Stunde vor Mitternacht, wurde in Babylon eine Mondfinsternis beobachtet, die sich von Norden her über die Hälfte des Durchmessers erstreckte.

Des Ptolemaios unmittelbare Quelle dürfte HIPPARCHOS gewesen sein. Nun könnte man annehmen, HIPPARCHOS oder ein anderer griechischer Astronom habe das babylonische 1⅔ *bēru* in griechische Stunden verwandelt, und PTOLEMAIOS habe diesen griechischen Bericht zitiert. Aber diese Erklärung versagt. Denn wenn wir die gegebene Zeit „1½ *bēru* nach Sonnenuntergang" mit Hilfe von einigermassen korrekten astronomischen Tafeln in Stunden vor Mitternacht umrechnen, erhalten wir 10^h25^m, d.h. mehr als 1½ Äquinoktialstunden oder 1¾ Temporalstunden vor Mitternacht, während PTOLEMAIOS „eine Stunde vor Mitternacht" angibt.

Die richtige Erklärung wurde von FOTHERINGHAM gegeben. Die 1⅔ *bēru* wurden nicht mit den korrekten griechischen Methoden, sondern mit den sehr ungenauen des assyrischen Elfenbeinprismas in Temporalstunden umgerechnet. Gemäss Seite D dieses Prismas entsprechen im Monat Dūzu 1⅔ *bēru* gerade 5 Zwölftel der Nacht. So würde ein babylonischer Astronom die beobachtete Zeit 1⅔ *bēru* mit Hilfe seiner Tafel umwandeln und seinem Herrn König berichten, dass die Finsternis 5 Temporalstunden nach Sonnenuntergang, oder 1 Stunde vor Mitternacht begann. Schliesslich, auf irgend einem Weg, geriet der astrologische Bericht in die Hände des PTOLEMAIOS, während der wissenschaftliche in Mesopotamien blieb, bis er nach London gebracht und von Pater STRASSMAIER kopiert wurde.

Wir wollen jetzt diese astrologischen Berichte näher betrachten und vor allem untersuchen, was an astronomischen Erkenntnissen hinter ihnen steckt.

DIE BERICHTE DER ASTROLOGEN

Der assyrische König ASSARHADDON (681—669) muss ungewöhnlich abergläubisch gewesen sein. [1] Vielleicht war er mitschuldig an der Ermordung seines Vaters SANHERIB und wurde nachher von Furcht und schlechtem Gewissen verfolgt. Jedenfalls hat uns kein König so viele Orakelanfragen hinterlassen wie er. Auf dieses angelegentliche Interesse des Königs für den in allen möglichen Vorzeichen sichtbar werdenden Willen der Götter wird auch zurückzuführen sein, dass wir eine beträchtliche Anzahl von Rapporten [2] und Briefen [3] der Hofastrologen vor allem an ihn und an seinen Sohn und Nachfolger ASSURBANIPAL (669—630) besitzen. Beide Textgattungen sind im Grunde identisch, die Briefe enthalten lediglich am Anfang noch die Anrede an den König nebst der obligaten Segensformel, während die Rapporte nur mit dem Namen des Astrologen unterzeichnet sind. Leider steht eine zuverlässige Gesamtbearbeitung dieser Texte noch aus.

Wir erläutern am besten an einem Beispiel, wie diese Rapporte aufgebaut sind (Report No. 207):

> Venus ist im Westen im Wege der (Sterne) des Enlil sichtbar geworden. Folgendes ist die Deutung davon: Wenn Venus im Monat Simānu sichtbar wurde, Niederwerfung des Feindes. Wenn Venus im Wege der (Sterne) des Enlil sichtbar wurde, wird der König von Akkad keinen ebenbürtigen Gegner erhalten, usw.

Im ersten Satz wird die soeben gemachte Beobachtung rapportiert. Die anschliessende „Deutung" ist in der Regel wörtlich aus der Serie Enuma Anu Enlil zitiert. Diese Omina sind eigentlich alte Beobachtungsprotokolle, welche die Ereignisse am Himmel mit Ereignissen auf der Erde verknüpfen. Daher steht auch der Vordersatz der Omina in der Vergangenheitsform.

Diese Berichte der Astrologen sind für uns deshalb wichtig, weil sie gewisse Rückschlüsse auf das astronomische Wissen ihrer Verfasser zulassen. Die Interpretation ist allerdings nicht immer ganz einfach. So schreibt z.B. MÂR-IŠTAR an ASSARHADDON [4] (vierter Brief, Z. 7 ff.):

> Am 27. stand der Mond (zum letztenmal am Himmel). Am 28., 29., 30. haben wir die Beobachtung der Sonnenfinsternis angestellt: (der Sonnengott) hat sie vorbeigehenlassen, hat keine Finsternis „veranstaltet". Am 1. wurde der Mond (wieder) sichtbar.

KUGLER meinte seinerzeit, der Umstand, dass MÂR-IŠTAR drei Tage hindurch

---

[1] W. VON SODEN, *Herrscher im alten Orient*, Springer-Verlag 1954, p. 118.
[2] R. C. THOMPSON, *The reports of the magicians and astrologers of Nineveh and Babylon*. London 1900.
[3] Verstreut publiziert in HARPER, *Assyrian and Babylonian Letters*.
[4] A. SCHOTT und J. SCHAUMBERGER, *Vier Briefe Mâr-Ištars an Asarhaddon*, Z. f. Assyriol. 47 (1941), 89.

nach einer etwaigen Sonnenfinsternis ausschaute, erwecke wirklich keine hohe Idee von seinem Wissen.

SCHOTT (l.c.) hat dann aber wahrscheinlich gemacht, dass MÂR-IŠTAR auf allerhöchsten Befehl nach dieser Sonnenfinsternis Ausschau gehalten hat — im ersten der vier Briefe verspricht er dem König z.B. ausdrücklich, er werde nach der Sonnenfinsternis Ausschau halten, von der ihm der König geschrieben habe.

Ausserdem weist SCHOTT auf einen Brief des Hofastrologen BALASI hin, worin dieser dem König auf ein ähnliches Ansinnen eine ziemlich gereizte Antwort erteilte, wohl weil es ihm auf die Nerven ging, tagelang nach einer Verfinsterung der Sonne auszuschauen, an deren Ausbleiben er von vornherein nicht zweifelte.

Man kann also aus einer astronomisch sinnlosen Betätigung eines damaligen Sternkundigen nicht viel schliessen. Wirkliche Auskünfte über das Wissen des Sternkundigen selber erhalten wir nur auf Grund positiver Tatsachen.

Die wichtigste unter diesen positiven Tatsachen ist die erfolgreiche Voraussage einer Mondfinsternis durch den Astrologen NADINU.

Wenn nicht alles trügt, besitzen wir sowohl den Bericht des NADINU, der die Finsternis voraussagt, als auch den Bericht, in dem er stolz ihr Eintreffen bestätigt. Report No. 273 lautet nämlich:

> Am 14. wird eine Mondfinsternis stattfinden: Böses für Elam und Amurru, Gutes für meinen Herrn König. Das Herz meines Herrn Königs möge sich freuen. Sie wird ohne(?) Venus gesehen werden. Zu meinem Herrn König habe ich folgendermassen gesprochen: eine Finsternis wird stattfinden.
> Von *Irašši-ilu*, dem Diener des ⟨*Na-di-*⟩*nu-ú*.

Report No. 274 F enthält die Bestätigung der Voraussage:

> ... meinem Herrn König habe ich geschrieben: „eine Finsternis wird stattfinden". Nun ist sie ⟨nicht⟩ vorbeigegangen, sie hat stattgefunden. Im Stattfinden dieser Finsternis liegt Heil für meinen Herrn König. Der Monat Aiaru ist Elam, der 14. Tag ist Elam, die Morgenwache ist ... Wenn ⟨Ven⟩us(?) untergegangen ... Amurru ... Amurru mit Elam ist betroffen ...
> ⟨Von ..., dem Diener⟩ des *Na-di-nu*.

Freilich können wir nicht beweisen, dass beide Berichte auf dieselbe Finsternis bezugnehmen; es ist nicht einmal ganz sicher, ob beide Berichte von NADINU stammen, da die Unterschriften der Schreiber beschädigt sind. Die Ergänzungen der Unterschriften sind uns von Herrn Dr. D. J. WISEMAN vorgeschlagen worden, der die Freundlichkeit hatte sie auf den Originaltafeln im British Museum zu überprüfen. Er hält IRAŠŠI-ILU für einen im Auftrag des Astrologen NADINU handelnden Schreiber.

Auf die Frage, wie solche Voraussagen in dieser frühen Zeit, da man noch keine Theorie der Mondbewegung gehabt hat, überhaupt möglich waren, kommen wir im nächsten Kapitel zurück. Die einzige Erklärung, die ich finden kann, ist, dass man Finsternisperioden benutzt hat.

Auch andere Quellen zeigen, dass die Zeit um —700 reif war für die Entdek-
kung von Finsternisperioden. Dass man sich bereits früh mit der zeitlichen Abfol-
ge der Finsternisse befasst hat, geht aus den Kommentaren zu gewissen Omina
hervor; so heisst es z.B.:

> Wenn der Mond sich zu früh (*ina lā mināti-šu*) verfinstert — das gilt, wenn sechs Monate
> noch nicht voll sind und ebenso, wenn am 12. oder 13. Tag eine Finsternis stattfindet, . . .[1].

Darin steckt die Erkenntnis, dass zwei unmittelbar aufeinanderfolgende Mondfinsternisse häufig sechs, gelegentlich aber bloss fünf Monate voneinander ab-
stehen, und dass Mondfinsternisse normalerweise am 14. oder 15. Tag des Mond-
Monats stattfinden.

Auch das Beobachtungsmaterial stand ausreichend zur Verfügung; die Aussage
des PTOLEMAIOS, wonach von der Zeit des NABONASSAR (747—735) an praktisch
vollständige Listen der Finsternisse zur Verfügung stehen, ist durch die 1955 er-
folgte Veröffentlichung[2] einiger Fragmente solcher Listen schlagend bestätigt
worden.

RÜCKBLICK

Es fällt einigermassen schwer, die Entwicklung der Astronomie während der
assyrischen Zeit im einzelnen zu verfolgen. Die meisten unserer Textkopien stammen nämlich aus der assyrischen Spätzeit, dem 7. vorchristlichen Jahrhundert,
oder sind noch jünger, und es ist unmöglich, eine bestimmte astronomische Erkenntnis einem bestimmten Jahrhundert zuzuweisen; oft bleibt sogar das Jahrtausend unsicher. Das wenige, das wir über den zeitlichen Ablauf der Entwicklung
aussagen können, sei im folgenden kurz zusammengestellt.

Wir sahen, dass die Zeit von —1400 bis —900 nicht nur die klassische Epoche
der Omen-Astrologie war, sondern dass damals auch wissenschaftliche Astronomen am Werk waren, die Beobachtungen des jährlichen und täglichen Aufgangs
und der Kulmination von Fixsternen anstellten. Unsere Kenntnisse dieser Periode
sind noch ziemlich dürftig; sicher sind die folgenden Tatsachen:

(a) Komposition der grossen Omenserie Enuma Anu Enlil;
(b) genaue Beobachtungen des heliakischen Aufgangs von Fixsternen;
(c) Beobachtungen des täglichen Aufgangs, des Untergangs und der Kulmination;
(d) Komposition der Astrolabe vor —1100.

Mit einiger Wahrscheinlichkeit können wir dieser Zeit ausserdem zuschreiben:

(e) eine sehr primitive Darstellung von Venus-Erscheinungen durch arithmetische Folgen
und konstante Differenzen zwischen aufeinanderfolgenden Ereignissen (63. Tafel der
grossen Omen-Serie);

---

[1] J. SCHAUMBERGER, SSB Erg. h. 3, p. 251.
[2] PINCHES-STRASSMAIER-SACHS, *Late Babyl. Astron. and Rel. Texts*, Providence 1955, No. 1413 ff.

(f) Berechnung der Länge des Tages und der Nacht mittels steigender und fallender arithmetischer Folgen, ausgehend vom ungenauen Verhältnis 2 : 1 der Extremalwerte;

(g) Berechnung des Auf- und Untergangs des Mondes mittels steigender und fallender arithmetischer Folgen (14. Tafel der grossen Omen-Serie);

(h) Spekulationen über die Abstände der Fixsterne (HILPRECHTS Text).

Aus derselben Zeit haben wir ferner Grenzsteine mit Göttersymbolen, deren Zweck war, den Fluch der dargestellten Götter auf diejenigen herabzubeschwören, die es wagen sollten, den Grenzstein zu entfernen oder sonstwie die Rechte des Eigentümers zu verletzen. Einige Symbole stellen sicher Sterngötter dar; von anderen ist es zweifelhaft. Auf einem Grenzstein aus dem 14. Jahrh. kommt ein Skorpion vor (Bild 12); vielleicht ist damit der Skorpion des Tierkreises gemeint. Hätten wir doch mehr authentische Texte aus der Kassitenzeit!

Die wahrscheinlich kurz vor −700 zusammengestellte Serie ^{mul}APIN und die zugehörigen Texte zeigen deutliche Fortschritte über die genannten Punkte hinaus, nämlich:

(i) das bessere Verhältnis 3 : 2 des längsten Tages zur kürzesten Nacht;

(k) primitive Berechnung der Schattenlänge eines senkrecht aufgestellten Stabes (Gnomon);

(l) Vorstufen zur Einführung der Tierkreiszeichen: Sternbilder im Wege des Mondes und astronomische Jahreszeiten;

(m) Bestimmung der Zeitabstände zwischen den Kulminationen verschiedener Sterne;

(n) Pleiadenschaltregel.

In der Mitte des 8. Jahrhunderts scheint die Sternkunde einen neuen Impuls erhalten zu haben:

(o) seit NABONASSAR (747−735) systematische Beobachtungen der Finsternisse;

(p) erfolgreiche Vorraussage von Mondfinsternissen im 7. Jahrhundert v. Chr.

Die beiden letzten Punkte bezeichnen den Beginn einer neuen Entwicklungslinie, die in der neubabylonischen und persischen Zeit fortgestzt wird, nämlich den Beginn der systematischen Beobachtung und Voraussage von Mond-, Sonnen- und Planetenerscheinungen.

KAPITEL III

DIE NEUBABYLONISCHE UND PERSISCHE ZEIT

Allgemeine Übersicht

Nach dem Zusammenbruch der assyrischen Herrschaft erlebte die babylonische Kultur unter den Chaldäerfürsten NABOPOLASSAR und NEBUKADNEZAR II. eine glanzvolle Restauration. Bewusst knüpfte man an die Tradition der Hammurapizeit an. Aus zahlreichen keilschriftlich überlieferten Rechtsurkunden und Geschäftstexten können wir die juristischen Schicksale einzelner Familien, den Aufstieg und den Niedergang einzelner Banken und grosser Handelshäuser, ihren Geschäftsverkehr und ihre Rechtsstreitigkeiten während der neubabylonischen und der nachfolgenden persischen Zeit eingehend verfolgen [1]. Astronomische Beobachtungstexte, die uns in späteren Abschriften erhalten sind, zeugen von einer intensiven wissenschaftlichen Tätigkeit, die bereits in der assyrischen Zeit anfing und immer systematischer bis in das erste Jahrhundert nach Christus fortgesetzt wurde.

Die persische Herrschaft hat die babylonische Kultur und Religion zunächst nicht angetastet. Die Perserkönige waren in religiösen Dingen sehr tolerant, so lange die Priester der unterworfenen Völker nicht aufsässig wurden. Einmal allerdings, als XERXES gerade in Ägypten war, brach in Babylon ein Aufstand aus, der von einem gewissen SHAMASH-ERIBA geführt wurde. XERXES eilte mit einem Heer dorthin, belagerte die Stadt und nahm sie ein. Nun richtet XERXES einen Schlag gegen die Religion. Er konfisziert den Schatz des Marduk, führt die aus reinem Gold verfertigte Mardukstatue fort und tötet den Priester, der die Tempelschändung zu verhindern suchte [2].

Eine andere Gefahr drohte der babylonischen Kultur von der Sprache her. Die Sprachen der Keilschrifttexte waren Sumerisch und Akkadisch. Im Laufe des 1. Jahrtausends wurde aber die akkadisch-babylonische Umgangssprache immer mehr durch das aramäische Idiom verdrängt. Statt der Keilschrift setzte sich die aramäische Buchstabenschrift immer mehr durch.

Jedoch wurden in den Tempelschulen die alten Sprachen und die Keilschrift noch lange eifrig gepflegt. Im 3. Jahrhundert vor Christus gab es Bestrebungen zur Wiederbelebung der Keilschrift und sogar des Sumerischen [3]. Astronomische Texte wurden noch bis ins 1. nachchristliche Jahrhundert in Keilschrift geschrieben; das ist auch der Grund, warum sie uns zo zahlreich erhalten geblieben sind. Rechtsurkunden wurden im ersten Jahrhundert der Perserzeit meistens auf

---

[1] M. SAN NICOLò, Beiträge zur Rechtsgeschichte im Bereiche der keilschriftlichen Rechtsquellen, Oslo 1931, S.51.

[2] HERODOTOS, Historien I 183.

[3] Siehe H. SCHMÖKEL, Geschichte des alten Vorderasiens, S. 324 (Handbuch der Orientalistik, herausgeg. von B. Spuler, Bd. 2, Abschnitt 3) und die dort zitierte Literatur.

Tontafeln in der alten Terminologie und Sprache geschrieben; erst um −400 wird das keilschriftliche Material spärlich.

Als ALEXANDER der Grosse das Perserreich eroberte, wurden die babylonischen Tempel wiederhergestellt und die Priester in ihre Ämter eingesetzt. Unter seinen Nachfolgern, den Seleukiden, entfalteten die Tempelschreiber in Babylon und Uruk eine rege Tätigkeit. Finsternisse und Monderscheinungen wurden vorausberechnet, Planetentafeln angefertigt. Der jüngste datierbare Keilschrifttext, ein astronomischer Almanach, stammt aus dem Jahre +75.

Damit ging eine Blütezeit der Astrologie einher, die in den Jahrhunderten vor und nach Christus in der ganzen antiken Welt zu unerhörtem Ansehen gelangte. Die ältere Astrologie, wie sie vor allem durch die grosse Omensammlung Enuma Anu Enlil repräsentiert wird, wird in der Perserzeit von einer neuen Weissagekunst überwuchert, der Horoskop-Astrologie, die wir heute noch kennen. Die ältesten erhaltenen Horoskope stammen alle aus Babylon; das älteste wurde nach SACHS[1] für das Jahr −409 erstellt. Von Babylon aus hat sich die Horoskopie nach Westen (zunächst Vorderasien und Syrien, dann auch Ägypten, Griechenland und Rom) und nach Osten (zunächst Persien, später Indien) ausgedehnt. Im Gefolge der Astrologie wurden auch astronomische Rechenmethoden, die ja jeder Horoskopsteller unbedingt braucht, übernommen. Babylonische Rechenmethoden findet man bei römischen Autoren, in ägyptischen Texten aus der Kaiserzeit und beim indischen Autor VARĀHA MIHIRA im 6. Jahrhundert nach Christus.

Zeittafel

Da wir es in diesem Kapitel mehrfach mit nach Königen datierten Beobachtungstexten zu tun haben werden, geben wir nachstehend die Liste der babylonischen und persischen Könige von NABONASSAR an wieder[2]. Bei jedem König ist das Jahr der Thronbesteigung angegeben (genauer: das Jahr vor Christus, in welches der 1. Nisannu des Jahres der Thronbesteigung fällt). Dieses Jahr wird nach babylonischem Brauch als Jahr 0 des betreffenden Königs gezählt.

Das Jahr 0 des NABONASSAR ist also nach der Tabelle das babylonische Jahr, das im Frühling des Jahres 748 vor Chr. (astronomisch gezählt −747) anfängt. Das Jahr 1 des Nabonassar fängt −746 an, etc.

Könige der assyrischen Zeit von Nabonassar an

Babylonien		Assyrien	
Nabonassar	748 v. Chr.	Tiglathpilesar III.	746 v. Chr.
Nabu-nadin-zer	734		
Nabu-šum-ukin	732		
Ukin-zer	732		

[1] A. SACHS, Babylonian Horoscopes, J. of Cuneiform Studies 6 (1952), p. 49.
[2] Könige der assyrischen Zeit nach KUGLER, Sternkunde II, S. 357, Könige der späteren Zeit nach PARKER-DUBBERSTEIN, Babylonian Chronology 626 B.C.–A.D. 75, Providence 1956.

Babylonien		*Assyrien*	
Pulu (= Tiglathp. III.)	729		
Ululai (= Salman. V.)	727	Salmanassar V.	727
Marduk-apal-iddina	722	Sargon II.	722
Sargon II.	710		
Sanherib	705	Sanherib	705
Marduk-zakir-šumi II.	703		
Marduk-apal-iddina II.	703		
Bel-ibni	703		
Aššur-nadin-šumi	700		
Nergal-ušezib	694		
Mušezib-Marduk	693		
Sanherib	689		
Asarhaddon	681	Asarhaddon	681
Šamaš-šum-ukin	668	Assurbanipal	669
Kandalanu	648—626	Aššur-etil-ilani	ca. 630
		Sin-šar-iškun	ca. 620
		Aššur-uballit II.	ca. 612

Neubabylonische Könige (Chaldäer)

Nabopolassar	626 v. Chr.
Nebukadnezar II.	605
Amel-Marduk	562
Nergal-šar-usur	560
Labaši-Marduk	556
Nabunaid	556

Perserkönige

Kyros	539
Kambyses	530
Dareios I.	522
Xerxes	486
Artaxerxes I.	465
Dareios II.	424
Artaxerxes II.	405
Artaxerxes III.	359
Arses	338
Dareios III.	336

Makedonische Könige

Alexander der Grosse	331
Philippos	323
Alexander IV.	316

Seleukiden-Aera

Seleukos I	312 v. Chr. = Jahr 0 der Seleukiden-Aera.

11a: VAT 7851. Mond, Plejaden und Stier.

11b: VAT 7847. Jupiter, Löwe und Hydra.

11c: AO 6448. Merkur, Jungfrau und Rabe.

BILD 11 Ritzzeichnungen aus der Seleukidenzeit, mit Sternnamen.
Die Zeichnung 11c ist besonders bemerkenswert, weil sie die Jungfrau mit der Ähre zeigt, die man auch auf ägyptischen Abbildungen findet (Bild 13). Der Name AB.SIN beim Stern bezeichnet entweder das Tierkreisbild Virgo = Jungfrau oder dessen hellsten Stern Spika. Das griechische Wort Spika bedeutet Ähre. Die Zeichnung deutet darauf hin, dass die Vorstellung der Jungfrau mit der Ähre ursprünglich babylonisch war. Aus E. F. WEIDNER, Archiv für Orientforschung 4, Pl. V gegenüber S. 78

BILD 12 Grenzstein aus dem 14. Jahrh. vor Chr. (Kassitenzeit) mit Skorpion, Mond und Sternen. Siehe S. 93. Photo Musée du Louvre

BILD 13 Zeichnung des Rundbildes von Dendera. Auf der Zeichnung sind die Tierkreiszeichen deutlicher zu erkennen als auf dem Photo (Bild 8). Man sieht rechts vom Mittelpunkt die beiden Fische, darunter Widder und Stier, links davon die Zwillinge, den Krebs und den Löwen. Darüber die Jungfrau mit der Ähre, die Waage und der Skorpion. Die drei dann folgenden Tierkreisbilder Schütze, Ziegenfisch und Wassermann werden im Bild 14 (b, d und f) noch einmal vergrössert wiedergegeben. Aus Description de l'Egypte

14a

14b

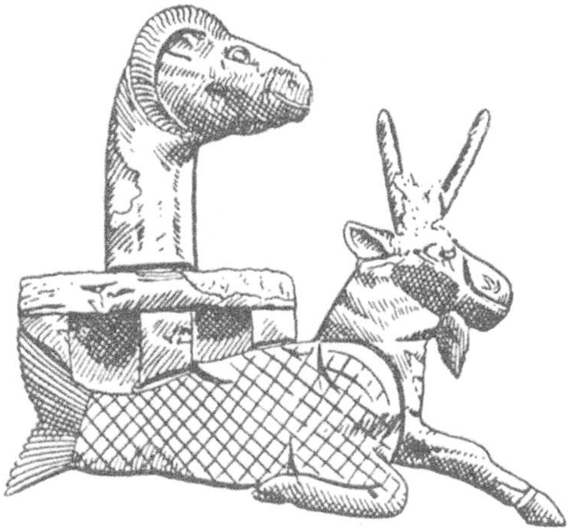

14c

14d

14e

14f

BILD 14 Schütze, Ziegenfisch und Wassermann auf babylonischen Grenzsteinen und auf dem Rundbild von Dendera. Viele Einzelheiten stimmen überein. Die bildmässige Vorstellung dieser drei Tierkreiszeichen ist also von Babylon nach Griechenland und Ägypten gekommen. Dem babylonischen Ziegenfisch entspricht griechisch Aigokeros = Ziegenhorn, lateinisch Capricornius, deutsch Steinbock. Abbildungen aus Hinke: A new boundary stone

Die Astronomie dieser Zeit

besitzt folgende charakteristische Züge, durch die sie sich deutlich von der älteren, aus ᵐᵘˡAPIN und den assyrischen Briefen bekannten Astronomie unterscheidet:

1. Systematisch durchgeführte, datierte und schriftlich fixierte Beobachtungen von Finsternissen, Mond- und Planetenerscheinungen;

2. Erkenntnis der Periodizität der Himmelserscheinungen; Berechnung von Perioden;

3. Voraussage von Finsternissen und Vorausberechnung von Mond- und Planetenerscheinungen, wahrscheinlich auf Grund der eben erwähnten Perioden;

4. Einteilung des Tierkreises in 12 Zeichen zu je 30 Grad;

5. Entstehung der Horoskop-Astrologie.

Die zeitliche Abgrenzung dieser Periode gegen die vorangehende ist nicht ganz eindeutig: die beiden Perioden greifen ineinander über. Die Finsternisbeobachtungen und die Finsternisvoraussagen fangen nämlich, wie wir bereits sahen, schon in der assyrischen Zeit an.

In der hier betrachteten Periode wurden die Grundlagen zu der nachfolgenden Hochblüte der babylonischen Astronomie gelegt.

BEOBACHTUNGEN UND VORAUSSAGEN

Seit A. SACHS im Jahre 1955 die von PINCHES kopierten astronomischen Keilschrifttexte veröffentlicht hat, ist es möglich, ein einigermassen repräsentatives Bild der babylonischen Beobachtungspraxis zu entwerfen. Vor allem der dieser Publikation[1] vorangestellte beschreibende Katalog, der sämtliche bis 1955 bekannten datierbaren Texte umfasst, ist äusserst aufschlussreich. Zwar hatte bereits KUGLER in seiner *Sternkunde I* aus fast jeder Textkategorie ein Beispiel oder mehrere publiziert und bearbeitet, aber erst jetzt wurde klar, wie sich die Masse der Texte auf die einzelnen Kategorien verteilt und wann diese Kategorien spätestens einsetzen. Wir können jetzt mit Sicherheit behaupten, dass die systematische Beobachtung der Himmelserscheinungen schon in der assyrischen Zeit einsetzte und bis in die späte Seleukidenzeit fortlaufend durchgeführt wurde.

Bereits in den Beobachtungstexten der neubabylonischen Zeit findet man gelegentlich Einschübe nicht beobachteter, aber berechneter Erscheinungen. Wir dürfen also annehmen, dass man bereits damals die wichtigsten astronomischen Erscheinungen vorauszuberechnen verstand. Man stellte wahrscheinlich schon früh zur Erleichterung der Beobachtung die Vorausberechnungen für jeweils ein Jahr zusammen; doch sind uns solche Täfelchen erst aus der Seleukidenzeit erhalten.

Die spärliche Überlieferung der alten Voraussagen erscheint begreiflich, wenn

---

[1] PINCHES-STRASSMAIER-SACHS, Late Babylonian astronomical and related texts, Providence 1955.

man bedenkt, dass fast alle unsere Texte aus Archiven der Seleukidenzeit stammen. Während die seleukidischen Astronomen die für sie wichtigen alten Beobachtungen sammelten, abschrieben oder exzerpierten und uns so überlieferten, hatten sie für die alten Vorausberechnungen kaum mehr Verwendung, so dass diese uns fast völlig verloren sind.

Die Beobachtungstexte zerfallen in zwei Kategorien:

I. *Tagebücher*, die sich meistens über ein Jahr oder ein halbes Jahr erstrecken.

II. *Zusammenstellungen* von gleichartigen Erscheinungen über mehrere Jahre.

Die Texte enthalten in der Regel nur Beobachtungen, wenn man auch ab und zu eine Bemerkung antrifft wie ,,Eine Finsternis, die ausfällt''. Eine solche Bemerkung deutet offenbar auf eine berechnete, nicht beobachtete Finsternis hin.

Ausserdem sind uns zwei ältere, den Tagebüchern nahestehende Texte erhalten, die ausser Beobachtungen relativ viele Voraussagen aufzeichnen, nämlich die Texte STRASSMAIER KAMBYSES 400 für das Jahr −522 und CBS 11901 für das Jahr −424. Wir kommen auf diese Texte später zürück, nachdem wir die eigentlichen Beobachtungstexte besprochen haben werden.

I. Astronomische Tagebücher

Diese ,,diaries'', wie A. SACHS sie nennt, bilden die weitaus grösste Textgruppe. Sie erstrecken sich in der Regel über ein Jahr oder ein halbes Jahr und berichten in chronologischer Reihenfolge ausführlich über astronomische und meteorologische Beobachtungen, Wasserstände und Marktpreise, über Seuchen, Erdbeben und andere besondere Ereignisse. Vermutlich bildeten diese Tagebücher den Grundstock des Beobachtungsmaterials, während die anderen Beobachtungstexte, vielleicht mit Ausnahme gewisser Finsternisbeobachtungen, Auszüge daraus darstellen. Wir besitzen Tagebücher aus den Jahren −567, −453, −440, −418, −417 und ab −384 fast für jedes zweite Jahr bis ins erste vorchristliche Jahrhundert. Wir dürfen annehmen, dass diese Tagebücher spätestens seit −567 fortlaufend geführt wurden. Die jüngeren Texte ab −384 stammen fast alle aus einem Archiv in Babylon, während die älteren Zufallsfunde meist unbekannter Herkunft sind. Das dürfte die grossen Lücken in der Überlieferung vor −384 erklären.

Das älteste erhaltene Tagebuch VAT 4956

Dieser Text aus dem 37. Jahr NEBUKADNEZARS II. (−567/66) ist von P. V. NEUGEBAUER und E. F. WEIDNER publiziert und bearbeitet worden [1]. Es ist zwar nur in einer Kopie aus viel späterer Zeit erhalten, stellt aber eine anscheinend getreue, lediglich orthographisch etwas modernisierte Abschrift eines Originals aus der Zeit NEBUKADNEZARS dar. Obwohl dieses Tagebuch nicht in allen Einzel-

---

[1] Ber. üb. d. Verh. d. Königl. Sächs. Ges. d. Wiss. Leipzig (Phil.-hist.) *67* (1915), S. 29. Keilschrifttext: WEIDNER, Archiv f. Or.forsch. *16* (1953), Taf. XVII, nach S. 424.

heiten mit den späteren Tagebüchern übereinstimmt — vor allem gibt es die Planetenpositionen noch mit Hilfe der Tierkreis-*Sternbilder* statt der -*Zeichen*, und die Zahl der Einzelbeobachtungen ist etwas kleiner als in den späteren Texten üblich — können wir es doch als Repräsentanten der ganzen Textgattung betrachten. Der Text enthält am Schluss als Fangzeile den Anfang einer entsprechenden Tafel für das darauffolgende 38. Jahr NEBUKADNEZARS, sodass wir ohne weiteres annehmen dürfen, diese Tagebücher seien bereits im 6. Jahrhundert regelmässig geführt worden.

Der Text beginnt:

> Jahr 37 des NEBUKADNEZAR, des Königs von Babylon. Nisannu 30: der Mond wurde hinter GUD.AN (= Hyaden) sichtbar; 14(?) UŠ (= 56 Minuten) Sichtbarkeitsdauer [. . .]

Mit „Nisannu 30" ist hier der 1. Nisannu gemeint, wobei zugleich der Vermerk eingeschlossen ist, dass dieser Tag mit dem 30. Tag des vorangehenden Monats zusammenfällt, d.h. dass der vorangehende Monat bloss 29 Tage zählte. Entsprechend bedeutet „Aiaru 1" weiter unten beim nächsten Monatsanfang, dass der vorangehende Monat Nisannu 30 Tage hatte. Dieses elegante Verfahren, die Monatslänge implizit anzugeben, blieb bis in die späteste Zeit im Gebrauch.

> Saturn gegenüber ŠIM (= ŠIM.MAH, südwestl. Teil der Fische). Am Morgen des 2. „versperrte" ein Regenbogen im Westen. In der Nacht des 3. der Mond 2 Ellen (1 Elle = 2°) vor [. . .]. Bei Beginn der Nacht des 9. der Mond 1 Elle vor dem Stern am hintern Fuss des Löwen (= β virginis). Am 9. war die Sonne im Westen von einem Halo umgeben. ⟨Am 11.⟩ oder 12. hatte Jupiter seinen Abendaufgang. Am 14. war der Gott mit dem Gotte sichtbar (d.h. Sonne und Mond standen sich am Abend genau gegenüber, die Sonne am Westhorizont, der Vollmond am Osthorizont). 4 UŠ (= 16 Minuten) vergingen zwischen Sonnenaufgang und Monduntergang am nächsten Morgen. Am 15. war es bewölkt. Am 16. Venus [. . .]. Am Morgen des 20. war die Sonne von einem Halo umgeben. Von Mittag bis Abend Regengüsse. Ein Regenbogen „versperrte" im Osten. Vom 8. Schaltadaru bis zum 28. stieg die Flut 3 Ellen 8 Finger (1 Elle = 24 Finger ≈ 50 cm). 2/3 Ellen zu einer Flut [. . .]. Auf Befehl des Königs (wurden) Opfer (dargebracht). In diesem Monat drang ein Fuchs in die Stadt ein. Husten und [. . .].

> Aiaru 1 wurde der Mond, während noch die Sonne dastand, 4 Ellen unter dem westlichen hintern Stern der grossen Zwillinge (= β Geminorum) sichtbar; er war breit, trug die Tiara [. . .]. Saturn gegenüber ŠIM.MAH. Merkur, der heliakisch untergegangen war, war nicht sichtbar. In der Nacht des 1. heftiger(?) Südoststurm. Am 1. den ganzen Tag [bewölkt.] Venus ging auf die grösste Elongation im Westen zu(?). Am 2. wehte heftiger(?) Nordwind. Am 3. trat Mars in NANGAR (= Praesepe) ein, am 5. kam er wieder heraus. Am 10. ging Merkur hinter den Zwillingen [heliakisch auf . . .]. Am 18. Venus über LUGAL (= Regulus) 1 Elle 4 Finger. Am 26. war der Mond noch 23 UŠ sichtbar. Am 27. [. . .].

Der Text berichtet in der selben Weise auch über die Beobachtungen der Monate III bis XII. Am 15. Simanu finden wir den interessanten Vermerk: „Mondfinsternis, welche ausfiel". Es handelt sich um die Mondfinsternis vom 4. Juli −567, die in Babylon unsichtbar war, da der Vollmond kurz nach Mittag eintrat.

Auf Grund dieses Textes und der späteren Tagebücher können wir uns einen sehr genauen Begriff von der babylonischen Beobachtungspraxis machen, so wie sie spätestens seit -567 ausgeübt wurde. Wir werden sehen, dass genau die gleichen seit dem 6. Jahrhundert beobachteten Erscheinungen in der Seleukidenzeit das Ziel der babylonischen Mond- und Planetentheorie bildeten und auch erfolgreich vorausberechnet wurden.

Im einzelnen wurden folgende astronomischen Beobachtungen regelmässig angestellt:

A. *Mondlauf*

1. Neulicht:

— Datum der ersten Sichtbarkeit des jungen Mondes (damit implizit auch Länge des vorangehenden Monats) und Zeitdifferenz zwischen Sonnenuntergang und Monduntergang (babylonischer Fachausdruck: NA).

2. Vollmond:

— Datum des letzen, noch vor Sonnenaufgang stattfindenden Monduntergangs und Zeitdifferenz zwischen Monduntergang und Sonnenaufgang (ŠÚ).

— Datum des letzten, noch vor Sonnenuntergang stattfindenden Mondaufgangs und Zeitdifferenz zwischen Mondaufgang und Sonnenuntergang (ME).

— Datum des ersten, nach Sonnenaufgang stattfindenden Monduntergangs und Zeitdifferenz zwischen Sonnenaufgang und Monduntergang (NA).

— Datum des ersten, nach Sonnenuntergang stattfindenden Mondaufgangs und Zeitdifferenz zwischen Sonnenuntergang und Mondaufgang (MI=ge).

In den älteren Texten wird meist nur die dritte (NA) von diesen vier Beobachtungen angeführt.

3. Altlicht:

— Datum der letzten Sichtbarkeit des Mondes und die zugehörige Zeitdifferenz zwischen Mondaufgang und Sonnenaufgang (KUR).

4. Lauf des Mondes im Tierkreis:

— Datum und ungefähre Zeit („bei Beginn der Nacht" usw.) von Konjunktionen des Mondes mit hellen Sternen des Tierkreisgürtels und mit Planeten. Breitendifferenz[1] im Zeitpunkt der Konjunktion, eventuell Längendifferenz, falls nicht genau bei der Konjunktion beobachtet wurde. Die „hellen Sterne des Tierkreisgürtels" sind anfangs noch nicht so genau festgelegt, wohl aber später in der Seleukidenzeit. Die moderne Literatur bezeichnet diese rund 30 Sterne mit EPPING als „Normalsterne".

---

[1] Die *Breite* eines Sternes wird bei den Babyloniern, wie bei uns, senkrecht zur Ekliptik gemessen, die *Länge* in der Ekliptik. Länge und Breite sind bei den Babyloniern wie bei PTOLEMAIOS die grundlegenden Koordinaten, die den Ort eines Sternes festlegen.

Die Beobachtungen 1. 2. und 3. bestehen im wesentlichen in einer *Zeitmessung*, die Beobachtung 4. in einer *Winkelmessung*. In den älteren Texten werden die Zeiten in UŠ und halben UŠ (1 UŠ = 4 Minuten) angegeben, in den jüngeren bis auf 1/6 UŠ. Die Steigerung der Genauigkeit ist vielleicht auf einen technischen Fortschritt im Bau der Wasseruhren zurückzuführen. Die Winkel werden in „Ellen" (kùš = *ammatu*) und „Fingern" (si = *ubānu*) angegeben (1 kùš = 24 si = 2 Grad), ganz kleine Winkel auf 1 Finger genau, grössere auf 2 Finger, von etwa 1 Elle an auf 4 Finger und von 3 Ellen an auf eine halbe Elle. Diese rasch abnehmende Genauigkeit bei zunehmenden Winkeln zeigt, dass die Winkel geschätzt und nicht gemessen wurden.

B. *Finsternisse*

Die ausführlichen Mond-Finsternisberichte der Seleukidenzeit enthalten in der Regel nachstehende Angaben in dieser Reihenfolge:

1. Datum.
2. Zeit zwischen Mondaufgang und Sonnenuntergang (ME);
3. Zeitpunkt des Finsternisbeginns relativ zur Kulmination eines ziqpu-Sterns;
   — z.B. „5 UŠ nachdem tak-šat kulminierte".
4. Positionswinkel des Eintritts in den Schatten;
   — z.B. „Mondfinsternis, auf der Nord-Ost-Seite beginnend".
5. Zeitdauer bis zum Erreichen der maximalen Phase, und
6. Grösse der maximalen Phase;
   — z.B. „in 20 UŠ Nacht machte er 6 Finger".
7. Dauer der maximalen Phase;
8. Zeitdauer vom Ende der maximalen Phase bis zum Ende der Finsternis, und
9. Richtung, in der der Schatten über die Mondscheibe streicht;
   — z.B. „in 24 UŠ Nacht wurde er von Nord-Osten nach Süd-Westen hell".
10. Gesamtdauer der Finsternis;
11. Bemerkungen meteorologischer Natur (mindestens teilweise).
    — z.B. „während dieser Finsternis ging Nordwind";
12. Sichtbarkeit der Planeten und des Sirius.
    — „während dieser Finsternis standen Venus, Saturn und Sirius da, die übrigen Planeten standen nicht da".
13. Position des Mondes relativ zu einem Normalstern;
    — z.B. „2/3 Ellen hinter der südlichen Waagschale, 6 Finger nach Süden unterhalb".

14. Finsternisbeginn relativ zu Sonnenaufgang oder -untergang;
— z.B. „um 55 UŠ Nacht vor Sonnenaufgang".

15. Zeit zwischen Sonnenaufgang und Monduntergang (NA).

Die Sonnenfinsternisse werden in ganz ähnlicher Weise rapportiert. Wenn Mond oder Sonne verfinstert auf- oder untergehen, so wird dies ausdrücklich vermerkt und ausserdem die geschätzte Grösse der Finsternis beim Auf- resp. Untergang angegeben.

Die vorseleukidischen Finsternisbeobachtungen sind sehr ähnlich, aber weniger ausführlich gehalten. Die Punkte 2.,3., 12. und 15. scheinen durchwegs zu fehlen, und auch die übrigen Punkte sind selten vollständig aufgeführt.

C. *Sonne und Fixsterne*

Beobachtet werden Äquinoktien und Solstitien, sowie Morgenerst, Abendletzt und Abendaufgang des Sirius. Sehr häufig wurden diese jährlich wiederkehrenden Phänomene nicht beobachtet, sondern berechnet.

D. *Lauf der Planeten*

1. Kardinalpunkte:
— Morgenerst, Abendletzt, Abendaufgang[1] und Kehrpunkte bei den oberen Planeten (Saturn, Jupiter, Mars); Morgenerst, Morgenletzt, Abenderst und Abendletzt bei den unteren Planeten (Venus und Merkur). Meist wird dabei nur das Datum und der ungefähre Ort, später das Tierkreiszeichen des Ereignisses angegeben.

2. Lauf der Planeten im Tierkreis:
Konjunktionen mit hellen Sternen des Tierkreisgürtels, mit anderen Planeten und mit dem Mond. Breitendifferenz usw. wie beim Mond. (A.4).

II. *Zusammenstellungen von alten Finsternis- und Planetenbeobachtungen*

Die hier zu besprechenden Texte sind erst 1955 durch die bereits erwähnte Veröffentlichung der von PINCHES kopierten Texte durch SACHS bekannt gemacht worden. Es handelt sich dabei vor allem um die folgenden Texte:

a) Detaillierte Berichte über aufeinanderfolgende Mondfinsternisse, in 18-Jahr-Gruppen angeordnet. Der wahrscheinlich auf mehrere Tafeln verteilte Text muss mindestens die Jahre von −730 bis −316 umfasst haben. (PINCHES Nr. 1414ff.).

b) Daten (Jahr und Monat) aufeinanderfolgender Mondfinsternisse, in 18-Jahr-Gruppen angeordnet. Mindestens von −646 bis −271 (Nr. 1418, 1422ff., 1428f.).

---

[1] Der Abendaufgang eines oberen Planeten findet kurz vor der Opposition zur Sonne statt. Er ist ein beobachtbares Phänomen, während die Opposition nicht beobachtbar ist.

c) Daten (Jahr und Monat) aufeinanderfolgender Sonnenfinsternisse, in 18-Jahr-Gruppen angeordnet. Mindestens von −347 bis −285 (Nr. 1430).

d) Jupiterbeobachtungen, in 12-Jahr-Gruppen angeordnet, mindestens von −525 bis −489 (Nr. 1393).

e) Venusbeobachtungen, in 8-Jahr-Gruppen angeordnet, von −463 bis mindestens −416 (Nr. 1387).

f) Venus- und Merkurbeobachtungen, die ersteren nach Sachs aus den Jahren −586/85 (Nr. 1386).

g) Mars- und Saturnbeobachtungen von −422 bis −399, Konjunktionen mit dem Mond (Nr. 1411, 1412).

Ausserdem ist eine ganze Anzahl von Planeten-Beobachtungstexten aus dem 4. Jahrhundert, vor allem von Jupiter, zu erwähnen.

Ptolemaios hatte als Epoche seiner Sonnen-, Mond- und Planetenbewegungen den Regierungsantritt des babylonischen Königs Nabonassar (−747) gewählt, weil „von dieser Zeit ab uns auch die alten Beobachtungen im grossen und ganzen bis auf den heutigen Tag erhalten geblieben sind" (Syntaxis III 7). Diese Aussage des Ptolemaios findet in den Textgruppen a), b) und c) eine glänzende Bestätigung.

Die Planetenbeobachtungstexte d), e) und f) können als weiteres Argument dafür betrachtet werden, dass die Tagebücher auch in der Zeit zwischen −567 und −453 geführt wurden. Jedenfalls enthalten e) und f) durchaus Beobachtungen von der Art, wie sie in den Tagebüchern vorkommen; sie stellen wohl Auszüge aus Tagebüchern dar.

Bei e) scheint man verfolgen zu können, wie die Beobachtungen im Laufe der Zeit immer gründlicher gemacht wurden. Von Anfang an enthält der Text für alle Monate die Monatslänge und die Sichtbarkeitsdauer des Neulichts. Auch die heliakischen Auf- und Untergänge der Venus sind vollständig aufgeführt. Dagegen sind Konjunktionen mit Normalsternen anfangs nur sporadisch angeführt, manchmal 2 bis 3 pro Jahr, dann wieder überhaupt keine, und erst ab −430 scheinen die Konjunktionen mit einiger Vollständigkeit beobachtet worden zu sein. Doch ist das Material vorläufig noch zu dürftig, um wirklich zuverlässige Schlüsse ziehen zu können.

Als Beispiel für stenographische Kürze einer solchen Sammeltafel sei ein kleines Stück aus dem eben erwähnten Venustext in Transliteration und Uebersetzung zitiert (Nr. 1387, Rev. III, unteres Kästchen):

Text: 23 bar 30 15 6 *ina* šú
⟨*ina*⟩ lu igi nim *ina* 3 ki 4
igi gu₄ 1 24 sig 30 16
22(?) *e* lugal 2/3 kùš lál

Übersetzung (in Klammern stehen die zum Verständnis des Textes notwendigen Ergänzungen):

Jahr 23 (des ARTAXERXES I., Monat) Nisannu 30 (d.h. der vorangehende Adaru hatte 29 Tage. Das Neulicht war) 15 (UŠ sichtbar. Am) 6. am Abend im Widder (war Venus erstmals) sichtbar. (Sie stand schon) hoch, (man hätte sie wohl schon am) 3. oder 4. sehen (können. Monat) Aiaru 1 (d.h. Nisannu hatte 30 Tage. Das Neulicht war) 24 (UŠ sichtbar. Monat) Simānu 30 (d.h. Aiaru hatte 29 Tage. Das Neulicht war) 16 UŠ sichtbar. (Am) 22(?) (stand Venus) ü(ber) Regulus 2/3 Ellen (und) hielt die Waage (d.h. sie stand genau in Konjunktion, sie hatte dieselbe Länge wie Regulus).

Der Text Strassmaier Kambyses 400

Dieser Text ist von KUGLER bearbeitet worden (Sternkunde I, S. 61). Es handelt sich um eine späte und fehlerhafte Kopie, die jedoch auf Originale aus der Perserzeit zurückgehen muss. Die Vorderseite enthält Berechnungen von Monderscheinungen für das Jahr 7 des KAMBYSES (−522/21), nämlich die Monatslängen und die sechs Zeitdifferenzen zwischen den Auf- und Untergängen von Mond und Sonne bei Neulicht, Vollmond und Altlicht, die wir bei den Beobachtungstexten bereits besprochen haben. Es muss sich (mindestens teilweise) um Berechnungen handeln, da keine meteorologische Bemerkungen wie sonst bei den Beobachtungstexten beigefügt sind (man vergleiche etwa den Text PINCHES-SACHS Nr. 1431, der die entsprechenden Beobachtungen für die Jahre −322ff. zusammenstellt). Ausserdem enthält der Text *alle* Zeitdifferenzen, während wegen ungünstiger Witterung in der Regenzeit sicher nicht alle wirklich beobachtet werden können. Wie diese Berechnungen angestellt worden sind, wissen wir nicht. KUGLER vermutet, dass die Berechnungen auf der 18-jährigen Mondperiode beruhte, die wir später ausführlich behandeln werden.

Die Rückseite enthält hingegen *Beobachtungen* aus dem 7. und 8. Jahr des KAMBYSES, ganz sicher im zweiten und dritten Abschnitt und wahrscheinlich auch im ersten. Der erste Abschnitt enthält nach Planeten geordnet die Daten und die Sternbilder, in denen die folgenden Ereignisse stattfanden: Jupiter Al, Me, Mk, Ak, Al; Venus Al, Me, Ml, Ae; Saturn Al, Me, Al; Mars Al, Me, Mk, Al.

Der zweite Abschnitt enthält Beobachtungen von Planetenpositionen relativ zu anderen Planeten und zum Mond. Der dritte Abschnitt enthält zwei Finsternisbeobachtungen, von denen die eine auch bei Ptolemaios vorkommt. Wir haben sie bereits bei der Diskussion der Temporalstunden zitiert.

Es ist auch in anderen Texten oft schwierig, eindeutig zu entscheiden, ob eine vorgelegte babylonische Angabe beobachtet oder berechnet ist. Aus den Tagebüchern der späteren Zeit wissen wir, dass man fehlende Beobachtungen durch Berechnungen ergänzte, manchmal ohne das ausdrücklich anzugeben, manchmal mit dem Zusatz „nicht beobachtet", manchmal mit einem Zusatz, wonach die

Beobachtung ein anderes Resultat ergab. Mindestens bei den Siriuserscheinungen scheint nach Sachs[1] die Berechnung die Regel zu sein, auch wenn nicht ausdrücklich gesagt wird, dass keine Beobachtung vorlag. Wir können das hier nur deshalb feststellen, weil wir die Methode der Vorausberechnung in diesem Fall genau kennen und wissen, dass sie nur auf etwa zwei Tage genau ist. Sachs hat nun bemerkt, dass alle in den Tagebüchern vermerkten Siriuserscheinungen genau auf die berechneten Tage fallen.

Der Text CBS 11 901

Auch in diesem Text ist es schwer zu entscheiden, wie weit Berechnungen und wie weit Beobachtungen vorliegen.

Der Text CBS 11 901 stammt aus dem Jahr —424 und enthält in lakonischer Kürze die Daten von Neulicht, Vollmond und Altlicht, einer Mond- und einer Sonnenfinsternis, des Sommersolstitiums und des Herbstäquinoktiums, des heliakischen Aufgangs des Sirius und der heliakischen Auf- und Untergänge sämtlicher Planeten.

Kugler, der den Text vollständig bearbeitet hat (*Sternkunde*, Erg.heft 2, S. 233), glaubte schliessen zu können, es handle sich durchwegs um Vorausberechnungen, weil meteorologische Beobachtungen vollständig fehlen, und besonders, weil der Text eine in Babylon nicht sichtbare Sonnenfinsternis verzeichnet, ohne die in Beobachtungstexten sonst übliche Bemerkung, sie sei ausgefallen. Schoch[2] machte dann aber wahrscheinlich, dass es sich (mindestens teilweise) um Beobachtungen handelt, weil die Mars- und Merkurdaten viel besser mit den modernen Tafeln übereinstimmen als sonst bei babylonischen Vorausberechnungen üblich ist. Auch die Mondfinsternis stimmt bis auf wenige Minuten zur modernen Rechnung.

PERIODENRECHNUNG

Dass die Monderscheinungen nach einem Monat, die Äquinoktien und Solstitien nach einem Jahr sich wiederholen, weiss jeder. Dass auch die heliakischen Auf- und Untergänge der Fixsterne jährlich wiederkehren, steht deutlich im Text mulAPIN. Die schematische Berechnung der Venuserscheinungen in den Venustafeln des Ammizaduga beruht, wie wir gesehen haben, auf der Annahme der periodischen Wiederholung des Erscheinens und Verschwindens der Venus.

Genaue Periodenverhältnisse findet man aber in den älteren Texten nicht. Im Kompendium mulAPIN ist, ausser dem schematischen Jahr zu 12 Monaten zu je 30 Tagen, keine einzige Periode der Sonne, des Mondes oder der Planeten angegeben.

In der Seleukidenzeit waren aber sehr genaue Periodenverhältnisse bekannt.

[1] J. of Cuneiform Stud. 6 (1952), p. 112.
[2] Astron. Abh., Erg.hefte zu den Astron. Nachr., Band 8, Nr. 2.

Sie bilden die unentbehrliche Grundlage der rechnenden Astronomie, bei den Babyloniern so gut wie bei PTOLEMAIOS, bei den Indern und den Arabern.

Einige von diesen Perioden waren schon in der Perserzeit bekannt. Das sieht man aus Texten wie SH 135 und Sp II 985, die wir nachher besprechen werden. Ganz allgemein sind zum Auffinden von genauen Perioden langjährige, schriftlich überlieferte Beobachtungen erforderlich. Es genügt nicht, den Mond und die Planeten während 10 oder 20 Jahren zu beobachten, sondern man muss Beobachtungen aus alter Zeit mit neueren Beobachtungen vergleichen.

PTOLEMAIOS verwendet zu diesem Zweck babylonische Finsternisse aus der assyrischen und persischen Zeit. Auch die Babylonier verfügten über Zusammenstellungen von älteren Finsternisberichten und Planetenbeobachtungen. Die Finsternisbeobachtungen waren in 18-Jahr-Gruppen geordnet. Nun bilden 18 Jahre eine Finsternisperiode, den sogenannten Saros. Ebenso sind die Venusbeobachtungen in Gruppen zu 8 Jahren, die des Jupiter in Gruppen zu 12 Jahren geordnet. Dass 8 Jahre eine Venusperiode bilden, wissen wir schon aus Kap. I, und Jupiter durchläuft in fast 12 Jahren die ganze Ekliptik.

Zwei Verwendungsmöglichkeiten einer solchen Tafel liegen auf der Hand. Erstens kann man durch Vergleich von Finsternissen, die 18 Jahre auseinanderliegen, die Änderung der Finsternisgrösse, des Mondortes und des Datums feststellen. Diese Verschiebungen kann man dann nachher zu Voraussagen benutzen. Man beobachtet z.B. eine Mondfinsternis und kann dann für ein Datum 18 Jahre später (oder genauer 223 Monate später) wieder eine Finsternis voraussagen und die Finsternisgrösse, die Tageszeit und den Ort des Mondes im voraus abschätzen. Analog bei Venus und Jupiter.

Zweitens kann man aus den vielen Beobachtungen einer solchen Tafel eine mittlere Verschiebung berechnen und daraus sehr viel bessere Perioden berechnen. Am Beispiel der achtjährigen Venusperiode wollen wir uns die beiden Möglichkeiten einmal klar machen.

Nach dem Text 1387 (die Nummer bezieht sich auf die schon mehrfach erwähnte Veröffentlichung PINCHES-STRASSMAIER-SACHS) fand das Morgenerst der Venus im Jahre −454 XII 28 statt, 8 Jahre später XII 26, wieder 8 Jahre später XII 21 und noch einmal 8 Jahre später XII 16. Das Datum nimmt also alle 8 Jahre um durchschnittlich 4 Tage ab. Daraus kann man schliessen, dass 5 synodische Perioden der Venus fast genau gleich 99 babylonischen Monaten minus 4 Tage sind. Dass man diesen Schluss wirklich gezogen hat, zeigt das von KUGLER (Sternkunde I, S. 45) veröffentlichte Fragment SH 135, in dem die achtjährige Periode der Venus erwähnt wird mit dem Zusatz „4 Tage sollst du abziehen". Auf Grund dieser einfachen Rechenvorschrift kann man nun aus einem beobachteten Datum eines Me, Ml, Ae oder Al das Datum derselben Erscheinung 8 Jahre später ableiten.

Ferner beobachtet man, dass der Venusort sich nach 8 Jahren um $2\frac{1}{2}$ Grad rückwärts (entgegen der Reihenfolge der Tierkreiszeichen) verschoben hat.

Auch diese Regel lässt sich aus babylonischen Rechentafeln (allerdings erst spät) belegen. Da Venus sich bei ihrem Erscheinen oder Verschwinden immer in der Nähe der Sonne befindet, und zwar nach babylonischer Anschauung immer in derselben Entfernung, so folgt, dass in 5 synodischen Perioden der Venus die Sonne genau 8 Umläufe minus $2\frac{1}{2}$ Grad zurücklegt. Multipliziert man das mit 144, so findet man, dass in 720 synodischen Perioden die Sonne 1151 Umläufe vollführt, d.h. man findet die Periodenrelation

$$720 \text{ synodische Perioden} = 1151 \text{ Sonnenjahre.}$$

Diese Relation wird in den Rechentafeln der Seleukidenzeit dauernd benutzt.

Dass Perioden wie die erwähnten tatsächlich zu Voraussagen benutzt wurden, das geht klar hervor aus einer Klasse von Texten, die SACHS „goal-year texts" genannt hat und die wir jetzt besprechen werden.

Zieljahrtexte

Zieljahrtexte sind uns zwar erst aus der Seleukidenzeit überliefert, doch dürfte die zugrundeliegende Idee älter sein und in die Perserzeit zurückreichen. Die Zieljahrtexte stellen Beobachtungen aus früheren, jeweils eine Planeten- oder Mondperiode vor dem „Zieljahr" liegenden Jahren zusammen. Der Zweck eines solchen Textes ist klar: er muss dazu gedient haben, mit Hilfe der Periodenrelationen astronomische Voraussagen zu gewinnen. Im einzelnen enthält ein Zieljahrtext für das Jahr X Beobachtungen aus folgenden Jahren:

Jupiter: Kardinalpunkte, Jahr X—71, Konjunktionen mit Normalsternen, Jahr X—83,

Venus: Jahr X—8

Merkur: Jahr X—46

Saturn: Jahr X—59

Mars: Kardinalpunkte, Jahr X—79
Konjunktionen, Jahr X—47

Mond: Die Summen ŠÚ + NA und ME + MI für die zweite Hälfte des Jahres X—19, NA, ŠÚ, ME, NA, MI, KUR und Finsternisse des Jahres X—18.

Warum stammen bei Jupiter und Mars die Beobachtungen der Kardinalpunkte und der Konjunktionen jeweils aus zwei verschiedenen Jahren? Die naheliegendste Vermutung ist, die Berechnung der Kardinalpunkte z.B. des Jupiter sei einfacher aus den Beobachtungen des Jahres X—71, die Konjunktionen seien jedoch besser auf Grund der Beobachtungen des Jahres X—83 zu finden. Ein Blick auf die Tafel ACT[1] Nr. 611, welche die nach der babylonischen Jupitertheorie A' gerechneten Kardinalpunkte der Jahre 180 bis 251 der Seleukidenära enthält, bestätigt diese Vermutung. Nach diesem Text findet im Jahr 180 das Morgenerst im

---

[1] ACT bedeutet das Standardwerk von O. NEUGEBAUER, Astronomical Cuneiform Texts, London 1955.

Monat VI 13 bei 10° der Jungfrau statt, 71 Jahre später wieder im Monat VI 13, aber diesmal bei 5° der Jungfrau. Das Datum eines Kardinalpunkts kann also nach 71 Jahren einfach wieder übernommen werden. Die Verschiebung seines Ortes ist aber mit —5° so gross, dass in der Nähe der Kehrpunkte die Daten der Konjunktionen mit dem gleichen Normalstern kaum mehr miteinander in Beziehung gebracht werden können. Rechnet man hingegen noch 12 Jahre weiter. so sieht man, dass in 83 Jahren der Ort eines Kardinalpunkts sich bloss um —0° 50' verschiebt; das Datum ändert sich allerdings um rund einen halben Monat.

Mindestens zum Teil müssen diese Perioden schon in der Perserzeit bekannt gewesen sein. Das geht klar aus dem Fragment SH 135 hervor, das jetzt besprochen werden soll.

Der Text SH 135

ist von KUGLER bearbeitet worden (Sternkunde I, S. 45), der aber verschiedene Einzelheiten noch nicht richtig gesehen hat. Seitdem NEUGEBAUER in ACT (II, S. 467 ff.) die Terminologie der mathematisch-astronomischen Texte weitgehend geklärt hat, ist es möglich, diesen wichtigen Text besser zu verstehen. Der Text enthält noch die altertümlichen, vor dem 4. Jahrhundert gebräuchlichen Planetennamen und einige in der Seleukidenzeit definitiv veraltete Perioden. Wir werden ihn aus später zu erörternden Gründen mit einiger Wahrscheinlichkeit auf die Zeit kurz vor —500 datieren können. Seine Bedeutung liegt darin, dass er zeigt, dass die Periodenrechnung bereits in der Perserzeit im Gebrauch war. Seinem Wesen nach ist er als Vorläufer der sonst erst in der Seleukidenzeit belegten Verfahrens- oder Lehrtexte zu betrachten — ein recht bemerkenswerter Umstand! Nachstehend geben wir eine möglichst wörtliche Übersetzung des fragmentarischen Texts:

Z. 1 [...] kehrst du hinter dich zurück
2 [...] (heliakischer) Untergang ...
3 [...] ... Jahr, der (die, das?) im Jahr ...

4 ⟨... Mond: in⟩ 27 Tagen kehrt er (zum) Ort(?) zurück.

5 ⟨... Erscheinung⟩ Venus: 8 Jahre kehrst du hinter dich zurück,
6 [...] 4 Tage ziehst du ab, (und) du siehst (d. h.: erhältst das Resultat).

7 ⟨... Erscheinung des⟩ Merkur: 6 Jahre kehrst du hinter dich zurück,
8 [...] fügst du hinzu,
9 [...] fügst du zur Erscheinung hinzu, (und) du siehst.

10 ⟨... Erscheinung⟩ des Mars: 47 Jahre
11 kehrst du hinter dich zurück, 12 Tage [...]
12 [...] 12 Tage fügst du zur Erscheinung hinzu, und du siehst.

13 [...] Erscheinung des Saturn: 59 Jahre
14 kehrst du hinter dich zurück, Tag für Tag siehst du.

15 [...] Erscheinung des Sirius: 27 Jahre
16 kehrst du hinter dich zurück, Tag für Tag siehst du.

17 ff.: Tafelunterschrift.

Man sieht aus dieser Übersetzung, dass der Text nicht bloss die Planeten-perioden aufzählt, sondern, dass er detailliert das Verfahren angibt, wie man mit Hilfe der Perioden die Planetenerscheinungen berechnet: Bei Saturn und Sirius kann man das Datum einer um 59, resp. 27 Jahre zurückliegenden Er-scheinung einfach übernehmen (d.h. diese Perioden umfassen eine ganze Zahl synodischer Monate), bei Venus, Merkur und Mars muss man noch Korrekturen anbringen. Die Terminologie entspricht weitgehend derjenigen der späteren Lehrtexte, allerdings mit einer starken Bevorzugung der phonetischen gegen-über der ideographischen Schreibung. — Die Schlussformel „du siehst" (*tammar*) ist kaum als Aufforderung zur Beobachtung aufzufassen; sie dient vielmehr wie in den anderen mathematischen und mathematisch-astronomischen Texten zur Statuierung des Resultats einer Rechnung. Die an sich ebenfalls mögliche Deutung der Schlussformel als „er wird sichtbar", d.h. „er geht heliakisch auf" scheint weniger wahrscheinlich zu sein.

Grosse Perioden

Der Text Sp. II 985 enthält nach KUGLER (Sternkunde I, S. 48) die alten Planetennamen, die vor dem 4. Jahrhundert üblich waren. Im diesem Text werden folgende „lange Perioden" erwähnt:

Saturn	589 Jahre
Jupiter	344 Jahre
Mars	284 Jahre
Venus	6400 Jahre
Mond	684 Jahre

Andererseits werden in den Rechentafeln der Seleukidenzeit folgende Perioden benutzt:

Saturn	265 Jahre =	9 Umläufe =	256 syn. Perioden
Jupiter	427 Jahre =	36 Umläufe =	391 syn. Perioden
Mars	284 Jahre =	151 Umläufe =	133 syn. Perioden
Venus	1151 Jahre =	1151 Umläufe =	720 syn. Perioden
Merkur	480 Jahre =	480 Umläufe =	1513 syn. Perioden

Genau dieselben Perioden finden wir auch in griechischen astrologischen Texten. So schreibt RHETORIOS in einem Auszug aus ANTIOCHOS[1]:
„Saturn vollbringt die grösste Wiederkehr in 265 Jahren, Jupiter in 427 Jahren, Mars in 284 Jahren, Helios in 1461 Jahren, Venus in 1151 Jahren, Merkur in 480 Jahren, der Mond in 25 Jahren".
Die hier erwähnte Sonnenperiode ist die wohlbekannte Sothisperiode der Ägypter. Nach Ablauf dieser Zeit fällt der Siriusaufgang (und damit in einer gewissen Näherung auch die Sommersonnenwende) auf dasselbe Datum im ägyptischen Kalender. Ebenso ist die 25-jährige Mondperiode eine Kalender-

---

[1] Catalogus codicum astrologorum Graecorum I (Brüssel 1898) p. 163.

periode: 25 ägyptische Jahre sind annähernd 309 Monate[1]. Die übrigen von RHETORIOS erwähnten Perioden sind sämtlich babylonisch, wie der Vergleich mit den Rechen- und Lehrtexten zeigt.

Dass die grossen Perioden direkt beobachtet sind, ist nicht anzunehmen. Dann müssten sich z.B. die Venusbeobachtungen über 1151 oder gar über 6400 Jahre erstrecken. Die richtige Erklärung der 1151-jährigen Venusperiode wurde oben schon gegeben. Geht man nämlich von der 8-jährigen Venusperiode mit einer Korrektur von $2°30'$ aus und multipliziert mit 144, so wächst die Korrektur auf einen ganzen Umlauf der Sonne an und man erhält gerade $1152 - 1 = 1151$ Jahre. Eine ähnliche Erklärung für die 6400-jährige Venusperiode findet man bei KUGLER (Sternkunde I, S. 50).

Ganz analog kann man die Perioden von Saturn erklären. In 59 Jahre legt Saturn 2 Umläufe und noch einen kleinen Bogen zurück, der nach moderner Rechnung fast $1°$ beträgt. Die Babylonier haben diesen Zusatzbogen wohl etwas überschätzt und ihn auf etwa $1°20'$ angesetzt. In einem Jahr legt Saturn durchschnittlich 12 bis 13 Grade zurück. Um einen solchen Bogen zu erhalten, muss man den auf $1°20'$ angesetzten Zusatzbogen 9 oder 10 mal nehmen. Nimmt man ihn 10 mal, so findet man, dass Saturn in $10 \times 59 - 1 = 589$ Jahren gerade 20 Umläufe vollführt. Nimmt man die 59-jährige Periode aber 9 mal, so findet man dass Saturn in $9 \times 59 - 1 = 530$ Jahren 18 Umläufe, also in 265 Jahren 9 Umläufe vollführt.

Bei Jupiter kann man von der 71-jährigen Periode ausgehen, in der Jupiter 6 Umläufe minus 5 bis 6 Grad zurücklegt. Nimmt man das 6 mal und addiert noch eine synodische Periode, in der Jupiter nach den Rechentafeln 30 bis 36 Grad zurücklegt, so erhält man die Relation 427 Jahre = 36 Umläufe. Auch die 344-jährige Jupiterperiode kann man nach Kugler durch Zusammenstellung kleinerer Perioden erhalten, nämlich: $344 = 4 \times 83 + 12 = 4 \times 71 + 5 \times 12$.

Ebenso erklärt Kugler die 284-jährige Marsperiode durch die Formel $284 = 3 \times 79 + 47$.

Die 480-jährige Merkurperiode ist in den älteren Texten noch nicht überliefert. Sie ergibt sich aus dem Rechenschema der Merkurtafeln [2] und braucht uns hier nicht zu beschäftigen.

Am meisten Schwierigkeit macht die Erklärung der 684-jährigen Periode des Mondes. Die Zahl ist nicht verdorben, denn sie kommt nach KUGLER (Sternkunde I, S. 53) in astrologischen Texten mehrfach vor. In Sp. I 184 (Zeile 3) heisst es: „In 684 Jahren kehren Mond- und Sonnenfinsternisse wieder".

KUGLER hat festgestellt, dass diese Periode nicht durch direkte Beobachtung von Finsternissen, die um 684 Jahre auseinanderliegen, gewonnen sein kann, aus dem einfachen Grunde, weil es eine Finsternisperiode von ungefähr 684 Jahren in

---

[1] O. NEUGEBAUER und A. VOLTEN, Ein demotischer astronomischer Papyrus (Carlsberg 9). Quellen u. Studien Gesch. Math. *B4*, S. 383.
[2] O. NEUGEBAUER, ACT II, p. 287 und 290.

Wirklichkeit nicht gibt. Auch durch Vervielfachung der 18-jährigen Finsternisperiode oder durch Zusammensetzung mit anderen uns bekannten Mondperioden
gelang es KUGLER nicht, auf die Zahl 684 zu kommen. Er stand daher vor
einem Rätsel.

Durch Analyse von älteren Finsternisvoraussagen bin ich auf eine mögliche
Lösung dieses Rätsels gekommen. Ich hatte gefunden, dass diese Voraussagen
sich nicht aus der 18-jährigen Periode erklären liessen, wohl aber aus einer kleineren und weniger genauen Finsternisperiode von 47 Monaten. Damit verhält
es sich so.

Die Mondbahn schneidet die Ekliptik in den beiden *Knoten:* dem aufsteigenden
und dem absteigenden Knoten. Die Zeit, die der Mond braucht, um zum gleichen
Knoten zurückzukehren, heisst der *drakonitische Monat.* Mond- und Sonnenfinsternisse finden nur dann statt, wenn der Vollmond oder Neumond nahe bei
einem Knoten steht. Viele Völker stellen sich vor, dass in den Knoten ein Drache
haust, der den Mond oder die Sonne verschlingt; daher der Name Drachenmonat
oder drakonitischer Monat [1]. Der drakonitische Monat ist fast 2 Tage kürzer als
der gewöhnliche *synodische Monat,* der von einem Neumond (oder Vollmond) zum
nächsten gezählt wird. 47 synodische Monate sind ungefähr 51 (genauer $51\frac{1}{237}$)
Drachenmonate. Wenn also der Vollmond nahe bei einem Knoten ist, so wird
47 Monate später der Mond wieder beim gleichen Knoten sein; daher bilden
47 Monate eine (allerdings nicht genaue) Finsternisperiode.

Wenn man nun annimmt, dass die Babylonier den Bruchteil $\frac{1}{237}$ auf $\frac{1}{180}$ geschätzt
haben, was gar keine schlechte Schätzung ist, so erhält man durch Multiplikation
mit 180 die Periodenrelation

8460 synodische Monate = 9181 drakonitische Monate.

Damit haben wir eine scheinbar genaue 684-jährige Finsternisperiode gefunden,
die in Wirklichkeit jedoch sehr ungenau ist, weil 180 mal $\frac{1}{237}$ nicht annähernd
eine ganze Zahl ergibt.

Schaltperioden

Wie wir wissen, hatten manche babylonische Jahre 13 Monate. Als Schaltmonat wurde nach 500 vor Chr. meistens ein zweiter Adaru (A) gewählt, seltener
ein zweiter Ululu (U). Von 700 bis 500 sind die U-Jahre fast so häufig wie die
A-Jahre. Eine tabellarische Übersicht über alle nachgewiesenen Schaltjahre findet
man bei R. A. PARKER and W. A. DUBBERSTEIN, Babylonian Chronology (Brown
Univ. Press, Providence 1956).

Aus dieser Tafel sieht man, dass die Schaltjahre vor 530 (d.h. in der neubabylonischen Zeit und unter KYROS) keinerlei Regelmässigkeit aufweisen. Manchmal
folgen zwei Schaltjahre unmittelbar aufeinander, manchal hat man Serien von

---

[1] Der aufsteigende Knoten heisst bei den Arabern „Kopf des Drachen", der absteigende „Schwanz des Drachen".
Siehe W. HARTNER, Le problème de la planète Kaïd, Conférences du Palais de la Découverte D 36, (Paris 1955).

3 oder 4 normalen Jahren. Von 529 oder 528 bis 503 vor Chr. findet man aber
eine regelmässige Schaltung. In 8 Jahren gibt es 3 Schaltjahre, nämlich ein U-jahr
und zwei A-Jahre, wie die folgende Liste zeigt, in der die Striche Normaljahre
bezeichnen:

```
         − 527U − 525A − − 522A −
         − 519U − 517A − − 514A −
         − 511U − 509A − − 506A −
         − 503U −
```

Die regelmässige Wiederkehr, besonders der U-Jahre, ist so auffallend, dass an
einen Zufall nicht zu denken ist. Diesen 8-jährigen Schaltzyklus hat schon KUGLER
erkannt.

Das nächste Schaltjahr 500 passt nicht in den 8-jährigen Zyklus und auch
nicht in den 19-jährigen Zyklus, der im nächsten Jahre anfängt. In der folgenden
Tafel geben wir immer nur die Jahreszahl des Anfangs- und des Endjahres einer
19-er Periode; für die weiteren Jahre schreiben wir nur ein A, ein U oder einen
Strich hin. Der Buchstabe a soll heissen: Zweiter Addaru wahrscheinlich, aber
nicht überliefert.

```
500 A − A − − A − a − − A − − A − − U − A 482
481 − − a − − a − A − − A − − A − − U − A 463
462 − − A − − a − A − − A − − A − − A − A 444
443 − − A − − a − A − − A − − A − − A − A 425
424 − − A − − A − A − − A − − A − − U − A 406
405 − − A − − A − A − − A − − a − − U − A 387
```

Das sind, von 499 vor Chr. angefangen, 6 ganze Perioden, in denen die Aufeinanderfolge der Schaltjahre genau dieselbe ist, mit der einzigen Ausnahme,
dass zweimal ein A steht, wo man ein U erwarten würde (gegen Ende der dritten
und vierten Zeile). Die Regelmässigkeit ist so ausgeprägt, dass ein Zufall völlig
ausgeschlossen erscheint. Die Wahrscheinlichkeitsrechnung bestätigt diesen
intuitiv einleuchtenden Schluss, auch schon im Fall der 8-jährigen Periode.

Das Schaltjahr 385 A ist unregelmässig. Dann aber geht es völlig regelmässig
weiter bis + 73 A:

```
386 − A − − − A − A − − A − − A − − U − A 368
367 − − A − − A − A − − A − − A − − U − A 349
348 − − A − − A − A − − A − − A − − U − A 330
usw. bis
+52 − − A − − A − A − − A − − A − − U − A +70
+71 − − A − − (nach +75 hören die Keilschrifttexte auf).
```

Die Schaltjahre vor der Seleukidenzeit, d.h. vor 311 vor Chr., sind aus
Wirtschaftstexten, Kontrakten usw. und aus astronomischen Texten erschlossen.
Nach 311 gibt es nur noch sehr wenige Wirtschaftstexte in Keilschrift. Die zahl-
reichen astronomischen Texte folgen ausnahmslos dem 19-jährigen Schema.

Wer bestimmte die Schaltung? Aus der Regierungszeit des NABUNAID haben wir ein königliches Dekret, in dem es heisst, dass das laufende Jahr 15 (= 541 vor Chr.) einen zweiten Adaru hat. Aus der Perserzeit haben wir zwei ähnliche Dekrete, die aber in diesem Fall nicht vom König, sondern von den Beamten des grossen Tempels Esagila in Babylon ausgingen [1]. Es scheint also, dass in der Perserzeit die Schaltung von Esagila aus zentral geregelt wurde.

Dass es in der Perserzeit Ausnahmen von der regulären Schaltung gab, in der Seleukidenzeit aber nicht mehr, liegt vielleicht daran, dass es sich in der Seleukidenzeit nicht mehr um einen staatlichen Kalender handelte, sondern um einen Kalender für den internen Gebrauch der Astronomen. Diese verfertigten grosse Planetentafeln, die im Voraus für eine längere Zeit (bis zu 71 Jahren) berechnet wurden. Was der Staat in dieser Zeit beschliessen würde, konnten die Rechner nicht im Voraus wissen, aber für ihren eigenen Gebrauch benutzten sie einen regelmässigen Kalender.

Das Verhältnis Jahr : Monat

Die 8-jährige Schaltperiode, die die Babylonier von 528 bis 503 angewandt haben, enthält $96 + 3 = 99$ Monate. Entsprechend enthält die 19-jährige Periode $228 + 7 = 235$ Monate. Man hat also die genäherten Periodenrelationen

$$8 \text{ Jahre} = 99 \text{ Monate,}$$
$$19 \text{ Jahre} = 235 \text{ Monate.}$$

Die zweite Relation wurde nach GEMINOS von den griechischen Astronomen METON und EUKTEMON (um 430) und KALLIPPOS (um 330) gebraucht. Vor METON war, ebenfalls nach GEMINOS, die 8-jährige Periode bekannt. Diese Perioden hatten, soviel wir wissen, nur theoretische Bedeutung: die Schaltung in den griechischen Städten richtete sich nicht danach.

Die 8-jährige Periode ist sehr ungenau, die 19-jährige viel besser. In Genauigkeit zwischen diesen beiden steht eine 27-jährige Periode, die ebenfalls überliefert ist. In der Tafel SH 135 heisst es nämlich in Zeile 15:

„Die Erscheinungen des Sirius kehren nach 27 Jahren am gleichen Tage wieder."

Das bedeutet, dass 27 Siriusjahre (z.B. von einem Me bis zum nächsten Me des Sirius gerechnet) eine ganze Zahl von Monaten umfassen. Die Anzahl dieser Monate findet man sofort durch Addition der Anzahlen in der 8-jährigen und der 19-jährigen Periode. Man hat also die genäherte Periodenrelation

$$27 \text{ Jahre} = 334 \text{ Monate.}$$

Um diese Beziehungen auf ihre Genauigkeit zu überprüfen und mit späteren babylonischen Ergebnissen zu vergleichen, rechnen wir das Verhältnis zwischen Jahr und Monat sexagesimal um und erhalten:

(1)	aus der 8-jährigen Periode:	1 Jahr = 12; 22, 30 Monate
(2)	aus der 27-jährigen Periode:	1 Jahr = 12; 22, 13, 20 Monate
(3)	aus der 19-jährigen Periode:	1 Jahr = 12; 22, 6, 19 Monate.

---

[1] PARKER and DUBBERSTEIN, Babyl. Chronol. p. 1—2.

Aus der Seleukidenzeit ist ein Rechenschema zur Berechnung der Siriuser-scheinungen und der Solstitien und Äquinoktien überliefert [1], das auf folgender Beziehung beruht:

(4)   1 Jahr = 12; 22, 6, 20 Monate.

NEUGEBAUER und SACHS vermuten, dass dieses Verhältnis aus dem der 19-jährigen Periode durch Aufrundung entstanden ist. Das auf der Relation (4) beruhende Rechenschema wurde vielleicht schon im Jahre —322, regelmässig aber seit —232 zur Berechnung des Morgenerst, des Abendaufgangs und des Abendletzt von Sirius verwendet.

Eine noch etwas bessere Periodenrelation kommt in einem Lehrtext für Jupiter vor, den KUGLER (Sternkunde I, S. 147) publiziert hat. In diesem Text SH 279 steht, dass die Sonne für einen vollen Umlauf 12 Monate und 11;3,20 Tage braucht. Mit ,,Tagen" sind hier, wie fast immer in der babylonischen Planeten-rechnung, Dreissigstel des mittleren synodischen Monats gemeint. Daraus folgt die Relation

(5)   1 Jahr = 12; 22, 6, 40 Monate.

In der babylonischen Mondrechnung gibt es, wie wir sehen werden, zwei Systeme A und B. Im den (wahrscheinlich etwas älteren) System A gilt die Relation

(6)   1 Jahr = 12; 22, 8 Monate.

In System B, das im allgemeinen etwas genauere Periodenrelationen hat, ist die mittlere monatliche Bewegung der Sonne 29;6,19,20 Grad. Die jährliche Bewegung ist natürlich 360°. Division ergibt (auf 3 Sexagesimalstellen abgerundet)

(7)   1 Jahr = 12; 22, 7, 52 Monate.

Dieses Verhältnis ist noch etwas besser als (6). Die babylonischen Astronomen sind also im Laufe der Zeit zu immer genaueren Werten für das Verhältnis Jahr: Monat gekommen.

Wie wurden diese Werte aus der Beobachtung gewonnen?

Prinzipiell gibt es zwei Möglichkeiten, die Dauer des Jahres zu bestimmen, nämlich:

     a) aus Sternbeobachtungen,

oder b) aus Beobachtungen der Jahrespunkte (Äquinoktien und Solstitien).

Methode b) wurde von den griechischen Astronomen meistens befolgt. METON und EUKTEMON beobachteten das Sommersolstitium des Jahres —431 (= 432 vor Chr.) am 27. Juni am Morgen [2]. Von diesem Datum ausgehend, richtete EUKTEMON seinen astronomischen Kalender ein, in welchem die Daten der Äqui-

---

[1] O. NEUGEBAUER, Solstices and equinoxes, J. of Cuneif. Studies 2, p. 209. A. SACHS, Sirius dates, J. of Cuneif. Stud. 6, p. 105.
[2] PTOLEMAIOS, Almagest III 1, S. 205 Heiberg.

noktien und Solstitien sowie die jährlichen Auf- und Untergänge der wichtigsten Fixsterne durch ihren Abstand zum Sommersolstiz bestimmt waren[1]. Auch KALLIPPOS, HIPPARCHOS und PTOLEMAIOS bestimmten das Sonnenjahr auf Grund von Beobachtungen der Jahrespunkte.

Die Babylonier kümmerten sich viel weniger um eine genaue Bestimmung der Jahrespunkte. Sie berechneten sie schematisch, vom Sommersolstitium ausgehend, wobei die Intervalle zwischen aufeinanderfolgenden Jahrespunkten einfach gleich 3 Monaten + 3 Tagen angesetzt wurden. Sehr häufig findet sich bei den Jahrespunkten die Bemerkung „nu PAP", d.h. nicht beobachtet. Obwohl die Daten Fehler bis zu 5 Tagen aufweisen, findet man doch nirgends die Bemerkung, dass die Beobachtung einen anderen Tag ergab als die Rechnung. Bei Planetenerscheinungen findet man eine solche Bemerkung häufig.

Will man Periodenrelationen wie (6) und (7) mit der modernen Rechnung vergleichen, so muss man zwischen dem siderischen und dem tropischen Jahr unterscheiden. Das *siderische Jahr* ist die Zeit, in der die Sonne zum gleichen Fixstern zurückkehrt; diese Zeit ist etwas grösser als $365\frac{1}{4}$ Tag. Das *tropische Jahr* ist die Zeit, in der die Sonne zum gleichen Äquinoktium zurückkehrt; diese Zeit ist etwas kleiner als $365\frac{1}{4}$ Tag. Der Unterschied rührt von der *Präzession*, der Rückläufigkeit der Äquinoktien her, die HIPPARCHOS (um −140) entdeckt hat.

Nun stellt sich heraus, dass beide Schätzungen (6) und (7) eine Jahreslänge ergeben, die etwas grösser ist als das siderische Jahr, und beträchtlich grösser als das tropische. Das deutet darauf hin, dass die Babylonier ihre Jahreslänge nicht aus der Beobachtung der Jahrespunkte, sondern aus Fixsternbeobachtungen gewonnen haben.

Wie die Beobachtungen angestellt wurden, wissen wir nicht. Man könnte z.B. bei zwei Mondfinsternissen, die zeitlich sehr weit auseinanderliegen und in demselben Tierkreiszeichen stattfinden, jeweils den Abstand des verfinsterten Mondes vom gleichen Fixstern messen und so den totalen Weg berechnen, den die Sonne, die immer dem verfinsterten Mond genau gegenübersteht, in dieser Zeit zurückgelegt hat.

In älterer Zeit hat man grobe Annäherungen wie (1) und (2) wahrscheinlich durch die Beobachtung des Morgenerst von Sirius gefunden. Darauf deutet schon der Wortlaut des Textes SH 135 hin: „ Die Erscheinungen des Sirius kehren nach 27 Jahren am gleichen Tage wieder".

Auch in der assyrischen Zeit hat man bei der Schaltung mehr auf die Fixsterne als auf die Jahrespunkte geachtet; das zeigen die Schaltregeln in mulAPIN, die auf die Lage des Mondes relativ zu den Fixsternen Bezug nehmen. Die babylonische Astronomie beruht eben ganz auf der Beobachtung der Fixsterne, der Planeten und des Mondes. Die Liste der heliakischen Aufgänge der Fixsterne in mulAPIN ist viel genauer als die eingestreuten Bemerkungen über die Jahrespunkte, von

---

[1] A. REHM, Griechische Kalender III, Sitzungsber. Heidelberger Akad. (phil.-hist.) 1913, 3. Abh. Siehe auch VAN DER WAERDEN, Greek astronomical calendars, J. of Hellenic Studies 80, p. 168.

der Art „4 mana Wache des Tages, 2 mana Wache der Nacht". Die Babylonier haben zu allen Zeiten, von denen wir Kunde haben, die Beobachtung der Jahrespunkte nur ganz beiläufig betrieben, ganz im Gegensatz zu den Griechen. So kam es auch, dass erst HIPPARCHOS die Präzession der Äquinoktien gefunden hat.

Das Streben nach immer besseren Perioden

Die 27-jährige Periode war bedeutend besser als die 8-jährige. Die 19-jährige war noch besser. Wir sehen, dass die Babylonier in der Perserzeit ihre Perioden unablässig verbesserten, bis sie (wahrscheinlich noch in der Perserzeit) zu den sehr genauen Periodenverhältnissen kamen, die der rechnenden Astronomie der Seleukidenzeit zugrunde liegen.

Bei den Finsternisperioden ist eine ganz ähnliche Entwicklung festzustellen. Aus den Briefen der assyrischen Hofastrologen wissen wir (siehe Kap. II), dass schon im 7. Jahrhundert Mondfinsternisse vorausgesagt wurden, in einem Fall sogar mit Erfolg. Auf die Methode dieser Voraussagen komme ich nachher zurück. Ich nehme jetzt nur vorweg, dass die Voraussagen notwendig die Kenntnis einer Finsternisperiode oder eines Periodenverhältnisses voraussetzen und dass die 18-jährige Periode für diese frühe Zeit noch nicht in Betracht kommt, wohl aber eine kleine Periode von 47 Monaten. Aus dieser kann man, wie wir früher gesehen haben, durch eine kleine Korrektur die 684-jährige Periode erhalten, die in Sp II 985 und in anderen Texten der Perserzeit vorkommt. In den Zieljahrtexten des 3. Jahrhunderts wurde die vorzügliche 18-jährige Finsternisperiode benutzt. In der Mondrechnung wurde diese Periode durch Korrekturen weiter verbessert.

Das „Grosse Jahr"

Bei der Besprechung der grossen Perioden haben wir ausser den Keilschrifttexten auch einen griechischen astrologischen Text (Auszug aus ANTIOCHOS nach RHETORIOS) genannt, in dem lange Perioden der Planeten, der Sonne und des Mondes erwähnt werden. Der letzte Satz dieses Auszugs heisst:

„Die kosmische Wiederkehr geschieht in 1 753 005 Jahren; dann kommen alle Sterne im 30. Grade des Krebses oder im 1. Grade des Löwen zusammen und es findet eine volle Erfüllung statt; aber in dem Krebse geschieht eine Überschwemmung in einem Teile des Weltalls."

Die langen Perioden des RHETORIOS stammen, wie wir gesehen haben, aus der babylonischen Astronomie. Aber auch die Legende von der Sintflut ist babylonisch; also liegt die Annahme auf der Hand, dass die ganze Lehre von der „kosmischen Wiederkehr" babylonisch ist.

Diese Annahme wird durch ein Fragment des BEROSSOS bestätigt. BEROSSOS war Priester des Bel, kam von Babylon nach Ionien und gründete um 280 v. Chr. eine Astrologenschule auf der Insel Kos Das Fragment steht bei SENECA, Quaestiones naturales III 29:

„BEROSSOS . . . behauptet, dass der Sternenlauf die Zeit einer Feuerkatastrophe und einer Überflutung bestimmt. Ein Brand nämlich wird auf der Erde wüten, wenn alle Sterne, die jetzt in verschiedenen Bahnen wandern, im Krebs zusammenkommen . . . ; eine Überflutung aber steht bevor, wenn die Schar derselben Sterne im Steinbock zusammentritt. Ersteres bewirkt die Sommerwende, letzteres die Winterwende."

Das Fragment stammt wahrscheinlich aus dem Werk „Babyloniaka" des BEROSSOS. Da auch hier wieder die Lehre von der Überflutung vorkommt, ist anzunehmen, dass die ganze Lehre, über die Berossos hier berichtet, aus Babylon stammt. Diese Vermutung wird zur Sicherheit, wenn man Fragmente aus dem zweiten Buch der „Babyloniaka" heranzieht, die EUSEBIOS und SYNKELLOS uns erhalten haben (SCHNABEL, Berossos Fr. 28—29 und 29b). BEROSSOS zählt in diesen Fragmenten die „Könige der Assyrer" auf, beginnend mit ALOROS, dem ersten König von Babylon, bis XISUTHRON, unter welchem die grosse und erste Sintflut gewesen sei. Die Regierungszeiten der Könige werden in Saren, Neren und Sossen angegeben, wobei ein Sar 3600 Jahre ist, ein Ner 600 Jahre und ein Soss 60 Jahre. Das Wort Sar ist in der Tat akkadisch und bezeichnet die Zahl 3600. Die ganze Art der Zählung entspricht genau dem babylonischen Zahlsystem; es ist also gar kein Zweifel, dass BEROSSOS wirklich aus der babylonischen Tradition schöpft.

Die gesamte Regierungszeit aller Könige ist nach BEROSSOS 120 Saren oder 432 000 Jahre. Diese 120 Saren bilden wiederum einen Teil einer fünfmal grösseren Periode. BEROSSOS spricht nämlich von „Aufzeichnungen, die in Babylon mit grosser Sorgfalt aufbewahrt werden und die sich über einen Zeitraum von ungefähr 2 150 000 Jahren erstrecken". In diesen Aufzeichnungen wird „über den Himmel, das Meer, die Schöpfung, die Könige und die unter ihnen geschehenen Taten" berichtet. SCHNABEL hat nachgewiesen, dass zu diesen 2 150 000 oder genauer 2 148 000 Jahren noch eine „Endzeit" von 12 000 Jahren zu addieren ist, die von der Zeit des BEROSSOS oder vielmehr seines Zeitgenossen ALEXANDER des Grossen an zu rechnen ist und an deren Ende vermutlich eine Weltkatastrophe zu denken ist. Die gesamte Weltperiode der babylonischen Aufzeichnungen, die die Schöpfung, die Sintflut und die historischen Könige von Babylon bis auf ALEXANDER einschliesst, enthält demnach genau

600 Saren = 2 160 000 Jahre.

Die indischen Astronomen rechnen mindestens seit 500 nach Chr. mit einer Weltperiode, die genau doppelt so lang ist wie die des BEROSSOS:

1 Mahâyuga = 4 320 000 Jahre [2].

Die Teilbarkeit durch 60^3 ist ein untrügliches Zeichen dafür, dass diese

---

[1] P. SCHNABEL, Die babyl. Chronologie in Berossos' Babyloniaka, Mitteilungen Vorderas. Ges. 1908, Nr. 5 (13. Jahrgang).
[2] Siehe etwa G. THIBAUT im Art. Astronomie, Grundriss der indoarischen Philologie, § 20.

Weltperiode letzten Endes aus Babylon stammt; denn das indische Zahlsystem ist rein dezimal. Die Übereinstimmung mit BEROSSOS wird noch auffallender, wenn man beachtet, dass die Inder das Mahâyuga in vier Teile teilen, deren Dauer sich wie $4:3:2:1$ verhalten, so dass die letzte Teilperiode, das Kaliyuga, genau so viele Jahre enthält wie die 120 Saren des Berossos, nämlich $2 \cdot 60^3 = 432\,000$.

Wieder andere Zahlenwerte, die ebenfalls durch hohe Potenzen von 60 teilbar sind, findet man in einem Bericht des AETIOS (DIELS, Doxographi Graeci S. 363):

,,Das sogenannte *Grosse Jahr* kommt zustande, wenn alle (Planeten) wieder an derselben Stelle ankommen, von wo ihre Bewegungen ausgegangen sind ... Nach HERAKLEITOS besteht das grosse Jahr aus 18 000 Jahren, nach DIOGENES dem Stoiker aus 360 von solchen Jahren, wie das Jahr des HERAKLEITOS war.''

DIOGENES der Stoiker ist auch als DIOGENES von Babylon bekannt. Sein ,,grosses Jahr'' besteht aus

$$360 \cdot 18\,000 = 30 \cdot 60^3 \text{ Jahren.}$$

Auch hier hat man wieder eine hohe Potenz von 60, die aus dem babylonischen Zahlsystem zu erklären ist. Noch viele andere ,,Grosse Jahre'' sind uns überliefert, z.B. das des ORPHEUS zu 120 000 und das des KASSANDROS zu 3 600 000 Jahren. In einer astronomischen Inschrift aus Keskinto auf Rhodos (TANNERY, Mém. Sc. II, p. 487) wird das Grosse Jahr auf 291 400 Jahre beziffert. In dieser Zeit vollführen nach der Inschrift alle Planeten je eine ganze Zahl siderische und synodische Umläufe.

Die Erwähnung der Namen ORPHEUS und HERAKLEITOS deutet schon darauf hin, dass die Idee des Grossen Jahres schon vor BEROSSOS den Griechen bekannt war. In der Tat wird das ,,grosse Jahr'' bei PLATON, ARISTOTELES und EUDEMOS erwähnt[1]. Bei PLATON ist das ,,vollkommene Jahr'' einfach eine astronomische Periode, nach deren Ablauf alle Planeten wieder an ihren Ausgangspunkt zurückkehren. Bei ARISTOTELES und EUDEMOS spielt auch die Astrologie hinein. ARISTOTELES erwähnt eine Überschwemmung im Winter des ,,grössten Jahres'' und eine Feuerkatastrophe im Sommer. EUDEMOS erzählt: ,,Wenn man den Pythagoreern glauben soll, so werde auch ich künftig, so wie alles der Zahl nach wiederkehrt, euch hier wieder Märchen erzählen, dieses Stöckchen in der Hand haltend, während ihr ebenso vor mir sitzen werdet; auch alles andere wird sich ebenso verhalten.''

Damit kommen wir auf die Pythagoreer zurück, also mindestens bis in das 5. Jahrhundert. Es scheint sogar, dass PYTHAGORAS selbst, der im 6. Jahrhundert lebte, an die ewige Wiederkehr aller Dinge glaubte. Im dem kurzen und im allgemeinen zuverlässigen Auszug aus der Lehre des PYTHAGORAS, den DIKAIARCHOS uns überliefert hat, heisst es nämlich:

,,PYTHAGORAS sagt ..., dass alle Dinge, die einmal geschehen, nach gewissen

---

[1] Siehe VAN DER WAERDEN, Das grosse Jahr und die ewige Wiederkehr, Hermes *80*, S. 129.

Perioden wiederkehren und nichts wirklich neues ist" (PORPHYRIOS, Vita Pyth. 19, p. 26 Nauck).

Auf den astrologischen Fatalismus, der in der Lehre von der schicksalhaften Wiederkehr aller Dinge zum Ausdruck kommt, werden wir noch zurückkommen. Worauf es uns jetzt ankommt, ist, dass die Lehre vom Grossen Jahr aufs Engste mit der babylonischen Periodenrechnung zusammenhängt. Denn was ist das Grosse Jahr anderes als ein gemeinsames Vielfaches aller Planetenperioden? Nur wer sich so gründlich mit Planetenperioden befasst wie die Babylonier, und wer die Verhältnisse dieser Perioden zahlenmässig zu erfassen sucht, kann auf die Idee kommen, dass es ein gemeinsames Vielfaches aller Perioden gibt, das man wirklich ausrechnen kann.

Enge Beziehungen zwischen pythagoreischen und babylonischen Lehren kann man auch in der Geometrie und Arithmetik nachweisen (siehe VAN DER WAERDEN, Erwachende Wissenschaft I, S. 203—204). Der astrologische Fatalismus, den wir bei den Pythagoreern vorfanden, stammt sicher aus Babylon, dem klassischen Lande der Astrologie. Die Erkenntnis, dass die Himmelserscheinungen durch Zahlen erfassbar sind, können die Pythagoreer nur aus Babylon haben; denn die Griechen lernten erst viel später, die Himmelserscheinungen zahlenmässig zu berechnen.

FINSTERNISVORAUSSAGEN

Zwei Berichte von assyrischen Astrologen, in denen eine Mondfinsternis vorausgesagt und das Eintreffen einer Voraussage festgestellt wird, haben wir in Kap. II schon besprochen. Wir geben jetzt einige weitere Berichte wieder, die ebenfalls Voraussagen enthalten oder voraussetzen.

Die folgende Übersetzung beruht auf der von R. C. THOMPSON, The Reports of the Magicians, wurde aber nach mündlichen Angaben von E. F. WEIDNER verbessert (Numerierung nach THOMPSON).

272 B. Eine Mondfinsternis findet am 14. Adar statt . . . Wenn die Finsternis stattfindet, möge der König, mein Herr, (Boten) aussenden . . .

274. Eine Finsternis hat stattgefunden, aber in der Residenz (Niniveh) war sie nicht sichtbar. Diese Finsternis ist also vorbeigegangen. Der Herr der Könige möge (Boten) senden nach Assur, nach Kalach, nach Babylon, Nippur, Uruk und Borsippa. Was in diesen Städten gesehen worden ist, wird der König sicher erfahren . . . Die grossen Götter in der Stadt, in der der König wohnt, haben den Himmel beschattet und die Finsternis nicht gezeigt; der König möge also wissen, dass die Finsternis nicht gegen ihn oder sein Land gerichtet ist.

Wir können diese Voraussagen nicht datieren, aber da die Briefe alle in der Bibliothek des ASSURBANIPAL gefunden wurden, die 612 vor Chr. zerstört wurde, müssen sie vor dieser Zerstörung geschrieben sein. Da man zur Voraussage von Finsternissen unbedingt auf längere Beobachtungsreihen angewiesen ist, und da die systematische Sammlung von Finsternisbeobachtungen, soviel wir wissen, erst nach 750 einsetzt, so ist anzunehmen, dass Voraussagen erst nach 700 möglich waren. Vermutlich stammen die meisten Berichte und Briefe der Astrologen aus der Zeit von 681 bis 630 vor Christus, als ASARHADDON und ASSURBANIPAL regierten.

Die verfrühte Finsternis THOMPSON 271

Ein Bericht lässt sich mit einiger Wahrscheinlichkeit datieren, nämlich THOMPSON 271. Hier wird von einer Finsternis berichtet, die am 14. des Monats „verfrüht" (ina lā mināti-šu) stattfand. Dazu wird ein Omen aus der grossen Omensammlung Enuma Anu Enlil zitiert, das besagt, welche Folgen eine solche Finsternis hat. Ein Kommentar zu diesem Omen, den wir am Schluss des Kap. II (direkt vor dem Rückblick) schon im Wortlaut zitiert haben, wirft einiges Licht auf die Bedeutung des Ausdrucks „verfrüht". Nach dem Kommentar wird er dann angewandt, wenn nach einer Finsternis noch nicht 6 Monate vergangen sind, oder wenn eine Finsternis am 12. oder 13. Tage des Monats stattfindet. Die Übersetzung „verfrüht" ergibt sich einwandfrei aus der Anwendung bei Vollmondserscheinungen: am 12. und 13. Tag des Monats gilt der Vollmond als „verfrüht", am 15. und 16. Tag als „verspätet" (ina lā adanni-šu)[1]. Wörtlich besagen die beiden Ausdrücke etwa „nicht in seiner Zahl, Dauer" resp. „nicht in seiner Frist".

In unserem Fall fand die Finsternis am 14. statt; die zweite, im Omenkommentar angegebene Bedeutung fällt also weg. Die erste Deutung, nämlich dass vor weniger als 6 Monaten eine ander Finsternis stattfand, kommt aber auch nicht in Betracht; denn nach dem „speziellen Kanon" von NEUGEBAUER und HILLER[2] gab es zwischen −750 und −600 kein einziges Paar von in Babylon sichtbaren Mondfinsternissen mit weniger als 6 Monaten Abstand.

Was bedeutet „verfrüht" dann? Doch wohl, dass eine Finsternis stattfand, bevor man eine solche erwartet hatte, d. h. zu einer nicht berechneten Zeit. Diese Deutung stammt von SCHNABEL, und SCHAUMBERGER hat sich ihr angeschlossen.

P. SCHNABEL hat (Z.f. Assyriol. 35, S. 306) die verfrühte Finsternis auf −668 Juni 10/11 datiert. Die Datierung wurde dadurch ermöglicht, dass im gleichen Bericht eine Jupitererscheinung erwähnt wird: „Jupiter stand dort, wo die Sonne aufgeht". Da ein bestimmtes Datum für die Erscheinung genannt wird, muss es sich wohl um das Morgenerst des Jupiter handeln. Nimmt man nun mit SCHNABEL an, dass der Text, da er in Ninive gefunden wurde, der Zeit von −705 bis −612 angehört, als die Sargoniden in Ninive residierten, so kommt man zwangsläufig auf die erwähnte Datierung.

---

[1] J. SCHAUMBERGER, 3. Erg.heft zu KUGLERS Sternkunde (Münster 1935), S. 251f., 264f.
[2] P. V. NEUGEBAUER und O. HILLER, Spez. Kanon d. Mondfinsternisse, Astronom. Abh. (Erg.hefte zu den Astron. Nachr. 9 (1935) Nr. 2.

Die Mondfinsternis im Juli —567

Der schon früher behandelte Text VAT 4956 vom Jahre 37 NEBUKADNEZARS II. meldet eine „Mondfinsternis, die ausfällt" für —567 Juli 4. Man hat also eine Mondfinsternis erwartet, aber sie ist nicht eingetroffen. Diese Mondfinsternis ist sicher nicht mit dem 18-jährigen „Saros" oder der dreifachen Periode, dem 54-jährigen „Exeligmos" vorausgesagt worden. Diese Perioden sind zwar babylonisch und wurden von den Babyloniern der Spätzeit zu Finsternisvoraussagen verwendet, aber wenn man von der Finsternis von —567 Juli 4 um 18 oder 54 Jahre zurückgeht, so findet man jedesmal keine in Babylon sichtbare Mondfinsternis.

Die Thalesfinsternis

Um dieselbe Zeit hat THALES von Milet eine Sonnenfinsternis angekündigt. Nach HERODOTOS I 74 hatte THALES die Verfinsterung der Sonne „für eben dieses Jahr, in dem sie auch eintrat, den Ioniern vorausgesagt". Noch vor HERODOTOS hat XENOPHANES THALES für diese Voraussage bewundert (DIOGENES LAERTIOS I 23). Die Voraussage ist also, wie mir scheint, gut bezeugt. Griechische Methoden, eine Finsternis vorauszusagen, gab es zu dieser Zeit sicher noch nicht. Daher nehme ich an, dass THALES seine Voraussage nach babylonischen Methoden gefunden hat.

Eine Sonnenfinsternis ist viel schwerer zu berechnen als eine Mondfinsternis. Der Mond verfinstert sich, wenn er in den Schattenkegel der Erde tritt. Wo sich der Beobachter auf der Erde befindet, ist gleichgültig, sofern nur der Mond über seinem Horizont steht: stets bietet sich ihm derselbe Anblick. Die Finsternisgrösse hängt nur von der Breite des Mondes im Augenblick des Vollmondes, d.h. von seinem Abstand zur Ekliptik ab.

Eine Sonnenfinsternis aber ist nur in einer bestimmten, eng begrenzten Zone auf der Erde sichtbar. Die scheinbare Breite des Mondes muss sehr klein sein, damit der Mond zwischen uns und die Sonne tritt, und die scheinbare Breite hängt vom Beobachtungsort ab. Die Babylonier konnten die Korrektur von der wahren zur scheinbaren Breite, die Mondparallaxe, nicht berechnen, auch nicht in der Zeit der höchsten Entfaltung ihrer rechnenden Astronomie. Erst den alexandrinischen Astronomen gelang diese Berechnung.

Wohl kann man mit babylonischen Methoden entscheiden, ob eine Sonnenfinsternis möglich ist oder nicht. Sie ist möglich, wenn die Mondbreite am Neumondstag genügend klein ist, ebenso wie eine Mondfinsternis dann möglich ist, wenn im Augenblick des Vollmondes die Mondbreite klein ist. THALES könnte also mit babylonischen Methoden gefunden haben, dass an diesem Neumondstag eine Sonnenfinsternis möglich war. Er hatte grosses Glück, dass sie auch wirklich eintraf.

Nach moderner Rechnung muss es sich um die Sonnenfinsternis von

— 584 Mai 28

handeln. Durch den „Saros" ist die Voraussage nicht zu erklären, denn 18 Jahre früher fand zwar eine partielle Sonnenfinsternis statt, aber diese war im Mittelmeergebiet nicht sichtbar. Um sie zu sehen, hätte THALES nach Südägypten reisen und dort im richtigen Moment durch ein gefärbtes Glas oder in einem trüben Spiegel die Sonne anschauen müssen. Auch 36 oder 54 Jahre vor der Thalesfinsternis fand keine brauchbare Sonnenfinsternis statt.

Die Sonnenfinsternis im Oktober −424

Der Text CBS 11 901, den wir schon besprochen haben, meldet für Tišritu 28 eine Sonnenfinsternis. Es handelt sich um die Finsternis

$$- 424 \text{ Okt. 23,}$$

die nach KUGLERS Rechnung in Babylon unsichtbar war. Eine Voraussage auf Grund der Sarosperiode kommt nicht in Frage, da die Finsternis im Saroszyklus keine Vorgänger hat. Die Schlussfolgerung ist also dieselbe wie in den beiden vorigen Fällen, nämlich: Es gab in der Zeit von −700 bis −400 babylonische Methoden, mögliche Sonnen- und Mondfinsternisse vorauszusagen, aber diese Methoden beruhen nicht auf dem „Saros" zu 18 Jahren.

Welche Periode könnte wohl in Frage kommen?

Mögliche Perioden

E. DITTRICH hat alle genäherten Finsternisperioden unter 30 Jahren ausgerechnet[1]. Er fand Perioden zu

$$6, \ 41, \ 47, \ 88, \ 135, \ 223, \ 358$$

Monaten. Der Saros hat 223 Monate; wir werden nur die kürzeren Perioden in Betracht ziehen.

Sechs Monate nach einer Mondfinsternis findet häufig wieder eine statt. Das wussten auch die Babylonier, denn in dem früher erwähnten Kommentar heisst es, dass eine Mondfinsternis zu früh kommt, wenn sie weniger als 6 Monate nach einer anderen stattfindet. Die 6-monatige Periode reicht aber nicht aus, um die überlieferten Voraussagen zu erklären. Sie würde zwar die Voraussage der „Finsternis, welche ausfällt" vom Jahre −567 erklären, aber nicht die der Sonnenfinsternisse von −584 (THALES) und −424. Auch würde man, wenn man ausschliesslich die 6-monatige Periode zur Verfügung hätte, die Finsternis THOMPSON 271 nicht als „verfrüht" bezeichnen, denn sie fand nicht früher als 6 Monate nach einer anderen Finsternis statt. Wenn die Datierung −668 richtig ist, fand sie sogar genau 6 Monate nach einer in Babylon sichtbaren Mondfinsternis statt.

Durchmustert man nun die von DITTRICH angegeben Perioden, die länger als 6, aber kürzer als 223 Monate sind, so findet man darunter nur eine, die alle vorliegenden Voraussagen und auch die Nichtvoraussage der Finsternis THOMPSON

---

[1] E. DITTRICH, Das Weltall 30 (1930), S. 33.

271 befriedigend zu erklären vermag, nämlich die Periode zu 47 Monaten. Es fand nämlich 47 Monate vor der Mondfinsternis von -567 eine in Babylon sichtbare Mondfinsternis (-571 Sept. 14) statt, ebenso dreimal 47 Monate vor der Sonnenfinsternis von -424 eine in Babylon fast totale Sonnenfinsternis (-435 Mai 31). Ferner: 47 Monate vor der Finsternis von -668 war keine Mondfinsternis. Man kann also verstehen, warum diese Finsternis als „verfrüht" bezeichnet wurde.

Am meisten Schwierigkeiten hat mir die Erklärung der Thalesfinsternis gemacht. Sie hat nämlich keine Vorgängerin 47 Monate (oder ein Vielfaches davon) früher. Schliesslich ist mir die folgende Erklärung eingefallen. 47 Monate sind ungefähr 51 Drachenmonate, also sind $\frac{47}{2} = 23\frac{1}{2}$ Monate nahezu gleich $\frac{51}{2} = 25\frac{1}{2}$ Drachenmonaten. Nun fand $23\frac{1}{2}$ Monate vor der Thalesfinsternis, -586 Juli 4/5, eine totale Mondfinsternis statt. Die Mondbreite war also klein, der Mond stand nahe bei einem Knoten der Mondbahn. Nach $25\frac{1}{2}$ Drachenmonaten stand der Mond wieder nahe bei einem Knoten, und $23\frac{1}{2}$ Monate nach Vollmond ist Neumond, also war eine Sonnenfinsternis möglich.

Die hier vorgeschlagene Erklärung setzt voraus, dass die Babylonier und THALES nicht nur gewusst haben, dass 47 Monate eine Finsternisperiode bilden, sondern dass sie die Breitenbewegung des Mondes kannten und wussten, dass der Mond in 47 Monaten 51 mal zum gleichen Knoten zurückkehrt. Ferner müssen sie gewusst haben, dass Mond- und Sonnenfinsternisse nur bei kleiner Mondbreite möglich sind, und zwar Mondfinsternisse nur bei Vollmond und Sonnenfinsternisse nur bei Neumond. Von der Finsternisperiode von 47 Monaten ausgehend, kann man, wie wir früher gesehen haben, auch die von 684 Jahren herleiten, die im Text Sp II 985 erwähnt wird. Weiter kann man nun auch MAR-ISHTAR besser verstehen, der am 28., 29. und 30. Abu des Jahres -632 nach einer Sonnenfinsternis Ausschau gehalten hat. Nach moderner Rechnung fand eine Finsternis -632 Juni 17 statt, war aber in Babylon unsichtbar. Vorausgegangen waren eine Sonnenfinsternis 47 Monaten früher (-636 Aug. 29) und eine noch einmal 47 Monate früher (-640 Nov. 11). Die Periode von 47 Monaten kann also sehr gut zur Erwartung einer Finsternis am Ende dieses Monats geführt haben. Diese Erklärung stammt von SCHAUMBERGER.

Alles in allem ist die Periode von 47 Monaten die einzige, die alle bekannten Tatsachen befriedigend erklärt. Sie zeichnet sich auch unter allen Finsternisperioden, die kürzer als der Saros sind, dadurch aus, dass sie allein eine ganze Zahl von Drachenmonaten enthält. Die Perioden von 6, 41, 88 und 135 Monaten enthalten alle eine halbganze Zahl von Drachenmonaten.

Ich nehme an, dass man auf die Periode von 47 Monaten gekommen ist, indem man das Verhältnis des drakonitischen zum synodischen Monat zu bestimmen versucht hat. Man mag zuerst nur grob qualitativ beobachtet haben, dass der Mond einmal nördlich, einmal südlich von der Mittellinie des Tierkreisgürtels steht. Die Angaben über die Stellung des Mondes (soviel Ellen über oder unter einem Fixstern) in den Beobachtungstexten genügen für eine solche qualitative Einsicht vollauf. In quantitativer Hinsicht fand man, dass die Periode dieser Breitenbewegung etwas kürzer ist als ein Monat. Wie ich annehme, hat man auch beobachtet, dass Mondfinsternisse nur dann stattfinden, wenn der Mond ungefähr in der Mittellinie des Tierkreises steht. Man ist nun auf die Idee gekommen, durch Beobachtung von Finsternissen die Periode der Breitenbewegung genauer zu bestimmen. Zu dem Zwecke hat man vielleicht zwei Monfinsternisse ausgewählt, die beide im aufsteigenden oder beide im absteigenden Knoten stattfanden, und bei denen ungefähr der gleiche Teil des Mondes oder der ganze Mond verfinstert war. Sucht man zwei solche Finsternisse innerhalb eines Intervalles von 10 Jahren, so findet man, dass sie immer um 47 Monate (oder ein Vielfaches davon) voneinander entfernt sind, und dass 47 Monate 51 Drachen-Monate umfassen.

DER TIERKREIS [1]

Wir haben in Kap. II festgestellt, dass die Erfindung der Tierkreiszeichen in der assyrischen Zeit schon beinahe in der Luft lag. Man kannte bereits die Unterteilung der Ekliptik durch die vier astronomischen Jahreszeiten und hatte die 12 Monate des schematischen Jahres. Spätestens in der Perserzeit wurde dann die Zwölfteilung auch auf die Ekliptik übertragen, wodurch die 12 Tierkreiszeichen exakt gleicher Länge entstanden. Sie werden in einem von THUREAU-DANGIN publizierten Text (Tablettes d'Uruk Nr. 14) aufgezählt:

LU.ḪUN.GA	= Widder
MUL	= Stier
MAŠ	= Zwillinge
NANGAR	= Krebs
UR.A	= Löwe
AB.SIN	= Jungfrau
zi-ba-ni-tu	= Waage
GIR.TAB	= Skorpion
PA	= Schütze
SUḪUR	= Steinbock
GU	= Wassermann
zib	= Fische.

Da die Tierkreiszeichen nach Sternbildern in ihrem Bereich benannt sind, ist es oft schwer zu sagen, ob z.B. mit MUL das Zeichen des Stieres oder das Sternbild Pleiaden gemeint ist. Man muss genau auf die Formulierung achten. Wenn es z.B. in einer Sammeltafel von Venusbeobachtungen [2] heisst, dass im Jahre —445 der Abenduntergang der Venus „im Ende der Fische" *(ina til kun-me)* stattgefun-

---

[1] vgl. zu diesem Abschnitt VAN DER WAERDEN, History of the Zodiac, Archiv f. Orientforschung 16 (1953) S. 216.

[2] PINCHES-STRASSMAIER-SACHS, Late babyl. astr. texts, Nr. 1387.

den habe, so muss das Tierkreiszeichen und nicht das Sternbild der Fische gemeint sein, im Einklang mit der späteren Terminologie. Wenn aber derselbe Text berichtet, dass im Jahre −454 der Abendaufgang der Venus „hinter Praesepe" stattgefunden habe, so muss der Sternhaufen Praesepe und nicht das gleichbezeichnete Tierkreiszeichen des Krebses gemeint sein. Von dieser Ausnahme abgesehen, scheint der Text durchwegs die Tierkreiszeichen und nie die Sternbilder zu meinen; doch ist die Möglichkeit nicht ganz auszuschliessen, dass der seleukidische Bearbeiter die Sternbilder in Tierkreiszeichen uminterpretiert hat.

Der eben erwähnte Text 1387, ein Sammeltext aus den Jahren −462 bis −417, ist der älteste mir bekannte Text, in dem wahrscheinlich Tierkreiszeichen vorkommen.

Ein Tagebuch, VAT 4924 aus dem Jahre −418, benutzt ebenfalls sowohl die Zeichen als auch die Bilder des Tierkreises zur Festlegung von Planetenörtern. Wie A. SACHS[1] bemerkt hat, wird an vier Stellen in diesem Text gesagt, dass Planeten „vor" oder „nach" einem bestimmten Tierkreisbild stehen. Auf der anderen Seite gibt es im gleichen Text Stellen, wo nur Tierkreiszeichen gemeint sein können, z.B.:

Nisannu: Jupiter und Venus im Anfang der Zwillinge.
Adaru II: Jupiter im Anfang des Krebses[2].

Die Grenzpunkte der Zeichen

Seit HIPPARCHOS und PTOLEMAIOS sind wir gewohnt, den Anfangspunkt des Widders mit dem Frühlingspunkt, d.h. mit dem einen der beiden Schnittpunkte der Ekliptik mit dem Äquator zu identifizieren. Die babylonischen Astronomen und einige griechische Astronomen und Astrologen verknüpften aber die Anfangspunkte der Zeichen nicht mit dem Frühlingspunkte, sondern mit den Fixsternen. Für die Babylonier wurde das zuerst von KUGLER auf Grund der Mondtafeln nachgewiesen und durch die Planetentafeln bestätigt.

Die Gründe, die die Babylonier dazu geführt haben, die Zeichen mit den Fixsternen zu verknüpfen, liegen auf der Hand. Erstens sind die Sterne leicht zu beobachten und die Äquinoktien nicht. Zweitens haben die Zeichen ihre Namen von den Sternbildern, die in ihnen liegen. Sie entsprachen ungefähr den Monaten des Jahres (daher die Zahl 12 und die Einteilung eines jeden Zeichens in 30 Graden, die den 30 Tagen der Monate entsprechen), aber durch diese ungefähre Forderung sind sie noch nicht genau festgelegt. Genauer bestimmt sind sie durch die folgenden zwei Forderungen: erstens müssen die Zeichen gleich lang sein, zweitens müssen sie die Sternbilder, nach denen sie benannt sind, enthalten. Wie einschneidend diese Forderung ist, sieht man am Beispiel des Sternes Spica

---

[1] bei O. NEUGEBAUER, The exact sciences in antiquity, 2. ed. S. 140.
[2] VAN DER WAERDEN, Archiv f. Orientforschung 16, S. 220.

(AB.SIN). Das babylonische Zeichen Jungfrau ist nach diesem Stern benannt. Spica liegt aber in der babylonischen Ekliptikteilung ganz am Ende der Jungfrau, bei 28° oder 29°. Eine kleine Verschiebung der Grenzen nach rückwärts — und der Stern AB.SIN würde nicht mehr im Zeichen AB.SIN liegen.

Ein Sternkatalog

Der Tierkreis konnte erst dann wirklich für astronomische Zwecke verwendet werden, wenn man relativ zu Fixsternen beobachtete Planetenpositionen in Längen umrechnen konnte. Zu diesem Zweck benötigte man einen Sternkatalog. Ein Fragment eines solchen ist tatsächlich erhalten[1]. Es gibt die Längen folgender Sterne:

Lende (?) des Löwen (ϑ Leonis)	20° Löwe
Hinterfuss des Löwen (β Virginis)	1° Jungfrau
Wurzel des Kornhalms (γ Virginis)	16° Jungrfau
Heller Stern d. Kornhalms (α Virginis)	28° Jungfrau
Südliche Waagschale (α Librae)	20° Waage
Nördliche Waagschale (β Librae)	25° Waage.

Obwohl die Terminologie des Fragments vorseleukidisch zu sein scheint und Längen recht ungenau sind (der mittlere Fehler der einzelnen Längen beträgt über 1°), wurden die Längen spätestens im Jahr —110 noch benutzt[2].

Auf Grund des Kataloges hat P. Huber in der eben zitierten Arbeit den Nullpunkt der babylonischen Ekliptik bestimmt. Er fand als Nullpunktskorrektur (Differenz babylonische Länge minus moderne Länge) für das Jahr —100 den Wert $4°4 \pm 0°3$. Ungefähr denselben Wert hatten Kugler und ich schon früher aus babylonischen Mond- und Planetentafeln berechnet. Für nähere Einzelheiten siehe wieder van der Waerden, History of the Zodiac, Arch. f. Orientf. 16.

ÄGYPTEN IN DER PERSERZEIT

Von 670 bis 663 vor Chr. war Ägypten ein Teil des assyrischen Reiches und von 525 bis 504 vor Chr. ein Teil des Perserreiches. Zwischen diesen beiden Perioden der Fremdherrschaft, also von 663 bis 525, regierte die Dynastie von Sais. Die Könige dieser Dynastie waren mit Hilfe von griechischen und kleinasiatischen Söldnern an die Macht gekommen. Ihre Regierungszeit war eine Zeit des Wohlstandes und der kulturellen Blüte. Der sich ausbreitende Seehandel und kriegerische Verwicklungen brachten vielfältige Beziehungen zu Phönikern, Griechen, Juden und Syriern.

Diese Beziehungen muss man im Auge behalten, wenn man die Kultur der ägyptischen „Spätzeit", d. h. der Zeit von etwa 670 bis 332 vor Chr. verstehen will. Wenn man in dieser Zeit auf Zeichen von kulturellen Entwicklungen stösst, die

---

[1] A. Sachs, J. of Cuneif. Stud. 6 (1952), 146
[2] P. Huber, Centaurus 5 (1958), 192.

man aus der ägyptischen Tradition heraus nicht gut versteht, so ist immer mit der Möglichkeit eines fremden Einflusses zu rechnen.

In der Tat gibt es eine ganze Reihe von Mitteilungen verschiedener Autoren über die Wissenschaft und Religion dieser Zeit, die nicht gut zum Bild der ägyptischen Kultur stimmen, das man sich auf Grund der älteren Quellen gemacht hat.

Wir beschränken uns hier zunächst auf die Wissenschaften; auf die Religion kommen wir im sechsten Kapitel züruck.

Geometrie

HERODOTOS (II 109), ARISTOTELES (Metaphysik A 1) und alle späteren Autoren sind sich darüber einig, dass die Geometrie ihren Ursprung in Ägypten genommen hat. PROKLOS, dessen Quelle vermutlich die Geschichte der Mathematik des EUDEMOS ist, beschreibt den Hergang etwas genauer:

> „Wie nun bei den Phönikern aus Handel und Verkehr die Anfänge der genauen Kenntnis der Zahlen sich ergaben, so wurde auch bei den Ägyptern aus dem bezeichneten Grunde die Geometrie geschaffen. THALES verpflanzte zuerst, nachdem er nach Ägypten gekommen, diese Wissenschaft nach Griechenland . . .". (PROKLOS, Euklidkommentar, S. 65 FRIEDLEIN, S. 211 der Übersetzung von SCHÖNBERGER, herausgeg. von M. STECK).

Eine Geometrie im griechischen Sinne, wie THALES sie betrieb, ist in den älteren ägyptischen Texten nicht zu finden. Die Ägypter des Mittleren Reiches kannten zwar Rechenmethoden zur Berechnung von Flächeninhalten und Raum· inhalten, aber eine Geometrie mit Konstruktionen und Beweisen finden wir in den Texten nicht. Ausserdem wurden die mathematischen Texte des Mittleren Reiches nach der Hyksoszeit, soviel wir wissen, nicht mehr kopiert. Es bleiben uns, wie mir scheint, nur zwei Möglichkeiten: entweder wir verwerfen die Aussagen von HERODOTOS, ARISTOTELES und EUDEMOS als völlig wertlos, oder wir nehmen mit den griechischen Autoren an, dass es zur Zeit des THALES in Ägypten eine echte Geometrie gab.

Wie sich die griechischen Autoren diese Geometrie vorstellten, das lernen wir aus einem Fragment des DEMOKRITOS, das CLEMENS ALEXANDRINUS (Stromata I, S.357 Potter) uns erhalten hat:

> Im Konstruieren von Linien mit Beweisen übertrifft mich keiner, nicht einmal die soge- nannten Harpedonapten der Ägypter.

Die Harpedonapten oder Seilspanner waren nach GANDZ (Quellen u. Studien Gesch. Math. B 1, S.255) Landmesser, die auch bei der Grundsteinlegung von Tempeln eine Funktion hatten. Was DEMOKRITOS ihnen hier zuschreibt, ist zumindest eine grosse Fähigkeit in geometrischen Konstruktionen. Ob er auch die zugehörigen Beweise ihnen zuschreibt oder nur sich selbst, ist nicht ganz klar. Nichts deutet aber darauf hin, dass er von Seilspannern einer sagenhaften Ver- gangenheit spricht. Er meint, wie mir scheint, Leute aus seiner eigenen oder einer unmittelbar vorangehenden Zeit, mit denen er selbst als Geometer in Konkurrenz tritt.

Astronomie

ARISTOTELES berichtet in der Meteorologie 343:

> „Die Ägypter sagen, dass die Planeten sowohl miteinander als mit den Fixsternen in Konjunktion treten"

und in De Caelo II 12 (292 A):

> „So haben wir beobachtet, wie der Mond einmal halbkreisförmig war und unter Mars vorbeiging, wobei dieser an der dunklen Hälfte des Mondes verschwand und an der hellen wieder hervorkam. Ähnliches berichten auch über die anderen Gestirne die Ägypter und Babylonier, die diese Dinge am meisten seit unzähligen Jahren studiert haben und durch die wir viel zuverlässige Berichte über jedes der Gestirne besitzen."

Was die babylonischen Beobachtungen betrifft, wird die Mitteilung des ARISTO-TELES durch die Keilschrifttexte voll bestätigt. Aus seinem Bericht erfahren wir nun, dass auch die Ägypter langjährige Beobachtungen von Konjunktionen der Planeten untereinander und mit dem Mond und den Fixsternen schriftlich fixiert haben. Diese Art Beobachtungsastronomie ist von der älteren Dekanastronomie völlig verschieden. Aus der ägyptischen Tradition heraus ist diese neue Astronomie nicht zu verstehen. Die Annahme eines babylonischen Einflusses drängt sich auf.

Periodenrechnung

Wir wissen bereits, dass die babylonische Astronomie in der Perserzeit vor allem eine Astronomie der Beobachtungen und Perioden war. Wir haben eben gesehen, dass auch die Ägypter systematisch Beobachtungen zusammenstellten. Es fragt sich nun, ob sie sich auch mit den Perioden der Himmelskörper befasst haben.

Eine hieroglyphische Liste von Büchern aus der Bibliothek des Horostempels in Edfu (erbaut zwischen 145 und 116 vor Chr.) erwähnt zwei Bücher mit den Titeln:

„Regel der Wiederkehr der Sterne",
„Zu wissen die Wiederkehr der zwei Lichter (Sonne und Mond)".

Ähnliche Titel findet man in einer Liste von vier „Hermetischen Büchern", bei CLEMENS ALEXANDRINUS[1]. Dieser erzählt, dass in einer Prozession von ägyptischen Priestern einer von ihnen, der „Stundenschauer" (Horoskopos) zwei astronomische Instrumente zur Schau trug, und dass dieser Priester vier Bücher auswendig kennen musste, deren Titel lauteten:

1) Über die Anordnung der Fixsterne, Phänomene der Sterne,
2) Über die Ordnung der Sonne und des Mondes und über die fünf Planeten,

---

[1] Siehe O. NEUGEBAUER, Egyptian planetary texts, Trans. Amer. Philos. Soc. 22, p. 209.

3) Über die Syzygien und Lichtgestalten der Sonne und des Mondes,
4) Über die Aufgänge.

Das Buch über die Syzygien der Sonne und des Mondes (d.h. über Neumond und Vollmond) wird wohl Regeln zur Berechnung der Neu- und Vollmonddaten enthalten haben, ähnlich wie ein Papyrus aus der römischen Kaiserzeit[1], der auf der Periodenrelation

25 ägyptische Jahre = 309 synodische Monate = 9 125 Tage aufgebaut ist.

Das erste von CLEMENS erwähnte Buch trägt einen ganz ähnlichen Titel wie das in Edfu: „Regel der Wiederkehr der Sterne". Es ist anzunehmen, dass in diesem Buch zumindest das Siriusjahr zu 365¼ Tagen erwähnt war. Das Siriusjahr wird jedenfalls in dem berühmten „Dekret von Kanopos" vom Jahre −237, in dem die Einführung eines extra Schalttages alle 4 Jahre angeordnet wird[2], als bekannt vorausgesetzt. Auf dem Siriusjahr beruht wiederum die Sothisperiode

1460 Siriusjahre = 1461 ägyptische Jahre.

Das von CLEMENS erwähnte Buch „über die Aufgänge" wird vermutlich Daten über die täglichen und oder jährlichen Aufgänge der Fixsterne enthalten haben, ähnlich wie der babylonische Text „mul APIN", die griechischen Sternkalender und die „Phainomena" des ARATOS. Dass es eine ägyptische Zusammenstellung von jährlichen Aufgängen der Fixsterne gegeben hat, wissen wir zuverlässig aus griechischen Quellen. Im Artikel „Parapegma" von REHM in Pauly—Wissowa's Realenzyklopädie findet man ein Verzeichnis von griechischen und römischen Fixsternkalendern (Parapegmas). Die meisten sind Sammelparapegmas, d.h. sie bringen Zusammenstellungen von Daten, die von verschiedenen Beobachtern herrühren. Unter diesen Beobachtern kommen auch „die Ägypter" vor. Nach der Aussage des PTOLEMAIOS (in der Einleitung zu den „Phasen") hätten die Ägypter „bei uns", d.h. in Ägypten beobachtet. Es gab also einen ägyptischen Fixsternkalender, in dem Daten von heliakischen Aufgängen von Fixsternen, verbunden mit Wetterprognosen vermerkt waren.

Aus alledem sieht man, dass die Ägypter sich in der Spätzeit ernsthaft mit der jährlichen Wiederkehr der Fixsterne und mit astronomischen Perioden befasst haben.

Als weitere Bestätigung kommt noch eine Notiz bei STRABON XVII, p. 806 hinzu:

> Die ägyptischen Priester machten PLATON und EUDOXOS mit den Teilen des Tages und der Nacht bekannt, die zu den 365 Tagen hinzukommen, um das Jahr zu erfüllen, dessen Dauer bis dahin den Hellenen unbekannt war.

---

[1] O. NEUGEBAUER und A. VOLTEN, Ein demotischer astronomischer Papyrus (Pap. Carlsberg 9), Quellen u. Studien Gesch, Math. B 4, S. 383.
[2] W. KUBITSCHEK, Grundriss der antiken Zeitrechnung, Handbuch d. Altertumswiss. I, 7, S. 89.

Die Ägyptenreise des Eudoxos

DIOGENES LAERTIOS berichtet über EUDOXOS: „Er trat, von seinen Freunden unterstützt, eine Reise nach Ägypten an in Begleitung des Arztes CHRYSIPPOS, ausgerüstet mit einem Empfehlungsschreiben des AGESILAOS an NEKTANABIS; der aber soll ihn mit den Priestern bekannt gemacht haben. Dort verweilte er ein Jahr und vier Monate, liess sich die Schamhaare und Augenbrauen abscheren und verfasste nach einigen die Oktaeteris."

Einzelheiten, wie das Empfehlungsschreiben des AGESILAOS an den Pharao NEKTANABIS, müssen entweder aus einer zeitgenössischen Quelle stammen oder von einem Geschichtsschreiber herrühren, der in der Chronologie dieser Zeit gut bewandert war. Kompilatoren wie DIOGENES LAERTIOS pflegen solche genauen Angaben nicht zu erfinden. Die Tatsache der Ägyptenreise des EUDOXOS werden wir also annehmen müssen, zumal sie auch bei STRABON und anderen Autoren bezeugt ist. STRABON schreibt:

> „In Heliopolis . . . zeigte man uns die Wohnzimmer des PLATON und EUDOXOS; denn mit PLATON kam auch EUDOXOS dahin und beide lebten daselbst 13 Jahre mit den Priestern, wie einige behaupten" (XVII 806).

In der nächsten Nummer spricht STRABON dann von der Stadt Kerkesura, die am linken Nilufer „der Sternwarte des EUDOXOS gegenüber" liegt. „Man zeigt nämlich vor der Stadt Heliopolis . . . eine Warte, wo jener (EUDOXOS) einige Bewegungen der Himmelskörper bestimmte".

STRABON gibt hier offenbar das wieder, was seine Reiseführer ihm in Heliopolis erzählt haben. Einiges darin mag Ausschmückung sein, z.B. ist es unwahrscheinlich, dass PLATON EUDOXOS begleitete. Es mag sein, dass die Griechen, die nach Heliopolis kamen, die Reiseführer bedrängten mit Fragen wie: Wo haben denn PLATON und EUDOXOS gewohnt? und dass die Reiseführer darauf alles andere erfunden haben. Diese Erklärung setzt aber voraus, dass es zu der Zeit, als STRABON nach Ägypten kam (um 25 vor Chr.) eine weit verbreitete Tradition gab, die besagte, dass EUDOXOS nach Ägypten gefahren ist um dort mehr über die Bewegungen der Himmelskörper zu erfahren.

Was konnte EUDOXOS in Ägypten lernen? Zunächst nach STRABON den Überschuss des Jahres über 365 Tage. So etwas brauchte er in der Tat zur Aufstellung seines Parapegmas[1]. Das Parapegma des EUKTEMON war mit einem 19-jährigen Zyklus verbunden; ebenso könnte das Parapegma des EUDOXOS mit einem 8-jährigen Zyklus, einer Oktaeteris verbunden gewesen sein. In der Tat erwähnt DIOGENES LAERTIOS eine Oktaeteris, die EUDOXOS im Anschluss an seine Ägyptenreise verfasst hat. Wir haben schon früher gesehen, dass die Ägypter Fixstern-kalender hatten, in denen die Daten der heliakischen Aufgänge vermerkt waren.

---

[1] Über das Parapegma des EUDOXOS siehe BOECKH: Die vierjährigen Sonnenkreise, Berlin 1863, sowie P. TANNERY Mémoires scientifiques II, p. 236.

Es ist also sehr gut möglich, dass EUDOXOS die Daten seines Fixsternkalenders zum Teil aus Ägypten geholt hat.

Es scheint, dass er dort auch einiges über die Planetenbewegung gelernt hat. SENECA schreibt: „EUDOXOS war der erste, der diese Bewegungen nach Griechenland gebracht hat." Dass die Ägypter Beobachtungen über die Konjunktionen der Planeten zusammengestellt haben, wissen wir schon aus ARISTOTELES, und nach CLEMENS hatten die ägyptischen Priester Bücher über die 5 Planeten. Dass die Astronomiekundigen, mit denen EUDOXOS es in Ägypten zu tun hatte, Priester waren, versichern alle unsere Autoren uns einstimmig. Zum Überfluss möge noch einmal ARISTOTELES zitiert werden (Metaphysik A1, 981 B): „Daher wurden die mathematischen Künste zuerst in Ägypten betrieben, wo die Priester Zeit zur Verfügung hatten".

Das Ergebnis ist, dass die verschiedenen Nachrichten, die wir über die ägyptische Astronomie und über EUDOXOS haben, aufs beste zusammenstimmen. Danach hatten die Ägypter zur Zeit des EUDOXOS eine Beobachtungs- und Periodenastronomie und einen Fixsternkalender, und EUDOXOS konnte allerlei Daten, die er für seinen Fixsternkalender und seine Planetentheorie brauchte, von ihnen übernehmen.

Es ist möglich, dass diese Periodenastronomie schon zur Zeit des PYTHAGORAS, also im 6. Jahrhundert existierte. JAMBLICHOS berichtet nämlich in De vita Pythagorica, Kap. 4: „PYTHAGORAS verbrachte 22 Jahre in den Tempeln von ganz Ägypten, wo er Astronomie und Geometrie trieb und an allen heiligen Weihen teilnahm...". Dieses Zeugnis stammt wahrscheinlich aus einer alten Überlieferung der Pythagoreer. Es ist aber weniger zuverlässig als das Zeugnis des ARISTOTELES und die Zeugnisse über EUDOXOS.

Im Kapitel „Sternreligion, Astrologie und Astronomie" werden wir die Frage nach den Beziehungen zwischen Babylon und Ägypten im 6. Jahrhundert wieder aufnehmen.

Astrologie

Bisher haben wir uns nur auf griechische Zeugnisse berufen können. Neuerdings ist aber ein echt ägyptischer Text aufgetaucht, ein astrologischer Papyrus in demotischer Schrift aus der Wiener Nationalbibliothek, der die früheren Schlüsse sehr schön ergänzt und bestätigt. Der Papyrus wurde von PARKER[1] 1959 publiziert. Er wurde wahrscheinlich im 1. Jahrhundert nach Chr. geschrieben, geht aber sicher auf ein Original aus der Perserzeit zurück. „With a rather high degree of confidence", schreibt PARKER „we can date the original of Text A to the late sixth or early fifth century B.C.".

Der Text handelt von der Bedeutung der Sonnen- und Mondfinsternisse. Am Anfang des erhaltenen Teiles wird eine Konkordanz zwischen babylonischen

---

[1] R.A. PARKER: A Vienna Demotic Papyrus on Eclipse- and Lunar-Omina. Brown University Press, Providence 1959.

und ägyptischen Monaten gegeben, in folgender Art:

> Nisan ist der Mondmonat Choiak,
> Iyyar ist der Mondmonat Tybi, etc.

Da das ägyptische Jahr durch alle Jahreszeiten wandert, das babylonische aber immer um die Zeit des Frühlingsäquinoktiums anfängt, kann man diese Konkordanz zu einer sicheren Datierung des Textes benutzen. Die Gleichsetzung Nisan = Choiak (etc.) stimmt nur dann einigermassen, wenn man annimmt, dass der Text zwischen 630 und 480 vor Chr. geschrieben wurde. PARKERS Grenzen sind: ca. 625 und ca. 482.

Man kann, ebenfalls nach PARKER, mit grosser Wahrscheinlichkeit die Abfassungszeit noch genauer bestimmen. Im Text kommt nämlich ein Königsname vor, gefolgt von einem Tierhaut-Determinativ und eingeschlossen in einer Cartouche. Das Tierhaut-Determinativ fand sich bisher nur beim Namen KAMBYSES. Der Königsname ist nicht erhalten, aber er endigte sicher mit š; also kommt KAMBYSES nicht in Betracht. Am ehesten denkt man an DAREIOS I, dessen Name in ägyptischer Schrift immer mit š endigt. Nun weiss man, dass gerade unter der Regierung dieses DAREIOS (521—486 vor Chr.) der Ägypter UDJEHARRESNET den Befehl erhielt, von Persien nach Ägypten zurückzukehren und dort die „Häuser des Lebens'', in denen religiöse und medizinische Bücher aufbewahrt wurden, neu einzurichten. Die Zeit des DAREIOS passt also sehr gut.

Der Tierkreis kommt im Text nicht vor. Auch das passt zu der Datierung des Textes in die Zeit von 520 bis 480.

Der Text ordnet den 12 Monaten des Jahres vier Länder zu. Werden die Monate Choiak etc. so numeriert wie die ihnen entsprechenden babylonischen Monate Nisan (I) etc., so ist die Zuordnung sowohl für Sonnenfinsternisse (von Kol. II, Zeile 29 an) als für Mondfinsternisse (von IV, Zeile 19 an) so:

I	Kreta	V	Kreta	IX	Kreta
II	Amor	VI	Amor	X	Amor
III	Ägypten	VII	Ägypten	XI	Ägypten
IV	Syrien	VIII	Syrien	XII	Syrien

Die Zuordnung in älteren babylonischen Finsternistexten ist ganz analog:

I	Akkad	V	Akkad	IX	Akkad
II	Elam	VI	Elam	X	Elam
III	Amurru	VII	Amurru	XI	Amurru
IV	Subartu	VIII	Subartu	XII	Subartu

Wenn nun in einem der 12 Monate eine Finsternis stattfindet, so gilt ihre Bedeutung für das zugeordnete Land, z.B.

Wenn der Mond im Monat Phamenoth verfinstert wird, so bedeutet das, weil der Monat dem Lande der Syrier gehört, ... im Lande der Syrier und grosser Hunger ausserdem (IV, Zeile 23—24).

Ganz ähnlich lauten auch die babylonischen Omentexte der älteren Periode. Die Methode der Voraussage wurde also aus Babylon übernommen und den ägyptischen Verhältnissen angepasst.

Unser früherer Schluss, dass die Ägypter in der Zeit von etwa 600 bis 350 vor Chr. mit der babylonischen Astronomie bekannt wurden und selbst Beobachtungen anstellten, steht mit der jetzt gewonnenen Einsicht, dass sie zwischen 520 und 480 astrologische Methoden übernommen haben, auf das beste in Einklang. Zu der Astrologie gehört eben, als ihre unentbehrliche Dienerin und ständige Begleiterin, die Astronomie. Das astronomische Wissen der Ägypter mag (wie die Astrologie des Wiener Papyrus) um 500 noch recht primitiv gewesen sein, aber 120 Jahre später, zur Zeit des EUDOXOS, hatte sich die beobachtende Astronomie in Ägypten so weit entwickelt, dass EUDOXOS dort etwas über Perioden und über Planetenbewegungen lernen konnte, und wieder 50 Jahre später berichtet ARISTOTELES über ägyptische und babylonische Beobachtungen von Planetenkonjunktionen.

Fassen wir zusammen. In der ägyptischen Spätzeit, etwa zwischen —600 und —330, finden wir verschiedene Anzeichen einer neuen Aktivität in der Geometrie, Astronomie und Astrologie. In der Astrologie können wir feststellen, dass diese Aktivität von Babylon ausgegangen ist. Da Astrologie und Astronomie eng mit einander zusammenhängen, ist anzunehmen, dass die astronomische Aktivität in Ägypten ebenfalls von Babylon her ihren Antrieb erhielt. In der Tat sind die ägyptischen Beobachtungen, über die ARISTOTELES berichtet, von gleicher Art wie die Beobachtungen von Konjunktionen der Planeten, die wir aus Keilschrifttexten wie Strm. Kambys. 400 kennen, und die ägyptische Periodenastronomie scheint der babylonischen ähnlich gewesen zu sein.

Es fragt sich nun, ob es sich auch in der Geometrie so verhält. Von einer geometrischen Aktivität in Babylon in der Perserzeit ist uns nichts bekannt. Liegt das nur daran, dass wir so wenig Quellen haben? Können wir überhaupt etwas über die Bedeutung der Geometrie für die Astronomie dieser Zeit sagen?

DIE BEDEUTUNG DER GEOMETRIE FÜR DIE ASTRONOMIE

Als die babylonische Mathematik bekannt wurde, war es von Anfang an klar, dass ihr Charakter mehr algebraisch und arithmetisch war als geometrisch. Diese allgemeine Charakteristik muss aber etwas eingeschränkt werden. Die Babylonier haben den pythagoreischen Lehrsatz benutzt, und sie haben auch geometrische Aufgaben gelöst. In Erwachende Wissenschaft I (S. 117) wurde der Text VAT 8512 noch als Beweis dafür angeführt, dass die Babylonier hauptsächlich algebraisch dachten und ihre Aufgaben nur geometrisch einkleideten. P. HUBER hat aber in Isis *46* (S. 104) plausibel gemacht, dass die Aufgabe nicht algebraisch, sondern geometrisch durch Anlegen eines Parallelogramms an das gesuchte Dreieck gelöst wurde. Die geometrische Komponente im Denken der Babylonier ist also stärker, als wir (NEUGEBAUER und ich) früher angenommen hatten.

Analog ist es in der Astronomie. Die astronomischen Texte der Seleukidenzeit arbeiten mit rein arithmetischen Methoden; das ist richtig. Aber im Text ^{mul}APIN wird der Tierkreis als schiefer Kreis aufgefasst, der von zwei Parallelkreisen in vier gleiche Teile zerlegt wird. Den Tierkreis und die beiden Parallelkreise müssen sich die Babylonier auf der Sphäre vorgestellt haben.

Durch Dreiteilung der vier Teile des Tierkreises hat man die 12 Tierkreiszeichen erhalten. Der früher erwähnte Sternkatalog gibt die Längen einiger Sterne, bezogen auf die 12 Zeichen an. Um sie zu messen, muss man an einem Messinstrument einen Kreis zunächst in 12 Teile und diese weiter in kleinere Teile geteilt haben. Man brauchte also unbedingt geometrische Konstruktionen.

Auch ANAXIMANDROS, der um 550 in Sparta einen Gnomon errichtete (DIOGENES LAERTIOS II 1), muss geometrische Konstruktionen ausgeführt haben. Der Gnomon „zeigte'' nämlich die Äquinoktien und Solstitien. Bei den Äquinoktien steht die Sonne in der Ebene des Äquators. Eine Ebene, durch die Gnomonspitze parallel zur Ebene des Äquators gelegt, schneidet die Grundplatte in einer Geraden g. Wenn die Schattenspitze in g fällt, hat man den genauen Augenblick der Tag- und Nachtgleiche. Diese Gerade g muss ANAXIMANDROS konstruiert und in die Platte eingeritzt haben, sonst könnte sein Gnomon unmöglich die Äquinoktien zeigen.

Nun haben die Griechen, nach HERODOTOS, den Gnomon von den Babyloniern übernommen. Es besteht also jedenfalls eine historische Beziehung zwischen der babylonischen Astronomie und der griechischen Geometrie und Instrumentmacherkunst. Vielleicht haben die Babylonier schon vor ANAXIMANDROS Gnomone konstruiert, die die Wenden und Gleichen zeigten. Wir wissen es nicht.

Um 440 lebte OINOPIDES von Chios, Astronom und Mathematiker. Er behandelte das Problem, ein Lot zu fällen, weil er diese Konstruktion für die Astronomie nützlich fand (PROKLOS, Kommentar zu EUKLEIDES 1,12). Er bestimmte die Schiefe der Ekliptik wahrscheinlich als 24°. Ein Pythagoreer erfand kurz darauf eine Konstruktion des regulären 15-Ecks und damit des Winkels von 24°, wobei er nach PROKLOS die Anwendung auf die Ekliptik im Auge hatte[1]. Um dieselbe Zeit lebte DEMOKRITOS, der nach seinen eigenen Worten im Konstruieren von Figuren mit den Harpedonapten der Ägypter wetteiferte. Wenn die griechische Beschäftigung mit geometrischen Konstruktionen unter anderem die Anwendung auf die Astronomie im Auge hatte, so wird man vermuten können, dass auch bei den Ägyptern diese Anwendung einer der Zwecke der Geometrie war. Wenn man dann noch beachtet, dass die ägyptische und die griechische

---

[1] Für Quellennachweise siehe PAULY-WISSOWA, Real-Encycl. der class. Altertumswiss., Art. Pythagoreer Sp. 289 Mitte.

Astronomie nachweislich viele Anregungen aus Babylon erhalten haben, so wird man dazu kommen, auch für die Babylonier eine Beschäftigung mit geometrischen Konstruktionen, trotz des Schweigens der Quellen, als möglich oder gar wahrscheinlich anzunehmen.

KAPITEL IV

BABYLONISCHE MONDRECHNUNG

Übersicht

Unter den Keilschrifttexten der Musea findet man etwa 300 Texte aus der Seleukidenzeit, in denen der Lauf des Mondes und der fünf Planeten sowie Finsternisgrössen für viele Jahre berechnet sind.

Die Texte sind heute leicht zugänglich, weil OTTO NEUGEBAUER sie in seinem dreibändigen Werk „Astronomical cuneiform texts" (Lund Humphreys, London 1955) mit Übersetzung und Kommentar zusammengestellt hat. Ausgegraben

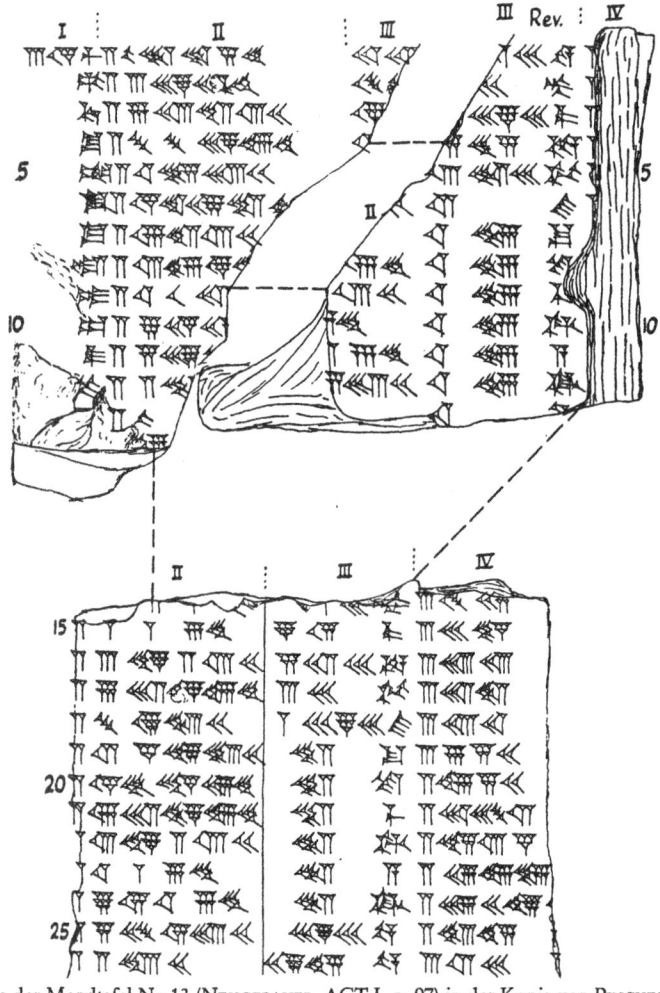

Fig. 11a. Rückseite der Mondtafel No 13 (NEUGEBAUER, ACT I, p. 97) in der Kopie von PINCHES. Aus der Publikation von A. SACHS: Late Babylonian Astronomical Texts (Brown University Press, Providence 1955) No 33, 34 und 36.

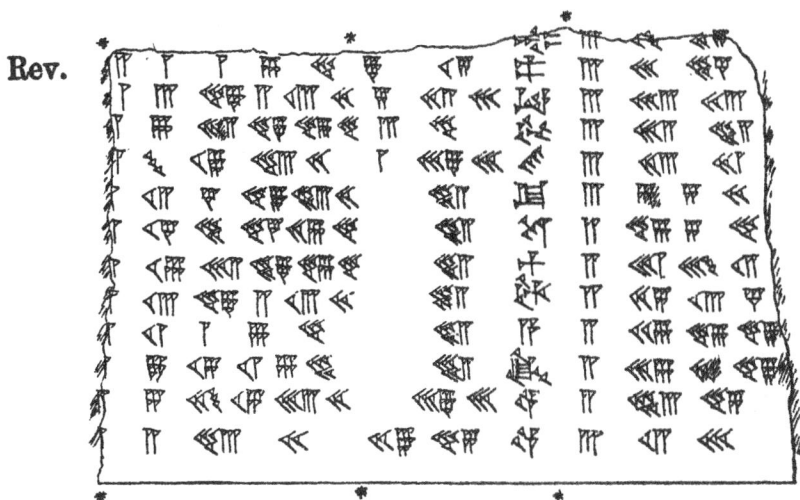

Rev.

Fig. 11b. Derselbe Text ACT 13 (Rückseite) in der Kopie von STRASSMAIER. Zu vergleichen mit der unteren Hälfte von Fig. 11a und mit der nachfolgende Umschrift. Aus KUGLER: Babylonische Mondrechnung, Tafel VII.

ACT 13 (Rückseite), Vollmonde für das Jahr 195

Kol. A		Kol. B	Kol. C		Kol. D
195	I	1,58,15,11, 6,40	9, 7,30	(8)	3,19,25
	II	2, 1, 1, 6,40	7,15	(9)	3,30,54
	III	2, 3,47, 2,13,20	5,22,30	(10)	3,33,23
	IV	2, 6,32,57,46,40	3,30	(11)	3,32,52
	V	2, 9,18,53,20	1,37,30	(12)	3,23,21
	VI	2,12, 4,48,53,20	52	(1)	3, 6, 5,20
	VII	2,14,50,44,26,40	52	(2)	2,46, 5,20
	VIII	2,16,32,57,46,40	52	(3)	2,31,39,12
	IX	2,13,47, 2,13,20	52	(4)	2,25,13, 4
	X	2,11, 1, 6,40	52	(5)	2,26,46,56
	XI	2, 8,15,11, 6,40	52	(6)	2,36,20,48
	XII	2, 5,29,15,33,20	37,30	(7)	2,53,45
196	I	2, 2,43,20	28,45	(7)	3,12,30

wurden sie in Babylon und Uruk. Um 1880 begann Pater STRASSMAIER im British Museum alle Texte, die ihn interessierten, zu kopieren. Nachher (1895—1900) hat T. G. PINCHES vorbildliche Kopien von zahlreichen Texten des British Museum gemacht, die aber erst 1955 von A. SACHS publiziert wurden.

Zur Deutung dieser Texte haben vor allem Pater EPPING und Pater KUGLER beigetragen, später auch Pater SCHAUMBERGER, A. PANNEKOEK, P. HUBER, der Schreibende und besonders O. NEUGEBAUER.

In seinem magistralen Werk „Babylonische Mondrechnung" (Freiburg 1900) hat KUGLER von seiner Deutung der Mondtafeln Rechenschaft abgelegt. In Band I seiner „Sternkunde und Sterndienst in Babel" (Münster 1907) hat er die ersten Planetentafeln erklärt. Wenn wir auch heute viele Texte besser verstehen, so wird doch KUGLERS Lebenswerk für immer die Grundlage einer jeden ernsthaften Forschung auf diesem Gebiet bilden.

In diesem Buch sollen nur die Grundideen der babylonischen Mond- und Planetenrechnung dargestellt werden. Für die nähere Ausführung sei ein für alle-mal auf NEUGEBAUERS dreibändiges Werk ACT, auf sein Buch the Exact Sciences in Antiquity (Providence 1957) und auf meine Arbeit „Babylonische Planeten-rechnung" in der Vierteljahrsschrift der Naturforschenden Gesellschaft in Zürich *102* (1957) verwiesen.

Die Babylontexte stammen aus den Jahren —310 bis —10, die Uruktexte aus den Jahren —225 bis —160. Für die Datierung der Texte werden wir uns, wie die Schreiber der Texte selbst, der Seleukiden-Ära bedienen. Das Jahr x der Seleukidenära beginnt im Frühjahr des Jahres —311 + x (also 312 — x vor Christus). Die Nummern der Texte beziehen sich immer auf das Standardwerk von NEUGEBAUER, das wir als ACT zitieren werden.

Die Systeme A und B

Sowohl in Babylon als in Uruk waren zwei Systeme der Mondrechnung neben-einander im Gebrauch. KUGLER nannte sie I und II, erkannte aber selbst, dass System II wahrscheinlich älter ist. NEUGEBAUER hat die Systeme II und I in A und B umbenannt. Der Hauptunterschied ist, dass im System A die Sonne in einem Teil des Tierkreises eine konstante Geschwindigkeit (30° pro Monat) und im restlichen Teil eine andere konstante Geschwindigkeit (28°7′30″) hat, während im System B der monatlich zurückgelegte Weg der Sonne von Monat zu Monat mit konstanten Differenzen zu- oder abnimmt.

Auf die Frage, wann diese Systeme erfunden wurden und von wem, kommen wir noch zurück. Die erhaltenen Texte des Systems A stammen aus den Jahren —262 bis —13, die des Systems B aus den Jahren —251 bis —68. Beide Systeme sind also jahrhundertelang nebeneinander im Gebrauch gewesen.

Die Texte enthalten meistens Angaben für die Neumonde und Vollmonde in einem oder zwei Jahren. Es gibt aber auch Finsternistexte, die sich über viele Jahre erstrecken.

SYSTEM A

Die Mondtafel ACT 13, aus Babylon, bietet auf der Vorderseite Neumonde, auf der Rückseite Vollmonde für die Jahre 194 und 195 der Seleukidenära. Von der Tafel sind drei Bruchstücke erhalten, die SACHS zusammengefügt hat. In der Sammlung von SACHS tragen sie die Nummern 33, 34 und 36. Ihre Rückseiten sind in der Fig. 11a in der Kopie von PINCHES wiedergegeben. Das untere Stück 33 (alte Museumnummer Sp II 110) wurde auch von STRASSMAIER kopiert; seine

Kopie ist in der Figur 11b ebenfalls reproduziert.

Insgesamt enthält die Tafel 26 Zeilen. Die erste Zeile gilt für den letzten Monat des Jahres 193, die weiteren Zeilen für die 13 Monate des Jahres 194 und die 12 Monate des Jahres 195. Die Zahlen sind in 4 Kolonnen angeordnet; die restlichen Kolonnen sind abgebrochen.

Um einen Eindruck von der Anordnung der Tafel zu geben, wurden die letzten 13 Zeilen der Rückseite (Z. 14—26) auf S. 137 wiedergegeben. Die Kolonnen sind nach KUGLER mit A, B, ... bezeichnet. Römische Ziffern I, II, ... bezeichnen die babylonischen Monate, eingeklammerte Ziffern (1), (2), ... die Tierkreiszeichen. Fehlende Zahlen wurden nach KUGLER und NEUGEBAUER ergänzt. Wo ihre Umschriften nicht übereinstimmten, wurden die Kopien von STRASSMAIER und PINCHES herangezogen.

Andere Texte des gleichen Systems enthalten noch weitere Kolonnen. Die Bezeichnungen der Kolonnen nach KUGLER und nach NEUGEBAUER sind:

KUGLER und ich: A B C D E F G H I K L M

NEUGEBAUER: T Φ B C E Ψ F G J K L M P_1 P_3

Die Kolonnen P_1 und P_3, die nur in wenigen Texten vorhanden sind und deren Berechnung nicht ganz geklärt ist[1], lassen wir vorläufig beiseite. Zunächst soll jetzt die Bildungsweise und Bedeutung der Kolonnen A bis M erläutert werden.

Die Kolonnen A, B, C

In Kolonne A sind die Jahre und Monate angegeben. Die Bildungsweise dieser Kolonne ist klar.

Kolonne B enthält Werte einer *linearen Zackenfunktion*. Darunter verstehen wir

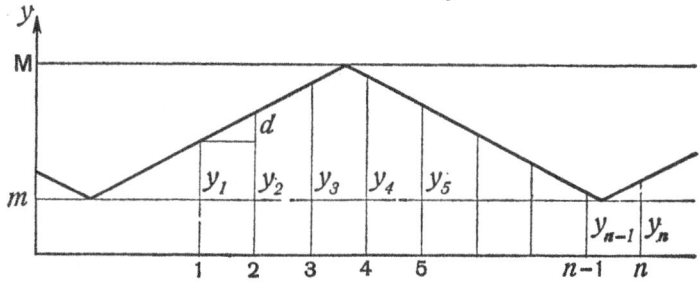

Fig. 12. Graphische Darstellung einer linearen Zackenfunktion. Beim Maximum gilt $(M-y_3) + (M-y_4) = d$. Beim Minimum gilt $(y_{n-1}-m) + (y_n-m) = d$.

nach NEUGEBAUER eine Funktion, die mit einer konstanten Differenz d bis zu ihrem Maximum M ansteigt und dann mit derselben Differenz bis zum Minimum m abnimmt (siehe Fig. 12). In unserem Fall ist[2]

$$d = 2,45,55,33,20$$
$$M = 2,17, 4,48,53,20$$
$$m = 1,57,47,57,46,40.$$

[1] O. NEUGEBAUER, ACT I, S. 63—67 und die Kommentare zu den Texten 5, 7, 12 und 18.
[2] B-Werte sollen vorläufig als ganze Zahlen ohne Sexagesimalteile aufgefasst werden. Später werden wir sehen, dass diese ganzen Zahlen durch 60^5 zu dividieren sind.

Die Differenz zwischen zwei aufeinanderfolgenden Werten B_{n-1} und B_n ist $\pm$ d, ausgenommen wenn die Funktion dazwischen durch ihr Maximum oder Minimum hindurchgeht. In unserem Fall liegt das Maximum zwischen den Monaten VII und VIII; es ist durch einen Doppelstrich gekennzeichnet. Beim Durchgang durch das Maximum gilt immer die Regel

$$(M-B_{n-1})+(M-B_n) = d$$

und beim Minimum ebenso

$$(B_{n-1}-m)+(B_n-m) = d.$$

Auf die Bedeutung der Kolonne B kommen wir später zurück.

Kolonne C gibt die Länge des Vollmondes im jeweiligen Tierkreiszeichen in Graden, Minuten und Sekunden. Die Zahl in Klammern ist die Nummer des Tierkreiszeichens: (1) = Aries, etc. Da der Vollmond immer der Sonne gegenübersteht, erhält man durch Addition von 6 Zeichen aus der Vollmondlänge die Sonnenlänge. Man sieht, dass in den Zeichen (7), (8), (9), (10), (11) die Sonne jeden Monat 30° zurücklegt, dagegen in den Zeichen (1), (2), (3), (4), (5) nur 28°7′30″. Die Ekliptik erscheint also in einen „schnellen Bogen" und einen „langsamen Bogen" eingeteilt. Die Grenzpunkte zwischen dem schnellen und dem langsamen Bogen sind, wie die Rechnung lehrt, 13° (6) und 27° (12), d.h. 13° Jungfrau und 27° Fische. Steht die Sonne z.B. im Monat XI bei 52′ (12) und würde sie mit derselben Geschwindigkeit von 30° pro Monat weiterlaufen, so stünde sie nach einem Monat bei 52′ (1). Aber von 27° (12) an wird die Geschwindigkeit auf $\frac{15}{16}$ ihres Wertes reduziert. Man muss also von der Strecke von 27° (12) bis 52′ (1) einen Sechzehntel ihrer Länge, also

$$\frac{1}{16} \cdot 3°52' = 14'30''$$

subtrahieren. Der Sonnenort wird somit 37′30″ (1), der Mondort 37′30″ (7), wie es der Text angibt.

Ein Sonnenjahr ist die Zeit, die die Sonne braucht um den Tierkreis zu durchlaufen. Aus den angegebenen Grenzpunkten 13° (6) und 27° (12) und den zwei Geschwindigkeiten berechnet man leicht

$$1 \text{ Jahr} = 12;22, 8 \text{ Monate.}$$

Diese etwas zu grosse Periode ist für System A grundlegend. Sie wird auch im System B manchmal als Näherungswert benutzt.

Kolonne D: Dauer des Lichttages

Eine „Grossstunde" (das Wort hat NEUGEBAUER geprägt) umfasst 4 Stunden, ein „Zeitgrad" 4 Minuten nach unserer Zeitrechnung. Kolonne D gibt die Dauer des Lichttages in Grossstunden, Zeitgraden und deren Sexagesimalteilen. Das Frühlingsäquinoktium wird im System A bei 10° (1) angenommen. Steht die

Sonne bei 10° (1), so dauert der Lichttag 3 Grossstunden; wir schreiben dafür
3^H. Von 10° (1) bis 10° (2) nimmt der Lichttag für jeden Grad der Sonnenlänge
um 40′ zu, von 10° (2) bis 10° (3) für jeden Grad um 24′, von 10° (3) bis 10° (4)
um 8′. Der längste Tag hat also

$$3^H + 20° + 12° + 4° = 3^H 36°.$$

Nach dem Maximum nimmt der Lichttag wieder ab, zunächst um 8′, dann um
24′, dann um 40′ und dann wieder um 40′, 24′ und 8′ pro Grad Sonnenlänge bis
zum Minimum $2^H 24°$. Schliesslich nimmt der Lichttag wieder um 8′, 24′ und 40′
pro Grad zu bis zum Frühlingsäquinoktium.

In Figur 13 ist der Lichttag als Funktion der Sonnenlänge aufgetragen. Die
Funktion ist stückweise linear. Zieht man die steilsten Teile des Streckenzuges
geradlinig bis zum Maximum und Minimum durch, so erhält man eine lineare
Zackenfunktion mit Maximum 4^H und Minimum 2^H. Genau diese Zackenfunktion
liegt den älteren Texten aus der assyrischen Zeit zugrunde.

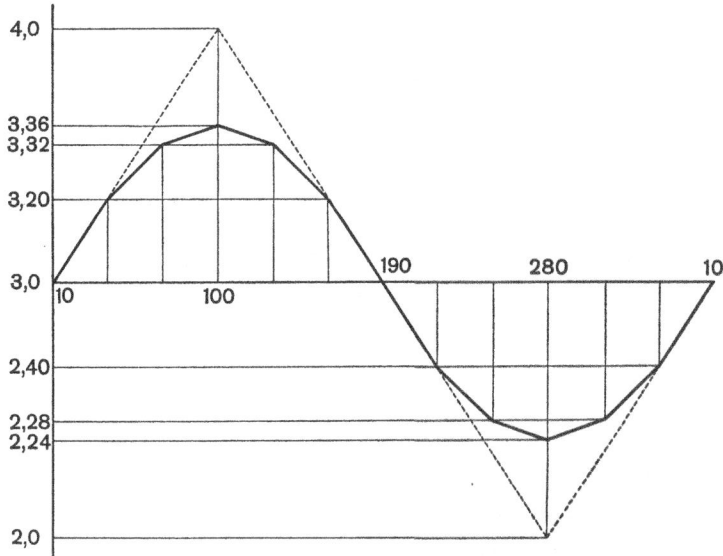

Fig. 13. Dauer des Tages als Funktion der Sonnenlänge nach System A. Gestrichelt: Rechenschema aus der
assyrischen Zeit.

System A ist gegenüber dem System der älteren Texte in dreifacher Hinsicht
verbessert. Erstens stimmen das Maximum und das Minimum für Babylon viel
besser. Zweitens wird der wellenförmige Verlauf der Tagesdauer durch die stückweise lineare Funktion sehr gut approximiert. Drittens war in den älteren Texten
der Lichttag eine Funktion des Datums, jetzt aber eine Funktion der Sonnenlänge.

Beispiel: Im Jahre 195, Monat I, beim Vollmond stand die Sonne bei 9° 7′30″
im Zeichen (2), oder 29° 7′30″ über das Äquinoktium hinaus. Der Lichttag
ist 3^H und

$$29; 7,30 \times 40' = 19°25'$$

wie es der Text AKT 13 in Kol. D angibt.

Die Präzession der Äquinoktien ist weder im System A noch im System B berücksichtigt. Die Äquinoktien sind auf der Ekliptik fest, nämlich bei 10° der Zeichen (1) und (7) im System A, bei 8° im System B. Für die Zeit unseres Textes ist die Annahme des Äquinoktiums bei 10° ganz falsch; für −500 würde sie richtig sein.

Die nach D folgenden Kolonnen sind im Text 13 abgebrochen. Andere Texte des Systems A enthalten folgende weitere Kolonnen:

Kol. E: Breite des Mondes;

Kol. F: Finsternisgrösse in Fingern;

Kol. G: Geschwindigkeit des Mondes;

Kol. H: Überschuss des synodischen Monats über 29 Tage unter der Voraussetzung, dass die Sonne in diesem Monat 30° zurücklegt;

Kol. I: Korrektur, die an H anzubringen ist für die Monate, in denen die Sonne weniger als 30° zurücklegt;

Kol. K: Verspätung oder Verfrühung des Sonnenunterganges von einem Vollmond zum nächsten;

Kol. L: Zeit von einem Vollmond zum nächsten plus monatliche Verfrühung oder minus monatliche Verspätung des Sonnenunterganges;

Kol. M: Datum und Tageszeit des Vollmondes.

Die Bildung der Kolonnen I, K, L und M ist sehr einfach. Die Korrektur I ist Null in den Monaten, wo die Sonne 30° zurucklegt, und −57; 3,45 Zeitgrade in den Monaten, wo die Sonne 28°7'30'' zurücklegt. Legt die Sonne nur eine Teilstrecke s auf dem langsamen Ekliptikbogen züruck, so wird die Korrektur proportional verkürzt nach der Formel:

$$I = -\frac{57; 3,45}{28; 7,30} s = -2; 1,44 s.$$

Die korrigierte Dauer des Monats ist also H + I, wobei I negativ oder Null ist.

Sind D_{n-1} und D_n zwei aufeinanderfolgende Werte für die Dauer des Lichttages, so findet der Sonnenuntergang $\frac{1}{2} D_{n-1}$, bzw. $\frac{1}{2} D_n$ nach Mittag statt. Die Verfrühung des Sonnenunterganges ist also

$$K_n = \tfrac{1}{2}D_{n-1} - \tfrac{1}{2}D_n.$$

Addiert man die Korrekturen I und K zur vorläufigen Monatsdauer H, so erhält man die Differenz der Tageszeiten von zwei aufeinanderfolgenden Vollmonden, beide vom Sonnenuntergang an gerechnet:

$$L = H + I + K.$$

Durch Summation der Kolonne L unter Weglassung von ganzen Tagen erhält man schliesslich die Tageszeit des Vollmondes, vom Sonnenuntergang an gerechnet:

$$M_n = M_{n-1} + L_n.$$

Rev.	I	II	III		IV	V		VI	VII	Rev.
1.	[3,5] bar	2,[2,23,42,13,20]	[22,30	gír-tab]	3,[i]3,35	1, 7,43,12	lal lal	28,41,1[2 hab]	[12, 8]	1.
	gu₄	2, 5,[9,37,46,40]	[28,30	gír-tab]	3,27,24	3,44,37,18	lal lal		[12,50]	
	sig	2, 7,55,[33,20]	[26,37,30]	pa	3,34,14	5,43,23	lal lal		13,[32]	
	šu	2,10,41,28,[53,20]	[24,4]5	máš	3,34, 2	6,41,51,18	lal u		1[4,14]	
5.	izi	2,13,27,24,[26,40]	[22,5]2,30	gu	3,26,51	4,43, 5,36	lal u		[14,56]	5.
	kin	2,16,[13,20]	21,32	zib-me	3,12,18,40	2,42,11,54	lal u		[15,38]	
	[du₆]	[2,15,10,22,13,2]0	21,32	hun	2,[5]2,18,40	1,12, 7,36	u u	2[9],2[5,i]6 hab	[15, 34]	
	[apin]	[2,12,24,26,4]0	21,32	múl	2,35,23,12	3,54,19,30	[u] u		14, 52	
	[gan]	[2, 9,38,31,6,4]0	21,32	maš	2,26,27,44	6, .,35,12	u u		14, 10	
10.	[ab]	[2, 6,52,35,33,2]0	21,32	kušú	2,25,32,16	6,17, 9, 6	u lal		13, 28	10.
	[zíz]	[2, 4, 6,4]0	21,32	a	[2]32,36,48	4,10, 5[3,24]	u lal		12,46	
	[še]	[2, 1,20,44,26,]40	21,32	a[b sin]	[2,4]7,41,20	1,45,[15,24]	u lal	8,34 be	12, 4	
	[3,6 bar]	[1,58,34,48,5]3,20	20	[rín]	[3,]6,40	2, 1[5]	lal lal		11, 22	

Fig. 14. Text 9, Rückseite. Neumonde für das Jahr 185 der Seleukiden-Aera. Aus O. Neugebauer, ACT III, Plate 18

Bildung der Kolonne E

Aus Text 9 (Fig. 14) reproduzieren wir die Kolonnen C = III und E = V:

Monat	Kol. C (Länge)		Kol. E (Breite)
I	0;22,30	(8)	+1, 7;43,12
II	28;30	(8)	+3,44;37,18
III	26;37,30	(9)	+5,43;23
IV	24;45	(10)	+6,41;51,18
V	22;52,30	(11)	+4,43; 5,36
VI	21;32	(12)	+2,42;11,54
VII	21;32	(1)	−1,12; 7,36
VIII	21;32	(2)	−3,54;19,30
IX	21;32	(3)	−6, 0;35,12
X	21;32	(4)	−6,17; 9, 6
XI	21;32	(5)	−4,10;53,24
XII	21;32	(6)	−1,45;15,24

Die Einheit, in der E gemessen ist, ist nach Neugebauer

$$1 \text{ še} = 1 \text{ Gerstenkorn} = \tfrac{1}{6} \text{ Finger} = \tfrac{1}{72} \text{ Grad.}$$

Das Maximum, das nie überschritten wird, ist

$$7,12 \text{ še} = \tfrac{432}{72} \text{ Grad} = 6°.$$

Das Bildungsgesetz der Kolonne E ist am einfachsten dann, wenn der Betrag von E grösser als 2,24 ist. Der Betrag der Differenz ΔE von zwei aufeinander folgenden E-Werten ist dann nämlich, wenn der Mond im betreffenden Monat 360° + 30° zurücklegt,

$$D = 2, 6;15,42.$$

Legt der Mond nur $360 + 30 - x$ Grad zurück, so wird ΔE proportional verkürzt:

$$\Delta E = D-4x.$$

Hat also x den grösstmöglichen Wert $1;52,30$, so hat ΔE den kleinstmöglichen Wert

$$d = D-7;30 = 1,58;45,42.$$

Diese Differenz d findet man im Text zwischen den Werten E_2 und E_3 in den Zeilen 2 und 3, ebenso zwischen E_4 und E_5. Die Differenz D findet man zwischen E_8 und E_9, sowie zwischen E_{10} und E_{11}.

Beim Durchgang durch das Maximum zwischen Zeile 3 und Zeile 4 gilt wieder die Regel

$$(M-E_3)+(M-E_4) = d$$

und analog beim Minimum, nur dass man beim Minimum (Zeile 9 und 10) D statt d nehmen muss, weil die Sonne hier $30°$ zurücklegt.

In der „Knotenzone'' zwischen $-2,24$ und $+2,24$ gilt folgende Regel. Wenn man von einem negativen E ausserhalb der Knotenzone ausgeht und durch Addition von $\Delta E = D - 4x$ in die Knotenzone hineinkommt, so wird der Überschuss von $E + \Delta E$ über $-2,24$ verdoppelt. Beim nächsten Schritt wird $2 \Delta E$ addiert, aber wenn man dann über $+2,24$ hinauskommt, wird der Überschuss halbiert. Analog, wenn man, von einem positiven E herkommend, ein negatives ΔE addiert und so in die Knotenzone hinein- oder auf der anderen Seite herauskommt. In der Knotenzone verdoppelt sich jedesmal die Steigung der stückweise linearen Funktion E (siehe Fig. 15).

Wie man sieht, hängt der Betrag der Differenz ΔE nur von E selbst und von dem Weg $\Delta\lambda$ ab, den der Mond in Länge zurücklegt, aber nicht von der Zeit, in der dieser Weg zurückgelegt wird. Die Breitenbewegung hängt also nur von der

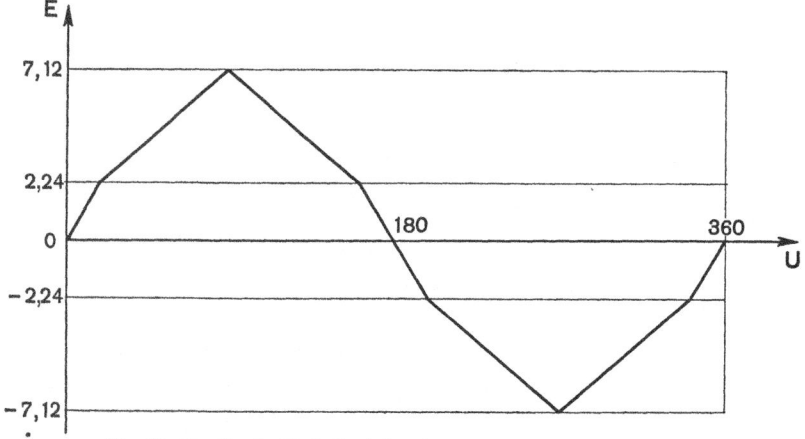

Fig. 15. Mondbreite E als Funktion des Argumentes u (siehe S. 145).

Längenbewegung ab. Das kann man auch so ausdrücken: der Mond bewegt sich zwar mit variabler Geschwindigkeit, aber in einer festen Bahn.

Allerdings, ganz fest ist die Mondbahn nicht. Die Schnittpunkte der Mondbahn mit der Ekliptik, die *Knoten* der Mondbahn, gehen langsam auf der Ekliptik zurück. Das wussten die Griechen schon zur Zeit des EUDOXOS und die Babylonier wussten es auch, wie wir gleich sehen werden.

Der Drachenmonat

In der indischen und arabischen Mythologie sind die Knoten der Kopf und der Schwanz eines Drachen, der zur Zeit des Vollmondes manchmal den Mond verfinstert. Daher heisst heute noch die Zeit, in der der Mond zum aufsteigenden Knoten zurückkehrt, *Drachenmonat* oder drakonitischer Monat. Der Drachenmonat ist etwas kleiner als die siderische Umlaufszeit des Mondes; das geht aus der Bildungsweise der Kolonne E leicht hervor. Das bedeutet aber, dass die Knoten sich rückläufig in der Ekliptik bewegen.

Der aufsteigende Knoten wird mit Ω bezeichnet, der absteigende mit $\mho$. Die Längendifferenz des Mondes und des aufsteigenden Knotens

$$u = \lambda - \Omega$$

heisst das *Argument der Mondbreite*. In der griechischen und auch in der modernen Theorie ist die Mondbreite eine Funktion des Argumentes u. Wir werden gleich sehen, dass man die Theorie des Systems A ebenfalls so deuten kann, dass E eine Funktion von u ist.

Man kann das Bildungsgesetz der Kolonne E nämlich so formulieren: Der Knoten bewegt sich in jedem Monat um einen festen Betrag k rückwärts. Das Argument u nimmt also jeden Monat, wenn der Mond einen vollen Umlauf und 30 — x Grade zurücklegt, um

$$\Delta u = 30 - x + k$$

zu. Die Mondbreite ist eine stückweise lineare Funktion von u, mit dem Maximum M = 7,12. und dem Minimum −M = −7,12. Sie ist Null für u = 0, sie hat in der Zone von −2,24 bis +2,24 die Steigung 8 und ausserhalb dieser Zone die Steigung 4 (Fig. 15).

Es ist leicht, die monatliche Knotenbewegung k aus den Tafeln zu berechnen und nachzuweisen, dass sie konstant ist. Man hat ausserhalb der Knotenzone einerseits

$$\Delta E = 4\Delta u = 4(30 - x + k) = 2,0 + 4k - 4x,$$

andererseits

$$\Delta E = D - 4x,$$

also

$$2,0 + 4k = D = 2,6;15,42$$
$$4k = 6;15,42$$

unabhängig von x. Innerhalb der Knotenzone wird ΔE verdoppelt, aber das Ergebnis bleibt dasselbe.

Wir sehen also, dass die komplizierte Rechenvorschrift zur Berechnung von E sich sehr einfach formulieren lässt, wenn man die Begriffe „Knoten" und „Argument u" einführt. Ob die Babylonier diese Begriffe gebildet haben, können wir allerdings nicht sagen.

Kolonne F: Finsternisgrösse

Bei NEUGEBAUER, ACT trägt die Kolonne, die KUGLER F genannt hat, die Bezeichnung Ψ. Die Bildungsweise dieser Kolonne kann man so erklären. Um die Mondbreite E in Fingern zu erhalten, muss man E durch 6 dividieren, weil 1 Finger = 6 še ist. Ist das Ergebnis der Division dem Betrage nach grösser als c = 17;24, so ist keine Finsternis möglich. Ist beim absteigenden Knoten E/6 kleiner als c, so bildet man die Differenz c — E/6 und nennt sie Finsternisgrösse F. Ist beim aufsteigenden Knoten E/6 grösser als —c, so bildet man c + E/6 und nennt die Summe F. Die Regel zur Bildung von F lautet also

$$F = 17;24 \pm E/6$$

mit + beim aufsteigenden, — beim absteigenden Knoten.

Die Grösse F gibt an, um wieviele Finger der Mond in den Schattenbereich eingetaucht ist, wobei

$$1 \text{ Finger} = 5'$$

gilt. Die Werte von F stimmen recht gut zur modernen Rechnung, wenn man 1 Finger gleich 1/10 des Monddurchmessers setzt. Etwas weniger gut stimmen sie, wenn man einen Finger oder „Zoll" gleich 1/12 Monddurchmesser setzt, wie wir es heute nach dem Vorbild der griechischen Astronomen tun. Ich weiss nicht, ob die Babylonier den Monddurchmesser gleich 10 oder 12 Finger setzten.

Kolonne G: Mondgeschwindigkeit

Kolonne G (in NEUGEBAUERS Bezeichnung F) ist nach den Lehrtexten eine lineare Zackenfunktion mit

Differenz	d =	0;42
Maximum	M =	15;56,54,22,30
Minimum	m =	11; 4, 4,41,15
Variationsbreite Δ =		4;52,49,41,15 = M—m.

Die Geschwindigkeit wird in Grad pro Tag gemessen. In einem Monat geht sie einmal durch ihr Maximum und einmal durch ihr Minimum und nimmt noch um d zu oder ab. Ihre totale Zu- und Abnahme in einem Monat ist also $2\Delta + d$. In einer anomalistischen Periode geht die Geschwindigkeit einmal von ihrem Minimum zu ihrem Maximum und zurück; ihre Zu- und Abnahme in dieser Periode ist also 2Δ. Also ist

$$1 \text{ anomalistische Periode} = \frac{2\Delta}{2\Delta + d} \text{ Monate.}$$

Die Rechnung ergibt

6695 anomalistische Perioden = 6247 Monate.

Die Periode der Kolonne B stimmt genau mit der von Kolonne G überein. Auch die Maxima und Minima werden genau zur gleichen Zeit erreicht. Kolonne B bezieht sich also ebenfalls auf die anomalistische Mondbewegung. Durch eine einfache lineare Transformation

$$G-15 = 0;15,11,15 \ (B-2;13,20),$$

die im Lehrtext 200, Abschnitt 5 angegeben ist, kann man G aus B berechnen.

Die Geschwindigkeit G ist nicht genau richtig. Ihr Mittelwert

$$\mu = 13;30,29,31,52,30 = \frac{M+m}{2}$$

ist zu gross; er sollte 13;10,35 sein, wie im System B. In den Tafeln ist G meistens abgerundet, wodurch von der Genauigkeit noch mehr verloren geht.

Kolonne H: Vorläufige Dauer des Monats

Die Kolonne H (NEUGEBAUERs Bezeichnung G) bietet den Überschuss des Monats (von Neumond zu Neumond oder von Vollmond zu Vollmond) über 29^{d}

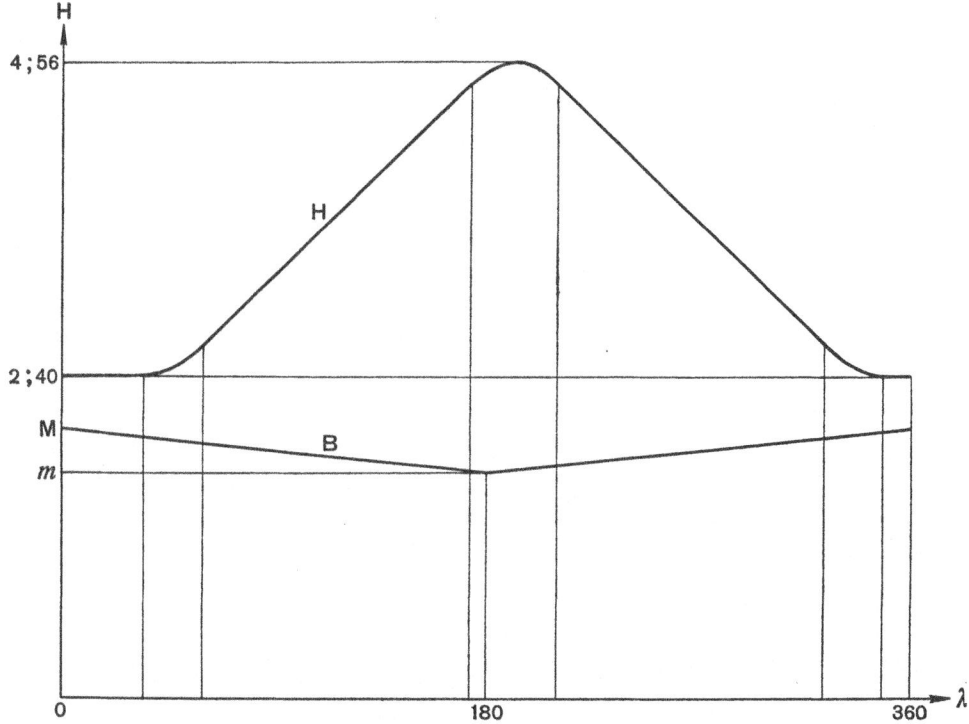

Fig. 16. B und H als Funktionen der Mondlänge, vom Punkte der maximalen Mondgeschwindigkeit aus gerechnet.
Der Nullpunkt sollte um 6 mm nach unten verschoben werden.

unter der Annahme, dass die Sonne im Monat 30° zurücklegt. Der Mond legt dann 390° zurück und es fragt sich, wieviel Zeit er dazu braucht.

Diese Zeit hängt von der Mondgeschwindigkeit am Ende des Monats ab, aber auch davon, ob die Mondgeschwindigkeit im Zunehmen oder im Abnehmen begriffen ist. Nun ist die Mondgeschwindigkeit G eine Funktion von B. Also muss H von B abhängen, aber auch davon, ob B im Zunehmen oder im Abnehmen begriffen ist.

In den Lehrtexten ist H als Funktion von B durch eine Tabelle gegeben. Auf langen Strecken ist die Funktion linear, aber in der Nähe des Minimums und des Maximums von B ist sie nur stückweise linear. Die in der Tabelle für die nicht linearen Strecken angegebenen Werte bilden arithmetische Reihen zweiter Ordnung, d.h. ihre zweiten Differenzen sind konstant. Zwischen diesen Tafelwerten ist linear zu interpolieren.

In Figur 16 sind B und H graphisch dargestellt.

Was bedeutet die Kolonne B, die NEUGEBAUER Φ nennt?

Kolonne B und der Saros

KUGLER deutete B als den scheinbaren Durchmesser des Mondes. Diese Deutung beruhte darauf, dass die Zahlenwerte mit der Mondgeschwindigkeit auf und ab gehen, aber nicht direkt proportional zur Mondgeschwindigkeit sind. Neuerdings had jedoch NEUGEBAUER an Hand eines Lehrtextes[1] festgestellt, dass die Kolonne B etwas mit der Sarosperiode zu tun hat. Der Lehrtext handelt von der Berechnung der Kolonne B und sagt an einer Stelle (Rückseite, Zeile 13, wiederholt in Zeile 16):

17,46,40 ist die Zunahme oder Abnahme in 18 Jahren.

Mit 18 Jahren ist die berühmte „Sarosperiode" gemeint, die genau 223 synodische Monate und daher ungefähr 239 anomalistische Mondperioden umfasst. Der Text sagt also, dass die Grösse B in 223 Monaten um 17,46,40 zu- oder abnimmt. Natürlich muss man immer mit der Möglichkeit rechnen, dass diese Zahl noch mit einer Potenz von 60 zu multiplizieren ist.

Rechnet man das nach, wie NEUGEBAUER es getan hat, so sieht man, dass der Lehrtext recht hat. NEUGEBAUER hat diophantische Gleichungen aufgestellt, die es gestatten, lineare Zackenfunktionen ohne viel Rechenaufwand über lange Perioden weiterzurechnen[2]. Wendet man diese Methode auf den vorliegenden Fall an, so findet man

(1) $$B_{224} - B_1 = \pm 17,46,40, 0$$

in Übereinstimmung mit dem Lehrtext.

Da H von B in bekannter Weise abhängt, kann man nun auch $H_{224} - H_1$

---

[1] O. NEUGEBAUER, „Saros" and lunar velocity, Mat.-fys. Meddelelser Kong. Danske Videnskab. Selskab 31, Nr. 4 (1957). Der Lehrtext besteht aus den Fragmenten BM 36 705 und BM 36 725.

[2] O. NEUGEBAUER: Über eine Untersuchungsmethode..., Z. Deutsche Morgenl. Ges. 90 (1936) S. 121.

berechnen. Beschränkt man sich auf die beiden langen geradlinigen Strecken in der graphischen Darstellung der Funktion H (Fig. 16), wo H linear von B abhängt, so findet man

$$H_{224}-H_1 = -\tfrac{28}{3}(B_{224}-B_1) = \pm 2,45,55,33,20.$$

Nun ist aber 2,45,55,33,20 gerade die Differenz d der linearen Zackenfunktion B. Also gilt

$$H_{224}-H_1 = \pm(B_1-B_0).$$

Das Vorzeichen von $H_{224} - H_1$ ist gleich dem von $B_1 - B_0$. Also erhält man schliesslich

(2) $$H_{224}-H_1 = B_1-B_0.$$

Damit diese Gleichung richtig ist, muss man allerdings die B — Werte, die wir vorläufig ganzzahlig angenommen hatten, durch 60^5 dividieren. Das Maximum, das Minimum und die Differenz von B sind also endgültig

$$M = 2;17, 4,48,53,20,$$
$$m = 1;57,47,57,46,40,$$
$$d = 0; 2,45,55,33,20.$$

Die Beziehung (2) zeigt, dass die B in derselben Einheit gemessen sind wie die H. Nun ist jedes H eine Zeit in Grossstunden. Also sind die B ebenfalls Zeiten in Grossstunden. Damit entfällt die Deutung von KUGLER. Soweit NEUGEBAUER.

Statt (2) kann man auch schreiben

(3) $$(H_2+H_3+ \ldots +H_{224})-(H_1+H_2+ \ldots +H_{223}) = B_1-B_0.$$

Diese Gleichung bleibt richtig, wenn man 29^d zu jedem H addiert. Sie bleibt auch noch richtig, wenn in denjenigen Monaten, in denen die Sonne weniger als 30° zurücklegt, zu der jeweiligen Summe $29^d + H$ die negative Korrektur I addiert wird, wodurch man für diese Monate die endgültige Dauer $29^d + H + I$ erhält. Dabei ist angenommen, dass im ersten und im letzten Monat die Sonne genau 30° zurücklegt. Die Korrekturen I bei den übrigen Monaten heben sich in (3) bei der Differenzenbildung wieder heraus. Die Gleichung (3) ist also gleichbedeutend mit

(4) $$S_1-S_0 = B_1-B_0,$$

wobei S_1 die Dauer derjenigen Sarosperiode ist, die am Ende des ersten Monats anfängt, und S_0 die Dauer der Sarosperiode, die am Anfang des gleichen Monats anfängt.

Diese Formel legt es nahe, die Grössen B_0 und B_1 zu deuten als Überschüsse von Sarosperioden über eine feste Zeit T, wobei die Sarosperiode $T + B_0$ am Anfang des ersten Monats und die Sarosperiode $T + B_1$ am Ende desselben Monats anfängt. Eine rohe Berechnung der Sarosperiode ergibt $6585^d + 2^H$ und die Grössenordnung von B ist auch 2^H. Wir versuchen es also mit dem Ansatz

(5)   Dauer von 223 Monaten $= 6\,585^{d}+B$.

Nimmt man diese Deutung an, so erhält man daraus rückwärts die Formeln (4), (3) und (2). Ferner erklärt es sich ohne weiteres, warum die Periode der Funktion B der anomalistische Monat ist. Auch der Mittelwert von B, den man aus dem Ansatz (5) errechnet, stimmt gut mit dem Mittelwert $\frac{1}{2}(M + m)$ der Kolonne B überein.

Die letzte Probe auf die Richtigkeit der vorgeschlagenen Deutung von B ist die Berechnung der Monatsdauer $29^{d} + H$. Dieser Berechnung wenden wir uns jetzt zu.

Die Berechnung der Monatsdauer

Um alle Komplikationen, die durch die ungleichmässige Sonnenbewegung verursacht werden, auszuschalten, nehmen wir zunächst an, dass die Sonne jeden Monat die gleiche Strecke s_0 zurücklegt. Dabei wählen wir für s_0 die mittlere monatliche Bewegung der Sonne. Der Mond legt dann jeden Monat die Strecke

$$s_m = 360 + s_0$$

zurück. Er braucht dazu eine variable Zeit t_m. Diese Zeit t_m soll zunächst berechnet werden. Für diejenigen Monate, in denen die Sonne $30°$ zurücklegt, muss die Zeit noch ein wenig vergrössert werden, aber diese Korrektur kann genügend genau durch ein konstantes Zusatzglied zur Zeit t_m berücksichtigt werden, ebenso wie der Abzug für die Monate, in denen die Sonne nur $28°7'30''$ zurücklegt, im System A durch ein konstantes negatives Korrekturglied I berücksichtigt wird.

In einer anomalistischen Periode t_a geht die Mondgeschwindigkeit einmal durch ihr Maximum und Minimum und kehrt zu ihrem Ausgangswert zurück. In dieser Periode legt der Mond also eine feste Strecke s_a zurück. Die Beziehung zwischen den Strecken s_m und s_a ist

$$6695\,s_a = 6247\,s_m.$$

Dafür kann man auch schreiben

(6) $28(239 s_a - 223\,s_m) = 3(s_m - s_a)$.

Die kleine Differenz $239\,s_a - 223\,s_m$, den Überschuss des in 239 anomalistischen Perioden zurückgelegten Weges über den in einer Sarosperiode im Mittel zurückgelegten Weg, nennen wir s. Die Differenz $s_m - s_a$ nennen wir s'. Dann folgt aus (6)

(7) $28\,s = 3\,s'$

Die Strecke s' misst ungefähr $26°$, die Strecke s fast $3°$. In den Figuren 17—19 sollen die vom Monde im Tierkreis zurückgelegten Strecken von irgend einem Ausgangspunkt aus geradlinig nach rechts abgetragen werden. Von einem Vollmond V_1 aus gehen wir eine Sarosperiode d.h. 223 Monate weiter und markieren den Ort des Vollmondes V_{224} am Ende der Sarosperiode (Fig. 17). Die Strecke von V_1 bis V_{224} ist $223\,s_m$. Gehen wir andererseits von V_1 aus

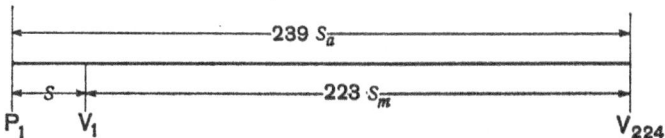

Fig. 17. Der in 239 anomalistischen Perioden zurückgelegte Weg

eine Strecke s zurück, so erhalten wir einen Punkt P_1. Die Strecke P_1V_{224} ist

$$223s_m + s = 239s_a.$$

Die Zeit, die der Mond zum Durchlaufen der kleinen Strecke s braucht, sei t. Die Zeit, die der Mond zum Durchlaufen der Strecke 223 s_m braucht, ist die Sarosperiode $6\,585^d + B$ nach (5). Die Zeit, die er zum Durchlaufen der Strecke 239 s_a braucht, ist 239 t_a. Also hat man

(8) $$t = 239t_a - 6585^d - B = c - B.$$

Dabei ist c eine Konstante, deren Wert wir kennen. Wenn also B bekannt ist, so ist auch die Zeit t, die der Mond zum Durchlaufen einer kleinen Strecke s unmittelbar vor dem betrachteten Vollmond braucht, bekannt.

Die mittlere Mondgeschwindigkeit auf der Strecke s sei v. Dann ist $v = s/t$, also

$$\frac{1}{v} = \frac{t}{s}.$$

Demnach ist $1/v$ eine lineare Funktion von B. Die Strecke s ist nur kurz, also ist die Mondgeschwindigkeit G im Augenblick des Vollmondes annähernd gleich der mittleren Geschwindigkeit v auf der Strecke s. Also ist $1/G$ näherungsweise eine lineare Funktion von B. Folglich kann G selbst, das Reziproke von $1/G$, in dem relativ schmalen Bereich vom Maximum bis zum Minimum von G recht gut durch eine lineare Funktion $aB + b$ angenähert werden. Rechnet man die Koeffizienten a und b aus, so sieht man, dass die in den Lehrtexten angenommene Relation

(9) $$G - 15 = 0;15,11,15(B - 2;13,20)$$

keine schlechte Näherung ist.

Wir fahren nun mit der exakten Theorie fort. Wir haben die Zeit t_m, die der Mond zum Durchlaufen der konstanten Strecke s_m vom unmittelbar vorangehenden Vollmond V_0 zum Vollmond V_1 braucht, zu berechnen. Die Strecke s_m kann in die konstante Strecke s_a und einen konstanten Rest s' zerlegt werden (Figur 18). Dementsprechend zerlegt sich auch die Zeit t_m in eine feste Zeit t_m und eine Variable Zeit t', die der Mond zum Durchlaufen der Strecke s' braucht:

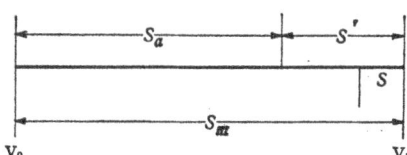

Fig. 18. Der vom Monde im Mittel von einem Vollmond zum nächsten zurückgelegte Weg s_m

(10) $$t_m = t_a + t'.$$

Die Monatsdauer $29^d + H$ erhält man aus t_m, wie schon gesagt, durch Addition einer kleinen Korrektur t_0, weil $29^d + H$ ja unter der Annahme berechnet werden soll, dass der Mond in dem betreffenden Monat $360° + 30°$, das ist etwas mehr als s_m zurücklegt. Wir haben also, wenn die Korrektur t_0 als konstant angenommen wird,

(11) $$H = t_0 + t_a - 29^d + t' = c' + t'$$

wo c' eine konstante Zeit ist.

Das Problem stellt sich nun so. Wir kennen nach (8) die Zeit t, die der Mond zum Durch-laufen der kleinen Strecke s braucht, als Funktion des Mondortes am Ende dieser Strecke. Wie gross ist die Zeit t', die der Mond zum Durchlaufen einer Strecke $s' = \frac{28}{3} s$ braucht?

Wir nehmen zunächst an, dass die Mondgeschwindigkeit auf der Strecke s' dauernd zu-nimmt oder dauernd abnimmt. Die Funktion B ist dann eine linear zunehmende oder abneh-mende Funktion des Mondortes, also ist nach (8) auch t = c−B, die Zeit zum Durchlaufen einer Teilstrecke s, eine lineare Funktion des Mondortes am Ende dieser Strecke.

Wir teilen nun die Strecke s' in 56 gleiche Teile. Sechs von diesen Teilen bilden die Teil-strecke s. Wir können annehmen, dass die Zeiten, die der Mond zum Durchlaufen dieser Teilstrecken braucht, eine steigende oder fallende arithmetische Reihe bilden.

Nun verschieben wir die Teilstrecke s um $\frac{25}{6} s = \frac{25}{56} s'$, so dass ihre Mitte mit der Mitte der Strecke s' zusammenfällt (Figur 19). Die Zeit, die der Mond zum Durchlaufen der Strecke s' braucht, ist eine Summe von 56 kleinen Zeiten, die eine arithmetische Reihe bilden. Die

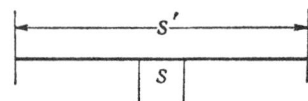

Fig. 19. Die Strecke s' und die verschobene Teilstrecke s

Summe dieser Reihe ist 28 mal die Summe der beiden Mittelglieder der Reihe. Die Zeit, die der Mond zum Durchlaufen der Strecke s bracht, ist 3 mal die Summe der Mittelglieder der Reihe. Also folgt

(12) $$t' = \frac{28}{3} t$$

oder wegen (8) und (11)

(13) $$H = c' + \frac{28}{3}(c−B) = c'' − \frac{28}{3} B.$$

Dabei ist aber B nicht für den Ort des Vollmondes V_1 zu berechnen, sondern für einen um $\frac{25}{56} s'$ zurückverschobenen Ort. Wie berechnet man dieses B?

Betrachten wir wieder die Figur 18. Wir bezeichnen mit d die monatliche Zu- oder Ab-nahme der Funktion B. Beim Vollmond V_0 hat die Funktion B einen Wert B_0. Wenn der Vollmond in einer anomalistischen Periode die Strecke s_a durchlaufen hat, hat B am Ende dieser Strecke wieder den gleichen Wert B_0. Auf der anschliessenden Strecke s' nimmt B um d zu oder ab und nimmt beim Vollmond V_1 den Wert B_1 an. Auf der Strecke s' nimmt B nach Voraussetzung linear zu oder ab. Ihre Zu- oder Abnahme auf der Strecke $\frac{25}{56} s'$ is also $\frac{25}{56} d$. Somit hat man, wenn die Funktion B zunimmt,

(14) $$B = B_1 − \frac{25}{56} d$$

und wenn sie abnimmt

(15) $$B = B_1 + \frac{25}{56} d$$

zu setzen. Genau diese Phasenverschiebung um $\frac{25}{56} = \frac{1}{2}(1 − \frac{3}{28})$ hat NEUGEBAUER im Lehrtext nachgewiesen, Auf den beiden geraden Strecken der Fig. 16 ergibt unsere Deutung also genau das Richtige.

Wendet man die gleiche Überlegung auf eine Strecke s' in der Nähe des Maximums oder Minimums der Funktion B an, so erhält man für H eine arithmetische Reihe 2. Ordnung, wie es die überlieferte Tafel für H bietet. Bei der Durchführung zeigt sich aber, dass die durch diese Rechnung erhaltene Funktion H nicht genau mit der Tafel für H übereinstimmt. Um die Übereinstimmung herzustellen, müsste man statt B eine modifizierte lineare Zackenfunktion B* zugrunde legen, die bei ihrem Maximum und ihrem Minimum eine Strecke lang konstant bleibt (Figur 20).

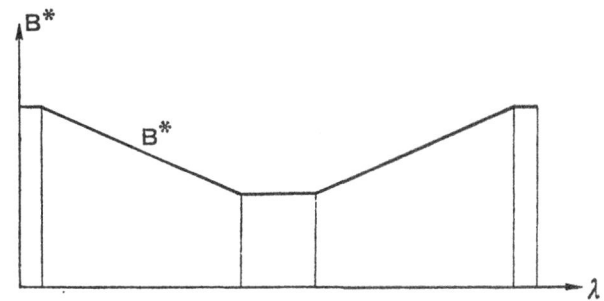

Fig. 20. Die Funktion B*, der Überschuss einer Sarosperiode über 6 585 Tage

Diese Funktion B* wäre dann der theoretische Überschuss der Sarosperiode über 6585^d. Die in Kolonne B berechnete Funktion dagegen wäre nur eine leicht berechenbare Hilfsfunktion zur Berechnung der Kolonnen G und H. Die nähere Ausführung dieses Gedankens würde uns jetzt zu weit führen.

Die Grundannahmen des Systems A

Überblickt man die Rechenvorschriften des Systems A zur Berechnung der Sonnen- und Mondlängen, der Mondbreiten, der Finsternisgrösse und der Monatsdauer, so zeigt sich, dass alle diese Rechenvorschriften rein logisch aus einigen wenigen Grundannahmen folgen. Diese sind:

1. Die Sonne legt von 13° Virgo bis 27° Pisces monatlich 30° zurück, von 27° Pisces bis 13° Virgo aber 28°7'30''.

2. Der Mond legt in einem Monat (von Vollmond zu Vollmond) 360° mehr zurück als die Sonne. Der Vollmond steht der Sonne gegenüber, der Neumond hat dieselbe Länge wie die Sonne.

3. Der Lichttag ist eine stückweise lineare Funktion des Sonnenortes. Bei 10° (1) ist der Lichttag 3^H. Für jeden Grad Zunahme der Sonnenlänge nimmt der Lichttag bis 10° (2) um 40', bis 10° (3) um 24' und bis 10° (4) um 8' zu bis zum Maximum $3^H36°$. Dann nimmt er in derselben Weise ab bis zum Minimum $2^H24°$ und dann wieder ebenso zu (Fig. 13).

4. Der aufsteigende Knoten der Mondbahn bewegt sich jeden Monat um $k = 1°33'55''30'''$ rückwärts. Die Mondbreite ist eine stückweise lineare Funktion des Abstandes vom Knoten. Diese Funktion hat das Maximum 6° = 7,12 še und das Minimum − 7,12 še. Ihre Steigung in der Knotenzone von −2° bis +2° ist 8 še pro Grad, ausserhalb der Knotenzone 4 še pro Grad (Fig. 15).

5. Ist die Mondbreite beim Vollmond dem Betrage nach kleiner als 17;24 Finger (1 Finger = 6 še = 5'), so ist eine Mondfinsternis möglich. Die Finsternisgrösse in Fingern ist

$$F = 17;24 \pm E/6$$

mit $+$ beim aufsteigenden, $-$ beim absteigenden Knoten.

6. Die Dauer einer „Sarosperiode" zu 223 synodischen Monaten nimmt als Funktion der Mondlänge linear zu bis zu einem Maximum, bleibt dann eine Strecke lang konstant, nimmt linear ab bis zu ihrem Minimum und bleibt dann wieder eine Strecke lang konstant (siehe Fig. 20). Die Periode, nach deren Ablauf diese Funktion sich wiederholt, ist die anomalistische Periode des Mondes. Es gilt:

6247 Monate = 6695 anomalistische Perioden.

Aus den Annahmen 1—6 folgen weitere Periodenrelationen, z.B.

1 Jahr = 12;22, 8 Monate.

Ein eigentümliches Näherungsverfahren

kommt bei der Berechnung der Sonnenlänge zur Geltung. Nach der Grundannahme 1 legt die Sonne in einem mittleren synodischen Monat 30° oder 28°7′30″ zurück. Nun ist aber der wahre synodische Monat etwas verschieden vom mittleren. Der Mond kann bis zu 6° von seiner mittleren Länge abweichen; daher kann der Augenblick, wo er die Sonne einholt oder zu ihr in Opposition tritt, um einen halben Tag von dem mittleren Augenblick abweichen. Der Ort der Sonne im Augenblick des wahren Neu- oder Vollmondes kann also um einen halben Grad von dem Ort abweichen, der unter der Annahme einer gleichen Dauer der Monate berechnet wurde.

Diese Abweichung muss dem Urheber des Systems A bekannt gewesen sein. Er wusste, dass die Monate keine gleiche Dauer haben. Trotzdem hat er die Sonnenörter unter der Annahme von gleich langen Monaten berechnet. Er konnte das tun, weil die Abweichungen im Endeffekt höchstens einen halben Grad betragen. Die Sonne legt ja in einem halben Tag nicht mehr als einen halben Grad zurück.

Ein ähnliches Näherungsverfahren wird, wie wir sehen werden, auch in der Planetenrechnung angewandt. Auch hier werden die Zeiten von einer Planetenerscheinung zur nächsten gleichartigen zunächst als gleich lang angenommen. Ausgehend von dieser vorläufigen Annahme werden dann die Planetenpositionen berechnet. Diese Positionen weichen, besonders bei Jupiter und Saturn, nur wenig von den wahren Positionen ab, weil diese Planeten sich nur langsam bewegen und daher ein Zeitfehler von einigen Tagen sich auf die Positionen nur wenig auswirkt. Auf Grund der so berechneten Positionen werden nun die genauen Zeiten von einem Phänomen zum nächsten ermittelt, ganz analog wie in der Mondrechnung.

Die Rolle der Beobachtung

Um eine lineare Zackenfunktion numerisch festzulegen, braucht man vier Konstanten, nämlich:

1) die monatliche Differenz d,
2) die Periode p,
3) den Mittelwert $\mu = \frac{1}{2}(M + m)$,
4) einen Anfangswert.

Bei solchen Funktionen wie B oder G, die im Laufe eines Monats einmal durch ihr Maximum und Minimum hindurchgehen, ist die Periode p durch

$$p = \frac{2\Delta + d}{2\Delta} = 1 + \frac{d}{2\Delta}$$

$(\Delta = M - m)$ gegeben. Kennt man also p und d, so kann man Δ berechnen. Kennt man weiter den Mittelwert μ, so kann man das Maximum M und das Minimum m berechnen:

$$M = \mu + \tfrac{1}{2}\Delta, \quad m = \mu - \tfrac{1}{2}\Delta.$$

Die fundamentalen Kolonnen des Systems A, aus denen alle anderen berechnet werden, sind B, C und E. Nun zeigt es sich, dass gerade die Grössen B, C und E sich mit der erforderlichen Genauigkeit direkt beobachten lassen. Das soll jetzt gezeigt werden.

B (oder vielmehr die modifizierte Funktion B*, die aber meistens mit B übereinstimmt) ist der Überschuss einer Sarosperiode über 6 585 Tage. Man kann B* empirisch bestimmen, indem man etwa zwei Mondfinsternisse beobachtet, die 3 Sarosperioden auseinander liegen. Der dreifache Saros oder „Exeligmos", der nahezu eine ganze Anzahl von Tagen enthält, wird in einem Keilschrifttext aus Uruk und bei GEMINOS erwähnt. Der Zeitunterschied zwischen zwei solchen Finsternissen erlaubt eine sehr genaue Berechnung von B*.

Die Grösse C ist die Mondlänge zur Zeit des Vollmondes. Der genaue Augenblick eines Vollmondes ist bei einer totalen Mondfinsternis leicht zu bestimmen: er liegt nahezu in der Mitte zwischen Anfang und Ende der Totalität. Um die Mondlänge zu bestimmen, misst man die Distanz zu einem nahen Ekliptikstern. Aus ihrem Sternkatalog konnten die Babylonier die Längen der Fixsterne entnehmen und so die Mondlänge berechnen.

Die Dauer des siderischen Jahres kann man etwa so bestimmen. Man vergleicht zwei zeitlich weit auseinanderliegende Finsternisse und bestimmt so den Weg w der Sonne in einer grossen Zahl n von synodischen Monaten. Das siderische Jahr enthält dann n.(360/w) Monate.

Im System A ist

$$1 \text{ Jahr} = 12;22, 8$$

Monate. Dieses Jahr dauert noch etwas länger als das modern berechnete siderische Jahr und viel länger als das tropische Jahr. Das deutet darauf hin, dass die Jahreslänge nicht durch Beobachtung der Äquinoktien, sondern eher in der angegebenen Weise durch Beobachtung von siderischen Mondörtern bestimmt wurde.

Die ungleichmässige Bewegung der Sonne konnte man durch Vergleichung der

Mondörter bei Finsternissen, die 6 Monate auseinanderliegen, leicht feststellen. Die Beobachtung zeigt, dass in einem Teil der Ekliptik, von der Jungfrau bis zu den Fischen, die Sonne in 6 Monaten fast 180° zurücklegt, in dem anderen Teil der Ekliptik aber bedeutend weniger. Die einfachste Hypothese, die das erklärt, ist die Annahme von zwei Geschwindigkeiten der Sonne in zwei Teilen des Tierkreises. Für die grösste Geschwindigkeit hat man 30° im Monat angesetzt, für das Verhältnis der Geschwindigkeiten 16 : 15. Zur Bestimmung des Ekliptikbogens L, auf dem die kleinere Geschwindigkeit gelten soll, hat man die Gleichung

$$\frac{360-L}{30} + \frac{16}{15} \cdot \frac{L}{30} = 12;22, 8$$

deren Lösung lautet

$$L = 166°.$$

Die Lage eines Grenzpunktes konnte man festlegen durch Beobachtung des von der Sonne zurückgelegten Weges von einer Finsternis im langsamen Teil zu einer Finsternis im schnellen Teil der Ekliptik. Die Lage des anderen Fixpunktes ergibt sich dann durch Addition oder Subtraktion von 166°.

Es gibt noch eine andere Methode, die ungleichmässige Bewegung der Sonne zu bestimmen. HIPPARCHOS[1] fand vom Frühlingsäquinoktium bis zur Sommerwende 94½ Tage, von der Sommerwende zum Herbstäquinoktium 92½ Tage und von der Herbstgleiche zur Frühlingsgleiche 178½ Tage. Aus diesen drei Zeiten haben HIPPARCHOS und PTOLEMAIOS die Exzentrizität der Sonne bestimmt. Die Babylonier hatten aber keine so genauen Beobachtungen der Jahrespunkte. In ihren Berechnungen nahmen sie immer gleiche Intervalle von je ¼ Jahr zwischen den Jahrespunkten an. Es ist daher unwahrscheinlich, dass sie die ungleichmässige Sonnenbewegung nach der Methode des HIPPARCHOS gefunden haben.

Hat man einmal die Bewegung der Sonne auf der siderischen Ekliptik zahlenmässig bestimmt, so genügt eine einzige Beobachtung eines Äquinoktiums um dessen Lage bei 10° Aries oder Libra festzulegen. Die Lage der übrigen Jahrespunkte ergibt sich dann durch Addition von 3, 6 oder 9 Zeichen.

Den sehr genauen Wert $3^H 36°$ für die Dauer des längsten Tages wird man wohl durch direkte Messung gefunden haben. Setzt man nun weiter, für die Zu- und Abnahme der Tagesdauer für je 30° Sonnenlänge vom Frühlings- bis Herbstäquinoktium eine arithmetisch Reihe an:

$$+5x, \quad +3x, \quad +x, \quad -x, \quad -3x, \quad -5x$$

so ergibt sich aus der Gleichung

$$5x+3x+x = 36°$$

von selbst x = 4° und damit das ganze Rechenschema für die Dauer des Lichttages.

---

[1] Ptolemaios, Almagest III 4.

Die Breitenbewegung des Mondes

Um die Knotenbewegung der Mondbahn zu bestimmen, genügen zwei Beobachtungen von weit auseinanderliegenden Finsternissen, beide im aufsteigenden oder beide im absteigenden Knoten, bei denen beide Male derselbe (nördliche oder südliche) Teil der Mondscheibe verfinstert ist. Eine Zählung der Anzahl der Monate, eine Bestimmung der Mondlängen und eine Zählung der Anzahl der Umläufe des Knotens in der Zwischenzeit genügen für eine sehr genaue Berechnung der Knotenbewegung. Vergleicht man dann noch zwei Finsternisse mit gleicher Finsternisgrösse auf verschiedenen Seiten des aufsteigenden oder absteigenden Knotens, so kann man schliessen, dass das Argument $u = \lambda - \Omega$ beide Male entgegengesetzte Werte hatte; daraus ergibt sich dann die genaue Lage des Knotens. Genau so rechnet auch PTOLEMAIOS, wobei er babylonische Finsternisberichte benutzt.

Die maximale Mondbreite ist leicht durch ungefähre Beobachtungen zu bestimmen; sie beträgt ungefähr 5°. Setzt man nun eine lineare Zackenfunktion mit Maximum 5° und Minimum — 5° an, so zeigt sich, dass die Steigung der Funktion in der Nähe der Knoten zu klein ist. Man erhält zu viele Finsternisse und zu grosse Finsternisgrössen. Um hier Abhilfe zu schaffen, hat man in der Knotenzone die Steigung verdoppelt (Fig. 15). Als Grenzen der Knotenzone hat man $\pm 2°$ angenommen. Dass die maximale Mondbreite nun 6° wird, schadet wenig, da es den babylonischer Rechnern anscheinend hauptsächlich um eine gute Darstellung der Finsternisse zu tun war.

Wie man sieht, genügen ganz wenige Beobachtungen zur Festlegung der wichtigsten Konstanten. Vielleicht hat man auch Mittelwerte aus mehreren Beobachtungen gebildet. Es scheint aber, dass man die Konstanten in späterer Zeit nicht mehr nachgeprüft hat; sonst hätte man z.B. den immer anwachsenden Fehler der Äquinoktien gefunden. System A ist ohne jede Änderung der Konstanten jahrhundertelang im Gebrauch geblieben.

Der wissenschaftliche Charakter des Systems A

System A ist wohl das älteste Beispiel einer Theorie, die einerseits empirisch, andererseits exakt mathematisch ist, wie unsere heutige Naturwissenschaft. Ausgehend von Beobachtungen, die sich über viele Jahre erstrecken, hat man versucht, durch möglichst einfache Annahmen über die Bewegung der Himmelskörper den Beobachtungen gerecht zu werden. Da man mit der Annahme einer gleichmässigen Sonnenbewegung nicht zum Ziel kam, versuchte man es mit einer Teilung der Ekliptik in zwei Teile, die mit verschiedenen konstanten Geschwindigkeiten durchlaufen werden. Beim Monde ist die Geschwindigkeitsänderung so stark, dass man mit der Annahme von zwei konstanten Geschwindigkeiten nicht durch kam; da hat man eine regelmässig zu- und abnehmende Geschwindigkeit angenommen. Hätte

man die Geschwindigkeit selbst als lineare Zackenfunktion von der Zeit angenommen, so wären die Rechnungen zu kompliziert geworden; denn bei der
Berechnung des Zeitpunktes einer Mondfinsternis handelt es sich nicht darum,
welchen Weg der Mond in einer gegebenen Zeit zurücklegt, sondern darum, welche
Zeit er zum Zurücklegen einer gegebenen Strecke braucht. Man hat daher die
Zeit t, die der Mond zum Zurücklegen einer kleinen Strecke s braucht, als stückweise lineare Funktion der Mondlänge am Ende dieser Strecke angenommen. Für
s hat man die Strecke gewählt, die der Mond in 239 anomalistischen Perioden
mehr zurücklegt als in 223 synodischen Monaten. Die zugehörige Zeit t lässt
sich aus Finsternisbeobachtungen recht genau bestimmen.

Es ist lehrreich, zu beobachten, welche Rechnungen im System A genau ausgeführt wurden und bei welchen man sich mit einer Näherung begnügt hat. Genau
berechnet wurden zunächst die Kolonne B und die daraus nach einer komplizierten
Rechenvorschrift abgeleitete Kolonne H, die (unkorrigierte) Zeit von einem
Neumond oder Vollmond zum nächsten. Hätte man H nur genähert berechnet,
etwa auf Zeitgrade abgerundet, so könnten sich die Fehler im Lauf der Jahre
summieren und man würde nach 60 Jahren möglicherweise einen Fehler von
einem halben Tag oder noch mehr in der Finsterniszeit erhalten. Daher wurde
H auf 7 Sexagesimalstellen genau berechnet. Drei oder vier Stellen hätten allerdings auch genügt.

Ebenso hat man die Differenzen der Mondbreiten

$$E = E_n - E_{n-1}$$

auf 4 Sexagesimalstellen genau berechnet. Auch hier könnte nämlich durch die
Summierung der Einzelfehler ein grösserer Fehler in der Finsternisgrösse entstehen.

Dagegen hat man die Mondgeschwindigkeiten, die nicht summiert wurden, nur
ungefähr berechnet. Anscheinend hat sich der Urheber des Systems A genau
überlegt, wo er sich eine bequeme Näherung gestatten konnte und wo er genau
rechnen musste.

Geometrische Überlegungen und trigonometrische Rechnungen, wie sie die
griechischen Astronomen anstellten, sind zur Herleitung der Rechenvorschriften
des Systems A nicht nötig. Die Auflösung von linearen Gleichungen mit einer
Unbekannten und die Summation von arithmetischen Reihen — das sind die
mathematischen Hilfsmittel, mit denen System A auskommt.

Die Einfachheit der mathematischen Hilfsmittel darf und aber nicht darüber
hinwegtäuschen, dass die Aufstellung des Systems A der Mondrechnung eine
grossartige wissenschaftliche Leistung war. Das ganze System beruht auf wenigen
Hypothesen, deren Konsequenzen streng logisch durchdacht wurden. Das erste
Problem war die Aufstellung der Hypothesen, das zweite die empirische Bestimmung der Konstanten, das dritte die numerische Berechnung der Phänomene aus
den Hypothesen. Komplizierte Vorgänge, wie das Überholen der Sonne durch
den Mond, unter Berücksichtigung der ungleichmässigen Bewegung beider

Gestirne, mussten in ihre einfacheren Komponenten zerlegt und so der Rechnung zugänglich gemacht werden.

Das System stimmte so gut zur Erfahrung, dass es Jahrhunderte lang ungeändert beibehalten werden konnte. KUGLER hat (Mondrechnung S.155) die in einem Text des Systems A für die Jahre −173 bis −161 berechneten Finsternisgrössen mit der modernen Rechnung verglichen und gefunden, dass die modernen Finsternisgrössen im allgemeinen mit den babylonischen steigen und fallen; die babylonischen Grössen verhalten sich zu den modernen „beiläufig wie 10 : 12". Dabei war System A im Jahre −162 schon mindestens 100 Jahre ohne Änderung der Konstanten im Gebrauch. Das System muss also sehr sorgfältig den Beobachtungen angepasst gewesen sein.

Es ist nicht anzunehmen, dass die Übereinstimmung zwischen Rechnung und Beobachtung auf den ersten Anhieb erreicht wurde. Wenn die Hypothesen nicht gut genug mit der Beobachtung übereinstimmten, wird man sie so lange geändert haben, bis alles stimmte. Genau so verfuhr auch PTOLEMAIOS und alle theoretischen Astronomen bis zum heutigen Tag. Wenn der Autor des Systems A auch so verfuhr, so musste er die Kette der Deduktionen, die von den Hypothesen zu den Phänomenen führt, mehrere Male von immer abgeänderten Hypothesen aus durchlaufen. Dass diese Deduktionen nicht leicht waren, sieht man ohne weiteres aus unseren früheren Betrachtungen über die Mondbreite, über die Mondgeschwindigkeiten und über die Dauer der einzelnen Monate.

Nachdem das theoretische System fertig und an den Beobachtungen geprüft war, musste die Berechnung der Phänomene auch noch programmiert werden, d.h. die Rechenvorschriften mussten so formuliert werden, dass jeder Rechner nach festen Regeln eine Kolonne nach der anderen berechnen konnte. Auch das wurde getan, wie die uns erhaltenen Lehrtexte zeigen.

Wer die ganze Theorie überblickt, wird dem Autor des Systems A seine Bewunderung nicht versagen können.

Wahrscheinlich hiess dieser Autor NABU-RIMANNU. Die Unterschrift der Mondtafel ACT 18 „*Tersitu* des *Nabu-rimannu*" kann nämlich nicht gut anders gedeutet werden als: Rechenapparat des *Nabu-rimannu* (ACT I p. 12−13).

SYSTEM B

System B ist in seiner logischen Struktur einfacher als System A. So komplizierte, raffiniert ausgeklügelte Rechenvorschriften wie die der Kolonnen E und H des Systems A kommen in B nicht vor. Die benutzten Zahlenwerte und Perioden stimmen jedoch in System B besser mit der Wirklichkeit überein. Aus diesem Grunde nahm schon KUGLER an, dass System B später erfunden wurde als A. Ich schliesse mich dieser Meinung an. Es wäre in der Tat absurd, wenn der hochintelligente Autor des Systems A die einfachen Rechenvorschriften des Systems B durch kompliziertere und die guten Perioden und Konstanten durch weniger gute ersetzt hätte!

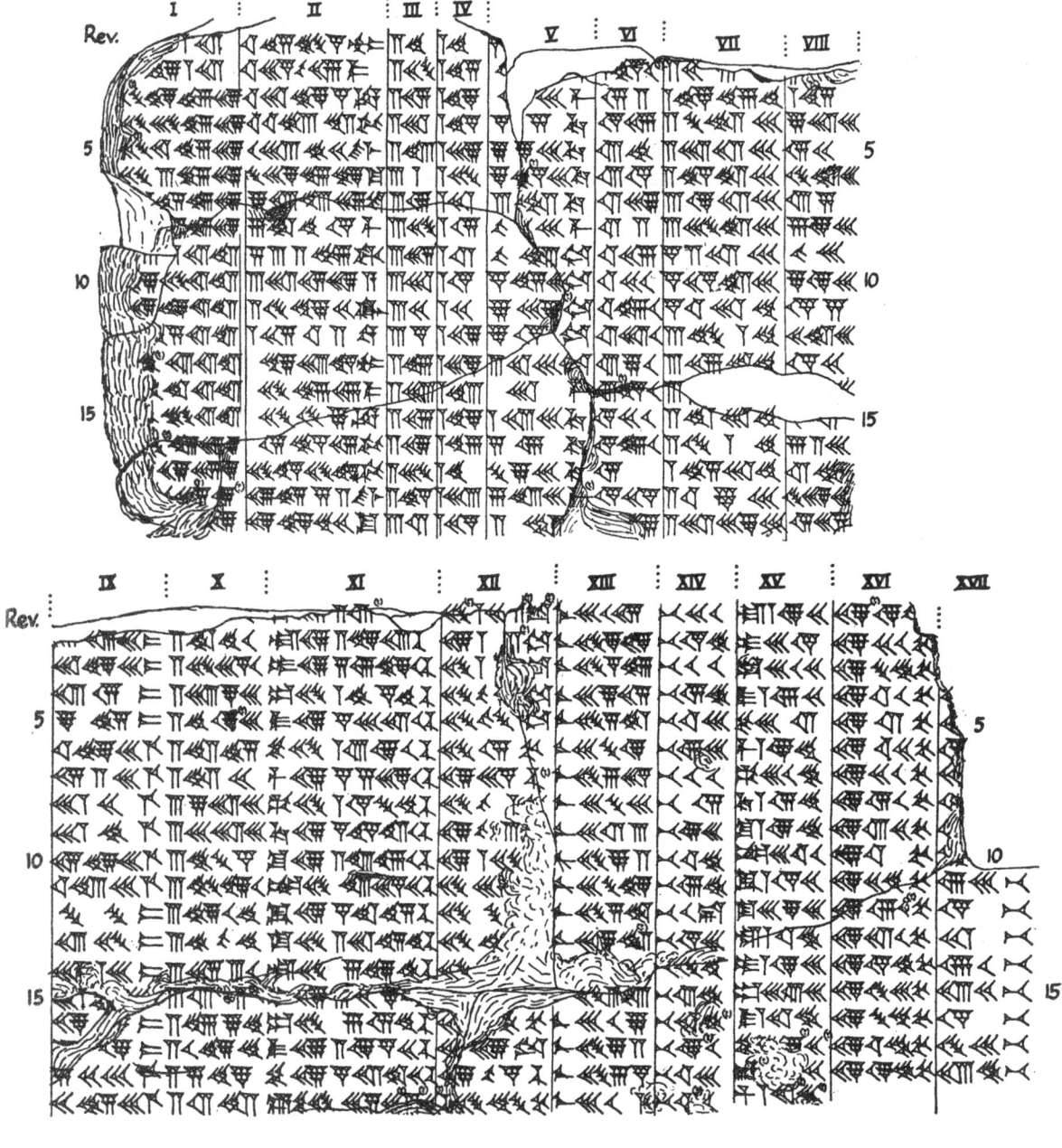

Fig. 21. Die Neulicht-Tafel ACT 122, kopiert von PINCHES. Aus A. SACHS: Late Babyl. Astron. Texts (Brown Univ. Press 1955) No 66. Auf der unteren Kante steht der Name des Astronomen *Kidinnu*.

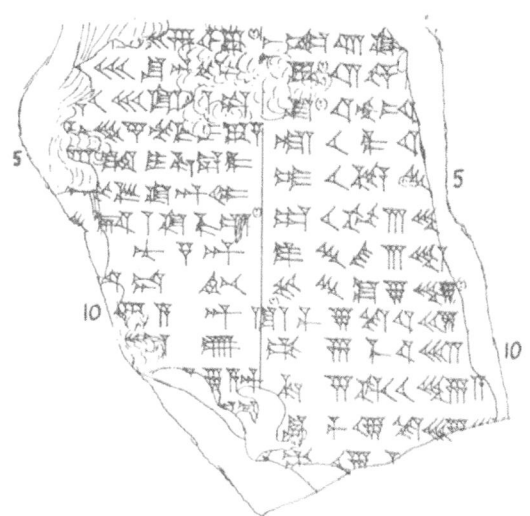

BILD 15 Text 200h (siehe S. 169) aus Babylon. Der älteste Mondrechnungstext nach System B, berechnet für die Jahre 60 und 61 der Seleukidenära (−251 und −250). Museumnummer BM 35 203. Oben Photo British Museum, unten die Kopie von PINCHES aus A. SACHS, Late Babylonian astronomical and related texts, Providence 1955, No 90

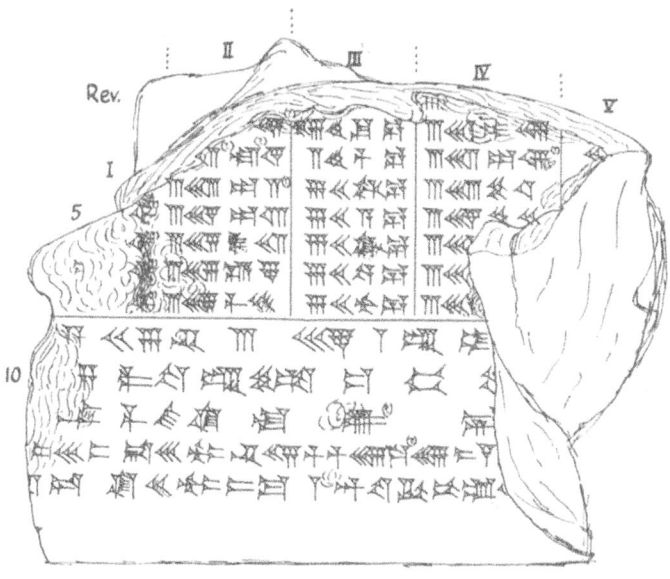

BILD 16 Text 603 mit Lehrtext 821 (Museumnummer BM 34 571). Oben Photo British Museum, unten Kopie von PINCHES aus A. SACHS, Late Babylonian texts, No 118. Der obere Teil des Textes ist eine Jupitertafel, berechnet nach System A für die Jahre 147−218 der Seleukiden-Ära (−164 bis −93). Die Kolonnen I bis V bieten: Ort des Morgenkehrpunktes, Datum und Ort der Opposition, Datum und Ort des Abendkehrpunktes. Der Lehrtext unter dem Strich gibt an, wie Örter und Daten berechnet sind

Die grosse Neulicht-Tafel ACT 122

Dieser grosse Text aus Babylon, von dem bereits EPPING und KUGLER bei ihrer Enträtselung der babylonischen Mondrechnung ausgegangen sind, besteht aus 17 Kolonnen mit je 40 Zeilen (20 auf der Vorderseite und 20 auf der Rückseite). Der Text ist aus 9 Fragmenten zusammengestellt, von denen das grösste früher die Museumsnummer SH 272 trug. Auf der unteren Kante steht: ,,*Tersitu* des *Ki-din-nu*'', d. h. wahrscheinlich: Rechenapparat des *Kidinnu*. Der Astronom *Kidinnu* = KIDENAS wird auch von griechischen Autoren erwähnt.

Die schönste Kopie ist die von PINCHES, die wir als Fig. 21 reproduzieren. Eine Transkription der Kolonnen A bis L in modernen Ziffern findet man bei KUGLER, Babyl. Mondrechnung, S.12—13. Eine Erläuterung der Kolonnen XII bis XVII hat SCHAUMBERGER im 3. Ergänzungsheft zu KUGLERs Sternkunde gegeben. Eine Transkription des ganzen Textes mit Kommentar gab NEUGEBAUER in ACT I (Kommentar) und III (Text) unter der Nummer 122.

Der Text betrifft die Neumonde und die erste Sichtbarkeit des neuen Mondes für die Jahre 208 — 210 der Seleukidenära. Wir geben hier den Anfang der ersten 10 Zeilen der Rückseite wieder. Die Kolonnen sind nach KUGLER mit A,B,C, ... bezeichnet. Die Nummerierung bei NEUGEBAUER stimmt damit überein. Die Datumkolonne und der Anfang der Kolonne A sind ergänzt. Das Datum ist völlig sicher.

	Monat	A	B		C	D
	VII	29;30, 1,22	11;45,59, 4	(8)	2,40	1,40
	VIII	29;48, 1,22	11;34, 0,26	(9)	2,29	1,45
	IX	29;57,56,38	11;31,57, 4	(10)	2,25	1,47
	X	29;39,56,38	11;11,53,42	(11)	2,31	1,44
	XI	29;21,56,38	10;33,50,20	(12)	2,43	1,38
	XII	29; 3,56,38	9;37,46,58	(1)	3, 1	1,29
210	I	28;45,56,38	8;23,43,36	(2)	3,18	1,21
	II	28;27,56,38	6;51,40,14	(3)	3,29	1,15
	III	28;11,22,42	5; 3, 2,56	(4)	3,35	1,12
	IV	28;29,22,42	3;32,25,38	(5)	3,31	1,14

Bedeutung der Kolonnen A—D

Kolonne A gibt die monatliche Bewegung der Sonne. Man sieht sofort, dass A eine lineare Zackenfunktion ist, mit

Differenz $d = 0;18$
Maximum $M = 30;1,59$
Minimum $m = 28;10,39,40$
Variationsbreite $\Delta = M-m = 1;51,19,20$.

Die Periode berechnet man so. In einem Monat nimmt A um d zu oder ab. Wie viele Monate braucht es also um die gesamte Variationsbreite vom Minimum m zum Maximum M und wieder zurück zum Minimum m zu durchlaufen? Die Antwort ist offenbar

$$P = \frac{2\Delta}{d} = \frac{3;42,38,40}{0;18} = 12;22,8,53,20.$$

Dieser Wert stimmt ungefähr mit der Dauer des Jahres nach System A

$$J = 12;22,8$$

überein. Später werden wir sehen, dass die Kolonne J, die ebenfalls von der anomalistischen Bewegung der Sonne abhängt, sogar genau die Periode 12;22, 8 hat.

Man kann aber aus Kolonne A noch eine andere Jahresdauer erhalten. Die mittlere monatliche Bewegung der Sonne ist nämlich

$$\mu = \tfrac{1}{2}(M+m) = 29;6,19,20.$$

In einem Jahr legt die Sonne genau 360° zurück. Das Jahr enthält also

$$\frac{360}{\mu} = 12;22,7,52\ldots$$

Monate. Dieser Wert ist etwas genauer als der Wert 12;22, 8 des Systems A.

Die Darstellung der monatlichen Bewegung der Sonne durch eine linear zu- und abnehmende Funktion im System B ist ebenfalls genauer als die Darstellung durch eine stückweise konstante Funktion im System A.

In Kolonne B ist die Sonnenlänge beim Neumond am Ende des Monats angegeben. Jede Länge B_n entsteht durch Addition der Bewegung A_n zur vorigen Länge B_{n-1}, z.B.

$$(8) \quad 11;45,59,4+29;48,1,22 = (9)11;34,0,26.$$

Kolonne C bietet die Dauer des Tages. Steht die Sonne bei 8° (1), so dauert der Lichttag 3^H. Von 8°(1) bis 8°(2) nimmt der Lichttag für jeden Grad der Sonnenlänge um 36′ zu (statt 40′ im System A), von 8°(2) bis 8°(3) für jeden Grad um 24′ (wie im System A), von 8°(3) bis 8°(4) um 12′ (statt 8′ im System A). Der längste Tag hat also

$$3^H+18°+12°+6° = 3^H36°,$$

wie im System A. Nach dem Maximum nimmt der Lichttag wieder ab, zunächst um 12′, dann um 24′, dann um 36′, u.s.w. Dieses Schema stimmt noch besser mit der Wirklichkeit überein als das des Systems A.

Die Zahlen in Kolonne D geben die Dauer der halben Nacht an. Wenn man nämlich die Dauer des Tages C von 6, 0 subtrahiert und das Ergebnis halbiert und auf ganze Zeitgrade abrundet, so erhält man genau die Zahlen der Kolonne D.

Kolonne E: Finsternisgrösse

Die nun folgende Kolonne E heisst bei NEUGEBAUER „Ψ". KUGLER deutete E als Breite des Mondes. In NEUGEBAUERS „Untersuchungen zur antiken Astronomie III" (Quellen u. Studien Gesch. Math. *B 4*, p. 308) wurde KUGLERS Deutung übernommen, aber später (Isis *36*, p. 14) hat NEUGEBAUER gezeigt, dass es sich um eine Finsternisgrösse handelt, die über die für die Finsternisse allein wichtige Knotenzone hinaus extrapoliert wurde.

Im System A wurde die Finsternisgrösse F, wie wir gesehen haben, aus der Mondbreite E nach der Formel

$$F = 17;24 \pm E/6$$

hergeleitet. Es ist sehr gut möglich, dass der Urheber des Systems B an eine ähnliche Formel gedacht hat, aber in den uns erhaltenen Texten kommt keine Spalte vor, die die Mondbreite selbst darstellen könnte. Man hat einfach die Finsternisgrösse linear extrapoliert, und zwar von einem Knotendurchgang aus rückwärts bis unmittelbar nach dem vorigen Knotendurchgang. Graphisch dargestellt, sieht die Funktion E so aus wie in Figur 22 angegeben.

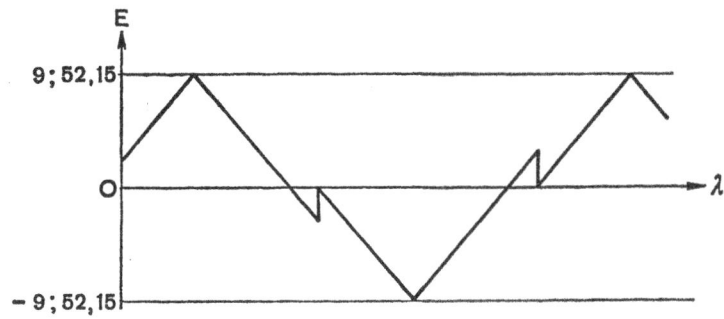

Fig. 22. Finsternisgrösse E nach System B

Das Maximum von E ist 9;52,15, das Minimum −9;52,15. Die monatliche Differenz ist 3;52,30. Wenn nach dem Knotendurchgang ein Betrag grösser als 3 herauskommt, wird 3 subtrahiert; so entstehen die Sprungstellen in der Figur.

In dieser Kolonne ist die anomalistische Sonnenbewegung nicht berücksichtigt. Andere Texte enthalten ausser der Kolonne E noch zwei weitere Kolonnen, die KUGLER Δ und E" genannt hatte, NEUGEBAUER in ACT I aber $\Delta\Psi'$ und Ψ'. Die Differenzenkolonne $\triangle \Psi' = \Delta$ hängt von der anomalistischen Sonnenbewegung ab; ihre Bildungsweise ist nicht völlig geklärt. Für nähere Einzelheiten siehe die Arbeiten von NEUGEBAUER.

Berechnet man die Periode der Kolonne E, so findet man

5 923 Drachenmonate = 5 458 synodische Monate.

Diese sehr gute Periodenrelation hat auch HIPPARCHOS gekannt. Siehe PTOLEMAIOS, Almagest, Buch 4, Kap. 2.

Kolonne F: Mondgeschwindigkeit

Die Mondgeschwindigkeit, in Grad pro Tag, wird dargestellt durch eine lineare Zackenfunktion mit

Maximum 15;16, 5
Minimum 11;5,5
Differenz 0;36.

Der Mittelwert 13;10,35 stimmt genau überein mit der mittleren täglichen Bewegung des Mondes, die die Chaldäer nach GEMINOS (Isagoge,Kap. 6) gefunden haben.

Berechnet man aus den angegebenen Zahlen die anomalistische Periode des Mondes ,so findet man

269 anomalistische Perioden = 251 Monate.

Auch diese Periodenrelation hat HIPPARCHOS gekannt (PTOLEMAIOS, Almagest 4, Kap. 2). In einem griechischen Almagestkommentar (CUMONT, Neue Jahr b. klass. Alt. *27*, S. 8) wird dieselbe Periodenrelation dem chaldäischen Astronomen KIDENAS zugeschrieben.

Kolonne G: Vorläufige Dauer des Monats

Diese Kolonne bietet den Ueberschuss des Monats über 29^d, in Grossstunden, unter der Annahme einer gleichmässigen Sonnenbewegung. Sie entspricht der Kolonne H des Systems A, aber ihre Bildungsweise ist viel einfacher. G ist nämlich eine lineare Zackenfunktion mit

Maximum 4;29,27, 5
Minimum 1;52,34,35
Differenz 0;22,30.

Die Periode der Kolonne G stimmt mit der der Kolonne F, also auch mit HIPPARCHOS überein. Eine weitere Übereinstimmung mit HIPPARCHOS hat KUGLER gefunden, indem er aus dem Mittelwert der Kolonne G den mittleren synodischen Monat berechnete. Es ergab sich

29;31,50,8,20 Tage,

genau wie bei HIPPARCHOS (Almagest 4, Kap. 2).

Diese drei Übereinstimmungen beweisen, wie KUGLER richtig bemerkt, dass HIPPARCHOS die Perioden des Systems B der babylonischen Mondrechnung gekannt hat.

Kolonnen H und I: Korrektur zur Monatsdauer

Die Monatsdauer G war unter der Annahme berechnet, dass die Sonne jeden Monat denselben Weg s zurücklegt. Legt die Sonne aber den Weg s + k zurück, wo k ein kleines Korrekturglied ist, so braucht der Mond, um die Sonne zu über holen, etwas mehr (oder weniger) Zeit als die Zeit G. Die Zeit I, die zu G noch hinzukommt, ist in sehr guter Näherung proportional zu k.

Im System B ist s + k und daher auch k eine lineare Zackenfunktion, d.h. k nimmt von seinem Minimum bis zu seinem Maximum linear zu und dann ebenso wieder ab. Also wäre logischerweise zu erwarten, dass die Korrektur I ebenfalls linear zu- und abnimmt.

Diese Erwartung wird nicht erfüllt. Die Korrektur I nimmt zwar bis zu einem Maximum zu und dann wieder ab, aber die monatliche Zu- oder Abnahme ist nicht konstant, sondern sie wird durch eine Differenzenkolonne H gegeben, die ihrerseits eine lineare Zackenfunktion mit dem Maximum 21°, dem Minimum 0 und der Differenz

$$d = 6;47,30$$

ist. Die Periode dieser Kolonne H ist fast ein halbes Jahr:

$$P_H = \frac{2\Delta}{d} = \frac{42}{6;47,30} = 6;11,2,35$$

Diese Kolonne H dient nur als Hilfskolonne zur Berechnung der nächsten Kolonne I. Das Maximum von I ist 32;28, 6 oder in abgekürzter Rechnung 32;28 (Zeitgrade), das Minimum —32;28, 6 oder —32;28. Die Differenz der Kolonne I wird durch die Kolonne H gegeben. Wenn man durch die Addition von H_n zum vorangehenden Wert I_{n-1} über das Maximum M hinauskommt, so wird, wie immer bei linearen Zackenfunktionen, der Überschuss wieder von M subtrahiert, und entsprechend beim Minimum.

Der Mittelwert von H ist 10;30. Die mittlere Periode von I ist also

$$P_I = \frac{2(M-m)}{10;30} = \frac{2,9;52}{10;30} = 12;22,8.$$

Diese Jahresdauer stimmt genau mit der von System A überein.

Die Korrektur I ist ganz analog der Korrektur I des Systems A. Beide Korrekturen hängen von der ungleichmässigen Sonnenbewegung ab. Im System A hatte die Sonne zwei konstante Geschwindigkeiten; daraus ergab sich logisch eine konstante negative Korrektur für die Monate, in denen die Sonne die kleinere Geschwindigkeit hat. Hätte man die entsprechende Ueberlegung auch im System B angestellt, so hätte man für I eine gewöhnliche lineare Zackenfunktion erhalten. Statt dessen hat man eine viel kompliziertere Funktion angesetzt, die gar nicht zum angenommenen Modell der Sonnenbewegung passt. Die strenge Logik, die im System A herrscht, ist im System B nicht vorhanden.

Die Kolonnen K, L und M

Addiert man zur vorläufigen Monatsdauer G die Korrektur I, so erhält man die endgültige Monatsdauer

$$K = G + I.$$

Kolonne L gibt den Zeitpunkt des Neumondes. Die Bildungsweise ist klar:

$$L_n = L_{n-1} + K.$$

Wenn die Summe $L_{n-1} + K$ grösser als $1^d = 6^H$ ist, wird natürlich 6^H subtrahiert:

$$L_n = L_{n-1} + K - 6^H.$$

Die Zeiten in Kolonne L sind von Mitternacht an gezählt. Die nächste Kolonne M gibt die Zeit des Neumondes vor oder nach Sonnenuntergang oder Sonnenaufgang. Da D die Dauer der halben Nacht war, so hat man

vor Sonnenaufgang $M = D-L$

nach Sonnenaufgang $M = L-D$

vor Sonnenuntergang $M = 6^H-(L+D)$

nach Sonnenuntergang $M = L+D-6^H.$

Die weiteren Kolonnen

Auf M folgen im Text 122 noch fünf weitere Kolonnen XIII bis XVII. Kolonne N = XIII bietet die Zeit vom Neumond zum Sonnenuntergang am Abend der ersten Sichtbarkeit des neuen Mondes. Kolonne $O_1 = XIV$ gibt die Elongation des Mondes in diesem Augenblick, Kolonne $P_1 = XV$ die Zeit vom Sonnenuntergang zum Monduntergang an diesem Abend. Kolonne $P_3 = XVI$ bietet die Zeit vom Mondaufgang zum Sonnenaufgang an dem Morgen, an dem Mond zum letzten Male sichtbar ist, und Kolonne $O_3 = XVII$ die Elongation des Mondes an diesem Morgen.

Die Berechnung dieser Kolonnen ist noch nicht ganz geklärt. Siehe SCHAUMBERGER, 3. Ergänzungsheft zu KUGLERs Sternkunde, und NEUGEBAUER, ACT I, p. 81 und 145.

NEUGEBAUER setzt in seinem Kommentar voraus, dass die Kolonnen N, O_1, P_1 im voraus berechnet wurden für den Abend, an dem man die erste Sichtbarkeit des neuen Mondes erwartet hat, und ebenso P_3 und O_3 für den Morgen, an dem man die letzte Sichtbarkeit erwartete. Es ist ihm aber nicht gelungen, Kriterien ausfindig zu machen, nach denen sich diese Erwartung richtete. Es könnte jedoch auch sein, dass man die fraglichen Kolonnen erst hinterher berechnet hat für den Abend oder Morgen, an dem man die Mondsichel wirklich beobachtet hat. Vielleicht war der Zweck der Rechnung gar nicht, im voraus über die Sichtbarkeit zu entscheiden.

Auch im System A hatte man Kolonnen P_1 und P_3. Aus Lehrtexten wissen wir, wie sie berechnet wurden (ACT I, p. 65, 208 und 230).

In den Mondtafeln nach System A kommt es häufig vor, dass die Grösse P_1 oder P_3 für zwei verschiedene Daten berechnet wurde. Hier liegen also wirklich Vorausberechnungen vor. Der Rechner hat offenbar, als er die Rechnung anstellte, noch nicht gewusst, an welchem Morgen oder Abend der Mond zum letzten bzw. ersten

Mal sichtbar sein würde. Ob man bestimmte Kriterien gehabt hat, nach denen man sich zugunsten eines bestimmten Morgens oder Abends entschieden hat, das scheint mir auch hier fraglich.

Hilfstafeln

Wie wir gesehen haben, ist Kolonne A nur eine Hilfskolonne zur Berechnung der Mondlängenkolonne B. Ebenso sind die Kolonnen G, H, I und K nur Hilfskolonnen zur Berechnung der Kolonne L, die den Augenblick des Neumondes angibt. Unser Text 122, der aus Babylon stammt, enthält alle diese Hilfskolonnen. Die Rechner in Uruk aber haben ihre Mondrechnungstafeln stark komprimiert, indem sie die Hilfskolonnen A, G, H, I und K alle oder fast alle weggelassen und die übrigen Kolonnen auf wenige Sexagesimalstellen abgerundet haben. Die Hilfskolonnen und die genauen Zahlenwerte der Hauptkolonnen wurden gesondert berechnet in sogenannten *Hilfstafeln* (auxiliary tables; ACT I, p. 164–177).

Die Hilfstafeln geben nach NEUGEBAUER einen schönen Einblick in die Art, wie die Mondrechnungstafeln berechnet wurden. In den Hilfstafeln findet man gelegentlich kleine Keile, die andeuten, dass die berechneten Grössen jeweils nach einer bestimmten Zahl von Rechenschritten kontrolliert wurden. Diese Einrichtung ist offenbar sehr zweckmässig. Auch die heutigen Astronomen kontrollieren ihre Rechnungen immerfort, und auch sie verwenden in ihren Hilfsrechnungen meistens eine grössere Zahl von Dezimalen als in ihren Endergebnissen.

DIE TÄGLICHE BEWEGUNG DER SONNE UND DES MONDES

Die Sonnenbewegung

Der Text ACT 185 (Fig. 23 umstehend), aus Uruk, gibt Sonnenpositionen von Tag zu Tag für das Jahr 124. Der Text ist berechnet unter der Annahme einer gleichmässigen Sonnenbewegung von 59′9″ pro Tag. Die Fragmente 186 und 187 sind ebenso berechnet.

Der Zweck dieser Tafeln ist unklar. Ich vermute, dass sie als Hilfstafeln zur Planetenrechnung verwendet wurden. In der Planetenrechnung wird nämlich, wie wir noch sehen werden, immer mit einer gleichmässigen Sonnenbewegung gerechnet, während in der Mondrechnung die Anomalie der Sonnenbewegung berücksichtigt wird.

Die Mondbewegung

Vier Tafeln aus Uruk (ACT I, p. 179) geben Mondpositionen von Tag zu Tag für die Jahre 117, 118, 119 und 130 der Seleukidenära. Ähnliche Tafeln gibt es auch aus Babylon. Die Art, wie diese Tafeln berechnet wurden, ist sehr bemerkenswert.

Zunächst hat man eine lineare Zackenfunktion F* mit einer Periode von 248

Obv.	I	II	III	IV	V	VI	VII	VIII	IX	X	XI	XII	Obv.
1.	[bar] 1	1,38,9 múl	gu₄ 1	30,13,30	sig 1	29,48	[šu]1	28,23,21	izi 1	27,57,51	kin 1	27,32,21	1.
	2	2,37,18	2	1,12,39maš	2	30,47,9	2	29,22,30	2	28,57	2	28,31,30	
	3	3,36,27	3	2,11,48	3	1,46,18[ku]šú	3	30,21,39	3	29,56, 9	3	29,30,39	
	4	4,35,36	4	3,10,57	4	2,45,27	4	1,20,48	a 4	30,55,18	4	30,29,48	
5	5	5,34,45	5	4,10, 6	5	3,44,3[6]	5	2,19,57	5	1,54,27absin	5	1,28,57rín	5
	6	6,33,54	6	5, 9,15	6	4,43,[4]5	6	3,19, 6	6	2,53,36	6	2,28, 6	
	7	7,33, 3	7	6, 8,24	7	5,42,[5]4	7	4,18,15	7	3,52,45	7	3,24,15	
	8	8,32,12	8	7, 7,33	8	6,4[2,]3	8	5,17,24	8	4,51,54	8	4,23,24	
	[9]	9,31,21	9	8, 6,42	9	7,41,12	9	6,16,33	9	5,51, 3	9	5,22,33	
10.	[10]	[10]30,30	10	9, 5,51	10	8,40,21	10	7,15,42	10	6,50,12	10	6,21,42	10.
	[11]	[11,2]9,39	11	10, 5	11	9,39,30	11	8,14,51	11	7,49,21	11	7,20,51	
	[12]	[12,28,4]8	12	11, 4, 9	12	10,38,39	12	9,14	12	8,48,30	12	8,20	
	13	[13,27,57]	13	12, 3,18	13	11,37,48	13	10,13, 9	13	9,47,39	13	9,19, 9	
	14	[14,27, 6]	14	13, 2,27	14	12,36,57	14	11,12 18	14	10,46,48	14	10,18,18	
15.	[15]	[15,26,15]	[15]	[14, 1,36	15	13,36, 6	15	12,11,27	15	11,45,57	15	11,17,27	15.
	16	[16,25,24]	[16]	[15, ,45	16	14,35,15	16	13,10,36	16	12,45, 6	16	12,16,36	
	17	[17,24,33]	[17]	15,59,54	[17]	[15,]34,24	17	14, 9,45	17	13,4[4,]15	[17]	[1]3,15,45	
	18	[18,23,42]	[18]	16,59, 3	[18]	[16,33,33]	18	15,8,[54]	18	14,[43,24	[18]	[14,14,]54	
	19	[19,22,51]	[19]	17,58,12	[19]	17,32,42	[1]9	[1]6,8, 3	19	15,42,[33]	[19]	15,1[4, 3	
20.	20	[20,22]	[20]	18,57,21	[20]	[18,31,51]	20	17, 7,12	20	16,41,4[2	[20]	16, 1]3,12	20.
	21	[21,21, 9]	[21]	19,56,30	[21]	[19,31]	21	18, 6,21	21	17,40,51	[21]	17, 1]2,21	
	22	[22,20,18]	[22]	20,55,39	[22]	20,30, 9	22	19, 5,30	22	18,40	[22]	18,1]1,30	
	23	[23,19,27]	[23]	21,54,48	[23]	21,29,18	[23]	20, 4,39	23	[19,39, 9]	[23]	19,10,]39	
	24	[24,18,36]	[24]	22,53,57	[24]	22,28,27	[24]	21, 3,48	2[4]	20,38,18	[24]	20,]9]48	
25.	[25]	[25,17,45]	[25]	23,53, 6	[25]	23,27,36	[25]	[22, 2,57]	[25]	21,37,27	[25]	21, 8]57	25.
	26	[26,16,54]	26	2[4,52,15]	[26]	24,26,45	26	23, [2,6]	26	22,36,36	[26]	22, 8,] 6	
	27	[27,16, 3]	27	25,51,[24]	[27]	25,25,5]4	27	24,[1, 15]	27	23,35,45	[27]	23, 7,]15	
	28	[28,15,12]	28	26,50,33	[28]	2[6,25, 3	28	25[..,]24	28	24,34,54	[28]	24, 6,]24	
	[29]	[29,14,2]1	29	27,49,42	[29]	27,]24,12	29	25,[59]33	[29]	25,34, 3	[29]	25, 5,]33	
30.			30	2[8,48,[51]			30	[26,58, 4]2	[30]	[26,33,12]	[30]	[26, 4,]42	30.

Fig. 23. Text 185. Bewegung der Sonne von Tag zu Tag.

Tagen berechnet. Sie stellt die tägliche Bewegung des Mondes dar. Maximum und Minimum dieser Funktion sind

$$M = 15;14,35, \quad m = 11;6,35.$$

Die mittlere tägliche Bewegung des Mondes ist demnach

(1) $$\tfrac{1}{2}(M+m) = 13;10,35.$$

Die tägliche Zu- oder Abnahme von F^* ist

(2) $$d = 0;18.$$

Daraus folgt, dass die Funktion F^* in 248 Tagen genau 9 mal durch ihr Maximum hindurchgeht.

Durch Summation der Funktion F^* hat man, von einer Ausgangsposition ausgehend, die Mondlängen von Tag zu Tag berechnet.

Beide Zahlenwerte (1) und (2), sowie die genaue Bildungsvorschrift der linearen Zackenfunktion F^* findet man in der Isagoge, d.h. „Einführung" des griechischen Autors GEMINOS wieder; sie werden dort ganz richtig den Chaldäern zugeschrieben. Die Mondperiode zu 248 Tagen findet man, kombiniert mit einer genaueren Periode zu 3031 Tagen, in zwei griechischen Papyri aus der römischen Zeit[1]. Beide Perioden findet man auch im Pañchasiddhântikâ des VARÂHA MIHIRA (Kap. 2, Stanza 2—6) und in der südindischen Tamil-Astronomie[2].

Aus alledem sieht man, wie weit der Einfluss der babylonischen Astronomie gereicht hat. Wir kommen darauf im letzten Kapitel zurück.

WANN WURDE DIE MONDRECHNUNG ERFUNDEN?

Der älteste erhaltene Mondrechnungstext, aus Babylon, betrifft die Jahre 49 bis 60 der Seleukidenära, d.h. —272 bis —251 (Text 70, System A, ACT I, p. 117). Also wurde System A vor —270 erfunden. Der älteste Text des Systems B betrifft die Jahre 60—61 der Seleukidenära. Aus diesem Text 200 h, der in Bild 15 in einem Photo und in der Kopie von PINCHES wiedergegeben ist, schliessen wir, dass System B vor —250 erfunden wurde.

Als obere Grenze für die Erfindungszeit beider Systeme kann man —650 annehmen. Die Mondrechnung beruht nämlich auf sehr genauen Periodenrelationen, die wiederum langjährige Beobachtungsreihen voraussetzen. Wir haben gesehen, wie man im Lauf der Jahrhunderte immer bessere Mond- und Planetenperioden gefunden hat. Da die Finsternisbeobachtungen erst um —740 einsetzen, kann man ruhig annehmen, dass vor —650 keine genügend langen Beobachtungsreihen verfügbar waren.

Wir erhalten also die sehr weiten Grenzen —650 und —250. Um diese etwas einzuengen, ziehen wir zunächst griechische Texte heran.

---

[1] Papyrus Lund 35a: E. J. KNUDTZON und O. NEUGEBAUER, Bull. Soc. Royale des lettres de Lund 1946—47 II, p. 77. Papyrus Ryl. 27: O. NEUGEBAUER, Danske Vid.-Selsk. hist. Meddelelser 32, Nr. 2 (1949), und VAN DER WAERDEN, Centaurus 5, p. 177 (1958).
[2] Siehe VAN DER WAERDEN, Centaurus 4, p. 221 (1956).

Meton und Euktemon

Diese zwei Astronomen beobachteten das Sommersolstitium in Athen im Jahre —431 (PTOLEMAIOS, Almagest III 1). Sie konstruierten einen 19-jährigen Schaltzyklus. METON legte die Äquinoktien und Solstitien auf 8° Aries, 8° Cancer, etc. (COLUMELLA, De re rustica, Buch 9, Kap. 14), genau wie System B der Mondrechnung. EUKTEMON gab ein Parapegma, d.h. einen Fixsternkalender heraus, in dem die Äquinoktien und Solstitien, die jährlichen Auf- und Untergänge der Fixsterne und die zugehörigen Wetterzeichen vermerkt waren. Siehe F. BOLL, Griechische Kalender III, Sitzungsber. Heidelberger Akad. 1911.

A. REHM hat in seinen Parapegmastudien (Abh. Bayer. Akad. München 1941, Phil.-Hist., Neue Folge 19, S. 29) darauf hingewiesen, dass viele Bestandteile der Parapegmas von METON und EUKTEMON mit grosser Wahrscheinlichkeit auf Babylon zurückgeführt werden können. REHM nennt insbesondere: die Zwölfteilung der Ekliptik, den 19-jährigen Zyklus, die Anomalie der Sonnenbewegung, den verwendeten Beobachtungsapparat (das Heliotropion). Ich möchte noch hinzufügen, dass das Parapegma des EUKTEMON viele Ähnlichkeiten mit dem Aufgangskalender der Fixsterne in MUL APIN aufweist. Beide Kalender sind eingeteilt in eine Datenliste und eine Zeitabstandsliste. Der Datenliste liegt, in MUL APIN wie bei EUKTEMON, eine Einteilung des Sonnenjahres in 12 künstliche Monate zugrunde die durch den Lauf der Sonne im Tierkreis definiert ist. In der Datenliste sind auch die Äquinoktien und Solstitien eingetragen. Die Abstandsliste bietet, in MUL APIN wie bei EUKTEMON, die Zeitabstände der Fixsternphasen in Tagen.

Aus alledem folgt, dass METON und EUKTEMON wahrscheinlich die babylonische Astronomie gekannt haben.

Zwei Punkte weisen darauf hin, dass sie sogar die babylonische Mondrechnung gekannt haben. Der erste Punkt wurde oben schon erwähnt: METON nimmt die Jahrespunkte bei 8° an, wie System B der Mondrechnung. Der zweite Punkt ist die Anomalie der Sonnenbewegung. EUKTEMON nimmt an, dass die Sonne zum Durchlaufen der Zeichen Wassermann, Fische, Widder, Stier, Zwillinge je 31 Tage, zum Durchlaufen der übrigen Zeichen je 30 Tage braucht. Das sieht doch der Teilung der Ekliptik in einen langsam und einen schnell durchlaufenen Teil, die wir in System A gefunden haben, sehr ähnlich.

Nun könnte EUKTEMON natürlich die Anomalie der Sonnenbewegung unabhängig von den Babyloniern gefunden haben. Dann hätte er aber entweder mehrere Finsternisse oder die Äquinoktien und Solstitien beobachten müssen. Von solchen Beobachtungen ist nichts überliefert, ausser der einen Solstizbeobachtung mit METON. Da EUKTEMON nachweislich vieles andere von den Babyloniern übernommen hat (zumindest die Tierkreiszeichen und die Idee einer Daten- und Abstandsliste, vermutlich auch den 19-jährigen Zyklus), ist es viel wahrscheinlicher, dass auch seine Einteilung der Ekliptik in einen langsam und einen schnell durchlaufenen Teil durch die babylonische Mondrechnung angeregt wurde.

Aus diesen Gründen möchte ich annehmen, dass die Systeme A und B der Mondrechnung um —440 schon existierten und dass METON und EUKTEMON aus beiden Systemen etwas übernommen haben.

Diese Datierung des Systems A wird durch eine ganz andere Überlegung bestätigt, die von KUGLER und SCHNABEL herrührt und die jetzt besprochen werden soll.

Die Jahrespunkte des Systems A

Wir haben gesehen, dass die Jahrespunkte im System A bei 10° angenommen wurden. Nach einer genäherten Rechnung von KUGLER (Mondrechnung S. 105) war diese Annahme um —500 richtig. Eine genauere Rechnung von SCHNABEL[1] führt auf das Jahr —507. FOTHERINGHAM[2] hat, auf Grund der neuesten Annahmen über die scheinbare Acceleration der Sonne, das Jahr wieder in —500 korrigiert. Wenn der Autor des Systems A bei der Beobachtung der Äquinoktien einen Fehler von höchstens 1° gemacht hat, so beobachtete er höchstens 60 Jahre früher oder später als —500. Hat er einen Fehler von höchstens 2° gemacht, so beobachtete er zwischen —620 und —380. Ein noch grösserer Fehler erscheint unwahrscheinlich. Auch FOTHERINGHAM meint „the position he assigns to the equinox ties him down to the neighbourhood of 500 B.C.".

Vorhin fanden wir auf Grund von ganz anderen Überlegungen dass System A wahrscheinlich zwischen —650 und —440 erfunden wurde. Die Untersuchung von KUGLER, SCHNABEL und FOTHERINGHAM bestätigt diese Schlussfolgerung aufs schönste. Kombinieren wir beide Überlegungen, so kommen wir auf die Grenzen —620 und —440 für System A.

Die Datierung des Systems B

Wir haben früher schon Gründe angeführt, die dafür sprechen, dass System B etwas jünger ist als A. Wenn A nach —620 erfunden wurde, so muss B wahrscheinlich nach —600 erfunden worden sein.

Andererseits hat METON (—431) nach COLUMELLA die Jahrespunkte bei 8° angenommen. Nehmen wir an, dass COLUMELLA sich nicht geirrt hat und nehmen wir zweitens an, dass METON die Jahrespunkte aus System B übernommen hat, so folgt, dass System B um —440 schon existiert hat. Dieser Schluss beruht auf zwei Annahmen, die beide unsicher sind; die Folgerung ist also doppelt unsicher.

Man kann aber auch System B nach derselben Methode datieren wie System A, indem man fragt, für welche Zeit die Jahrespunkte bei 8° genau richtig sind. Das führt nach SCHNABEL und FOTHERINGHAM auf die Zeit um —375. Um auf die Zeit um —440 zu kommen, müsste man einen Beobachtungsfehler von etwa 1° annehmen. Das wäre durchaus möglich, aber viel weiter zurück kann man nicht

---

[1] P. SCHNABEL, Z. f. Assyriol. 37, S. 11 (1927).
[2] W. K. FOTHERINGHAM, The Observatory 51, Nr. 653, auch abgedruckt in Quellen u. Studien Gesch. Math. B 2, S. 35.

gehen. Würde man nämlich bis —500 zurückgehen, so wäre 10° die richtige Lage und es gäbe für den Autor des Systems B keinen vernünftigen Grund, die 10° des Systems A in 8° zu korrigieren. Die Zeit zwischen —480 und —440 passt somit am besten zu allen verfügbaren Zeugnissen.

Eine Blütezeit der babylonischen Astronomie

Die Ähnlichkeit zwischen den Systemen A und B ist so gross, dass ich geneigt bin, nicht nur eine Abhängigkeit zwischen A und B anzunehmen, sondern auch beide derselben Blütezeit der babylonischen Astronomie zuzuweisen. Diese Blütezeit ware dann zwischen —620 und —440 anzunehmen.

Auch in der beobachtenden Astronomie fand in derselben Zeit, besonders in dem Jahrhundert von —540 bis —440, eine Neubelebung statt. Den Text STRASSMAIER CAMBYSES 400 vom Jahre —521 haben wir früher schon behandelt. Der unpublizierte Text BM 36 823, der im Descriptive Catalogue der Sammlung von A. J. SACHS (Late Bab. Texts, Providence 1955) die Nummer 1393 trägt, enthält Jupiterbeobachtungen für die Jahre —536 bis —489, in 12-jährigen Gruppen angeordnet. Aus den 30 Jahren, die diesem Text vorangehen (—566 bis —537) haben wir überhaupt keine Planetenbeobachtungen. Dabei sind unsere Texte meistens Sammeltexte, in denen Beobachtungen aus vielen Jahren zusammengestellt sind. Für die Finsternisse reichen die Sammeltexte in ununterbrochener Reihe von —747 bis —159. Wenn also in den vielen uns erhaltenen Texten aus der persischen Zeit die Planetenbeobachtungen erst —536 anfangen, so bedeutet das wahrscheinlich, dass die Babylonier selbst nicht über zusammenhängende Reihen von Planetenbeobachtungen aus älterer Zeit verfügten. Dieser Eindruck wird dadurch noch verstärkt, dass wir aus der Zeit von —536 bis —489 gleich zwei Texte mit Planetenbeobachtungen haben und aus der Zeit von —468 bis —399 sogar drei, mit Beobachtungen sämtlicher Planeten. Es scheint also in der Tat, dass kurz nach —540 eine Periode intensiver Beobachtungtätigkeit anhub. Für den Mond waren damals schon so viele ältere Beobachtungen (über einen Zeitraum von 200 Jahren) vorhanden, dass man genaue Perioden berechnen konnte, wie man sie für die Mondrechnung brauchte.

Naturgemäss hat man in derselben Zeit auch dem Kalender erhöhte Aufmerksamkeit geschenkt. Wie wir schon gesehen haben, wurde von —528 bis —502 ein achtjähriger Schaltzyklus verwendet und von —498 an bis in die nachchristliche Zeit ein 19-jähriger Schaltzyklus.

Der Erfinder des Systems A hiess vielleicht NABU-RIMANNU (griechisch NABURIANOS), der des Systems B KIDINNU (griechisch KIDENAS). Auf die griechischen Texte, in denen diese Namen genannt werden, kommen wir am Ende des nächsten Kapitels zurück.

KAPITEL V.

BABYLONISCHE PLANETENRECHNUNG

Übersicht

Derselbe Jesuitenpater FRANZ XAVER KUGLER, der die babylonische Mondrechnung erklärt hat, hat auch die ersten Planetentafeln entziffert. Ihm lagen hauptsächlich Jupitertafeln vor. In „Sternkunde und Sterndienst in Babel" I (1907) unterscheidet er „Jupitertafeln ersten, zweiter und dritter Gattung". NEUGEBAUER nennt die drei Gattungen A, A' und B. Die ersten zwei Gattungen (A und A') sind dem System A der Mondrechnung verwandt, die dritte Gattung (B) dem System B.

Das Hauptziel der Mondrechnung war die Bestimmung des Mondortes und der genauen Zeit für Neumond und Vollmond. Analog ist das erste Ziel der Planetenrechnung die Bestimmung des Ortes und der Zeit für die *Kardinalpunkte* der Planetenbewegung. Die Kardinalpunkte sind für die *oberen Planeten* Saturn, Jupiter und Mars:

Me = Morgenerst = erste Sichtbarkeit am Morgen
Mk = Morgenkehrpunkt = Anfang der rückläufigen Bewegung
Op = Opposition (oder Abendaufgang kurz vor der Opposition)
Ak = Abendkehrpunkt = Ende der rückläufigen Bewegung
Al = Abendletzt = letzte Sichtbarkeit am Abend.

Für die *unteren Planeten* Venus und Merkur sind die Kardinalpunkte:

Me = Morgenerst = erste Sichtbarkeit als Morgenstern
Mk = Morgenkehrpunkt = Ende der rückläufigen Bewegung
Ml = Morgenletzt
Ae = Abenderst
Ak = Abendkehrpunkt = Anfang der rückläufigen Bewegung
Al = Abendletzt.

KUGLER hat die Berechnung der Örter der Kardinalpunkte für Jupiter vollständig geklärt. PANNEKOEK und ich haben die Regeln gefunden, nach denen die Daten der Kardinalpunkte berechnet wurden. THUREAU-DANGIN, SCHNABEL und besonders NEUGEBAUER haben weitere Texte publiziert, mit deren Hilfe die Rechenmethoden für die übrigen Planeten weitgehend geklärt werden konnten.

Die Textnummern beziehen sich wiederum auf das Standardwerk von O. NEUGEBAUER: ACT. Die Texte findet man in Vol. III, den Kommentar in Vol. II dieses Werkes. Jahre ohne Vorzeichen sind immer Jahre der Seleukidenära.

Tafeln, in denen Örter und Zeiten von Kardinalpunkten vermerkt sind, nennen wir *Kardinaltafeln*. NEUGEBAUER nennt sie Ephemerids, aber dieses Wort ist mir zu stark mit anderen Bedeutungen belastet.

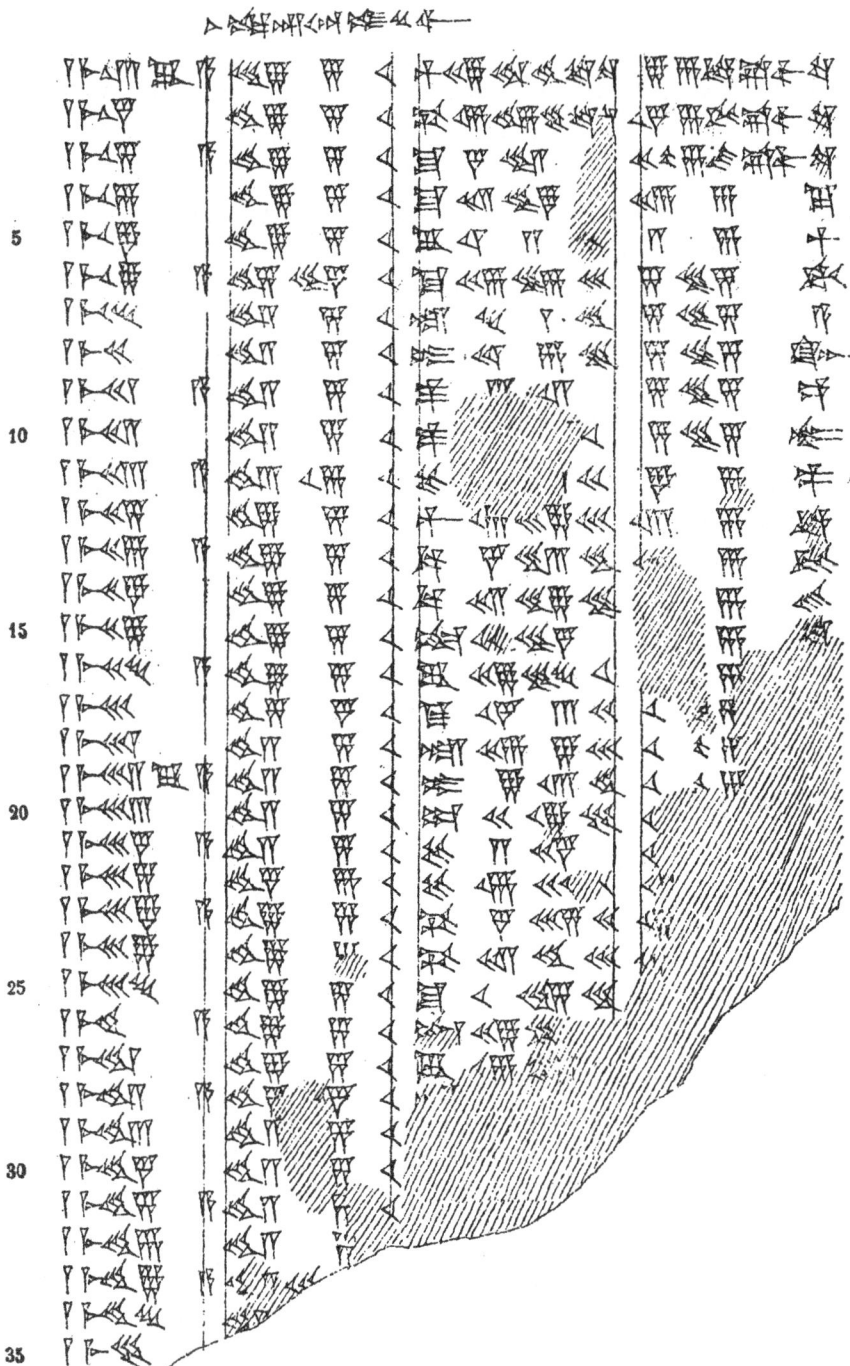

Fig. 24. Jupitertafel 600 (Musée du Louvre AO 6467). Die Jahreszahl 113 links oben ist als 100+13 geschrieben. Aus F. Thureau–Dangin: Tablettes d' Uruk (Paris, Geuthner 1922) Pl. 50.

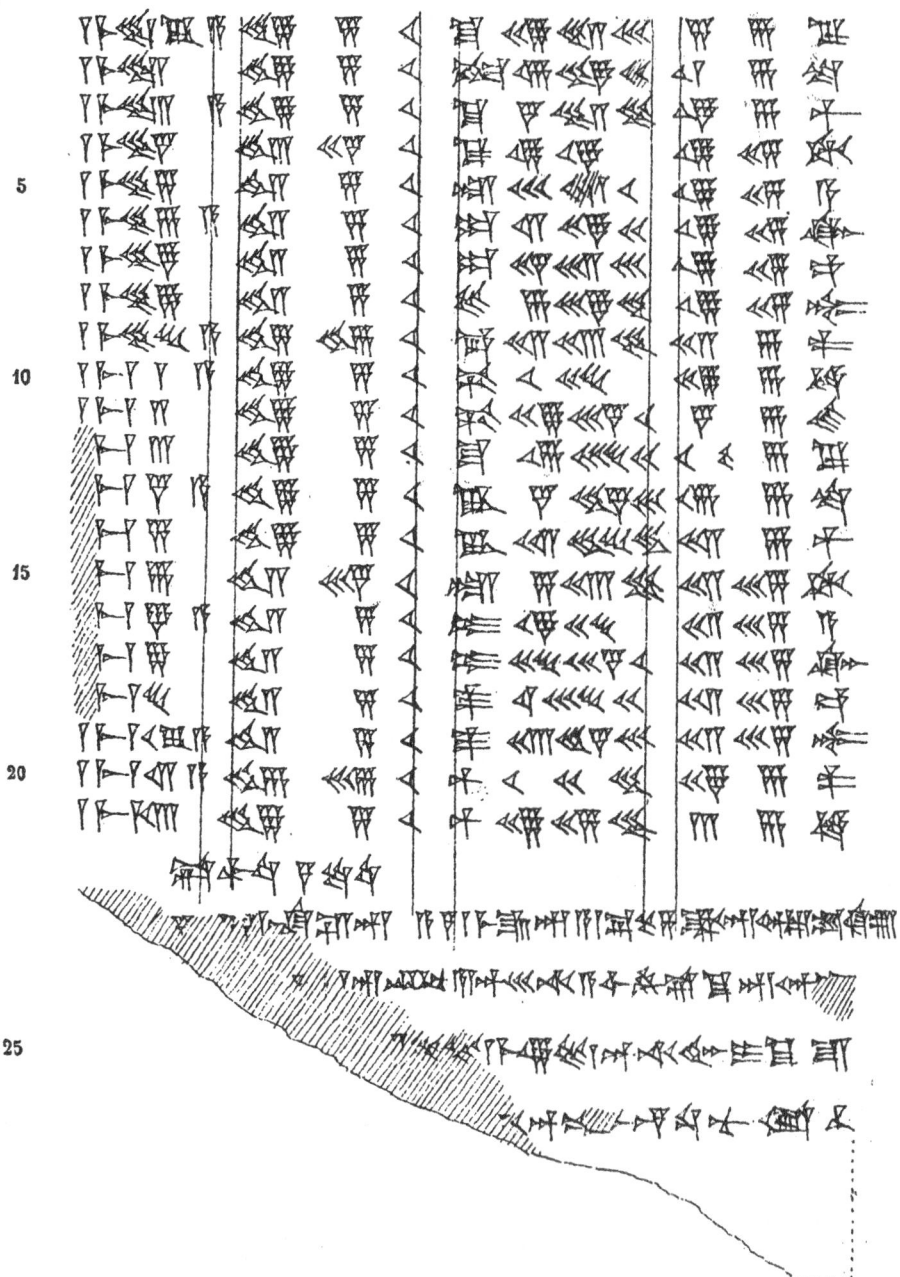

Fig. 25. Jupitertafel 600, Fortsetzung (Jahre 151–173). Die Jahreszahlen sind als 100+51 bis 100+1,13 geschrieben. Abschrift von F. THUREAU-DANGIN: Tablettes d' Uruk (Paris, Geuthner 1922) Pl. 51.

JUPITER

System A

Das Bildungsgesetz der Jupitertafeln des Systems A ist am besten aus der Kardinaltafel 600 zu erkennen. Sie stammt aus Uruk und enthält Daten und Jupiterpositionen für die Morgenkehrpunkte der Jahre 113 bis 173, d.h. —198 bis —138. Der Text trägt das Datum 118 VII 12 und wurde von *Anu-aba-uter* unter ANTIOCHOS III. geschrieben. Eine Kopie des Hauptteils der Tafel findet man in Figur 24/25. Die Zahlen sind leicht zu lesen. Der Text fängt so an:

Jahr	Zeitintervall	Datum	Ort	
113 U	48; 5,10	I 28;41,40	8; 6	(10)
114	48; 5,10	II 16;46,50	14; 6	(11)
115 A	48; 5 10	IV 4;52	20; 6	(12)
116	48; 5,10	IV 22;57,10	26; 6	(1)
117	48; 5,10	VI 11; 2,20	2; 6	(3)
118 A	45;54,10	VII 26;56,30	5;55	(4)
119	42; 5,10	VIII 9; 1,40	5;55	(5)
120	42; 5,10	IX 21; 6,50	5;55	(6)
121 A	42; 5,10	XI 3;12	5;55	(7)

Die eingeklammerten Zahlen (10), (11), . . . bezeichnen wieder Tierkreiszeichen. Die Buchstaben U und A nach den Jahreszahlen bezeichnen Schaltjahre mit einem zweiten Ululu oder Adaru. Die Zeitintervalle sind nicht in Tagen, sondern in *Tithis* angegeben, wobei 1 Tithi ein Dreissigstel des synodischen Monats ist. Ein Monat hat demnach immer 30 Tithis, die sich genähert mit den 29 oder 30 Tagen des Monats decken. Das Wort Tithi stammt nicht aus den Keilschrifttexten, sondern aus der Sanskritliteratur.

Mit Tithis rechnet man viel bequemer als mit Tagen. Würde man mit Tagen rechnen, so müsste man für die ganzen 61 Jahre des Textes von jedem Monat genau wissen, ob er 29 oder 30 Tage hat. Rechnet man aber mit Tithis, so ist das unnötig. Addiert man zum Datum I 28;41,40 des Jahres 113 die 48; 5,10 Tithis, die in der nächsten Zeile angegeben sind, und noch 12 Monate, so kommt man, da das Jahr 113 einen zweiten Ululu (Monat VII$_2$) hat, auf das Datum II 16;46,50. Im bürgerlichen Kalender würde das Datum vielleicht II 16 oder II 17 sein; es kommt nicht darauf an.

Die Örter in der letzten Spalte sind, wie KUGLER schon erkannt hat, nach folgender Regel berechnet: *Von 30° (8) bis 25° (3) legt Jupiter in einer synodischen Periode 36° zurück, von 25° (3) bis 30° (8) aber 30°.* Eine synodische Periode geht in unserem Fall von einem Mk bis zum nächsten. Man kann die Regel leicht am Text nachprüfen. Addiert man 36° zu 8°6′ (10), so kommt man auf 14°6′ (11), etc.

Wie hat man in den Übergangsfällen gerechnet, in denen die Addition von 36° oder 30° über den Sprungpunkt 25° (3) bzw. 30° (8) hinausführt? Die Lehrtexte geben dafür folgende Regel:

„Was über 25° (3) hinausgeht, das multipliziere mit 0;50 und addiere zu 25°
(3). Was über 30° (8) hinausgeht, das multipliziere mit 1;12 und addiere zu 30°
(8)." So steht es z.B. im Lehrtext 821, der als Erläuterung der Tafel 603 beigegeben ist.

Eben diese Multiplikation mit

$$0;50 = {}^5/_6 = {}^{30}/_{36} \text{ bzw. } 1;12 = {}^6/_5 = {}^{36}/_{30}$$

führt genau zu den Zahlen unseres Textes. Addiert man zum Ort 2;6 (3) des
Jahres 117 zunächst 36°, so erhält man den Ort 8;6 (4), der um 13;6 Grade
jenseits des Sprungpunktes 25° (3) liegt. Diese 13;6 Grade multipliziert man mit
0;50 und erhält 10;55. Das zu 25° (3) addiert ergibt den endgültigen Ort 5;55
(4), der in der Tafel angegeben ist.

Die siderische Umlaufszeit des Jupiter

Wenn Jupiter sich in einer synodischen Periode nach der eben formulierten
Regel bewegt, was ist dann die Umlaufszeit in bezug auf die Fixsterne?

Um diese Frage zu beantworten, denken wir uns Jupiter durch einen „mittleren
Jupiter" ersetzt, der keine rückläufige Bewegung hat, sondern sich von einem Mk
zum nächsten mit einer Geschwindigkeit von 30° pro synodische Periode auf dem
langsamen Bogen und von 36° auf dem schnellen Bogen gleichmässig fortbewegt.
Wenn dieser „mittlere Jupiter" bei einem Mk mit dem „wahren Jupiter" der Tafel
zusammenfällt, so ist es klar, dass er beim nächsten Mk wieder zusammenfällt, und
so weiter. Die siderische Umlaufszeit des mittleren Jupiter wird also gleich der
des wahren Jupiter sein.

Der schnelle Bogen von 30° (8) bis 25° (3) enthält 205°; daher legt der mittlere
Jupiter ihn in

$$\tfrac{205}{36} = 5;41,40 \text{ synod.Perioden}$$

zurück, ebenso den langsamen Bogen in

$$\tfrac{155}{30} = 5;10 \text{ synod.Perioden.}$$

Insgesamt wird in

$$10;51,40 = \tfrac{391}{36} \text{ synod.Perioden}$$

die ganze Ekliptik durchlaufen. Also gilt das Periodenverhältnis

36 siderische Umläufe = 391 synod.Perioden.

Dasselbe Periodenverhältnis liegt den Jupitertafeln aller drei Gattungen zugrunde.
Die mittlere synodische Bewegung des Jupiter beträgt demnach

$$\tfrac{360}{10;51,40} = 33°8'45''.$$

Dieser Wert ist sehr genau: er stimmt bis auf 2'' mit der modernen Rechnung
überein.

Die Berechnung der Zeitintervalle

Aus der Umschrift des Textes 600 sieht man, dass zu einem synodischen Bogen von 36° stets ein Zeitintervall 48; 5,10, zu einem Bogen von 30° ein Zeitintervall 42; 5,10 gehört, wobei jedesmal noch 12 Monate zu addieren sind. Die Differenz der Zeitintervalle ist 6 Tithis und die der Bogen ist 6°. Im Jahre 118 A ist das Zeitintervall um 2;11 Tithis kürzer als im voran gehenden Jahr und der Bogen ist entsprechend um 2;11 Grad kürzer. Zwischen dem Weg S und der Zeit T besteht immer eine Relation

$$(1) \qquad\qquad T = S + c \quad \text{mit} \quad c = 6,12; 5,10.$$

Alle Zeitberechnungen in Kardinaltafeln beruhen auf Relationen der Form (1). Diese Relation wird in den Lehrtexten folgendermassen begründet.

Man geht von der Annahme aus, dass die Phänomene Me, Mk, Op, etc. immer dann stattfinden, wenn der Planet einen ganz bestimmten Abstand zur Sonne hat. Diese Annahme nenne ich das *Sonnenabstandsprinzip.*

Aus dem Sonnenabstandsprinzip folgt, dass in einer synodischen Periode des Jupiter, also in unserem Fall von einem Mk zum nächsten, die Sonne den gleichen Weg zurücklegen muss wie Jupiter und noch einen vollen Umlauf dazu. Für Saturn und Mars gilt dasselbe; bei Venus und Merkur fällt der volle Umlauf weg. Der Weg, den Jupiter in einer synodischen Periode zurücklegt, sei S. Dann ist der Weg der Sonne 360 + S. Die Zeit, die die Sonne zum Zurücklegen dieses Weges braucht, ist T. Daraus kann man T berechnen.

Bei dieser Berechnung wird in der Regel nur die gleichmässige Bewegung der Sonne berücksichtigt. Um 360° zurückzulegen, braucht die Sonne nach der Mondrechnung

$$12;22, 8 \text{ Monate} = 360 + 11; 4 \text{ Tithis.}$$

Um 1° zurückzulegen, braucht die Sonne in mittlerer Bewegung also

$$\frac{360+11; 4}{360} = 1 + \frac{\varepsilon}{360} \text{ Tithis } (\varepsilon = 11; 4).$$

In einem Lehrtext (Nr 813) wird für ε der etwas zu kleine Wert 11; 3,20 angenommen, sonst immer $\varepsilon = 11; 4$.

Die Zeit, die die Sonne braucht, um den Weg 360 + S zurückzulegen, ist also

$$(2) \qquad\qquad T = (360+S)\left(1+\frac{\varepsilon}{360}\right) = S+360+\varepsilon+\mu$$

mit

$$(3) \qquad\qquad \mu = \frac{\varepsilon}{360} S.$$

Da $\varepsilon/360$ ein kleiner Faktor ist, macht es nicht viel aus, wenn der synodische Bogen S in (3) durch den mittleren synodischen Bogen ersetzt wird. Dann wird μ eine Konstante und die Formel (2) nimmt die gewünschte Form

$$T = S + c$$

an. In unserem Fall findet man

$$c = 360 + \varepsilon + \mu = 6,12; 5, 8, 8,$$

was für die Zwecke der praktischen Rechnung durch 6,12; 5,10 ersetzt werden kann. Damit ist (1) gerechtfertigt.

Von Kardinalpunkt zu Kardinalpunkt

Die Lehrtexte 813 (Abschnitt 2) und 814 (Abschnitt 2) zeigen, wie man vom Ort eines Kardinalpunktes zum Ort des nächsten Kardinalpunktes gelangt. Die Strecken, die Jupiter nach dem Text zurücklegt, sind in der folgenden Tabelle angegeben:

	Langsamer Bogen 25°(3) bis 30°(8)	Schneller Bogen 30°(8) bis 25°(3)
Me bis Mk	16;15	19;30
Mk bis Op	−4	−4;48
Op bis Ak	−6	−7;12
Ak bis Al	17;45	21;18
Al bis Me	6	7;12
Gesamtstrecke	30°	36°

Dass diese Regeln bei der Berechnung der Kardinaltafeln wirklich befolgt wurden, sieht man durch Vergleich von vier Kardinaltafeln aus Uruk (ACT 600, 604, 601 und 606) für die Phänomene Mk, Op, Ak und Al. Eine davon haven wir oben besprochen. Die Tafeln 600 und 601 wurden im gleichen Jahr 118 von *Anu-aba-uter* geschrieben. P. HUBER [1] hat nachgewiesen, dass alle vier Tafeln vom Ausgangsjahr 108 aus gerechnet sind. Über die Zusammengehörigkeit dieser vier Tafeln kann also kein Zweifel bestehen.

Vergleicht man nun die Örter für das Jahr 108 in diesen 4 Tafeln, so sieht man, dass die Strecken

Al bis Mk   22;15
Mk bis Ak   −10
Ak bis Al   17;45

genau mit den nach dem Lehrtext berechneten Strecken übereinstimmen. Nur die Strecke von Mk bis Op, die nach dem Lehrtext 4 betragen sollte, ist in den Uruktafeln 4;25.

Die Zeiten, in denen die Teilstrecken durchlaufen werden, sind nach den vier Uruktexten im Jahr 108

---

[1] P. HUBER, Zur täglichen Bewegung des Jupiter, Z. f. Assyriol. Neue Folge *18*, S. 265, besonders § 6.

Al bis Mk	150 Tithis
Mk bis Op	61 Tithis
Op bis Ak	61 Tithis
Ak bis Al	130; 5,10 Tithis.

Auch diese Zeiten stimmen gut mit den in den Lehrtexten erwähnten Zeiten überein. Für Einzelheiten sei auf die eben zitierte Arbeit von P. HUBER verwiesen.

System A'

Das System A' ist noch besser bekannt als A. In mehreren Lehrtexten, aus Babylon und Uruk, wird es genau beschrieben. Drei Tafeln aus Uruk für die Jahre 116, 117 und 119 und neun Tafeln aus Babylon, die sich mindestens über die Zeit von 134 bis 274 erstrecken, sind nach diesem System berechnet.

In System A' wird die Ekliptik durch 4 Teilpunkte in 4 Bogen zerlegt. Auf dem „schnellen Bogen" von 2° (10) bis 17° (2) legt Jupiter in einer synodischen Periode 36° zurück, auf dem „langsamen Bogen" von 9° (4) bis 9° (8) legt er 30° zurück und auf den beiden restlichen „mittleren Bogen" 33°45'. Berechnet man daraus die siderische Umlaufszeit, so findet man genau dasselbe Periodenverhältnis wie in System A. Auch die Zeiten werden genau so berechnet wie in System A.

Aus den Lehrtexten kann man nach KUGLER und NEUGEBAUER ein *Geschwindigkeitsschema* herauspräparieren, das für den schnellen Bogen so aussieht:

Nach Me 30 Tage Geschwindigkeit	15'	pro Tag
3 Monate bis Mk	8'	pro Tag
4 Monate rückläufig	5'	pro Tag
3 Monate von Ak an	7'40"	pro Tag
30 Tage bis Al	15'	pro Tag
30 Tage bis Me	15'	pro Tag.

Für den langsamen Bogen sind diese Geschwindigkeiten mit $\frac{5}{6}$ zu multiplizieren, für die beiden mittleren Bogen mit $\frac{15}{16}$, während die angegebenen Zeiten ungeändert bleiben.

NEUGEBAUER und ich hatten die hier erwähnten „Tage" als Tithis interpretiert, aber P. HUBER hat in der bereits zitierten Arbeit (Z.f. Assyriol. 18, S. 274) gezeigt, dass es sich um wirkliche Tage handelt. Ferner hat er gezeigt, dass drei Uruktexte, die die Bewegung des Jupiter von Tag zu Tag beschreiben, genau nach diesem Geschwindigkeitsschema berechnet sind.

Rechnet man den Monat zu 30 Tagen, so kann man aus dem Geschwindigkeitsschema die Wege berechnen, die Jupiter auf den Teilstrecken seiner Bahn zurücklegt. Man findet auf dem schnellen Bogen von 2° (10) bis 17° (2)

Me bis Mk	19°30'
Mk bis Ak	−10°
Ak bis Al	19°
Al bis Me	7°30'

insgesamt also 36°, wie es auch sein soll. Multipliziert man mit $\frac{5}{6}$ und $\frac{15}{16}$, so erhält man die Wege auf dem langsamen und auf dem mittleren Bogen.

In der grossen Kardinaltafel 611 für die Jahre 180—252 der Seleukidenära (KUGLER, Sternkunde I, S.128) legt Jupiter von Me bis Mk auf dem schnellen Bogen 19°30' zurück, was wiederum mit der obigen Rechnung übereinstimmt. Die Lehrtexte und Kardinaltafeln aus Babylon und die Tafeln für die tägliche Bewegung aus Uruk beruhen also auf dem gleichen System.

Addiert man die im Geschwindigkeitsschema angegebenen Zeiten, so kommt man auf 390 Tage, das sind 13 Monate und 6;12 Tithis. In den Kardinaltafeln und Lehrtexten werden aber viel genauere Zeiten benutzt, die nach dem „Sonnenabstandprinzip" berechnet sind, nämlich:

13 Monate 18; 5,10 Tithis auf dem schnellen Bogen,
13 Monate 15;50,10 Tithis auf den mittleren Bogen,
13 Monate 12; 5,10 Tithis auf dem langsamen Bogen.

Die im Geschwindigkeitsschema angegebenen Zeiten sind demnach nur als Näherung zu bewerten. In der Tat konnte HUBER nachweisen, dass in einem Uruktext das Zeitintervall von Me bis Mk um 4 Tage und das von Mk bis Ak um 6 Tage verlängert wurde. Die daraus resultierenden Wegänderungen heben sich praktisch auf, aber der Ort des Mk verschiebt sich um etwa einen halben Grad.

System B

Auch dieses System ist sowohl in Uruk als in Babylon vertreten. Aus Uruk haben wir eine Tafel 620, auf der Zeit und Ort der Opposition für die Jahre 127—194 der Seleukidenära angegeben sind. Am Anfang sind einige Zeilen abgebrochen. Nach der Unterschrift wurde die Tafel unter ANTIOCHOS III, also spätestens im Jahre 125 geschrieben. Als Ausgangsdatum, von dem aus die Tafel berechnet wurde, habe ich in Eudemus I (S.45) das Datum

$$113 \text{ IV } 1 = -198 \text{ Juni } 21$$

ermittelt.

In allen Texten des Systems B sind sowohl die zurückgelegten Wege S (also die Differenzen von zwei aufeinanderfolgenden Jupiterlängen) als auch die zugehörigen Zeiten T lineare Zackenfunktionen. Die Differenz d zwischen aufeinanderfolgenden Werten von S oder T auf dem steigenden oder fallenden Ast ist immer

$$d = 1;48.$$

Die Maxima und Minima sind:

Minimum von S: 28;15,30. Von T: 40;20,45
Maximum von S: 38; 2 . Von T: 50; 7,15
Mittelwert von S: 33; 8,45. Von T: 45;14 .

Sowohl für die Maxima als für die Minima und daher auch für die Mittelwerte gilt die Relation

(4) $T = S + 12; 5,15,$

wobei zu den Zeiten (in Tithis) immer noch 12 Monate zu addieren sind. Nach dem Sonnenabstandsprinzip war eine solche Relation $T = S + c$ zu erwarten; nur sollte c nach unserer früheren Rechnung 12; 5, 8, 8 oder abgerundet 12; 5,10 betragen. Die Differenz macht in 520 Jahren nur einen Tag aus und ist somit bedeutungslos.

Für die Einzelwerte S und T gilt (4) nicht genau. In der Tafel 620 beträgt die Abweichung nur 0; 0,15 aber in der Tafel 622 beim Al beträgt sie 1; 1. Vielleicht hat man durch diese Abweichung die Anomalie der Sonnenbewegung berücksichtigen wollen (siehe Eudemus I, S.38).

Innere Widersprüche des Systems B

Die Lehrtexte sagen nichts darüber, welche Strecke Jupiter im System B von Me bis Mk, Ak und Al zurücklegt. Angaben über die tägliche Bewegung des Jupiter nach System A oder A′ sind reichlich vorhanden, aber nicht nach System B. Das ist, wie mir scheint, nicht etwa eine zufällige Lücke in den uns überlieferten Texten, sondern es war von vornherein zu erwarten. Es ist nämlich unmöglich, System B zu einer vollständigen Beschreibung der Jupiterbewegung auszubauen, weil System B innere Widersprüche enthält.

Die Widersprüche treten klar zutage, wenn man die Gesamtbewegung des Jupiter in einem vollen Zyklus von 391 synodischen Perioden durch Addition der Bewegungen in den einzelnen synodischen Perioden berechnet. Die Addition müsste 36 volle Umläufe ergeben; sie ergibt aber eine Kleinigkeit mehr, wenn man die Addition mit einem Maximum der synodischen Bewegung anfängt und weniger, wenn man mit einem Minimum anfängt.

Beweis: Man denke sich in der graphischen Darstellung einer linearen Zackenfunktion, die 36 mal auf und ab geht, 391 äquidistante Punkte eingetragen, angefangen bei einem Maximum, und man denke sich die Summe der Ordinaten gebildet. Von den 391 Summanden liegt einer in einem höchsten Punkt, 195 liegen auf einem absteigenden und 195 auf einem aufsteigenden Ast. Verschiebt man nun alle Punkte um $\frac{1}{72}$ einer synodischen Periode nach rechts, so nimmt die Summe um

$$\frac{1}{72}\, d = 0; 1,30$$

ab und erreicht ihr Minimum, da jetzt einer der Summanden minimal ist. Nach einer weiteren Verschiebung um $^1/_{72}$ Periode wird die Summe wieder maximal, und so weiter.

Die Abweichung vom Sollwert (36 Umläufe) beträgt maximal 45″ (in 356 Jahren) und ist somit praktisch bedeutungslos. Diese kleine Abweichung genügt aber, zu beweisen, dass die Rechenregeln des Systems B sich nicht mit einem Schema für die tägliche Bewegung des Jupiter in Einklang bringen lassen.

System B'

Eine Variante des Systems B wird in den Abschnitten 21 und 22 des grossen Lehrtextes 813 beschrieben. In dieser Variante B' ist der Mittelwert von S wieder 33; 8,45, wie in System B, aber das Maximum M und das Minimum m sind verschieden und die Differenz d ist

$$d = 1;46,40 \text{ (statt } 1;48 \text{ nach B).}$$

Diese Abweichung bedingt verschiedene Unstimmigkeiten. Die Periode der linearen Zackenfunktion S ist verschieden von der Periode von T, weil die Differenzen $\Delta = M-m$ verschieden sind. Beide Perioden sind verschieden von der richtigen Periode

$$\tfrac{391}{36} = 10;51,40.$$

Das System B' ist in Uruk durch eine Kardinaltafel 640 vertreten, die im Jahre 119 geschrieben wurde. Derselbe Schreiber *Anu-aba-uter* hatte im Jahre 118 die Kardinaltafeln 600 und 601 nach System A berechnet. Für die Jahre 116—119 haben wir Tafeln für die tägliche Bewegung nach System A'. Die Kardinaltafel 620 nach System B entstand nur wenige Jahre später. Wir sehen also, dass kurz nach —200 alle vier Systeme A,A', B und B' in Uruk benutzt wurden.

System A ist aber älter. Es gibt nämlich einen Lehrtext 818 aus Babylon, der Berechnungen über die Bewegung des Jupiter für die Jahre 60 und 61 nach System A (oder A') enthält.

Eine arithmetische Reihe dritter Ordnung

Die nach System A berechneten Jupiterörter bilden arithmetische Reihen erster Ordnung: ihre Differenzen sind konstant auf dem langsamen und auf dem schnellen Ekliptikbogen. Die nach System B berechneten Örter bilden arithmetische Reihen zweiter Ordnung: ihre Differenzen bilden arithmetische Reihen erster Ordnung.

Eine Glanzleistung der mathematischen Astronomie der Babylonier bieten die Texte 654 und 655, in denen die tägliche Bewegung des Jupiter behandelt wird. Die endgültige Deutung des Rechengesetzes dieser Texte verdanken wir P. HUBER (Z.f.Assyriol. Neue Folge 18, S.279). HUBER hat zunächst gezeigt, dass die beiden Fragmente 654 und 655 Bruchstücke derselben Tafel sind. Die Tafel enthielt die Örter des Jupiter von Tag zu Tag vom Me des Jahres 147 bis zum Al oder Me des Jahres 148, mit ihren ersten und zweiten Differenzen. Die (rekonstruierten) Anfangszeilen lauten, wenn die ersten und zweiten Differenzen ΔB und $\Delta^2 B$ mit 60^3 multipliziert werden:

	$\Delta^2 B$	ΔB	B	
147 IX 1	0	12,40, 0	29	(8)
2	−6	12,39,54	29;12,39,54	(8)
3	−12	12,39,42	29;25,19,36	(8)

Der Planet wurde also am Morgen des Tages IX 1 bei 29° Scorpio zum ersten Mal sichtbar. Er hatte am vorangehenden Tag 12′40″ zurückgelegt. Die zweiten Differenzen bilden eine arithmetische Reihe von 0 an mit der Differenz −6. Subtrahiert man vom ΔB der ersten Zeile 6 (weil Δ^2B = −6 ist), so erhält man das nächste ΔB. Addiert man dieses zur Jupiterlänge B der ersten Zeile, so erhält man das nächste B. So fährt man fort bis zum Morgenkehrpunkt:

		Δ^2B	ΔB	B
(9)	148 I 5	−12,12	9,42	16; 8,27,36

Von jetzt an nehmen die zweiten Differenzen Δ^2B wieder zu, mit der konstanten Differenz + 10. In der nächsten Zeile steht also Δ^2B = −12, 2. Ferner wird das Vorzeichen von ΔB stillschweigend (oder irrtümlich) umgekehrt. Das ΔB der nächsten Zeile wird also so berechnet:

$$-9{,}42-12{,}2 = -21{,}44.$$

In der Tafel selbst stehen keine Vorzeichen. Der Rechner musste sich wohl merken, ob eine Differenz zu subtrahieren oder zu addieren war; daher konnte ein Vorzeichenfehler leicht vorkommen.

Weil die ΔB jetzt negativ geworden sind, wird die Bewegung rückläufig, und zwar immer stärker, weil die ΔB immer abnehmen. Beim zweiten Kehrpunkt Ak muss ΔB aber wieder Null oder fast Null sein. Also dürfen die ΔB nur bis zur Mitte der rückläufigen Bewegung, sagen wir etwa bis zur Opposition abnehmen und müssen dann wieder ebenso stark zunehmen. Mit anderen Worten: Δ^2B muss bis Op negativ bleiben und von da an wieder positiv werden.

Die rückläufige Bewegung des Jupiter dauert nach den Lehrtexten 4 Monate. Also wird man nach 2 Monaten das Vorzeichen von Δ^2B umkehren müssen. So macht es der Schreiber der Tafel auch. Das Datum des Mk war I 5. Zwei Monate später, zur Zeit der Opposition, hat man

$$\text{III 5} \qquad \Delta^2\text{B} = -2{,}22 \qquad \Delta\text{B} = -7{,}14{,}30.$$

Nun wird das Vorzeichen umgekehrt und die konstante 3. Differenz Δ^3B = 10 addiert. So erhält man in der nächsten Zeile

$$\text{III 6} \qquad \Delta^2\text{B} = +2{,}32 \qquad \Delta\text{B} = -7{,}11{,}58$$

und rechnet weiter bis Ak, wo ΔB wieder positiv wird:

$$\text{V 3} \qquad \Delta^2\text{B} = +12{,}2 \qquad \Delta\text{B} = -12{,}4$$
$$\text{V 4} \qquad \Delta^2\text{B} = +12{,}12 \qquad \Delta\text{B} = + 8.$$

Nach Ak wird die Rekonstruktion sehr unsicher, da der Text arg beschädigt ist.

Die Bewegung von Me bis Ak hat nach diesem Text einen fliessenden Verlauf. Die Annäherung ist viel besser als bei der Annahme von stückweise konstanten Geschwindigkeiten.

SATURN

Für Saturn sind zwei Systeme A und B überliefert, die den Systemen A und B für Jupiter ziemlich ähnlich sind. Die vielen Varianten, die die Jupitertheorie so interessant und aufschlussreich machen, fehlen hier fast vollständig. Wir werden uns also kurz fassen.

System A

Dieses System ist uns nur aus zwei Lehrtexten 801 und 802 bekannt, die beide aus Uruk stammen. Der Name des „Eigentümers" der Tafel 802, *Anu-aba-uter*, erlaubt es uns, diese Tafel auf die Zeit um −190 zu datieren. Der Lehrtext 801 betrifft Merkur und Saturn. 802 ist ein Duplikat des Saturn-Abschnittes von 801. Dieser Abschnitt fängt so an:

> Betrifft Saturn.
> Von 10°(5) bis 30°(11) langsam.
> Von 30°(11) bis 10°(5) schnell.

Sodann wird für den langsamen und schnellen Teil der Ekliptik je ein Geschwindigkeitsschema angegeben. Die Geschwindigkeiten, in Bogenminuten pro Tag, sind:

	langsam	schnell
a) Bei der Sonne	5	6
b) Nach Me 30 Tage	5	6
c) 3 Monate bis Mk	3;20	4
d) Mk bis Op rückläufig 52½ Tage	14; . . ., 40	15; 4,24
e) Op bis Ak rückläufig 60 Tage	3;20	4
f) 3 Monate	3;35,30	4;18,40
g) 30 Tage bis Al	5	6

Die Geschwindigkeiten auf den Abschnitten a), b), c), e) und g) stehen im Verhältnis 5:6. Für den Abschnitt f) gilt genähert dasselbe Verhältnis. Nimmt man nach KUGLER dasselbe Verhältnis auch für Abschnitt d) an, so erhält man für die Geschwindigkeit auf dem langsamen Bogen im Abschnitt d) 14;13,40 Minuten pro Tag. Die Texte haben statt 13 ein unverständliches Zeichen RI.

Die Zeilen 5 und 13 geben die gesamte rückläufige Bewegung an:

> langsam 7;33, 7,30 Grade
> schnell 9; 3,45 Grade.

Diese Zahlen haben das richtige Verhältnis 5 : 6, stimmen aber nicht mit dem Geschwindigkeitsschema überein.

System B

System B für Saturn ist in Uruk und in Babylon vertreten. In diesem System ist der synodische Bogen eine lineare Zackenfunktion mit

Minimum m = 11;14, 2,30
Maximum M = 14; 4,42,30
Mittelwert μ = 12;39,22,30
Differenz d = 0;12.

Man kann aus diesen Zahlen rein rechnerisch zwei Perioden berechnen: erstens die anomalistische, das ist die Zeit von einem Minimum zum nächsten, zweitens die siderische Periode, das ist diejenige Zeit, in der Saturn bei mittlerer Bewegung die ganze Ekliptik durchläuft. Die anomalistische Periode ist

$$P_a = \frac{2(M-m)}{d} = 28;26,40$$

synodische Perioden. Die siderische Periode ist

$$P_s = \frac{360}{\mu} = 28;26,40$$

synodische Perioden. Die beide Perioden stimmen also exakt überein.

Multipliziert man die eben gefundene Periode mit 9, so erhält man die fundamentale Periodenrelation

9 siderische Umläufe = 256 synod. Perioden.

MARS

Die Marstheorie ist sehr schwierig. Das liegt daran, dass Mars sich extrem ungleichmässig bewegt. Sehen wir zu, wie die Babylonier diese Schwierigkeit überwunden haben!

Wir beschränken uns hier auf System A, das sowohl in Uruk wie in Babylon vertreten ist. Die Uruktexte sind Kardinaltafeln für die Jahre 89—131, 92—161[1] und 123—202 der Seleukidenära. Der letzte der drei Texte (ACT 501) wurde im Jahre 124 von *Anu-uballit* geschrieben.

Besonders interessant ist ein Lehrtext 811a aus Babylon. Die folgende Darstellung der Grundgedanken der Marstheorie beruht hauptsächlich auf diesem Lehrtext.

Berechnung des synodischen Weges

Die folgende Rechenvorschrift gilt nach dem Lehrtext nur für die Phänomene Al, Me und Mk. Der „synodische Weg" ist also der Weg, den Mars von einem Al oder Me oder Mk zum nächsten zurücklegt. Zur Berechnung dieses Weges wird die Ekliptik in 6 Abschnitte zerlegt, die je zwei Tierkreiszeichen umfassen, nämlich

(2)+(3), (4)+(5), (6)+(7), (8)+(9), (10)+(11), (12)+(1).

In (2) und (3) ist der Weg 45°. Der Teil, der über (3) hinausragt, wird mit $\frac{2}{3}$ multipliziert.

---

[1] Die Begründung für diese Datierung des Textes ACT 502 soll später gegeben werden.

In (4) und (5) ist der Weg 30°. Der Teil, der über (5) hinausragt, wird mit $\frac{4}{3}$ multipliziert.

In (6) und (7) ist der Weg 40°. Der Teil, der über (7) hinausragt, wird mit $\frac{3}{2}$ multipliziert.

In (8) und (9) ist der Weg 60°. Der Teil, der über (9) hinausragt, wird mit $\frac{3}{2}$ multipliziert.

In (10) und (11) ist der Weg 90°. Der Teil, der über (11) hinausragt, wird mit $\frac{3}{4}$ multipliziert.

In (12) und (1) ist der Weg $67\frac{1}{2}$°. Der Teil, der über (1) hinausragt, wird mit $\frac{2}{3}$ multipliziert.

Zu diesen Wegen ist in jedem Fall 360° zu addieren. Mars durchläuft nämlich in einer synodischen Perioden die ganze Ekliptik und noch ein bis drei Tierkreiszeichen.

Beispiel. Der Text 501 (aus Uruk) gibt für Mk die folgenden Positionen:

Jahr 123	17;30	(2)
Jahr 125	1;40	(4)
Jahr 127	1;40	(5)
Jahr 129	2;13,20	(6).

Die erste Position liegt im Abschnitt (2) + (3). Man addiert also zunächst 45° und erhält 2;30 (4). Die Teilstrecke, die über (3) hinausragt, beträgt 2°30'. Von dieser Teilstrecke wird ein Drittel, also 50' subtrahiert. So kommt man auf 1;40 (4). Zu dieser Position addiert man 30° und erhält 1;40 (5). Addiert man noch einmal 30°, so kommt man zunächst auf 1;40 (6). Zu der über (5) hinausragenden Strecke hat man ein Drittel, also 0;33,20 zu addieren. So kommt man auf 2;13,20 (6).

Schritte

Wir wollen die siderische Umlaufszeit des Mars nach System A berechnen. Um die Rechnung zu vereinfachen, zerlegen wir jeden synodischen Weg in 18 Teilstrecken, die „Schritte" genannt werden mögen. Die Schrittlängen sind in den verschiedenen Abschnitten des Tierkreises verschieden. Sie betragen

in (2)+(3)	45/18 = 2;30	
in (4)+(5)	30/18 = 1;40	
in (6)+(7L)	40/18 = 2;13,20	
in (8)+(9)	60/18 = 3;20	
in (10)+(11)	90/18 = 5	
in (12)+(1)	67;30/18 = 3;45	Grad.

Als ich in meiner Arbeit „Babylonische Planetenrechnung" (Vierteljahrsschr. Naturf. Ges. Zürich 102, S.39) den Begriff „Schritt" einführte, wusste ich noch nicht, dass Teilstrecken von eben dieser Länge im babylonischen Lehrtext 811,

Section 3 (ACT II p. 381) vorkommen. Im Lehrtext steht zwar 2;15 statt 2;13,20 und 3;40 statt 3;45, aber die übrigen Zahlen stimmen genau überein. Der Begriff „Schritt" war also den babylonischen Rechnern nicht ganz fremd.

Die Tierkreisabschnitte

$$(2)+(3) \quad (4)+(5) \quad (6)+(7) \quad (8)+(9) \quad (10)+(11) \quad (12)+(1)$$

bestehen, wie man sieht, aus jeweils

$$24 \quad 36 \quad 27 \quad 18 \quad 12 \quad 16$$

Schritten. Die ganze Ekliptik enthält somit 133 Schritte. Die vorhin wiedergegebenen Regeln zur Berechnung des synodischen Weges können jetzt sehr bequem so zusammengefasst werden:

Mars legt in jeder synodischen Periode 133 + 18 = 151 *Schritte zurück.*

Die siderische Umlaufszeit

In 133 synodischen Perioden legt Mars 133 mal 151 Schritte zurück, d.h. er durchläuft 151 mal die Ekliptik. Also gilt

(1)   151 siderische Umläufe = 133 syn. Perioden.

151 Umläufe sind 15, 6, 0 Grade. Dementsprechend heisst es auch im Lehrtext 811a, Section 11:

2,13 Erscheinungen 2,31 Umläufe 15, 6, 0 Grade Bewegung.

Um den mittleren synodischen Weg zu erhalten, muss man 15, 6, 0 durch 2,13 dividieren. Dementsprechend fragt der Text:

Was muss man mit 2,13 multiplizieren um 15, 6,0 zu erhalten?

und gibt die Antwort:

6,48;43,18,30 mal 2,13 ist 15,6, 0.

Der mittlere synodische Weg ist also ein voller Umlauf (6, 0 Grad) und 48;43, 18,30° Daher der Text:

48;43,18,30 als mittleren Weg schreibst du auf.

Wie man sieht, gibt dieser Text nicht nur Rechenvorschriften, sondern auch Begründungen. Das Divisionsergebnis 6,48;43,18,30 ist bis auf die letzte Sexagesimalstelle genau.

Das Sonnenabstandsprinzip

Für Mars besagt das Sonnenabstandsprinzip, dass die Erscheinungen Al, Me und Mk jeweils dann eintreten, wenn Mars einen bestimmten Abstand zur Sonne hat. Daraus folgt, dass in einer synodischen Periode des Mars (von Al bis Al oder

Me bis Me oder Mk bis Mk) die Sonne immer den gleichen Weg zurücklegt wie Mars und noch einen vollen Umlauf dazu.

In 133 synodischen Perioden vollführt Mars 151 Umläufe. Die Sonne vollführt in derselben Zeit nach dem Sonnenabstandsprinzip

$$151 + 133 = 284$$

Umläufe. Also gilt:

(2) $\qquad$ 151 sid.Uml. = 133 syn.Per. = 284 Jahre.

Diese Marsperiode wird, wie wir früher gesehen haben, schon in der Perserzeit erwähnt.

In den Lehrtexten wird das Sonnenabstandsprinzip dazu benutzt, eine Relation zwischen dem synodischen Weg S und der zugehörigen Zeit T herzuleiten. Die Rechnung verläuft genau so wie für Jupiter. Wenn Mars den Weg S zurücklegt, muss die Sonne den Weg $360 + S$ zurücklegen. Die Zeit, die sie dazu braucht, ist

(3) $\qquad T = (360 + S)\left(1 + \dfrac{\varepsilon}{360}\right)$ mit $\varepsilon = 11;4$.

Rechnet man das aus, so erhält man

(4) $\qquad\qquad T = S + c$

mit

(5) $\qquad\qquad c = 360 + \varepsilon + \mu$

und

(6) $\qquad\qquad \mu = \dfrac{\varepsilon}{360} S.$

Bei der Berechnung des kleinen Korrekturgliedes μ ersetzen die babylonischen Rechner S durch dessen Mittelwert

(7) $\qquad\qquad \overline{S} = 6,48;43,18,30.$

Multipliziert man das mit

$$\frac{\varepsilon}{360} = \frac{11;4}{6,0} = 0;1,50,40,$$

so erhält man

(8) $\qquad\qquad \mu = 12;33,51,52,47,21.$

Genau diesen Wert mit allen Sexagesimalstellen gibt auch der Lehrtext 811a in Section 6. Kurz vorher, in Section 5, wird auch der Faktor 0;1,50,40 erwähnt. Es ist daher klar, dass der Autor des Lehrtextes genau nach der Formel

$$\mu = \frac{\varepsilon}{360} \overline{S}$$

gerechnet hat.

Für die weitere Rechnung wird μ aufgerundet:

$$\mu = 12;33,52.$$

Addiert man dazu

$$360 + \varepsilon = 6,11;4,$$

so erhält man

(9) $c = 6,23;37,52.$

Mit diesem c hat man nach (4) $T = S + c$ zu bilden. Dementsprechend heisst es in Section 3 des Lehrtextes:

> „Zum Abstand von einer Erscheinung zur nächsten addiere 23;37,53 und sage die Zeiten voraus."

Die 12 Monate oder 6,0 Tithis, die in c nach (9) drin stecken, werden offenbar stillschweigend hinzugerechnet.

Die Elongationen

Das Sonnenabstandsprinzip wurde vorhin in zwei äquivalenten Fassungen formuliert, nämlich:

I. Die Erscheinungen Al, Me und Mk finden immer bei einem festen Sonnenabstand statt.

II. Die Sonne legt in einer synodischen Periode denselben Weg zurück wie Mars, und noch einen vollen Umlauf dazu.

Der Autor des Lehrtextes 811a hat das Prinzip in der Form II benutzt. Hat er auch die Fassung I gekannt? Wenn ja, welche numerischen Werte hat er für die Elongation des Mars zur Zeit des Al, Me und Mk angenommen?

In Section 5 ist vom Al die Rede. Sodann heisst es:

> [. . .]5 Grade, die Mars von der Sonne entfernt steht, . . .

NEUGEBAUER hat die teilweise abgebrochene Zahl am Anfang dieser Zeile versuchsweise zu 15 ergänzt und die 15° als Elongation des Mars zur Zeit des Al gedeutet.

Die Sonne bewegt sich schneller als Mars, die Elongation des Mars nimmt also ab. Wir werden nachher sehen, dass sie bis zum Me um 30° abnimmt, also beim Me −15° beträgt. Von Me bis Mk nimmt sie weiter um 105° ab. Der Morgenkehrpunkt findet also bei einer Elongation von −120° statt. In der Tat wird die Zahl 2,0 im gleichen Abschnitt im Zusammenhang mit Mk erwähnt. Der Lehrtext geht also von der Annahme aus, dass Mars bei einer Elongation +15° verschwindet, bei −15° wieder erscheint und bei −120° rückläufig wird.

Legen wir diese Zahlen zugrunde, so können wir auch die Rechnungen verstehen, die in den Abschnitten 6 bis 9 ausgeführt werden. Es handelt sich in diesen Abschnitten darum, aus den Strecken s_1, s_2, s_3, die Mars von Al bis Me, von Me bis

Mk und von Mk bis Al zurücklegt, die entsprechenden Zeiten t_1, t_2, t_3 zu berechnen. Die Sonne muss von Al bis Me dieselbe Strecke zurücklegen wie Mars und noch 30° dazu. Ebenso kommen von Me bis Mk 105° dazu und von Mk bis Al 225°. Wir setzen nun

(10) $$r_1 = 30, \quad r_2 = 105, \quad r_3 = 225.$$

Um die Strecke $s_1 + r_1$ zurückzulegen, braucht die Sonne eine Zeit

$$t_1 = (s_1 + r_1)\left(1 + \frac{\varepsilon}{360}\right) = s_1 + c_1$$

mit

$$c_1 = r_1\left(1 + \frac{\varepsilon}{360}\right) + \frac{\varepsilon}{360} s_1.$$

Wiederum wird s_1 durch den Mittelwert $\bar{s}_1$ ersetzt. Wir erhalten also

(11) $$t_1 = s_1 + c_1$$

(12) $$c_1 = r_1\left(1 + \frac{\varepsilon}{360}\right) + \mu_1$$

(13) $$\mu_1 = \frac{\varepsilon}{360} \bar{s}_1.$$

Wie ich in meiner Arbeit „Babylonische Planetenrechnung" (Vierteljahrsschr. Naturf. Ges. Zürich 102) gezeigt habe, beruhen die im Lehrtext durchgeführten Rechnungen in der Tat auf den Formeln (11), (12), (13). Fangen wir mit (13) an! Die Berechnung der $\bar{s}_1$ beruht auf der folgenden Annahme: *Mars legt von Al bis Me immer 33 Schritte zurück, von Me bis Mk 60 Schritte und von Mk bis Al 58 Schritte.* Zusammen sind das 151 Schritte, wie es sein soll. Die mittlere Länge eines Schrittes ist

$$\tfrac{360}{133} = 2;42,24,21,40.$$

Multipliziert man das mit 33, mit 60 und mit 58, so erhält man

$$\bar{s}_1 = 1,29;19,23,55$$
$$\bar{s}_2 = 2,42;24,21,40$$
$$\bar{s}_3 = 2,36;59,32,56,40.$$

Multipliziert man diese nach (13) mit

$$\frac{\varepsilon}{360} = \frac{11;4}{360},$$

so erhält man für μ_1 genau den im Text (Section) 6 angegebenen Wert

$$\mu_1 = 2;44,45,6,46,40.$$

Daraus folgt, dass μ_1 genau nach der Formel (13) berechnet wurde. Ebenso erhält man für μ_2 nach (13)

$$\mu_2 = 4;59,32,55,57,46,40.$$

Der Text hat 22 statt 32, aber das ist sicher ein Schreibfehler, denn nachher wird μ_2 auf 4;59,33 abgerundet. Ferner hat der Text 47 statt 57. Für μ_3 heisst der richtige Wert

$$\mu_3 = 4;49,33,50, 5,51,46,40.$$

Der Text hat an der vorletzten Stelle 6 statt 46. In den Abschnitten 7—9 verwendet der Text die richtigen, abgerundeten Werte

$$\mu_1 = 2;44,45$$
$$\mu_2 = 4;59,33$$
$$\mu_3 = 4;49,33,50.$$

In den Abschnitten 7,8 und 9 wird uns die Formel (12) ausführlich vorgerechnet. In Abschnitt 7 wird die Schrittzahl $r_1 = 30$ zunächst mit $\varepsilon/360 = 0;1,50,40$ multipliziert; dann wird $r_1 = 30$ dazu addiert, sodass man

$$r_1 \left(1 + \frac{\varepsilon}{360}\right) = 30;55,20$$

erhält; schliesslich wird $\mu_1 = 2;44,45$ (Text irrtümlich 1;44,45) addiert und

$$c_1 = 33;40, 5 \quad \text{(Text irrtümlich 33;40)}$$

erhalten. Analog in den Abschnitten 8 und 9. Man sieht also, dass dem Lehrtext wirklich die Formel (12) zugrunde liegt. Ferner sieht man, dass die Werte (10), die wir zunächst vorläufig aus den Elongationen $+15°$, $-15°$ und $-120°$ berechnet hatten, tatsächlich vom Autor des Textes zugrunde gelegt wurden. Das heisst: der Autor nahm an, dass die Elongation des Mars von Al bis Me um 30° und von Me bis Mk um 105° abnimmt. Damit sind nachträglich auch die Elongationen $+15°$, $-15°$ und $-120°$ bestätigt. Diese Elongationen sind von der mittleren Sonne zu nehmen: die Anomalie der Sonne wird in allen diesen Rechnungen vernachlässigt.

Zusammenfassung

Wie man sieht, ist System A ein logisch aufgebautes System, das auf den folgenden Hypothesen beruht:

I. Die 6 Abschnitte des Tierkreises, in denen Mars sich verschieden schnell bewegt, sind

$$(2)+(3), \quad (4)+(5), \quad (6)+(7), \quad (8)+(9), \quad (10)+(11), \quad (12)+(1)$$

Jeder dieser Abschnitte wird in

$$24 \quad 36 \quad 27 \quad 18 \quad 12 \quad 16$$

gleiche Teile geteilt, die wir der Kürze halber „Schritte" nennen. Die Schrittlängen sind also

BILD 17 Venustafel 420 mit Lehrtext 821b, aus Babylon. Der obere Teil ist eine Venustafel, nach System A₂ berechnet, für die Jahre 180 bis 241 (−131 bis −70). Der Mittelstreifen enthält die Namen des Schreibers und seines „Gegenüber" (siehe S. 197). Der untere Teil ist ein Lehrtext, der sagt, wie die Venustafel berechnet wurde

BILD 18 Opfer für einen Sterngott. Arabisches Manuskript Bodleian Or. 133, in Oxford, Folio 29. Das Bild
zeigt, wie noch im Kulturkreis des Islam die kosmische Religion (siehe Kap. VI, S. 204) weiterlebte. Photo Bodleian Library, Oxford

2°30′ 1°40′ 2°13′20″ 3°20′ 5° 3°45′.

II. Von Al bis Me legt Mars 33 Schritte zurück, von Me bis Mk 60 Schritte und von Mk bis Al 58 Schritte.

III. Das Sonnenjahr hat 12;22,8 mittlere synodische Monate oder 360 + 11;4 Tithis.

IV. Abendletzt, Morgenerst und Morgenkehrpunkt finden bei den Elongationen +15°, −15° und −120° von der mittleren Sonne statt.

Ein ähnlich aufgebautes, logisches System, auf wenigen Grundannahmen beruhend, mit Rechnungen, die zunächst in vielen Sexagesimalstellen genau durchgeführt wurden, war System A der Mondrechnung. Auch die Dauer des Jahres ist in der Marstheorie A dieselbe wie in der Mondtheorie A. System B der Mondrechnung hat genauere Perioden, ist aber weniger logisch aufgebaut.

Der grosse Lehrtext 811a für Mars enthält nicht nur (wie die meisten Lehrtexte) Rechenvorschriften, sondern er gibt auch Begründungen. Diese Begründungen müssen letzten Endes auf den Autor des Systems A zurückgehen. Es ist daher anzunehmen, dass der Lehrtext 811a auf einer Abhandlung dieses Autors beruht, in dem er die Grundgedanken seines Systems erläuterte. Der Lehrtext selbst ist sicher eine Abschrift; denn die Zahlen des Textes enthalten typische Abschreibefehler, die daran zu erkennen sind, dass sie die Fortsetzung der Rechnung nicht beeinflussen.

Abweichungen zwischen Kardinaltafeln

Wir haben gesehen, dass Mars nach dem Lehrtext von Al bis Me 33 Schritte zurücklegt und von Me bis Mk 60 Schritte.

In den Kardinaltafeln sind die Schrittzahlen von Al bis Me und von Me bis Mk ebenfalls einfache Zahlen, aber sie weichen in einzelnen Fällen von den oben angegebenen ab. So findet man im Uruktext 502 die folgenden Oerter für Me und Al:

Obvers	Me		Revers	Al
Zeile 12	1;40	(4)	Zeile 1	2;30 (3)
Zeile 13	1;40	(5)	Zeile 2	11;40 (4)
Zeile 14	2;13,20	(6)	Zeile 3	11;40 (5)

Der Abstand vom ersten Al zum zweiten Me (Zeile 13) und ebenso vom zweiten Al zum dritten Me (Zeile 14) beträgt 30 Schritte. Da beim Übergang von einer Zeile zur nächsten Mars immer genau 18 Schritte zurücklegt, bleibt der Abstand von einem Al zum darauf folgenden Me in allen weiteren Zeilen konstant 30 Schritte.

Ebenso sind es im Babylontext 504 von Me bis Mk immer 63 Schritte.

Der zuerst herangezogene Uruktext 502 ist nicht datiert. Man kann ihn aber mit dem Uruktext 500 in Verbindung bringen, der Mk und Op für die Jahre 89—131 bietet. Nimmt man an, dass 502 sich auf die Jahre 92—161 bezieht, so

Obv.		I		Obv.	Rev.		I		Rev.
1.	[20]	gír-tab	igi	1.	0.	[11,15	ḫun	šú]	0.
	[30]	máš	igi			[2,30]	maš	[šú]	
	[1]5	ḫun	igi			[11,40]	kušú	[šú]	
	5	maš	igi			[11,40]	a	šú	
5.	[1]3,20	kušú	igi	5.		[15,3]3,20	absin	šú	
	[1]3,20	a	igi		5.	[25,3]3,20	rín	šú	5.
	17,46,40	absin	igi			[2]3,20	pa	šú	
	27,46,40	rín	igi			[1]5	zib	šú	
	26,40	pa	igi			[1]5	múl	šú	
10.	18,45	zib	igi	10.		[30]	maš	šú	
	17,30	múl	igi		10.	[30]	kušú	šú	10.
	1,40	kušú	igi			[30]	a	šú	
	1,40	a	igi			[10]	rín	šú	
	2,13,20	absin	igi			[30]	gír-tab	šú	
15.	[1]2,13,20	rín	igi	15.		[15]	gu	šú	
	[3,]20	pa	igi		15.	[26,]15	ḫun	šú	15.
	[20]	gu	igi			[12,3]0	maš	šú	
	[30]	ḫun	igi			[18,]20	kušú	šú	
	[15]	maš	igi			[18,]20	a	šú	
20.	[20]	kušú	igi	20.		[2]4,26,40	absin	šú	
	[20]	a	igi		20.	6,40	gír-tab	šú	20.
	[26,40]	absin	igi			10	máš	šú	
	[10]	gír-tab	igi			30	zib	šú	
	[15]	máš	igi			25	múl	šú	
25.	[3,45]	ḫun	igi	25.		6,40	kušú	šú	
	[27,30]	múl	igi		25.	6,40	a	šú	25.
	[8,20]	kušú	igi			8,53,20	absin	šú	
	[8,2]0	a	igi						
	[11,]6,40	absin	igi						
30.	[21,]6,40	rín	igi	30.					
	[16,]40	pa	igi						
	[7,]30	[zib	igi]						
	[10	múl	igi]						

Fig. 26. Text 502, Kardinaltafel für Mars, aus Uruk. Obvers Me, Revers Al. Aus NEUGEBAUER, ACT III, Plate 175.

kann man die beiden Texte 500 und 502 zu einer Gesamttafel für Al, Me, Mk und Op vereinigen. Die Anzahl der Schritte von Al bis Me beträgt dann 30, von Me bis Mk 61 und von Mk bis Al 60. Jede andere Datierung des Textes 502 würde weniger vernünftige Schrittzahlen ergeben.

Die rückläufige Bewegung

Die bisher besprochene Theorie gilt nur für die Phänomene Al, Me und Mk. Die rückläufige Bewegung von Mk über Op bis Ak wird ganz anders behandelt. Nach NEUGEBAUER (ACT II, p. 305) gibt es 4 verschiedene Schemata, R, S, T und U, nach denen man ,von Mk ausgehend, die Örter von Op und Ak berechnet hat. Alle vier machen den Bogen von Mk bis Op abhängig vom Ort des Mk. Nach Schema R ist der Bogen konstant gleich 6°, wenn Mk im Zeichen (2) oder (3) stattfindet. In (4) oder (5) ist der Wert 6;24. In (6) oder (7) ist er 6;48. In (8) oder (9) ist er 7;12. Dann nimmt er wieder in derselben Weise ab. Schema T ist analog, aber mit einem Maximum 7;30. In Schema U nimmt der Bogen linear vom Minimum 6 zum Maximum 7;30 zu; dann nimmt er ebenso linear ab. In Schema S wechseln die Zeichen, in denen der Bogen konstant ist, ab mit Zeichen, in denen er linear zu- oder abnimmt. In Schema S ist der gesamte rückläufige Bogen von Mk bis Ak das 2½-fache des Bogens von Mk bis Op. Bei den übrigen Schemata wissen wir nicht, wie Ak berechnet wurde.

System B

Eine Marstafel aus Uruk (ACT 510) ist nach System B berechnet. Von dieser Tafel ist zwar nur ein kleines Fragment erhalten, aber es ist P. HUBER[1] gelungen, das Gesetz, nach dem die Tafel berechnet ist, aus diesem Fragment zu rekonstruieren.

Das Fragment sah in der Transkription von NEUGEBAUER so aus (die Nummern der Tierkreiszeichen sind von mir hinzugefügt):

		rín	(7)
. . .	17	pa	(9)
. . . ,	35	zib	(12)
. . .	6,13,51	múl	(2)
. . .	29,52, 8	maš	(3)
. . .	5,30,25	kušú	(4)
. . .	30,25	a	(5)
. . . ,	30, 25	rín	(7)
. . .	30,25	pa	(9)
. . .		gu	(11)

Die Rekonstruktion von HUBER sieht so aus:

[1] A. AABOE: Babylonian Planetary Theories, Centaurus 5 (1958) p. 246.

[0]	I		
48,36,40	22,20,37	rín	(7)
1, 5,36,40	27,57,17	pa	(9)
1,17,38,17	15,35,34	zib	(12)
1, 0,38,17	16,13,51	múl	(2)
43,38,17	29,52, 8	maš	(3)
26,38,17	26,30,25	kušú	(4)
25	21,30,25	a	(5)
42	3,30,25	rín	(7)
59	2,30,25	pa	(9)
1,16	18,30,25	gu	(11)

Kolonne I entsteht durch Summation aus der Differenzenspalte [0]. Diese enthält eine lineare Zackenfunktion mit

$$\text{Maximum M} = 1,20; 7,28, 30$$
$$\text{Minimum m} = \quad 17;19, 8,30$$
$$\text{Differenz d} = \quad 17.$$

Berechnet man daraus das Periodenverhältnis, so findet man die gleiche Relation (1) wie im System A. Die mittlere synodische Bewegung

$$\tfrac{1}{2}(M+m) = 48;43,18,30$$

stimmt ebenfalls mit System A überein.

VENUS

Für Venus gibt es drei Systeme A_0, A_2 und A_1.

System A_0

Der Zufall will, dass dieses sehr einfache System nur in Uruk vertreten ist. Der Text 400 gibt Daten und Längen für Ae, d.h. für die erste Sichtbarkeit von Venus als Abendstern, für die 24 Jahre von 111 bis 135, in folgender Weise:

Jahr	Datum	Länge	
111	V 27;30	3	(7)
113	I 20;40	8;30	(2)
114	VIII 13;50	14	(9)
116	III 7	19;30	(4)
117	X 30;10	25	(11)
119	V 23;20	30;30	(6)

Wie man sieht, nehmen die Längen in einer synodischen Periode um 7 Tierkreiszeichen und $5\tfrac{1}{2}°$ zu, ebenso die Daten um 19 Monate und 23;10 Tithis. Der in einer synodischen Periode zurückgelegte Weg ist also

$$S = 19 \text{ Zeichen} + 5\tfrac{1}{2}° = 9,35;30 \text{ Grad}$$

und die Zeit

9,53;10 Tithis.

Die Relation zwischen dem Weg S und der Zeit T ist

$$T = S + 17;40.$$

Der Wert 17;40 ist vermutlich abgerundet. Aus dem Sonnenabstandsprinzip würde man, wenn das Jahr auf 12;22,8 Monate gesetzt wird,

$$T = S + 17;41,28,40$$

erhalten.

Multipliziert man S mit 5, so erhält man 8 volle Umläufe minus $2\frac{1}{2}$ Grad. Also gilt

5 synod.Perioden = 8 Umläufe − 2°30′.

Multipliziert man S mit 720, so erhält man 1152 volle Umläufe. Also gilt

720 synod.Perioden = 1152 Umläufe = 1152 Jahre.

Das System A_0 ist bedeutend einfacher als die Systeme A für Saturn, Jupiter und Mars, weil die „Anomalie in bezug auf die Ekliptik "im System A_0 ganz wegfällt. Der synodische Bogen S hängt im System A_0 nicht von dem Ekliptikbereich ab, in dem Venus sich befindet. In der Tat ist diese Anomalie für Venus viel kleiner als bei den anderen Planeten, sodass man sie ohne grossen Schaden vernachlässigen kann.

Die Systeme A_2 und A_1

Spätere Rechner haben versucht, das System A_0 zu verbessern, indem sie den Bogen S vom Ekliptikbereich abhängen lassen. So sind zwei Systeme A_2 und A_1 entstanden, von denen das zweite (A_1) etwas besser ist als das erste. Beide sind aber nicht sehr gut.

System A_2 kann man am besten aus dem Text 420 (aus Babylon) kennen lernen. Wie die Photographie (Bild 17) zeigt, besteht die Tafel aus einem oberen Teil, einem schmalen Streifen und einem unteren Teil. Der Streifen enthält ein sogenanntes Kolophon, eine Überschrift, die so lautet:

> Venus, betrifft die Jahre von 180 bis 241. *Marduk-shum-iddina*, Sohn von *Bēl-iddina*, Nachkommen von *A-ku-ba-ti-la*, gegenüber . . . .-*iddina*, Schreiber von *Enūma Anu Enlil*, Sohn von *Bēl-uballitsu* . . .

Dem Schreiber *Marduk-shum-iddina* „gegenüber" wird hier ein zweiter Schreiber genannt. Was „gegenüber" genau heisst, wissen wir nicht. *Bēl-uballitsu*, der Vater des zweiten Schreibers, lebte um 186, denn im Jahre 186 hat er eine Kardinaltafel 430 für Venus berechnet.

Der obere Teil unseres Textes ist eine Kardinaltafel für alle 6 Kardinalpunkte Ae, Ak, Al, Me, Mk, Ml. Der untere Teil ist ein Lehrtext 821b, der uns lehrt, wie die Tafel berechnet wurde.

Der Lehrtext besteht aus 6 Abschnitten für die 6 Kardinalpunkte. Wir geben hier den zweiten Abschnitt wieder, der sich auf den Abendkehrpunkt Ak bezieht. Die Ekliptik wird in 5 Teile geteilt, die je 2 oder 3 Tierkreiszeichen umfassen. Für jeden Abschnitt wird zunächst der Weg S von einem Ak zum nächsten und dann die Zeit T angegeben:

Tierkreiszeichen	Weg S	Zeit T
(11)(12)	3,43;30	9,51
(1)(2)(3)	3,37;30	10, 1
(4)(5)	3,38;30	9,59
(6)(7)(8)	3,29;20	9,46
(9)(10)	3,28;30	9,49

Nach dieser Rechenvorschrift wird in der Tat in der Kardinaltafel 420 von Zeile zu Zeile weitergerechnet. Die Tafel fängt so an:

Jahr	Datum	Ort
180	XI 16	12;20 (12)
182	VI 7	25;50 (7)

Die Differenz zwischen den Daten ist 9,51 Tithis und der zurückgelegte Weg ist 7 Zeichen und 13;30 Grad, wie es nach dem Lehrtext auch sein soll.

Addiert man die 5 Zeiten T, so kommt man auf 99 Monate minus 4 Tithis: die bekannte 8-jährige Venusperiode. Addiert man die 5 Wege S (wobei zu jedem S noch ein voller Umlauf zu addieren ist) so ergibt die Addition in den Abschnitten Ak, Al und Mk 8 Umläufe minus 2;40 Grad, in den Abschnitten Me und Ml dagegen 8 Umläufe minus 2;40 Grad. NEUGEBAUER drückt das so aus: Die Abschnitte Ak, Al und Mk des Lehrtextes 821b und der Kardinaltafel 420 sind nach System A_2 berechnet, die Abschnitte Me und Ml nach System A_1.

Diese Vermischung von zwei Systemen führt zu einer grossen Konfusion. Während der kurzen Zeit von Al bis Me sollte Venus rückläufig sein, aber nach der Tafel 420 wäre Venus von Al bis Me manchmal rechtläufig. Im Jahre 241 würde Venus in einem Tag sogar 1½ Grad rechtläufig zurücklegen!

Ein Vergleich mit der modernen Rechnung zeigt, dass das System A_2 ganz schlecht ist. Eine Bewegung von 8 Umläufen minus 2;40 Grad in 5 synodischen Perioden ist viel zu langsam. Demzufolge sind die nach System A_2 berechneten Längen durchwegs zu klein, und im Lauf der Zeit werden die Fehler immer grösser.

Die Kardinaltafel 430, die im Jahre 186 (d.h. −125 nach unserer Zeitrechnung) von *Bēl-uballitsu* für die Jahre 96—111, also für eine weit zurückliegende Vergangenheit berechnet wurde, sowie die späteren Texte 410, 411 und 412 (alle aus Babylon) sind sämtlich nach System A_1 berechnet. Ich nehme an, dass dieses System als Verbesserung von A_2 um −125 eingeführt wurde. Das System unterscheidet sich nur wenig von A_1. So wurde die Strecke S von einem Ak zum nächsten im Abschnitt (6) (7) (8) um 0;10 auf 3,29;30 erhöht, wodurch die gesamte Bewegung in 5 synodischen Perioden auf den auch in A_0 gebrauchten Wert von 8 Umläufen minus 2;30 Grad gebracht wurde.

Das System A_1 ist zwar etwas besser als A_2, aber doch nicht sehr gut. In beiden Systemen ist nämlich die Anomalie der Venusbewegung viel zu gross. Ferner haben beide Systeme die unangenehme Eigenschaft, dass sie sich nicht beliebig weit vorwärts oder rückwärts fortsetzen lassen. Die Längen werden nämlich nach je 8 Jahren um 2°30′ oder 2°40′ kleiner. Das hat zur Folge, dass nach einiger Zeit eine der Längen aus dem Ekliptikabschnitt (11) + (12) oder (1) + (2) + (3) etc. herauskommt. Der betreffende Weg S ändert sich dann mit einem grossen Sprung und die Summe der fünf Wege wird viel zu gross oder zu klein.

Ein System wie A_2 kann also nur während einer beschränkten Zeit ungeändert angewandt werden. Diese Eigenschaft habe ich in meiner früher bereits zitierten „Babylonische Planetenrechnung" zur Datierung des Systems A_2 benutzt. Das Ergebnis war, dass A_2 zwischen —186 und —125 entstanden sein muss.

Die Chronologie der drei Systeme für Venus ist demnach:

A_0 war —200 in Uruk schon bekannt;

A_2 ist zwischen —186 und —125 entstanden, wahrscheinlich in Babylon;

A_1 wurde in Babylon um —125 im Kreise der Männer um *Bēl-uballitsu* erfunden.

MERKUR

System A_2

Die ältesten Planetentafeln, die wir haben, sind zwei Merkurtafeln aus Babylon, ACT 300a und 300b. Die erste bezieht sich auf die Jahre 4 bis 22, die zweite auf die Jahre 10 bis 18 der Seleukidenära. In beiden Tafeln sind am Anfang einige Zeilen abgebrochen; sie fingen also vielleicht noch einige Jahre früher an. Man wird keinen grossen Fehler machen, wenn man annimmt, dass beide Texte um das Jahr 11 der Seleukidenära, d.h. um —300, berechnet wurden.

Beide Texte gehören dem gleichen System A_2 an. In diesem System wird zunächst die letzte Sichtbarkeit am Morgen (Ml) und am Abend (Al) berechnet. Aus Ml wird dann, durch Addition einer wechselnden Unsichtbarkeitsstrecke, das nächste Wiedererscheinen Ae berechnet und ebenso aus Al das nächste Me.

Zur Berechnung des Ml hat man die Ekliptik in 4 Teile geteilt, in denen verschiedene synodische Wege w angenommen wurden, nämlich:

$$\begin{array}{lll} \text{von} & (4)\ 0 \text{ bis } (6)\ 30 & w_1 = 1,47;46,40 \\ \text{von} & (7)\ 0 \text{ bis } (10)\ 6 & w_2 = 2,\ 9;20 \\ \text{von} & (10)\ 6 \text{ bis } (1)\ 5 & w_3 = 1,37 \\ \text{von} & (1)\ 5 \text{ bis } (3)\ 30 & w_4 = 2,\ 9;20. \end{array}$$

Die Anzahl der synodischen Perioden, in denen Merkur die ganze Ekliptik durchläuft, ist demnach

$$\frac{1,30}{1,47;46,40} + \frac{1,36}{2,9;20} + \frac{1,29}{1,37} + \frac{1,25}{2,9;20} = \frac{1223}{388}.$$

Das heisst, 1223 synodische Perioden sind 388 Jahre. Dieses Verhältnis liegt ganz nahe bei dem im Lehrtext 800 genannten:

$$145 \text{ synodische Perioden} = 46 \text{ Jahre.}$$

Zur Berechnung des Al wurde die Ekliptik ebenfalls in 4 Teile geteilt:

$$
\begin{aligned}
&\text{von} \quad (4) \ 0 \text{ bis } (9) \ 30 \quad &w_1 = 1,48;30 \\
&\text{von} \ (10) \ 0 \text{ bis } (11) \ 30 \quad &w_2 = 2, \ 0;33,20 \\
&\text{von} \ (12) \ 0 \text{ bis } (1) \ 30 \quad &w_3 = 1,48;30 \\
&\text{von} \quad (2) \ 0 \text{ bis } (3) \ 30 \quad &w_4 = 2,15;37,30.
\end{aligned}
$$

Um aus einem Ml das nächste Ae zu berechnen, wurde zum Ort des Ml eine gewisse Strecke addiert, die als stückweise lineare Funktion jenes Ortes definiert war. Analog verfuhr man bei Al und Me. Für nähere Einzelheiten siehe NEUGEBAUER, ACT II S. 296.

System A₁

In einem Uruktext, ACT 300, und in sechs Babylontexten findet man ein anderes System A_1 angewandt, bei dem gerade umgekehrt aus dem Ort der ersten Sichtbarkeit (Me oder Ae) der Ort der vorangehenden letzten Sichtbarkeit berechnet wird. Zur Berechnung des Me oder Ae hat man die Ekliptik in 3 Teile geteilt, in denen verschiedene synodische Bogen w angenommen wurden, nämlich für Me:

$$
\begin{aligned}
&\text{von} \ (5) \ \ 1 \text{ bis } (10) \ 16 \quad &w_1 = 1,46 \\
&\text{von} \ (10) \ 16 \text{ bis } (2) \ 30 \quad &w_2 = 2,21;20 \\
&\text{von} \ (3) \ \ 0 \text{ bis } (5) \ \ 1 \quad &w_3 = 1,34;13,20
\end{aligned}
$$

und für Ae:

$$
\begin{aligned}
&\text{von} \ (4) \ \ 6 \text{ bis } (7) \ 26 \quad &w_1 = 2,40 \\
&\text{von} \ (7) \ \ 6 \text{ bis } (12) \ 10 \quad &w_2 = 1,46;40 \\
&\text{von} \ (12) \ 10 \text{ bis } (4) \ \ 6 \quad &w_3 = 1,36.
\end{aligned}
$$

Tägliche Bewegung

Im Text 310 aus Uruk (ACT III, Plate 168) sind Merkurörter von Tag zu Tag für 7 Monate angegeben. Als Beispiel nehmen wir die erste Hälfte des zweiten Monats:

Tag	Differenz	Ort	
1	1;45	5;37	(6)
2	1;45	7;22	(6)
3	1;45	9; 7	(6)
4	1;45	10;52	(6)

Tag	Differenz	Ort	
5	1;45	12;37	(6)
6	1;37,30	14;14,30	(6)
7	1;33,18	15;57,48	(6)
8	1;29, 6	17;16,54	(6)
9	1;24,54	18;41,48	(6)
10	1;20,42	20; 2,30	(6)
11	1;16,30	21;19	(6)
12	1;12,18	22;31,18	(6)
13	1; 8, 6	23;39,24	(6)
14	1; 3,54	24;43,18	(6)
15	59,42	25;43	(6)

Wie man sieht, sind die Differenzen zunächst konstant und nehmen dann arithmetisch ab. Die Oerter bilden also arithmetische Reihen erster und zweiter Ordnung.

WANN WURDE DIE PLANETENRECHNUNG ERFUNDEN?

Wie wir früher gesehen haben, wurde die Mondrechnung in einer Blütezeit der babylonischen Astronomie erfunden, die wir zwischen —540 und —440 datiert haben. Nun sind die beiden Systeme A und B der Planetenrechnung vermutlich nach dem Muster der Mondrechnung, also später gebildet worden. So kommen wir zur Vermutung, dass die Planetenrechnung erst nach —520 entstanden ist. Für diese Vermutung gibt es noch eine andere Stütze. Wie wir gesehen haben, fangen die systematisch zusammengestellten Planetenbeobachtungen in unseren Texten erst —536 an. Die Planetenrechnung ist aber nur auf Grund solcher Beobachtungen möglich. Auch aus diesem Grunde können wir annehmen, dass die Planetenrechnung nicht vor —520 angefangen hat.

Anderseits gab es um —300 schon Merkurtafeln. Nun ist Merkur ein schwieriger Planet: er ist meistens nicht zu sehen und bewegt sich sehr unregelmässig. Vermutlich hat man zuerst Theorien für die einfacheren Planeten Jupiter, Venus und Saturn aufgestellt und hat sich dann erst an die schwierigen Mars und Merkur heran gewagt. Die Mars -und Merkurtheorie enthalten auch einen neuen Gedanken, den man in den Theorien für Jupiter, Venus und Saturn noch nicht findet, nämlich den Gedanken, einige Phänomene direkt zu berechnen und andere aus den zuerst berechneten herzuleiten. Daher möchte ich annehmen, dass es um —300 nicht nur für Merkur, sondern mindestens auch für Jupiter und vielleicht für Saturn und Venus Systeme A gab.

Die Erfindung dieser Systeme A muss also auf die Zeit zwischen —520 und —300 datiert werden.

Systeme B haben wir für Jupiter, Saturn und Mars, und zwar waren diese Systeme schon —200 in Uruk bekannt. Die Systeme B beruhen auf genau denselben Periodenrelationen wie die Systeme A und wurden sowohl in Babylon als in Uruk gleichzeitig mit ihnen benutzt. Ich möchte daher annehmen, dass die Erfindungszeit der Systeme B zeitlich nicht weit von der der Systeme A entfernt ist. Für die Systeme A hatten wir —300 als letzten möglichen Zeitpunkt gefunden; für die Systeme B nehme ich —240 als Grenze an.

Anderseits wurden diese Systeme B sicherlich nach System B der Mondrechnung, also nach —480 erfunden. Also liegt die vermutliche Erfindungszeit

der Mondrechnung A zwischen —620 und —440,

der Mondrechnung B zwischen —480 und —440,

der Planetenrechnung A zwischen —520 und —300,

der Planetenrechnung B zwischen —480 und —240.

Die hier angegebenen Grenzen beruhen auf Schätzungen und Wahrscheinlichkeitsbetrachtungen. Nur die eine Grenze —300 für System A der Planetenrechnung ist sicher, weil wir einen Merkurtext aus eben dieser Zeit haben.

Vier Höhepunkte

Wir sehen also, dass die Zeit zwischen —600 und —300 eine Glanzzeit der babylonischen Astronomie war. Beobachtung und Theorie gingen dabei Hand in Hand.

Innerhalb dieser Blütezeit können wir drei Höhepunkte unterscheiden. Der erste ist die Aufstellung des Systems A der Mondrechnung, die einem ganz hervorragenden Theoretiker zu verdanken ist. Wahrscheinlich hiess er NABU-RIMANNU und lebte um —500 oder einige Jahrzehnte früher.

Der zweite Höhepunkt ist die Aufstellung des Systems B der Mondrechnung durch KIDINNU um —450. Das System gründet sich auf sehr genaue Beobachtungen.

Der dritte Höhepunkt ist die Marstheorie nach System A. Diese theoretische Leistung ist der des NABU-RIMANNU gleichwertig. Die zentrale Idee des Systems ist das *Sonnenabstandsprinzip* oder genauer, die Idee, mit Hilfe dieses Prinzips die Zeitintervalle zu berechnen. Die Anwendung dieses Prinzips wurde durch eine geschickte Näherung sehr einfach gemacht. In dieser Näherung ergab sich nämlich eine einfache lineare Relation zwischen dem Weg s und der Zeit $t = s + c$.

Da das Sonnenabstandsprinzip und die darauf beruhende Näherungsformel (1) auch für Jupiter im System A zugrunde gelegt wurden, ist es sehr gut möglich, dass die Systeme A für Jupiter, Saturn und Mars von demselben Forscher oder in der gleichen Gruppe entworfen wurden. Da ein Gedanke der Marstheorie auch in der Merkurtheorie Verwendung fand, möchte ich die Merkurtheorie, oder zumindest das älteste System A_2 der Merkurtheorie, derselben Forschergruppe zuschreiben.

Die Systeme B für Jupiter und Saturn stehen den Systemen A sehr nahe. In ihnen werden das gleiche Sonnenabstandsprinzip und die gleichen Perioden verwendet wie in den Systemen A. Ich möchte annehmen, dass sie derselben Zeit angehören. Diese Zeit muss dann zwischen —450 und —300 datiert werden.

Nach dieser Zeit, gab es noch einmal einen Höhpunkt, als ein hervorragender Theoretiker um —163 die tägliche Bewegung des Jupiter für die Jahre 147 und 148 der Seleukidenära durch Differenzenreihen dritter Ordnung darstellte.

Zur Zeit des BEL-UBALLITSU, um —125, wurden noch einmal zwei neue Systeme A_2 und A_1 für Venus aufgestellt. Diese waren als Verbesserungen des älteren Systems A_0 gemeint, waren aber nicht wirklich besser. Sie enthielten innere Widersprüche und verletzten das Sonnenabstandsprinzip.

Die Namen NABU-RIMANNU und KIDINNU findet man in gräzisierter Form bei spätantiken Autoren. So erwähnt STRABON im 16. Buch seiner Geographie die ,,chaldäischen" Astronomen KIDENAS, NABURIANOS, SUDINES und SELEUKOS von Seleukia[1]). Der Astrologe VETTIUS VALENS (um + 160) teilt uns mit, dass er Mondtafeln von KIDENAS und SUDINES benutzt hat. Es ist sehr bemerkenswert, dass Mondtafeln nach KIDINNU in so später Zeit noch den Astrologen zugänglich waren.

Wo wurde die Planetenrechnung erfunden?

Mir scheint Babylon als Erfindungsort viel wahrscheinlicher als Uruk, aus verschiedenen Gründen.

Erstens gab es in Babylon eine Sammlung von alten und neuen Planetenbeobachtungen. Eine solche Sammlung ist zur Bestimmung der Konstanten der Theorie unentbehrlich. Aus Uruk ist keine solche Sammlung überliefert.

Zweitens sind die ältesten babylonischen Planetentafeln etwa 100 Jahre älter als alle Uruktafeln.

Drittens finden wir in Babylon viele Varianten und vom üblichen Schema abweichende Texte, während die Urukschreiber sich meistens an wenige, gut bewährte Methoden halten.

Viertens: Die Lehrtexte aus Uruk geben nur Rechenmethoden, die aus Babylon manchmal auch Begründungen.

In den Fällen, wo wir die Anfangsjahre der Texte feststellen können, finden wir, dass die Uruktexte fast gleichzeitig um —200 anfangen, während die Anfangsjahre der Babylontexte ganz wild verteilt sind. Man hat den Eindruck, dass die Urukschreiber um —200 die ganze Theorie fix und fertig aus Babylon übernommen haben.

Ausser den Schulen von Babylon und Uruk erwähnt PLINIUS (Nat. hist. VI 123) noch eine Schule von Hipparenum. Vielleicht ist damit Sippar gemeint. Welchen Anteil diese Schule an der Entwicklung der Mond- und Planetenrechnung gehabt hat, wissen wir nicht.

---

[1]) SUDINES war ein ,,chaldäischer Wahrsager" am Hofe des ATTALOS I. um —240 (F. H. CRAMER, Astrology in Roman Law, p. 13—14 und 90). SELEUKOS war ein Anhänger des heliozentrischen Systems (PLUTARCHOS, Quaestiones Platonicae, Quaestio 8).

KAPITEL VI

STERNRELIGION, ASTROLOGIE UND ASTRONOMIE

TRADITION UND NEUE RELIGIÖSE STRÖMUNGEN

Vergleichen wir die religiöse Einstellung der Menschen in der Zeit vor −700 mit der Zeit nach −300, so stellen wir einen gewaltigen Unterschied fest. Dabei kommt es nicht so sehr darauf an, ob wir den Blick nach Griechenland, nach Ägypten oder nach Vorderasien wenden: die Unterschiede sind überall von derselben Art. Der Siegeszug der kosmischen Religion und der mit ihr verbundenen Astrologie ist ein internationales Phänomen.

Der Polytheismus der älteren Zeit

Die Götter der Griechen wohnen auf dem Olymp, nicht im Himmel. Zwar kommen Helios (Sonne), Selene (Mond) und Uranos (Himmel) unter Göttern vor, aber sie sind nicht die grössten Götter. Der Donnerer, Zeus, mag ursprünglich ein Himmelsgott gewesen sein, aber in der klassischen Zeit wurde er weder mit dem Himmel noch mit dem Weltall identifiziert. Seine Herrschaft hub nach der Theogonie des HESIODOS (um −700) lange nach der Entstehung der Erde und des Himmels an.

Einen ähnlichen Polytheismus finden wir in Babylon. Zwar wurden die Sterne von alters her als „Götter der Nacht" verehrt; Sonne, Mond und Venus galten als eine Dreiheit grosser Götter. Der Himmelsgott Anu stand ebenfalls hoch in Ansehen, aber der grösste Gott, der Schöpfer, war Marduk, der Stadtgott von Babylon.

In Ägypten hatte ECHNATON (−1370) den Sonnengott Aton als einzigen Gott proklamiert, aber nach seinem Tode wurde der alte Polytheismus wieder eingeführt. In diesem gab es einen Sonnengott, einen Mondgott und eine Himmelsgöttin, auch wurde Sothis = Sirius verehrt, aber die Himmelsgötter waren nicht die höchsten und mächtigsten Götter.

Neue religiöse Strömungen

Nach 600 vor Chr. können wir in der griechischen Welt den Einbruch von neuen religiösen Ideen und das Aufkommen von Zweifeln an den traditionellen Göttern beobachten. Die neuen Ideen führten zu heftigen Reaktionen: zur Verurteilung des ANAXAGORAS wegen Gottlosigkeit und zur Hinrichtung des SOKRATES wegen „Verehrung neuer Götter".

Auch im Perserreich und in Ägypten gab es heftige religiöse Krisen, die zu gewalttätigen Zusammenstössen führten. KAMBYSES verhöhnte den Apiskult der ägyptischen Priester und tötete den Apisstier (HERODOTOS III 28). XERXES tötete den Oberpriester des Marduk und konfiszierte die goldene Statue des Gottes

(HERODOTOS I 183). Derselbe XERXES zerstörte eine Kultstätte und befahl, dass an dieser Stelle nur noch Ahura Mazdāh verehrt werden sollte. Wir kommen auf diese Ereignisse noch zurück.

Leider haben wir in allen genannten Fällen nur vom äusseren Verlauf der Ereignisse mehr oder weniger zuverlässige Kunde. Wir wissen nicht, ob nicht bei den Anklägern des ANAXAGORAS oder bei XERXES politische Motive die Hauptrolle gespielt haben. Jedoch ist das Überhandnehmen der Verehrung des Ahura Mazdāh unter DAREIOS und XERXES eine unleugbare Tatsache, die man aus ihren eigenen Inschriften deutlich erkennen kann. Nachher sollen einige von diesen Inschriften wörtlich zitiert werden. Die Perserkönige förderten überall in ihrem Herrschaftsgebiet den Kult des Himmelsgottes und den Monotheismus. Beispiele dafür später.

Über die Zeit nach 400 vor Chr. sind wir besser informiert, weil wir die Dialoge PLATONS und andere griechische Zeugnisse haben. Wir sehen, wie die Flut der neuen Religiosität mit voller Kraft über die griechische Welt kommt. Der Glaube, dass die Seele unsterblich ist und ihre Heimat im Himmel hat, greift immer mehr um sich. PLATON wird zum Propheten dieses neuen Glaubens[1]. Der Stoiker KLEANTHES (3. Jahrhundert vor Chr.) bezeichnet die Sonne als beseeltes Feuer und als leitende Macht im Kosmos. Die Stoiker CHRYSIPPOS und POSEIDONIOS (2. und 1. Jahrh. vor Chr.) lehren wie PLATON, dass der Kosmos ein beseeltes, vernünftiges, lebendes Wesen ist und dass unsere Seele am Leben des Kosmos teil hat[2].

Bald nach 300 v. Chr. tritt die Astrologie ihren Siegeszug in der antiken Welt an. In der Ptolemäerzeit dringt sie von Babylonien und Syrien her nach Ägypten vor[3]. Im Jahre 139 vor Chr. hatte die Astrologie in Rom schon so viele Anhänger, dass ein Edikt erlassen wurde, das die Astrologen, zusammen mit den Anhängern des Jupiter Sabazios, aus Rom vertrieb[4]. Zur Zeit des AUGUSTUS und schon früher wurden die Wände und Decken ägyptischer Tempel mit Bildern des Sternhimmels, des Tierkreises und der Sterngötter überdeckt (Bild 7 und 8). Die Lehre vom unentrinnbaren Schicksal und von der ewigen Wiederkehr aller Dinge fängt an, die Menschheit zu bedrücken. Mithra, der iranische Sonnengott, wird als Sol invictus und Erlöser der Menschheit im ganzen römischen Reich verehrt. Auch andere Mysterienreligionen, wie die der Isis, gewinnen überall Anhang[5]. Religionen werden miteinander verschmolzen, alte Mythen werden umgedeutet. Die Gnosis lehrt, dass die Mächte des Kosmos böse sind und dass die Seele sich von ihnen

---

[1] PLATON: Phaidon, Phaidros, Timaios, Gesetze. FESTUGIERE, La révélation d'Hermès II: Le dieu cosmique (Paris 1949).
[2] Für die Lehren der Stoiker über die Götter und den Kosmos siehe vor allem CICERO: De natura deorum, Buch 2. Ergänzend dazu DIOGENES LAERTIOS, Leben und Meinungen der Philosophen VII 134—149. Über POSEIDONIOS siehe K. REINHARDT: Kosmos und Sympathie.
[3] F. CUMONT, L'Egypte des astrologues (1937).
[4] F. H. CRAMER, Astrology in Roman Law and Politics (Amer. Philos. Soc., Philadelphia 1954) p. 58.
[5] F. CUMONT. Les religions orientales dans le paganisme romain, Paris 1929 (3. Aufl.)

befreien und mit dem höchsten Gott, der nur Geist ist, vereinigen kann[1]. In dieser Atmosphäre ist auch die christliche Erlösungsreligion entstanden.

Wir wollen nun versuchen, die ersten Anfänge dieses komplexen Gewebes zu entwirren. Da die babylonischen und ägyptischen Texte uns für die Zeit von −700 bis −300 fast vollständig im Stich lassen, müssen wir uns hauptsächlich auf persische und griechische Quellen stützen.

Von den persischen Texten sind die wichtigsten die Inschriften der Perserkönige und das Awesta, die heilige Schrift der Zoroastrier. Zum Awesta gehören insbesondere die Gathas oder Hymnen des ZARATHUSTRA. Ausser diesen alten Texten werden wir mit der nötigen Vorsicht auch spätere mittelpersische Schriften wie das Bundahishn heranziehen. Einige allgemeine Betrachtungen über die Religion oder Religionen der Iranier müssen vorangeschickt werden. Für eine ausführliche Erörterung der mannigfachen Probleme, die uns diese Religion aufgibt, möge ein für allemal auf das Buch von J. DUCHESNE-GUILLEMIN: La religion de l'Iran ancien (Presses universitaires, Paris 1962) verwiesen werden. Dort findet man auch die neueste Literatur. Besonders inhaltreich ist die zusammenfassende Studie von G. WIDENGREN: Stand und Aufgaben der iranischen Religionsgeschichte, Numen *1* (1954) und *2* (1955).

ALSO SPRACH ZARATHUSTRA

Den Polytheismus der arischen Völker kennen wir aus ganz alten Quellen. Als der Mitannikönig MATTIWAZA um −1400 einen Vertrag mit dem Hethiterkönig SHUPPILULIUMA abschloss, rief er als Zeugen die grossen Götter *Mitra*, *Uruna*, *Indara* und *Nashatia* an. Die gleichen Götter wurden am östlichen Ende des arischen Siedlungsgebietes, nämlich in Indien verehrt: sie heissen dort *Mitra*, *Varuna*, *Indra* und die *Nāsatyas*. Auch bei den Persern, deren Sprache dem Sanskrit nahe verwandt ist, treffen wir fast dieselben Götternamen an. Mitra heisst auf altpersisch *Mithra*, Indara und Nashatia treten als *Indra* und *Nāhaithya* im Awesta auf[2]. Allerdings sagt das Awesta, dass man die Daēvas Indra und Nāhaithya nicht verehren soll, aber eben dieses Verbot beweist, dass man sie früher verehrt hat. Wir finden also bei allen arischen Völkern von Vorderasien bis Indien ursprünglich dieselben Götter.

Die Reform des ZARATHUSTRA hat dieses Pantheon erheblich reduziert. Ahura Mazdāh wurde hoch über alle anderen Götter gestellt. Indra, Nāhaithya und viele andere „Daēvas" wurden verdammt. Der Kult des Mithra wurde anfangs auch bekämpft, aber später wurde Mithra in das Pantheon der Zoroastrier aufgenommen.

In der klassischen und hellenistischen Zeit finden wir hauptsächlich vier Formen der persischen Religion.

---

[1] H. JONAS: Gnosis und spätantiker Geist. Göttingen, Vandenhoeck 1954 (2. Aufl.). FESTUGIÈRE: La révélation d'Hermès Trismégiste III: Les doctrines de l'âme (1953); IV: Le dieu inconnu et la gnose (1954); Gabalda et Cie., Paris. Dort weitere Literatur.

[2] H. S. NYBERG, Die Religionen des alten Iran (Leipzig 1938) S. 331.

1) *Der orthodoxe Zoroastrismus* verehrt Ahura Mazdāh als höchsten Gott, daneben allerdings auch das Feuer, die Erde, den Mond, Mithra etc.

2) Eine spätere Abart ist der *Zweigötterdienst*, den PLUTARCHOS in „Isis und Osiris" als Kult der Magier beschreibt[1]. Die Magier verehrten neben Ormuzd auch den bösen Geist Ahriman als Gott und brachten ihm Opfer, was bei den orthodoxen Zoroastriern streng verboten war.

3) Der *Zervanismus* betrachtet den Zeitgott Zervan oder Zurvan als Vater der beiden Zwillinge Ormuzd und Ahriman und als Schöpfer aller Dinge. Der Zervanismus war in spätantiker Zeit unter den Magiern in Kilikien und Syrien sehr verbreitet; er ist aber auch im Sassanidenreich nachweisbar[2].

4) Schliesslich ist der *Mithrakult* zu erwähnen. Der Gott Mithra war von jeher ein mächtiger Nebenbuhler von Ahura Mazdāh. In der römischen Zeit breitete sich sein Kult von Kilikien aus über das ganze römische Reich aus.

Nur eine von diesen vier Religionsformen ist aus authentischen Quellen gut bekannt, nämlich der orthodoxe Zoroastrismus. Wir beschränken uns daher zunächst auf diese eine Richtung.

Die Gathas des Awesta

Den ältesten Teil des Awesta bilden die Gathas, die Hymnen des ZARATHUSTRA. Die Gathas haben einen sehr persönlichen, unverwechselbaren Stil; sie stammen nach der einstimmigen Meinung aller Kommentatoren von ZARATHUSTRA selbst.

Eine fachkundige Übersetzung der Gathas gab C. BARTHOLOMAE: Die Gathas des Avesta, Strassburg 1905. Eine Interpretation, die in manchen Punkten von der BARTHOLOMAEs abweicht, gab H. S. NYBERG: Die Religionen des alten Iran, deutsch von H. H. SCHAEDER (Leipzig 1938), zu zitieren als: NYBERG, Religionen. Eine völlig andere, oft geradezu entgegengesetzte Interpretation findet man bei E. HERZFELD in seinem zweibändigen Werk „Zoroaster and his world" (Princeton Univ. Press 1947).Die Gathas sind eben sehr schwierig. Neue Übersetzungen bieten:

J. DUCHESNE-GUILLEMIN: Zoroastre, Paris 1948.
H. HUMBACH: Die Gathas des Zarathustra, Heidelberg 1959.
W. HINZ: Zarathustra, Stuttgart 1961.

In der folgenden Übersicht beschränken wir uns auf einige für uns wichtige Hauptpunkte, die man direkt aus den Gathas entnehmen kann und die nicht umstritten sind. Natürlich habe ich auch eine Meinung über umstrittene Punkte; so halte ich es mit HERZFELD und ALTHEIM[3] für wahrscheinlich, dass ZARATHUS-

---

[1] Siehe besonders J. BIDEZ et F. CUMONT: Les mages hellénisés, Paris 1938.
[2] R. C. ZAEHNER: Zurvan, a Zoroastrian Dilemma. Oxford, Clarendon press 1955.
[3] F. ALTHEIM und R. STIEHL: Supplementum Aramaicum (Grimm, Baden-Baden 1957). Anhang: Das Jahr Zarathustras, S. 21.

TRA im 6. Jahrhundert vor Chr. lebte. Aber darauf kommt es für das folgende nicht an. Wir wollen untersuchen, welche Wirkung bestimmte Lehren des ZARA-THUSTRA im babylonischen und im griechischen Kulturkreis gehabt haben. Ob die Lehren selbst im neunten oder im sechsten Jahrhundert entstanden sind, diese Frage brauchen wir nicht zu beantworten.

Die Ethik des Zarathustra

Das Hauptanliegen des ZARATHUSTRA ist ethisch. Die Seele wird vor die Wahl gestellt zwischen Gut und Böse, zwischen Wahrheit und Trug. Wählt sie das Gute, so wird sie am jüngsten Tag vom „Weisen Herrn" Ahura Mazdāh belohnt; wählt sie aber das Böse, so wird sie am Ende durch das Feuer gerichtet. Die Daēvas, d.h. die schlechten Götter, von denen die Menschen sich abwenden sollen, haben den „schlechtesten Sinn" und die „Mordlust" gewählt [1].

Was heisst hier der Ausdruck „Mordlust"? An gemeinen Mord oder Krieg hat man nicht zu denken, denn es sind ja Daēvas, Götter, die die „Mordlust" gewählt haben. Höchstwahrscheinlich bezieht sich der Ausdruck auf das Töten von Stieren, das im Mithraskult üblich war. ZARATHUSTRA erklärt in der berühmten „Gatha vom Stier" (Yasna 29), dass Ahura Mazdāh ihn als Beschützer des Stieres einge-setzt hat. Er verbietet seinen Anhängern auf das nachdrücklichste das Töten von Stieren.

Auch PYTHAGORAS, EMPEDOKLES und die späteren Pythagoreer haben das Opfern von Rindern nachdrücklich verdammt [2]. Jedoch wollen wir die Übereinstimmung zwischen ZARATHUSTRA und PYTHAGORAS in diesem einen wichtigen Punkt noch nicht als Beweis für Abhängigkeit werten. Wir begnügen uns damit, zu bemerken, dass sich um dieselbe Zeit (vor 500 vor Chr.) im Perserreich und in Grossgriechen-land ähnliche religiöse Strömungen regten, die sich von den althergebrachten blutigen Opfern abwendeten und die Ethik in den Mittelpunkt ihrer Lehre stellten.

Das Feuerurteil am Ende der Zeiten

In seinem grossartigen Visionshymnus (Yasna 43) verknüpft ZARATHUSTRA die Schöpfung des Lebens mit dem letzten Wendepunkt, wo Ahura Mazdāh die Guten und Bösen richtet:

„Als den Wirksamen erlebte ich dich, o Mazdāh Ahura, da ich dich als den Ersten schaute bei der Geburt des Lebens — als du die Taten und die Worte lohnbringend machtest: Schlechtes dem Schlechten, gutes Glücklos dem Guten durch deine Geschicklichkeit am letzten Wendepunkt der Schöpfung" (Übersetzung aus NYBERG, Religionen, S. 213).

---

[1] Diese Worte stehen in Yasna 30, Strophe 6. Die Gathas bilden im Awesta die Abschnitte 28—34, 43—51 und 53 des Yasna; sie werden daher als „Yasna 28" etc. zitiert.

[2] Siehe etwa DIELS, Fragmente der Vorsokratiker, Empedokles B 128, 136, 137. OVIDIUS, Metamorphosen Buch 15, Vers 75—142. Weitere Zeugnisse bei A. ROSTAGNI, Il Verbo di Pitagora, Torino 1924.

BILD 19 Monumentalhoroskop der Krönung des Königs ANTIOCHOS I. von Kommagene (69—34 vor Chr.). Das Datum der Krönung war nach O. NEUGEBAUER und H. B. VAN HOESEN (Greek Horoscopes, Philadelphia 1959) der 7. Juli, 62 vor Chr. Damals stand die Sonne im Löwen. Für eine Beschreibung des ganzen Denkmals auf dem Berge Nemrud Dagh siehe HUMANN und PUCHSTEIN, Reisen in Kleinasien und Nordsyrien, Berlin 1890. Photo Staatliche Museen zu Berlin

BILD 20 Antiochos I. von Kommagene (links) und Apollon-Mithras-Helios (siehe S. 225) mit phrygischer Mütze und Sonnenstrahlen. Relief auf der West-Terasse des Berges Menrud Dagh (siehe auch Bild 19 und 22). Photo Theresa Goell, Direktor der Nemrud Dagh Ausgrabungen

Nach der unmittelbar vorangehenden Strophe 6 geschieht die „Zuteilung der Schicksallose" an die Guten und Bösen durch „die Glut des Asha-kräftigen Feuers". Das Feuerurteil am jüngsten Tag wird in einer anderen Hymne des ZARATHUSTRA eindrücklich geschildert:

> „Von Deinem Feuer, o Ahura, das seine Kraft durch Asha hat, dem verheissenen, macht-vollen, wünschen wir, dass es dem Getreuen augenfälliges Behagen schaffe, o Mazdāh, dem Feinde sichtbare Qual, Deinem Handwinken gemäss" (Yasna 34, Strophe 4; Übersetzung von BARTHOLOMAE).

Die Eschatologie des ZARATHUSTRA hat einen unerhörten Eindruck gemacht. In den Schriften der Stoiker, in der gnostischen Schrift Pistis Sophia, in apo-kryphen Apokalypsen, in der mittelpersischen Schrift Bundahishn, überall finden wir das Feuerurteil wieder, mit vielen grauenhaften Einzelheiten. So heisst es im Bundahishn, dass ein Fluss aus geschmolzenem Metall die Bösen mit Gestank ver-brennt, aber dass die Guten darin wandern wie in warmer Milch. Im „Testament des Isaak" heisst es, das Feuer sei intelligent und tue den Gerechten nicht weh, aber es verbrenne die Bösen mit grossem Gestank.[1]

Die Vorstellung vom Feuerurteil und vom „weisen Feuer" ist schon sehr früh nach Griechenland gekommen. HERAKLEITOS von Ephesus (um 500 vor Chr.) sagt nämlich in einem wörtlich erhaltenen Fragment „Alles wird das Feuer richten und verdammen". Er sagt auch, das Feuer sei „vernunftbegabt und Ursache der ganzen Weltregierung"[2].

Das Feuerurteil des HERAKLEITOS geht sicher auf iranische Vorstellungen zurück; es enthält aber ein neues Element. Im Awesta vernichtet das Feuer nur die bösen Menschen, nicht die Erde und schon gar nicht das Weltall. ZARATHUSTRAS Per-spektive ist menschlich, nicht kosmisch. Bei HERAKLEITOS aber handelt es sich um ein kosmisches Ereignis. Ferner ist das jüngste Gericht im Awesta *einmalig:* nachher ist nur ewige Seligkeit für die Gerechten. Bei HERAKLEITOS aber ist der Weltbrand ein *wiederkehrendes* Ereignis. In Fragment B 30 heisst es nämlich:

> Diesen Kosmos, denselben für Alle, hat kein Gott und kein Mensch geschaffen, sondern immer war er und ist und wird sein, ewig lebendes Feuer, erglimmend nach Maassen und verlöschend nach Maassen.

Das Feuer des HERAKLEITOS ist weise und ewig lebend, also göttlich. Das richtende, göttliche Feuer ist gut zoroastrisch, aber die Vorstellung vom Welt-brand und die Idee der periodischen Wiederholung sind hinzugekommen. Diese Vorstellungen sind, wie wir in Kap. 3 gesehen haben, babylonisch. BEROSSOS, der Priester des Bel, der um 300 vor Chr. auf der Insel Kos eine Astronomenschule gründete, hat in seinem Buch „Babyloniaka" im Zusammenhang mit der Chrono-

---

[1] Weitere Zeugnisse bei C. M. EDSMAN: Ignis divinus, Skrifter Vetensk.-Soc. Lund 34 (1949).
[2] H. DIELS, Fragmente der Vorsokratiker, Herakleitos B 63—66.

logie der babylonischen Könige über die Lehre von den periodischen Katastrophen (Sintflut und Weltenbrand) berichtet [1].

Wir müssen also annehmen, dass die iranische Vorstellung vom Feuergericht noch im 6. Jahrhundert nach Babylon überliefert und dort mit babylonischen Vorstellungen über die Sintflut und über Weltperioden kombiniert wurde. Von Babylon kam dann die Lehre von den periodisch wiederkehrenden kosmischen Feuerkatastrophen nach Griechenland.

Wer war der Übermittler? Nach der griechischen Überlieferung gab es einen, der gerade im 6. Jahrhundert Ägypten und Persien bereiste und dann in Griechenland und Süditalien als religiöser Prophet und Weisheitslehrer auftrat, nämlich PYTHAGORAS. Wenn er der Übermittler war, so müssen wir erwarten, in der pythagoreischen Tradition Spuren derselben Lehre zu finden. Diese Erwartung wird dreifach erfüllt.

Erstens heisst es in einem Fragment des DIKAIARCHOS, das in Kap. 3 unter dem Titel „Das grosse Jahr" bereits angeführt wurde: „Pythagoras sagt, dass alle Dinge, die einmal geschehen, nach gewissen Perioden wiederkehren".

Zweitens bezeugt auch EUDEMOS, ein Schüler von ARISTOTELES, dass nach der Lehre der Pythagoreer „alles der Zahl gemäss wiederkehrt". Das vollständige Zeugnis wurde ebenfalls in Kap. 3 angeführt.

Drittens gibt es eine doxographische Überlieferung über den Pythagoreer HIPPASOS, der ein Zeitgenosse von HERAKLEITOS war und öfter mit ihm zusammen genannt wird. AETIOS berichtet:

> HERAKLEITOS und HIPPASOS sagen, der Anfang von Allem sei Feuer. Denn aus Feuer sei das Ganze entstanden und in Feuer werde das Ganze enden, sagen sie.

Ausführlicher berichtet SIMPLIKIOS:

> HIPPASOS von Metapont und HERAKLEIDES von Ephesos sagen auch, das Eine sei in Bewegung und begrenzt; jedoch setzen sie Feuer als den Anfang und aus Feuer lassen sie die anderen Dinge entstehen ... und in Feuer lösen die Dinge sich wieder auf; denn gegen Feuer sei alles eingetauscht, sagt HERAKLEITOS. Dieser nimmt auch eine Ordnung an und eine begrenzte Zeit der Umwandlung des Kosmos [2].

Dieser Bericht stammt nach DIELS aus den „Meinungen der Physiker" desTHEO-PHRASTOS. Aus derselben Quelle stammt ein Bericht des DIOGENES LAERTIOS:

> HIPPASOS von Metapont, ebenfalls ein Pythagoreer, behauptet, dass die Zeit der Umwandlung des Kosmos begrenzt sei.

Mit der „Zeit der Umwandlung des Kosmos" ist sicherlich das „Grosse Jahr" gemeint. Diese Deutung wird dadurch bestätigt, dass sowohl für HERAKLEITOS wie für HIPPASOS je ein „grosses Jahr" überliefert ist.

---

[1] Siehe P. SCHNABEL: Berossos (Leipzig 1923).
[2] DIELS, Fragmente der Vorsokr., Herakleitos A 6.

Das grosse Jahr des HIPPASOS war nach CENSORINUS (De die natali XVIII 8) eine relativ kleine Periode von 59 Jahren. Dieses „grosse Jahr" ist offensichtlich nicht eine Wiederkehrperiode aller Planeten. Wohl aber kehren Saturn und Jupiter nach 59 Jahren nahezu an denselben Ort des Himmels zurück. Die 59-jährige Saturnperiode wird in den Keilschrifttexten regelmässig verwendet.

Das grosse Jahr des HERAKLEITOS soll nach CENSORINUS 10 800 Jahre, nach AETIOS aber 18 000 Jahre umfasst haben. Beide Zahlen sind durch 3 600 teilbar; 3 600 Jahre bilden aber einen babylonischen SAR. Das „grosse Jahr" des HERAKLEITOS stammt also vermutlich, ebenso wie die Lehre von den wiederkehrenden kosmischen Feuerkatastrophen, aus Babylon.

Die Lehre von den kosmischen Katastrophen ist deswegen für uns wichtig, weil wir hier klar sehen, wie eine iranische Lehre, die an sich nichts mit der Astrologie zu tun hat, in Babylon mit dem astrologischen Fatalismus und der Astronomie verbunden wurde. Das richtende Feuer stammt aus Iran, die Sintflut und die Periodenrechnung aus Babylon. Aus der Kombination aller dieser Elemente entstand die Lehre vom Grossen Jahr mit Weltenwinter und Weltensommer, mit Feuer- und Flutkatastrophe. In diesem Fall können wir auch verfolgen, wie die Lehre nach Griechenland kam und dort weiter abgewandelt wurde.

In anderen Fällen, wo wir die Kette der Ideen nicht so gut verfolgen können, werden wir eine ähnliche Entwicklung anzunehmen haben. Die Perser und Magier kamen schon im 6. Jahrhundert vor Chr. nach Babylon und gerieten dort in den Bannkreis der babylonischen Astrologie und Astronomie[1]. Bei dieser Berührung zweier Kulturen ist etwas Neues entstanden: eine astrologische Schicksalslehre, die einerseits mit der Wissenschaft, anderseits mit der Religion aufs engste verknüpft war und die sich von Babylon aus über die antike Welt ausgebreitet hat.

DER HIMMELSGOTT

Der zweite Band des magistralen Werkes von P. FESTUGIERE über Hermes Trismegistos [2] trägt den Titel: Le dieu cosmique. In diesem Band hat FESTUGIERE die Entwicklung der Lehre vom kosmischen Gott von PLATON und XENOPHON bis in die späthellenistische und römische Zeit hinein verfolgt. Wir können aber weiter in der Zeit zurückgehen, nämlich in Griechenland bis zu den Orphikern und Pythagoreern und in Persien mindestens bis ZARATHUSTRA.

Ahura Mazdāh als höchster Gott

Ob die Lehre von ZARATHUSTRA als Monotheismus anzusprechen ist, darüber gehen die Meinungen auseinander, aber jedenfalls ist das eine klar, dass ZARATHUSTRA seinen Gott Ahura Mazdāh hoch über alle anderen erhebt.

---

[1] F. CUMONT: Textes et Mon. Mystères de Mithra I. BIDEZ et CUMONT: Mages hellénisés I.
[2] P. FESTUGIERE: La révélation d'Hermès Trismégiste (Paris, Gabalda et Cie). I: L'astrologie et les sciences occultes (1950). II: Le dieu cosmique (1949). III: Les doctrines de l'âme (1953). IV: Le dieu inconnu et la gnose (1954). Zu zitieren als: FESTUGIERE I, II, III, IV.

Die Gathas kennen eine Reihe von göttlichen Mächten, wie Vohu Manah (guter Sinn), Asha (rechte Ordnung) etc., aber sie alle sind Ahura Mazdāh untergeordnet. So wird in Yasna 31 Ahura Mazdāh der Vater des Vohu Manah genannt.

Die grosse Inschrift am Grabe des DAREIOS bei Naksh i Rustam fängt so an:

> Ein grosser Gott ist Ahuramazdāh, der die Erde hier schuf, der den Himmel dort schuf, der den Menschen schuf, der die Glückseligkeit für den Menschen schuf, der den Dareios zum König machte, den Einen zum König über Viele" (Übersetzung von NYBERG, Religionen S.348).

Ahura Mazdāh ist also nach DAREIOS der Schöpfer. Er ist der höchste, aber nicht der einzige Gott. In einer Inschrift in Persepolis heisst es nämlich:

> Der grosse Ahura Mazdāh, der grösste unter den Göttern, machte DAREIOS zum König.

Im Einklang mit diesen Inschriften ist das Bild, das HERODOTOS (I, 131) von der persischen Religion entwirft:

> Von den Persern sind mir folgende Bräuche bekannt. Götterbilder, Tempel und Altäre zu errichten haben sie so gar nicht im Brauch, dass sie vielmehr denen, die das tun, Torheit vorwerfen; wie mir scheint, weil sie nicht mit den Hellenen dafür halten, dass die Götter menschenartig seien. Dagegen ist bei ihnen Brauch, dem Zeus auf den höchsten Gipfeln der Berge Opfer darzubringen, weil sie den ganzen Himmelskreis als Zeus anrufen. Auch opfern sie der Sonne und dem Mond, der Erde, dem Feuer, dem Wasser und den Winden.

Was HERODOTOS hier sagt, stimmt auch mit dem Awesta gut überein. Viele Götter des Awesta sind ausgesprochen abstrakte, geistige Wesen wie Vohu Manah = guter Sinn, Daēnā = Weisheit oder Religion, Haurvatāt = Gesundheit, Ameretāt = Unsterblichkeit, die man sich nicht gut in Menschengestalt vorstellen kann. HERODOTOS hat also richtig beobachtet. Der höchste Gott, den er Zeus nennt, kann nur Ahura Mazdāh sein; denn in den Inschriften der Könige DAREIOS und XERXES ist Ahura Mazdāh der höchste Gott, und HERODOTOS lebte nicht viel später als XERXES. Die anderen Götter, die HERODOTOS nennt, sind fast alle auch im Awesta vertreten, so das Feuer (Ātar), die Erde (Ārmaiti), der Wind (Vāta) und die Gewässer, die in Yasna 38 als „lebende Mütter" gepriesen werden.

Synkretismus und Monotheismus

Die Religionspolitik der Perserkönige hat zwei Aspekte. Einerseits wollte man den unterworfenen Völkern ihre Götter und ihre Priester lassen, soweit diese die Autorität des Grosskönigs und des höchsten Gottes nicht in Frage stellten. Andererseits förderte man überall den Monotheismus, wobei jeweils der höchste Gott des betreffenden Volkes mit dem persischen Himmelsgott identifiziert wurde.

Als KYROS Babylon erobert hatte, ergriff er die rechte Hand der Marduk-Statue und liess sich so von dem Gott als König von Babylon anerkennen. Auch DAREIOS liess die babylonische Religion unangetastet. Als aber die Stadt Babylon gegen XERXES aufgestanden war, konfiszierte dieser den Schatz des Marduk und die goldene Statue und tötete den Oberpriester (HERODOTOS I 183). Wo immer die polytheistische Religion mit der Reichsidee in Konflikt kam, wurde sie rücksichtslos bekämpft.

In der grossen Inschrift des XERXES gibt es eine Stelle, die seine Religionspolitik gut beleuchtet. XERXES sagt:

> Und in diesen Ländern gab es eine Stelle, wo zuvor die Daēvas verehrt wurden. Ich zerstörte nach Ahuramazdāhs Willen das Daēva-Nest und gebot: Die Daēvas sollen nicht verehrt werden. Wo zuvor die Daēvas verehrt worden waren, dort verehrte ich Ahuramazdāh beim Barzman und mit Arta.[1]

NYBERG meint, dass XERXES hier auf die Ereignisse im Marduktempel anspielt. Nach HERZFELD ist es jedoch wahrscheinlicher, dass mit Daēvas wie im Awesta die vorzoroastischen persischen Götter gemeint sind. Wie dem auch sei, jedenfalls ist die monotheistische Tendenz der Inschrift deutlich. Statt vieler Götter soll künftig nur einer verehrt werden, sagt XERXES.

Dass die Perserkönige den jüdischen Monotheismus tatkräftig gefördert haben, ist allgemein bekannt. Im Jahre 538 vor Chr. gestattete KYROS den Juden die Rückkehr nach Jerusalem. Sein Edikt ist im Buche ESRA, Kap. 1 wiedergegeben:

> „So spricht KORES, der König in Persien: Der Herr, der Gott des Himmels, hat mir alle Königreiche der Erde gegeben und er hat mir befohlen, ihm ein Haus zu bauen zu Jerusalem in Juda."

KORES ist KYROS, der Gründer des Perserreiches. ESRA war königlicher Schreiber im Dienste des ARTAXERXES I. Es ist anzunehmen, dass das Edikt, das KYROS „ausrufen liess durch sein ganzes Königreich" im Buche ESRA richtig wiedergegeben ist. Den Ausspruch „Er hat mir alle Königreiche der Erde gegeben" findet man ganz ähnlich in den Inschriften der Perserkönige. Dass der höchste Gott „Gott des Himmels" genannt wird, ist in Uebereinstimmung mit der Aussage des HERODOTOS: „Sie rufen den ganzen Himmelskreis als Zeus an". Wir können also schliessen, dass KYROS Jehova mit dem persischen Himmelsgott identifizierte.

Die eben zitierte Aussage des HERODOTOS deutet darauf hin, dass die Perser ihren Himmelsgott auch mit dem griechischen Zeus identifizierten; denn HERODOTOS gibt immer nur das wieder, was er von seinen Gewährsleuten, in diesem Fall also von gewissen Persern gehört hat. Die Identifikation von Zeus mit Ahura Mazdāh findet sich übrigens auch in einer Inschrift des ANTIOCHOS I. von Kommagene (69—34 vor Chr.) auf der Ost-Terrasse des Berges Nemrud-Dagh.[2]

Aus alledem sieht man deutlich, dass die Perserkönige dazu neigten, den Monotheismus zu fördern und fremde Götter mit dem persischen Himmelsgott zu identifizieren. So wie die ganze Erde dem Grosskönig untertan ist oder zumindest sein sollte, so sind alle Götter dem Himmelsgott untergeordnet. Das ist die Lehre, die DAREIOS in seinen Inschriften nachdrücklich verkündet.

---

[1] Übersetzung von NYBERG, Religionen S. 365. Siehe auch HERZFELD, Zoroaster and his world I, S. 398.
[2] M. VERMASEREN: Corpus inscr. mon. relig. Mithriacae I (Nijhoff, Den Haag 1960) S. 54.

Es ist anzunehmen, dass die Perser auch den babylonischen Himmelsgott Anu ihrem eigenen Himmelsgott gleichsetzten und seinen Kult tolerierten oder gar förderten. Jedenfalls wurden die astronomischen Beobachtungen und Berechnungen der Tempelschreiber während der ganzen Perserzeit fortgesetzt und sogar intensiviert. Im Geist der Schreiber waren diese Berechnungen eng mit dem Himmelskult verbunden. So heisst es auf einer Tafel aus Uruk[1]. „Berechnet nach der Weisheit des Anu". Auf einer anderen Uruktafel lautet die Unterschrift: „Im Auftrage von Anu und Antum". In den Babylontafeln werden Anu und Antum ersetzt durch Bēl und Bēltī, Herr und Herrin.

Die Tempelschreiber stellten mindestens seit 410 vor Chr. auch Horoskope auf[2]. Es dürfte klar sein, dass ihre ausgedehnte astronomische und astrologische Tätigkeit gar nicht möglich wäre, wenn die Herrscher diese Tätigkeit nicht gefördert hätten. Wir schliessen also, dass die persischen Könige zwar den Kult des Marduk (mindestens seit XERXES) unterdrückten, aber den Kult des Himmelsgottes und die Astronomie förderten.

Monotheistische Tendenzen in Griechenland

Ein orphischer Spruch, der uns in verschiedenen Fassungen überliefert ist, lautet in der ältesten Fassung so:

> Zeus ward der Erste, Zeus der Letzte, Glanz des Donnerkeils; Zeus ist der Kopf, Zeus die Mitte, aus Zeus vollendet sich alles. Zeus ist der Grund der Erde und des sternenreichen Himmels (Übersetzung von KERN, Religion der Griechen II, Berlin 1935, S. 158).

Der Spruch ist wirklich alt, denn PLATON spielt in den Gesetzen (715 E) auf diesen „alten Logos" an. Die „orphischen Bücher", in denen diese Sprüche enthalten sind, sind grösstenteils im 6. Jahrhundert entstanden. Nach dem einstimmigen Urteil aller Philologen enthalten sie orientalische Elemente.

In den zitierten Versen wird Zeus als Schöpfer der Erde und des Himmels gepriesen, genau wie Ahura Mazdāh in der früher zitierten Grabinschrift des DAREIOS.

XENOPHANES, der um 540 vor Christus seine Heimat Kolophon in Kleinasien verliess und nachher als Sänger in Süditalien von Stadt zu Stadt reiste, dichtete:[3]

> „Einzig ist Gott, unter Göttern und Menschen der grösste, weder an Gestalt den Sterblichen ähnlich noch an Gedanken."
> „Doch sonder Mühe schwingt er das All mit des Geistes Denkkraft."

Er spottet über die anthropomorphen Götter:

> „Wenn die Ochsen und Rosse und Löwen Hände hätten oder malen könnten und Werke bilden wie die Menschen, so würden die Rosse rossähnliche, die Ochsen ochsenähnliche Göttergestalten malen . . .".

---

[1] NEUGEBAUER, ACT I, p. 12: Tafel 135, Colophon U. Lücken des Textes ergänzt aus Tafel 180, Colophon S.
[2] A. SACHS: Babylonian Horoscopes, J. of Cuneiform Studies 6 (1952), S. 49.
[3] H. DIELS, Die Fragmente der Vorsokratiker, XENOPHANES B 23—25 und B 15.

Die Ähnlichkeit mit den Gedankengängen der Perser ist auffallend. „Ahura Mazdāh, der grösste unter den Göttern", schreibt DAREIOS. „Unter Göttern und Menschen der grösste", schreibt XENOPHANES. Beide neigen stark zum Monotheismus, beide lassen aber als Konzession an die Ausdrucksweise des Volkes noch andere Götter zu, über die der eine Gott jedoch hoch erhaben ist. Es sei lächerlich, sich Götter in Menschengestalt vorzustellen, sagen sowohl XENOPHANES als auch die persischen Gewährsleute des HERODOTOS.

Der höchste Gott der Perser war nach HERODOTOS der Himmel, und der eine Gott des XENOPHANES war ebenfalls der Himmel oder das Weltall. So jedenfalls haben PLATON und ARISTOTELES die Lehre des XENOPHANES aufgefasst. PLATON schreibt (Sophistes 242 d): „Das Eleatengeschlecht bei uns, von XENOPHANES her und seit noch früherer Zeit, betrachtet als Eins das, was man das All zu nennen pflegt." Und ARISTOTELES (Metaphysik A 5, 968 b): „XENOPHANES ... sagt, auf den ganzen Himmel blickend, das Eine sei der Gott".

EMPEDOKLES äussert sich über das Göttliche ganz ähnlich wie XENOPHANES:

> B 133: Man kann (das Göttliche) sich nicht nahe bringen, dass es unsern Augen erreichbar wäre, oder es mit Händen greifen ...
> B 134: Denn sie (die Gottheit) ist auch nicht mit menschenähnlichem Haupte an den Gliedern versehen ... sondern nur ein Geist ($\varphi\rho\acute\eta\nu$), ein heiliger und unaussprechlicher, regt sich da, der mit schnellen Gedanken den ganzen Kosmos durchfliegt.

XENOPHANES und EMPEDOKLES heben beide den Gegensatz zwischen den körperlichen, sichtbaren und greifbaren Dingen und dem geistigen Bereich, den man nur durch Gedanken erfassen kann, hervor. Sie betonen beide, dass das Göttliche ganz und gar dem geistigen Bereich angehört. In der Ideenlehre PLATONs wird dieser Gedanke weiter ausgeführt. Wir bemerken hier nur ganz kurz, dass die Unterscheidung zwischen dem Bereich des Geistigen (mēnōk) und des Körperlichen (getik) auch in der Theologie der Zoroastrier eine grosse Rolle spielt[1]. Die Unterscheidung findet sich schon in den Gathas (Yasna 28).

Der Kosmos als lebendes Wesen

In PLATONs „Timaios" steht die Vorstellung, dass der Kosmos ein Lebewesen mit Seele und Verstand ist, im Vordergrund. „Der Gott hat ein einziges, sichtbares Lebewesen geschaffen, das in sich alle Lebewesen enthält, die ihm ihrer Natur nach verwandt sind" (Timaios 30 D).

In den „Gesetzen" hat PLATON die Vorstellung vom lebenden, vernünftigen, göttlichen Kosmos weiter entwickelt und begründet. Eine Seele von tadelloser Vortrefflichkeit, oder vielleicht mehrere von der Art, leitet den Umschwung des Himmels (Gesetze 898 C und 899 B). PLATON lässt hier vorsichtshalber zwei Möglichkeiten offen: die traditionelle Ansicht, dass Sonne, Mond und die anderen Himmelskörper Götter sind, und die andere, dass ein einziger kosmischer Gott

---

[1] H. LOMMEL, Die Religion Zarathustras, Tübingen 1930. NYBERG, Religionen S. 21. R. REITZENSTEIN: Plato und Zarathustra. Vorträge Bibliothek Warburg IV. S. 20.

sie alle lenkt. Wie man aus dem Timaios sieht, neigt er selbst mehr zur zweiten Ansicht.

FESTUGIÈRE hat schon darauf hingewiesen, dass PLATON nicht der erste war, der die Lehre vom göttlichen Geist, der den Kosmos lenkt, vertrat. Viele Argumente für die These, dass der Kosmos beseelt ist, die man in den Dialogen PLATONS findet, finden sich fast genau so in XENOPHONS „Memorabilien des SOKRATES". Vergleicht man die Memorabilien mit Stellen wie Phaidon 97b—98c, in denen PLATON den SOKRATES selbst ein sehr persönliches Zeugnis ablegen lässt, so gewinnt man den bestimmten Eindruck, dass SOKRATES selbst der Meinung war, das Weltall sei nach der Vernunft geordnet.

Das war auch die Meinung der Pythagoreer. Sie nahmen an, dass die Himmelskörper auf Grund ihrer göttlichen Natur die vollkommenste aller Bewegungen: die gleichmässige Kreisbewegung ausführen. Sie nahmen auch an, dass alle Bewegungen am Himmel zahlenmässig erfassbar und harmonisch geordnet seien, oder in ihrer eigenen Ausdrucksweise: „Der Himmel ist Harmonie und Zahl"[1].

Es ist anzunehmen, dass PYTHAGORAS selbst den Himmel für beseelt gehalten hat, aber wir haben kein direktes Zeugnis dafür. Wohl ist bezeugt, dass er an die Unsterblichkeit der Seele glaubte. Beide Lehren hängen eng miteinander zusammen. Wir können den Zusammenhang nicht besser ausdrücken als mit den Worten des ALKMAION, der den ersten Pythagoreern nahestand. Das Zeugnis steht bei ARISTOTELES und lautet:

> Eine ähnliche Ansicht scheint auch ALKMAION über die Seele gehabt zu haben. Er behauptet nämlich, sie sei unsterblich, weil sie den Unsterblichen gleiche, und zwar wegen ihrer beständigen Bewegung. Denn in ununterbrochener Bewegung sei auch alles Göttliche: der Mond, die Sonne, die Sterne und der ganze Himmel (DIELS, Fragmente der Vorsokratiker, ALKMAION A 12).

Als Beweis dafür, dass die Gestirne beseelt sind, führt PLATON die Tatsache an, dass sie sich nach mathematischen Gesetzen bewegen. Die Astronomie dient ihm also dazu, seine religiöse Lehre logisch zu untermauern. Ihm liegt daran, zu beweisen, dass der Glaube an die Sterngötter ein vernünftiger Glaube ist. Aber der Ursprung des kosmischen Mystizismus, zu dem Platon sich bekennt, liegt nicht in der nüchternen Wissenschaft. Die Völker haben den Himmel, die Sonne und den Mond als Götter verehrt, lange bevor sie eine wissenschaftliche Astronomie hatten.

UNSTERBLICHKEIT UND SEELENWANDERUNG

Die Unsterblichkeit der Seele im Awesta

Einen zentralen Platz in den Todesvorstellungen des Awesta nimmt die Činvat-Brücke ein, die Brücke zum Himmel, über die die Seele des Gestorbenen gehen

---

[1] Die Zeugnisse findet man bei VAN DER WAERDEN: Die Astronomie der Pythagoreer. Verhandelingen Kon. Ned. Akad. Amsterdam (Afd. Nat.) Bd 20, Nr. 1 (1951).

muss. Die Brücke ist oben ganz schmal wie eine Schwertschneide. Die schlechten Seelen stürzen von dieser schmalen Stelle in die Hölle, aber für die Gerechten erweitert sich die Brücke so, dass sie ungefährdet hinüber kommen.[1]

Die Činvat-Brücke kommt schon in den Gathas (Yasna 46 und 51) vor. Im Vendidad wird geschildert, wie eine schöne Jungfrau die Seele über die Činvat-Brücke begleitet und vor Vohu Manah bringt. Vohu Manah erhebt sich von seinem goldenen Thron und begrüsst die Seele. Darauf tritt diese vor Ahura Mazdāh.

An einer anderen Stelle im jüngeren Awesta (Vendidad VII 52) heisst es: ,,Wenn die Seele der Frommen ins Jenseits eingeht, werden Sterne, Mond und Sonne sie selig preisen''. Daraus kann man schliessen, dass der Aufenthaltsort der guten Seelen eben dort gedacht wurde, wo die Sterne, der Mond und die Sonne sind, d.h. im Himmel.

Mit der Astrologie hat das alles zunächst noch nichts zu tun. Im Awesta steigt die Seele durch die drei Regionen Humat (gutes Denken), Hūkht (gutes Reden) und Hvārest (gutes Handeln) in die Lichtwelt des Ahura Mazdāh. In der mittelpersischen Himmelsreise des ARDA VIRAF steigt die Seele in der ursprünglichen Fassung ebenfalls durch diese drei Regionen. Erst in den jüngeren Fassungen sind diese drei Regionen durch die sieben Himmel oder Planetensphären ersetzt. Bei CICERO im ,,Traum des SCIPIO'' müssen die Seelen die sieben Planetensphären durchmessen um in die Sphäre der Fixsterne, den Ort der Seligen, zu gelangen[2]. Im Kommentar des SERVIUS zur Aeneis VI 714 steigen die Seelen vor der Geburt durch die Planetensphären herab und erhalten dabei von Saturn die Trägheit, von Mars den Zorn, von Venus die Wollust, von Merkur die Gewinnsucht, von Jupiter die Herrschsucht. Das alles ist spätere astrologische Ausgestaltung. BOUSSET, der die Zeugnisse über die Himmelsreise der Seele zusammengestellt hat, kommt zu dem Schluss, dass am Anfang ein persischer Mythus stand, in dem noch keine Planeten vorkamen.[3]

Ich glaube, dass dieser persische Mythus auf die Entstehung der Geburtshoroskopie einen entscheidenden Einfluss gehabt hat. Um das näher zu erläutern, müssen wir zuerst die griechischen Zeugnisse heranziehen.

Wandlungen der griechischen Seelenlehre

HOMEROS setzt voraus, dass die Seelen im Hades kein Bewusstsein mehr haben. Nur wenige auserwählte werden zu dem Elysischen Gefilde ,,entrückt'' und entgehen so dem Tode.[4] Der ,,homerische Hymnus'' auf Demeter, der vermutlich im 7. Jahrhundert gedichtet wurde, verspricht den in die Mysterien eingeweihten

---

[1] Die Belegstellen in den Gathas, im Vendidad, im Hadhöcht-Nask, in Mēnōke chrat, im Bundahish und bei ARDA VIRAF sind bei NYBERG, Religionen, S. 180—186 zusammengestellt.
[2] P. BOYANCÉ: Etudes sur le songe de Scipion.
[3] D. W. BOUSSET: Die Himmelsreise der Seele, Archiv f. Religionswiss. 4 (1901) S. 136 und 229.
[4] Für Belege möge ein für allemal auf das grundlegende Werk ,,Psyche'' von ERWIN RHODE (1. Aufl. 1893, 4. Aufl. 1907) verwiesen werden.

ein besseres Los nach dem Tode, aber diese Verheissung wurde damals, wie es
scheint, noch nicht zu einer zusammenhängenden Unsterblichkeitsdoktrin ausgebaut.

Das wurde im 6. Jahrhundert ganz anders, als die Orphiker und Pythagoreer,
vom Orient her inspiriert, ihren neuen Glauben verkündeten.   .

Von der Lehre, die PYTHAGORAS selbst seinen Jüngern verkündigt hat, wissen
wir leider nicht viel. Das einzige, was bekannt geworden ist, sagt DIKAIARCHOS[1],
sei folgendes:

> In erster Linie sagte er (PYTHAGORAS), dass die Seele unsterblich ist. Dann, dass die Seelen
> den Ort wechseln, indem sie von einer Art Lebewesen zu einer anderen übergehen. Weiter,
> dass alle Dinge, die einmal waren, von neuem im Kreislauf wiederkehren und nichts wirklich
> neues ist, und dass alle beseelten Wesen verwandt sind.

Was hier in nüchternen Worten zusammengefasst erscheint, wird in späteren
pythagoreischen Fragmenten viel nachdrücklicher betont und begründet. So
erzählt der Pythagoreer SOTION, der Lehrer des SENECA, warum PYTHAGORAS die
Tiere geschont und kein Fleisch gegessen hat:

> PYTHAGORAS pflegte zu sagen, es bestehe Verwandschaft zwischen allen Wesen und Ge-
> meinschaft der Seelen, die in immer neue Gestalten übergehen. Keine Seele, so meint er, ver-
> geht ... Wann und durch welchen Strom der Zeiten sie auf ihrer Wanderschaft durch man-
> che Behausungen wieder in einen Menschen zurückkehrt, das können wir jetzt noch nicht
> wissen; bis dahin prägte er den Menschen das Grauen vor Frevel und Mord ein, weil sie, ohne
> es zu wissen, auf die Seele eines Vorfahren stossen könnten und sie durch das Eisen oder den
> Biss verwunden, wenn irgendwo ein verwandter Geist wohnte (SENECA, Epistulae mor.,
> Lib. 18, Ep. 108).

OVIDIUS lässt im letzten Buch XIV seiner Metamorphosen PYTHAGORAS auftreten
und eine grossartige Rede über Fleischenthaltung, Seelenwanderung und Unsterblichkeit halten. Dass die von SOTION und OVIDIUS entwickelten Gedankengänge
wirklich alt sind, folgt daraus, dass wir sie auch bei EMPEDOKLES in den Fragmenten
B 117, 128, 136 und 137 wiederfinden [2]. Dass PYTHAGORAS die Seelenwanderung
gelehrt hat, ist durch zeitgenössische Zeugnisse (XENOPHANES B 7 und ION VON
CHIOS B 4 bei DIELS, Fragmente der Vorsokr.) gesichert.

PINDAROS, der zwischen —500 und —450 seine berühmten Siegeslieder dichtete, hatte über Seelenwanderung, Unsterblichkeit und Göttlichkeit der Seele
ähnliche Ansichten wie PYTHAGORAS, EMPEDOKLES, ALKMAION und die Orphiker. Er meint, dass die Seele, um eine „alte Schuld" zu sühnen, immer wieder
in einen anderen Körper wandern muss. Erst nach einem dritten, auf Erden
ohne Fehl vollbrachten Leben kann Persephone die Seele aus dem Kreislauf der
Wiedergeburten entlassen [3].

---

[1] DIKAIARCHOS war ein Zeitgenosse des ARISTOTELES. Er hat sich viel mit der Geschichte des Pythagoreerordens
befasst. Das zitierte Fragment steht bei PORPHYRIOS, Vita Pythag. 19.
[2] Numerierung nach DIELS, Fragmente der Vorsokratiker. Für die Interpretation siehe vor allem A. ROSTAGNI,
Il Verbo di Pitagora, Torino 1924.
[3] Siehe etwa ROHDE, Psyche, S. 502 der 1. Auflage. Die Seitennummern der 1. Auflage stehen in den späteren
Auflagen am Rande.

Über die Göttlichkeit und Unsterblichkeit der Seele sagt PINDAROS:

> Der Leib folgt dem Tode. dem allgewaltigen. Lebendig aber bleibt das Abbild (Eidolon) des Lebenden (Aionos), denn dieses allein stammt von den Göttern. Es schläft, wenn die Glieder tätig sind, aber dem Schlafenden im Traum zeigt es Zukünftiges (Übers. von ROHDE).

Dieses Eidolon ist offenbar nicht das, was wir heute Seele nennen. Es ist nicht dasjenige, was in uns fühlt, denkt und Entschlüsse fasst; denn ,,es schläft, wenn die Glieder tätig sind". An der Tätigkeit des wachen und voll bewussten Menschen hat das Eidolon keinen Teil. Trotzdem werden wir das Eidolon künftig Seele nennen; denn auch PINDAROS nennt an anderer Stelle dasjenige, was von einem Gestorbenen übrig bleibt, Psyche.

Die Seele kommt nach PINDAROS (*Ol*.2, 57—60) nach dem Tode des Leibes in den Hades, wo ,,Einer" den strengen Spruch über die Taten ihres Lebens spricht. Den Verdammten wird ,,unanschaubare Mühsal" im tiefen Tartaros zugeteilt. Die Frommen gehen zu den unterirdischen Sitzen der Wonne ein, wo die Sonne ihnen leuchtet, wenn sie für die Erde untergegangen ist und wo sie auf blumenreichen Wiesen ein Dasein edler Musse geniessen (bis zur nächsten Inkarnation).

Soweit PINDAROS. Von der Seelenlehre des HOMEROS sind wir hier weit entfernt, aber ganz nahe bei den Lehren der Gathas des Awesta.

Ähnliche Vorstellungen vom Schicksal der Seelen nach dem Tode finden wir auf den goldenen Täfelchen aus Gräbern auf Kreta und in Süditalien. Eine englische Übersetzung findet man bei W. K. C. GUTHRIE, Orpheus and Greek Religion (Methuen, London, second ed., 1952, S. 172—174). Aus diesen Täfelchen sieht man, dass die Ideen der Orphiker und Pythagoreer über die Unsterblichkeit und himmlische Herkunft der Seele in weiten Kreisen Anklang gefunden haben. Siehe auch F. CUMONT, Le symbolisme funéraire.

Der Himmel als Heimat der Seelen

Das Awesta lehrt nicht nur, dass die guten Seelen nach dem Tode des Körpers belohnt werden, sondern darüber hinaus, dass sie in den Himmel eingehen. Dieselbe Lehre finden wir auch in Griechenland.

EPICHARMOS, der sizilische Komödiendichter, schrieb: ,,Bist du im Herzen fromm geartet, wird dir im Tode kein Leid widerfahren. In der Höhe wird der Hauch im Himmel ewig leben". Ähnlich die Inschrift für die Gefallenen der Schlacht bei Potidea (—431): ,,Zum Äther werden ihre Seelen aufsteigen"[1].

Auch PLATON lehrt, dass die Seele unsterblich ist und dass die Gerechten in den Himmel eingehen werden. Sein grosser Dialog ,,Staat" schliesst mit einem grossartigen Mythos ab, in dem geschildert wird, wie die Seelen der Verstorbenen in eine mysteriöse Gegend kommen, von wo ein Weg hinunter und einer hinauf geht. Alle Seelen werden gerichtet: Die Gerechten kommen in den Himmel und

---

[1] Den griechischen Wortlaut der Inschrift findet man bei ROHDE, Psyche, S. 549 der 1. Aufl.

die Ungerechten unter die Erde, wo sie zehnfach bestraft werden für das
Unrecht, das sie getan haben. Das alles erinnert sehr stark an das Gericht, das
Ahura Mazdāh über die Seelen hält, und an die Činvat-Brücke, über die die Ge-
rechten in den Himmel kommen, während die Ungerechten in den Abgrund fallen.
Die „dämonische Wiese", auf der die ungeborenen Seelen zusammenkommen,
um ihr Los zu wählen, erinnert an die blühende Wiese im Hadocht-Nask, wo der
Tote seiner unsterblichen Seele (Daena) begegnet[1].

PLATON selbst scheint den orientalischen Ursprung dieses Mythos anzudeuten,
indem er ihn als eine Vision eines Pamphyliers darstellt, dessen Körper wie tot
auf dem Schlachtfeld liegt, während seine Seele die Herrlichkeiten des Kosmos
und das Schicksal der Seelen schaut. Die Vorstellung, dass die Seele schon vor
der Geburt in freier Wahl zwischen Gut und Böse wählt, findet sich schon in den
Gathas[2].

Die Seele hat nach PLATON ihre wahre Heimat im Himmel. Im Dialog Phaidros
gerät SOKRATES in Extase und sagt:

> Die Seele durchläuft den Himmel, eine Form nach der anderen annehmend. So lange sie
> vollkommen und beflügelt ist, wandelt sie in der Höhe und verwaltet den Kosmos. Wenn
> sie ihre Flügel verloren hat, wird sie mitgenommen, bis sie sich an etwas Festes halten kann,
> wo sie dann wohnt. Wenn sie einen irdischen Körper erfasst, der unter ihrem Antrieb sich
> selbst zu bewegen scheint, so heisst das Ganze, Seele und Körper zusammen, ein Lebewesen,
> und man nennt es sterblich.

Mir scheint, wir rühren hier an die tiefste religiöse Wurzel der Horoskop-
Astrologie. Die Seele kommt vom Himmel her, wo sie am Kreislauf der Gestirne
teilgenommen hat. Sie vereinigt sich mit einem Körper und bildet mit ihm ein
Lebewesen. So erklärt es sich, dass der Charakter des Menschen vom Himmel
her bestimmt wird.

Genau das ist auch PLATONs Meinung. Im Phaidros beschreibt er, wie Zeus und
die elf führenden Götter am Himmel ihre Streitwagen lenken; die zwölfte, Hestia,
bleibt im Hause der Götter. Mit ihnen ziehen die himmlischen Heerscharen: die
Götter und Dämonen, begleitet von allen Seelen, die den Göttern folgen wollen.
Wenn die Seelen nachher ihren Schwung verlieren und auf die Erde kommen,
richten sie ihr Leben, soviel sie können, nach dem Gott ein, dem sie im Himmel
gefolgt sind. Die im Gefolge des Ares am Himmel einhergezogen sind, werden
leicht zu Mördern, und analog bei den anderen Göttern. Ist das nicht die reinste
Astrologie?

Und nun vergleichen wir, was die mittelpersische Schrift Dînkard (9. bis 10.
Jahrh.) über die Geburt des ZARATHUSTRA sagt:

> As revelation mentions it: When Aûharmazd had produced the material of Zaratûst, the

---

[1] J. BIDEZ, Eos ou Platon et l'Orient, Bruxelles 1945.
[2] LOMMEL, Die Religion Zarathustras, S. 156. J. GEFFCKEN, Platon und der Orient, Neue Jahrbücher kl. Alt.
1929, S. 521.

glory then, in the presence of Aûharmazd, fled on towards the material of Zaratûst, on to that germ, from that germ it fled on . . .; from the endless light it fled on, on to that of the sun; from that of the sun it fled on, on to the moon; from that moon it fled on, on to those stars; from those stars it fled on, on to the fire in the house of Zôish; and from that fire it fled on, on to the wife of Frâhîmvana-zôish, when she brought forth that girl who became the mother of Zaratûst (Übers. von WEST, Sacred Books of the East 47, S. 17).

Diese Legende setzt ein primitives Weltbild voraus, in dem der Mond und die Sonne weiter von uns entfernt sind als die Fixsterne, wogegen im Weltbild der Astrologen die Fixsterne über der Sonne stehen. Es handelt sich hier offenbar nicht um Vorstellungen, die aus der Astrologie hervorgegangen sind, sondern um ursprünglich religiöse Vorstellungen. Die Seele des ZARATHUSTRA ist himmlischer Herkunft: sie steigt vom höchsten Himmel auf die Erde herunter. Diese religiösen Anschauungen haben ursprünglich mit dem Tierkreis und der ganzen babylonischen Gelehrtheit nichts zu tun, aber aus der Kombination dieser Gelehrtheit mit jenen religiösen Anschauungen konnte die Horoskop-Astrologie entstehen. Siehe dazu BOLL-BEZOLD-GUNDEL: Sternglaube und Sterndeutung, Leipzig 1926.

Die Seelenwanderung

PYTHAGORAS und EMPEDOKLES lehrten nicht nur, dass die Seele unsterblich ist, sondern auch, dass sie in andere Lebewesen übergehen kann. Im Awesta finden wir diese Lehre nicht. Wo kommt sie her?
HERODOTOS schreibt (II 123):

> Die Ägypter sind die ersten, welche die Meinung ausgesprochen haben, dass die menschliche Seele unsterblich ist und, wenn der Körper verwest, jeweils in ein anderes, eben zum Leben kommendes Lebewesen hineingeht. Sie sei nun jedesmal herumgewandert in allen Land- und Meer- und Himmelstieren. Dann gehe sie wieder in einen zum Leben kommenden Menschenleib ein, und diese Umwanderung mache sie in dreitausend Jahren. Diese Meinung haben unter den Hellenen etliche angenommen . . .

Die Ägyptologen behaupten einstimmig, dass HERODOTOS sich hier irrt. Die Lehre von der Seelenwanderung in der hier vorgetragenen Form sei der ägyptischen Religion völlig fremd. Das mag wohl stimmen, wenn man sich an die ältere ägyptische Religion hält, wie man sie aus den Grabtexten und Totenbüchern kennt; aber muss denn die ägyptische Religion zur Zeit des HERODOTOS (um 450 vor Chr.) völlig übereinstimmen mit der des Mittleren und Neuen Reiches? Könnte es in Ägypten nicht verschiedene religiöse Strömungen gegeben haben, ebenso wie es im Iran zur Zeit des ZARATHUSTRA, in Griechenland zur Zeit des PYTHAGORAS und in Mesopotamien zur Zeit des XERXES mehrere religöse Richtungen gab? War nicht die ganze Zeit von 700 bis 400 vor Chr. eine Zeit heftiger religiöser Gärung in der ganzen alten Welt? KAMBYSES mischte sich in die ägyptische Religion ein, indem er die Priester verhöhnte und den Apisstier tötete; sollten da nicht auch andere religiöse Einflüsse von Persien oder Babylon her möglich sein? Wir wissen es nicht und können daher auch nicht sagen, dass HERODOTOS sich geirrt hat.

Man hat vermutet, dass die Seelenwanderungslehre des PYTHOGORAS aus Indien stammt. Möglich, aber auf welchem Wege kam sie von Indien nach Griechenland? HERODOTOS sagt, dass sie von Ägypten kam, und wir können nicht behaupten, es besser zu wissen als er.

Sehr bemerkenswert ist eine andere Stelle bei HERODOTOS II 81:

> Keiner (der Ägypter) geht mit wollenem Anzug in den Tempel, auch wird keiner damit begraben, denn das wäre Sünde. Und dieses stimmt mit dem sogenannten orphischen und bakchischen, eigentlich aber ägyptischen und pythagoreischen Geheimdienst überein...

HERODOTOS spricht hier von griechischen Mysterien, die gemeinhin „orphisch" und „bakchisch" genannt wurden. Er sagt, dass die Mysterien „eigentlich ägyptisch und pythagoreisch" seien. Was meint er damit?

„Orphische" Mysterien sind wohl solche, in denen „Bücher des ORPHEUS" rezitiert oder dem Ritus zugrunde gelegt wurden. Solche „Bücher des ORPHEUS" gab es zur Zeit des PLATON „einen ganzen Stoss" (PLATON, Staat 364 E). Sie stammen aber nach der allgemeinen Meinung der antiken und neueren Philologen nicht von ORPHEUS selbst. Unter den Autoren orphischer Bücher werden auch Pythagoreer genannt[1]. Man kann HERODOTOS also gut verstehen, wenn er sagt, dass die orphischen Mysterien eigentlich pythagoreisch seien.

HERODOTOS nennt die Mysterien aber nicht nur pythagoreisch, sondern auch „ägyptisch". Er meint offenbar, dass die Pythagoreer und Orphiker diese Mysterien aus Ägypten übernommen haben.

Ist diese Mitteilung glaubwürdig? Zunächst ist zu bemerken, dass HERODOTOS nicht phantasiert. Sein Grundsatz ist, „die Aussagen, wie ich sie jeweils höre, aufzuschreiben" (II 123). Er war selbst in Ägypten. Bei der früheren Mitteilung über die Seelenwanderung könnte man noch einwenden, dass er die Aussagen ägyptischer Priester vielleicht missverstanden hat oder dass diese versucht haben, eine griechische Lehre als altägyptische Weisheit für sich in Anspruch zu nehmen. Bei der Aussage über die Mysterien ist es aber etwas anderes. Ein Geheimdienst wie die eleusinischen Mysterien ist nicht eine blosse Lehre in Worten, die man missverstehen kann, sondern eine Institution, eine kultische Handlung, die von Priestern geleitet und von Eingeweihten mitgemacht wird. Wenn HERODOTOS also von einem „eigentlich ägyptischen Geheimdienst" spricht, so können wir das nicht einfach als Missverständnis beiseite schieben. In späterer Zeit gab es in Ägypten und in Rom Isismysterien, deren Teilnehmer die Wiedergeburt der Seele zur Unsterblichkeit rituell vollzogen[2]. Könnte es derartige Mysterien nicht schon zur Zeit des HERODOTOS gegeben haben?

Ich möchte die Berichte des HERODOTOS ernst nehmen und annehmen, dass es in Ägypten im 6. und 5. Jahrhundert eine religiöse Bewegung ähnlich der pythagoreischen gab, dass ihre Anhänger an die Seelenwanderung und die Unsterblich-

---

[1] W. K. C. GUTHRIE: Orpheus and Greek Religion, London (Methuen) 1935, p. 217
[2] APULEIOS: Der goldene Esel, Buch XI.

keit der Seele glaubten und dass PYTHAGORAS mit ihnen in Verbindung stand.

Diese Schlussfolgerung steht in vollem Einklang mit dem, was die Griechen selbst uns über die Ägyptenreise des PYTHAGORAS überliefern. JAMBLICHOS berichtet in De vita Pythagorica, Kap. 4, dass PYTHAGORAS in Ägypten mit grossem Eifer alle Heiligtümer besuchte und dass er überall von den Priestern und Propheten lernte. „Er verbrachte 22 Jahre in den Tempeln von ganz Ägypten, trieb dort Astronomie und Geometrie und nahm an allen heiligen Weihen teil . . .".

Mitteilungen über die Ägyptenreise des PYTHAGORAS finden sich auch bei anderen griechischen Autoren. Mindestens eine dieser Überlieferungen geht nach K. VON FRITZ (Art. PYTHAGORAS in PAULY-WISSOWA, Realenzyklopädie, neue Bearbeitung) auf den Geschichtsschreiber TIMAIOS von Tauromenion zurück, der im 4. Jahrhundert vor Chr. lebte. HERODOTOS erwähnt die Ägyptenreise nicht; der Bericht des TIMAIOS ist also von HERODOTOS unabhängig. Er stammt wahrscheinlich aus der Überlieferung der alten Pythagoreer. Der Bericht bestätigt unsere Schlussfolgerung, dass PYTHAGORAS mit gewissen religiösen Gruppen in Ägypten Kontakt hatte.

Sehr bemerkenswert ist, dass in dem Bericht des JAMBLICHOS auch von Astronomie und Geometrie die Rede ist. Wir waren auf Grund von ganz anderen, unabhängigen Zeugnissen schon früher zu dem Schluss gekommen, dass in Ägypten zwischen −600 und −350 Geometrie und Astronomie getrieben wurde. Unsere Zeugnisse stimmen also auf das beste zusammen.

Seelenlehre, Astronomie und Mathematik

Wir haben früher gesehen, dass bei den Pythagoreern Seelenlehre, Astronomie und Mathematik auf das engste miteinander zusammenhängen. Nach ALKMAION ist die Seele unsterblich wegen ihrer Ähnlichkeit mit den unsterblichen Gestirnen, die in ewiger Bewegung begriffen sind (DIELS, Fragmente der Vorsokratiker, ALKMAION A 12). Wir haben ferner gesehen, dass gewisse Elemente der griechischen Astronomie und Mathematik, nämlich astronomische Perioden und geometrische Konstruktionen, wahrscheinlich aus Ägypten übernommen wurden. Wir sehen jetzt, dass auch die Lehre von der Seelenwanderung vermutlich aus Ägypten nach Griechenland kam. Die früher gewonnene Einsicht über die ägyptische Geometrie und Astronomie und die jetzt gewonnene Einsicht in die ägyptische Herkunft der Seelenwanderungslehre stützen sich gegenseitig.

Wir können noch einen Schritt weiter gehen und die Vermutung aufstellen, dass auch in Ägypten im 6. Jahrhundert Seelenwanderungslehre, Astronomie und Mathematik in Zusammenhang miteinander standen. Genauer vermute ich, dass PYTHAGORAS in Ägypten die Lehre vom lebenden Kosmos, der von mathematischen Gesetzen beherrscht wird und sich periodisch erneuert, vom Kreislauf der Seelen und von der Verwandtschaft aller Lebewesen vorgefunden hat.

Diese Vermutung bestätigt sich, wenn man das Zeugnis des HERODOTOS über die Seelenwanderung genauer betrachtet. In diesem Zeugnis wird ein Kreislauf der Seelen erwähnt, der 3000 Jahre dauert. Es liegt auf der Hand, diese 3000 Jahre als eine kosmische Periode aufzufassen. Die Seele wandert durch den ganzen Kosmos (HERODOTOS erwähnt selbst die Lebewesen der Erde, des Meeres und des Himmels) und geht nach 3000 Jahren wieder in einen Menschenleib ein. Setzt man, wie ALKMAION es tut, die ewige Bewegung der Seele in Analogie zum ewigen Kreislauf der Gestirne, so steht die 3000-jährige Seelenperiode auf derselben Stufe wie die Planetenperioden der Astronomen und die Weltperioden der Kosmologen.

In mittelpersischen Texten ist häufig von einer Weltperiode zu 9 000 oder 12 000 Jahren die Rede, die in drei oder vier Teilperioden zu je 3 000 Jahren zerlegt wird[1]. Ich vermute, dass die ägyptische Seelenperiode damit zusammenhängt.

Wie dem auch sei, es scheint nicht zu gewagt, anzunehmen, dass die ägyptischen Vorstellungen über den Kreislauf der Seelen und den Kreislauf der Himmelskörper einen einzigen zusammenhängenden Vorstellungskomplex bildeten, der als ein Ganzes von PYTHAGORAS übernommen und weiterentwickelt wurde.

Woher stammt dieser Vorstellungskomplex? Um diese Frage zu beantworten, betrachten wir zunächst die astronomischen und kosmologischen Elemente des Komplexes: die Lehre von den astronomischen Perioden und von den Weltperioden. Systematische Zusammenstellungen von älteren und neueren Beobachtungen, wie sie zur Berechnung von Planetenperioden unentbehrlich sind, finden wir nur in Babylon. Die Lehre von den Weltperioden und Weltkatastrophen ist ebenfalls babylonisch. Also stammt der astronomische und kosmologische Teil der Lehre sicher aus Babylon.

Nachdem das festgestellt ist, liegt die Vermutung auf der Hand, dass die Lehre von der Seelenwanderung von Indien oder Iran her *über Babylon* nach Ägypten übermittelt wurde.

Was die Zeit der Übermittlung betrifft, so kommt die assyrische Zeit nicht in Frage. Aus der Bibliothek des ASSURBANIPAL, die —611 zerstört wurde, haben wir eine Fülle von Texten, aber keiner davon enthält die leiseste Andeutung des Ideenkomplexes, der uns jetzt beschäftigt. Also bleibt als einzige Möglichkeit die Zeit der Chaldäerkönige (—625 bis —539).

Am Hofe des NEBUKADNEZAR II (—604 bis —561) lebten Ägypter, Griechen, Meder und Perser[2]. Zwei erhaltene Beobachtungstexte zeugen von der astronomischen Tätigkeit der Männer, die an diesem Hof wirkten. Hier waren alle Voraussetzungen für eine Verschmelzung von iranischen Ideen mit babylonischen wissenschaftlichen Lehren gegeben. Wir werden später noch andere Argumente anführen, die dafür sprechen, dass gerade in dieser Zeit die neue Weltanschauung entstanden ist, die wir dann bei den Orphikern und Pythagoreern vorfinden.

---

[1] H. S. NYBERG: La cosmologie Mazdéenne, Journal asiatique 214 und 219.
[2] E. F. WEIDNER, Mélanges Syriens offerts à DUSSAUD II (Paris 1939), S. 923.

BILD 21 Mosaik des Vogels Phönix, der aus seiner Asche immer neu aufersteht. Ein Symbol für die Unsterblichkeit der Seele. Aus Daphne. Die Phönixsage hängt auch mit der Verehrung des heiligen Feuers zusammen
(siehe EDSMAN, Ignis Divinis). Photo Musée du Louvre, Paris

BILD 22 Kopf einer Statue auf der West-Terasse des Nemrud Dagh. HUMANN und PUCHSTEIN (Reisen in kleinasien und Nordsyrien, Berlin 1890) und andere Autoren identifizierten den Kopf als Apollon-Mithras. Nach
einer freundlichen Mitteilung von THERESA GOELL, Direktor der Nemrud Dagh Ausgrabungen, hat JOHN YOUNG
(Johns Hopkins Universität, Baltimore) den Kopf neuerdings als Kopf des ANTIOCHOS identifiziert. Photo THERESA
GOELL und F. K. DOERNER

BILD 23 Stiertötender Mithra im Circus Maximus in Rom. Bemerkenswert ist die Widmung: DEO SOLI INVICTO MITHRAE. Siehe M. J. VERMASEREN: Corpus inscript. et mon. rel. Mithriacae I, Fig. 122. Photo Ernest Nash

Bild 24 Mithraeum unter der Kirche San Clemente in Rom. Vermaseren, Corpus inscr. I, Fig. 95. Im Hintergrund der stiertötende Mithra. Photo Anderson

BILD 25a Stiertötender Mithra aus dem Mithräum in Sidon. Musée du Louvre, Collection Leclerq
(VERMASEREN, Corpus I, Fig. 26). Ringsherum Tierkreiszeichen und andere Symbole

BILD 25b Gemme aus Udine (VERMASEREN, Corpus II, Fig. 654). Um den stiertötenden Mithra herum allerlei
Symbole, darunter Sterne und Sonne

BILD 26 Stiertötender Mithra aus Osterbürken (VERMASEREN, Corpus inscr. II, Fig. 340). Im Bogen über dem Gott die zwölf Tierkreiszeichen. Photo Badisches Landesmuseum, Karlsruhe

BILD 27 Der geflügelte Gott Aion (= Zervan) mit Löwenkopf und Menschenleib, um den sich eine Schlange
windet, auf der Weltkugel stehend. Aus einem Mithrasheiligtum in Rom, jetzt im Museo Torlonia (VERMASEREN,
Corpus Inscr. I. Fig. 152). DUCHESNE-GUILLEMIN meint, der dargestellte Gott sei Ahriman, aber CUMONT und
VERMASEREN (Mithra, le dieu mystérieux) führen gute Gründe für die Identifizierung mit Zervan-Aion an. Siehe
auch S. 236. Photo Alinari

BILD 28 Inschrift aus einem Mithraeum in Altofen bei Budapest (VERMASEREN, Corpus inscr. II, Fig. 461).
Die Inschrift fängt an mit den Worten „Deo Arimanio", d.h. „dem Gott Ahriman". Die Mithra-Anhänger haben
also den bösen Geist Ahriman als Gott verehrt, ebenso wie die Magier des PLUTARCHOS (S.207). Die Verehrung
der beiden Zwillinge Ormuzd und Ahriman passt gut zum Zervanismus, aber nicht zum orthodoxen Zoroastrismus

MITHRAKULT UND SONNENTHEOLOGIE

Mithra als Sonnengott

Der Gott Mithra gehört, wie wir gesehen haben, zum gemeinsamen Pantheon der Arier im Mittanireich, in Iran und in Indien.

In einem Text aus der Bibliothek des ASSURBANIPAL wird „Mitra" als einer der vielen Namen des Sonnengottes Shamash genannt[1]. Mithra war also schon in der assyrischen Zeit ein Sonnengott, zumindest im Westen des arischen Siedlungsbereiches, wo die Arier mit den Assyrern in Berührung kamen.

Auch später wurde Mithra im Westen immer als Sonnengott betrachtet. Auf einem Denkmal des ANTIOCHOS I. von Kommagene (siehe Bild 19, 20 und 22) wird einer der vier abgebildeten Götter als

„Apollon Mithras Helios Hermes"

bezeichnet[2]. In Inschriften der römischen Zeit wird Mithra als „Deus Sol invictus" angerufen (Bild 23). Im Mittelpersischen ist „Mihr u māh" (Mihr = Mithra) ein stehender Ausdruck für „Sonne und Mond".

Der Mithrakult mit seinen blutigen Tieropfern wurde von ZARATHUSTRA aufs heftigste abgelehnt. Dann wurde Mithra aber doch in das zoroastrische Pantheon aufgenommen. In Yasht 10, dem Mithra-Yasht des Awesta, bestätigt Ahura Mazdāh dem Mithra ausdrücklich, dass er ihn geschaffen hat mit gleichem Anspruch auf Opfer und Verehrung wie Ahura Mazdāh selbst[3].

Der Hauptteil des Mithra-Yasht ist eine grossartige Hymne auf Mithra, die wahrscheinlich älter ist als der Zoroastrismus. In dieser Hymne werden die Landschaften um Sogdiana und Chwarism mit ihren tiefen Seen, schiffbaren Flüssen, reichen Weiden und hohen Bergen genannt; die Hymne ist also im Nordosten des Perserreichs entstanden, in der Gegend zwischen Samarkand und dem Aralsee. Mithra erscheint in diesem Yasht nicht als Sonnengott, sondern als Gott des Taghimmels. Er kommt „über das Harā-Gebirge, vor der unsterblichen Sonne mit geschwinden Rossen". Er setzt sich „als erster auf den goldgeschmückten schönen Höhen fest und schaut von dort, höchst krafterfüllt, über das ganze arische Gebiet aus" (NYBERG, Religionen S. 53).

Mithra ist nach diesem Yasht und nach anderen Texten ein Gott der Gerechtigkeit, des Vertrags. Als solcher wurde er von jeher hoch geehrt. Nach PLUTARCHOS (Vita Artaxerx. 4, Vita Alex. 3) und XENOPHON schwuren die Perserkönige beim Mithra.

---

[1] JENSEN, Z. f. Assyriol. *2*, S. 195.
[2] F. CUMONT: Textes et monuments rel. aux mystères de Mithra II, (Paris, Leroux 1896) S. 187, VERMASEREN, Corpus inscriptionum I.
[3] I. GERSHEVITCH, The Avestian Hymn to Mithra, Cambridge 1959.

Die Ausbreitung des Mithrakultus

In der römischen Kaiserzeit finden wir den Kult des stiertötenden Mithra im ganzen Römerreich, vom Rheinland bis nach Syrien[1]. Die älteste Inschrift in Rom (VERMASEREN, Corpus I, No 594) ist auf die Zeit um +100 zu datieren.

Auf welchem Weg ist der Kult nach Rom gekommen? Darüber gibt es eine interessante Notiz bei PLUTARCHOS im „Leben des POMPEIUS". Sie besagt, dass die Seeräuber aus Kilikien auf dem Olympos in Lykien (im Süden von Kleinasien) geheime Mysterien hatten und dass der Kult des Mithra zuerst durch diese Seeräuber weiter verbreitet wurde. Nach APPIANUS (Mithridates, Cap. 63 und 92) seien zu diesen Seeräubern Leute aus Syrien, Kypros, Pamphylien und Pontos gestossen, von denen sie dann die Mysterien des Mithra übernommen hätten.

In der Tat wurde Mithra im Osten von Kleinasien seit Jahrhunderten verehrt. Mehrere Könige von Pontos (von −280 bis −62) hiessen MITHRADATES. Auf Bild 20 sehen wir, wie Mithras-Helios dem König ANTIOCHOS von Kommagene (−68 bis −33) die Hand reicht.

Die Träger des Mithrakultes in Kleinasien waren vor allem Magier, die schon um −500 dort eingewandert waren. Sie wurden Maguseer genannt[2]. Nach dem Zeugnis des Bischofs BASILIOS von Kaisarea kamen die Vorfahren der Maguseer von Babylon (BIDEZ-CUMONT I, p. 68). Die plausibelste Annahme ist also, dass der Mithrakult von Persien oder Medien über Babylon nach Kleinasien und von dort nach Rom gekommen ist.

Diese Annahme wird durch weitere Zeugnisse bestätigt. So nennt sich ein Mithrapriester in einer lateinischen Inschrift „babylonischer Priester des persischen Tempels von Mithra". Die Verehrer des Mithra wussten also, dass in seinem Kult persische und babylonische Elemente miteinander verschmolzen waren.

Die babylonischen Elemente sind auch in den Mithraheiligtümern deutlich zu erkennen. Überall findet man die Symbole der Tierkreiszeichen und der Planeten (Bild 25 und 26). Ein Mithrapriester nennt sich „Studiosus astrologiae" (BIDEZ-CUMONT I, p. 67).

Im Mithrahymnus des Awesta (Yasht 10) ist von Tierkreiszeichen und Astrologie noch nicht die Rede. Wir müssen uns also vorstellen, dass die Magier in Babylon mit der Astrologie bekannt wurden und dass dort der alte Mithrakult mit astrologischen Vorstellungen durchsetzt wurde.

Man könnte sich auch denken, dass die astrologischen Vorstellungen erst später in Kleinasien unter dem Einfluss der hellenistischen Astrologie in den Mithrakult eingedrungen seien. Wir werden aber gleich sehen, dass in den Mysterien des Mithra tatsächlich altbabylonische Lehren überliefert wurden, die der hellenistischen Astrologie fremd sind.

---

[1] M. J. VERMASEREN: Corpus inscriptionum et momentorum religionis Mithriacae I, II (Nijhoff, Den Haag 1960−61), und: Mithra, Ce dieu mystérieux (éd. Sequoia, Paris-Bruxelles 1960).

[2] J. BIDEZ und F. CUMONT: Les mages hellénisés I (Paris, Les belles lettres 1938) p. 5−55.

Die drei Welten des Julianus

Kaiser JULIANUS der Abtrünnige, der von 361 bis 363 regierte, verfasste eine Schrift „an den König Sonne", in der die folgenden, etwas rätselhaften Worte vorkommen:

> (148 A) Es wäre besser, ich würde schweigen, aber ich werde dennoch reden. Es wird gesagt, wenn auch nicht alle diese Lehre annehmen, dass die Sonnenscheibe sich im sternenlosen Raum weit über den Fixsternen bewegt. Daher ist sie *nicht in der Mitte der Planeten, sondern der drei Welten* (Kosmoi), gemäss den mystischen Hypothesen, wenn es überhaupt richtig ist, sie Hypothesen zu nennen und nicht Dogmata, und die Annahmen über die Sphären Hypothesen. Denn die Dogmata wurden, wie man sagt, von Göttern oder grossen Dämonen offenbart, während die sphärischen Hypothesen nur als wahrscheinlich angenommen wurden wegen ihrer Übereinstimmung mit den Erscheinungen ...
>
> (148 C) Ausser denen, die ich genannt habe, gibt es noch eine grosse Zahl himmlischer Götter ... Denn (Helios), *der die drei (Welten) vierfach schneidet, weil der Tierkreis mit jedem von diesen Gemeinschaft hat, zerlegt den Tierkreis wieder in zwölf Kräfte von Göttern und jeden von diesen wiederum in drei, sodass er im Ganzen sechsunddreissig (Kräfte von Göttern) schafft.* Daher, meine ich, kommt von oben her aus dem Himmel die dreifache Gabe der Grazien aus den Kreisen zu uns; *denn der Gott, indem er die Kreise vierfach teilt, sendet uns die vierfache Pracht der Jahreszeiten* ...

JULIANUS teilt uns hier ein Geheimnis mit, das „von Göttern oder grossen Dämonen offenbart" wurde. Diese Geheimlehre setzt er in Gegensatz zu den Hypothesen der Astronomen, die nur als wahrscheinlich angenommen werden, weil sie mit den Erscheinungen übereinstimmen. Er spricht von „mystischen Hypothesen" oder besser „Dogmen". Alle diese Ausdrücke deuten darauf hin, dass die Lehre, die JULIANUS mit dunklen Worten teilweise enthüllt, als Geheimlehre in einem Mysterienkult überliefert wurde. Nun wissen wir, dass JULIANUS in die Mysterien des Mithra eingeweiht wurde. Also können wir vermuten, dass diese Geheimlehre zu den Mysterien des Mithra gehörte.

Zunächst sagt JULIANUS, dass die Sonne sich nicht mitten unter den Planeten, sondern „im sternenlosen Raum weit über den Fixsternen" bewegt. Das ist, wie wir gleich sehen werden, eine iranische Vorstellung. Sodann sagt er, die Sonne bewege sich in den „drei Welten". Die Lehre von den drei Welten wird im letzten Teil des zitierten Stückes entwickelt und mit der Zwölfteilung des Tierkreises und den Jahreszeiten in Verbindung gebracht. Diese Lehre ist, wie wir sehen werden, babylonisch.

Alle griechischen Astronomen nehmen an, dass die Fixsterne weiter von uns entfernt sind als die Sonne und die Planeten. Die übliche Reihenfolge der Planeten bei den Astrologen und bei den jüngeren Astronomen ist: Mond Merkur Venus Sonne Mars Jupiter Saturn Fixsterne. Die Sonne steht hier also „in der Mitte der Planeten". Diese Ansicht verwirft JULIANUS. Nach seinen „mystischen Hypothesen" bewegt sich die Sonne weit über den Fixsternen.

Die gleiche Vorstellung finden wir im Awesta und in mittelpersischen Büchern. In diesen Büchern ist von der Himmelsreise der Seele die Rede, die über mehrere

Zwischenstationen von der Činvat-Brücke zum Garōdemāna, dem Hause des
Ahura Mazdāh führt. Unter den Stationen kommen immer Sterne, Mond und
Sonne vor, und zwar stets in dieser Reihenfolge beim Aufstieg, in umgekehrter
Reihenfolge beim Abstieg der Seele. Die wichtigsten Quellen findet man bei
BOUSSET im Archiv f. Religionswiss. 4, S. 155—169. Dort ist auch der Nachweis
geführt, dass die Auffahrt der Seele durch die Himmelssphären in den Mysterien
des Mithra eine grosse Rolle spielte. „Die Mithrasreligion ist die Brücke gewesen, auf der jene Ideen dem Westen zugeführt wurden", so beschliesst BOUSSET
seine Ausführungen.

Wir kommen nun zu den drei Welten oder Ordnungen (Kosmoi). Der Tierkreis,
so sagt JULIANUS, hat mit diesen drei Gemeinschaft. Dadurch wird der Kreis, wie
der letzte Satz sagt, vierfach geteilt, und diese Vierteilung hängt mit den vier
Jahreszeiten zusammen. Kurz vorher ist von der Zwölfteilung des Tierkreises die
Rede. Man kann annehmen (obwohl JULIANUS es nicht sagt), dass die 12 Teile
durch Dreiteilung aus den 4 Teilen entstehen, mit anderen Worten, dass jeder der
4 Teile aus genau 3 Tierkreiszeichen besteht. Nimmt man das an, so folgt, dass
die Sonne rund 3 Monate in jedem der vier Teile des Tierkreises verweilt und
dass das Jahr demzufolge in 4 Jahreszeiten zu je 3 Monaten zerfällt.

Diese 4 Jahreszeiten nennt JULIANUS „eine dreifache Gabe der Grazien". Das
kann man gut verstehen, denn es gibt eine kalte und eine warme Jahreszeit und
zwei Übergangszeiten (Frühling und Herbst), die einander in der Temperatur
ähnlich sind, also nur drei wesentlich verschiedene Jahreszeiten oder Gaben der
Grazien.

Die vierfache Teilung entsteht nach JULIANUS dadurch, dass der Tierkreis mit
den „drei Welten" Gemeinschaft hat. Das kann man so deuten: Die drei Welten
sind drei Himmelszonen, der nördliche Teil des Tierkreises liegt in der ersten
Zone, der südliche Teil in der dritten Zone und die zwei verbleibenden Teile in
der mittleren Zone. Im Sommer steht die Sonne in der nördlichen Zone, im
Winter in der südlichen, im Frühling und Herbst in der mittleren Zone.

Deutet man die Worte des JULIANUS in dieser Weise, so ergeben sie nicht nur
einen vernünftigen Sinn, sondern sie stimmen auch genau mit der babylonischen
Theorie der Jahreszeiten überein, die wir im babylonisch-assyrischen Text MUL
APIN vorfinden. Die Sonne, so heisst es in diesem Text, weilt 3 Monate im Wege
des Anu (mittlere Zone), 3 Monate im Wege des Enlil (nördliche Zone), wieder
3 Monate im Wege des Anu, schliesslich 3 Monate im Wege des Ea (südliche
Zone). Im Wege des Anu gibt es Wind und Sturm, im Wege des Enlil Ernte und
Hitze, im Wege des Ea Kälte. Die 4 Abschnitte des Tierkreises, in denen die Sonne
je 3 Monate weilt, bestehen aus je 3 Tierkreiszeichen. Die babylonische Theorie
der Jahreszeiten und Tierkreiszeichen stimmt genau mit den Worten des JULIANUS
überein, wenn man dessen „drei Welten" als Wege des Enlil, Anu und Ea deutet.

Durch weitere Dreiteilung der 12 Zeichen erhält JULIANUS 36 „Kräfte von
Göttern". In der Tat teilen die Astrologen jedes Tierkreiszeichen in drei Teile,

die sie Dekane nennen, und sie betrachten die 36 Dekane als göttliche Mächte[1].

Diese Dreiteilung der Tierkreiszeichen ist aber auch der einzige Punkt, in dem die von JULIANUS enthüllte Geheimlehre mit den Lehren der hellenistischen Astrologen übereinstimmt. Die Astrologen stellen die Sonne in die Mitte der Planeten. Die „drei Welten" habe ich in der astrologischen Literatur nirgends gefunden. Die Astrologen legen das Frühlingsäquinoktium auf 8° oder 0° Aries, nie auf 15°, wie es die Theorie von MUL APIN verlangt. Die Geheimlehre des JULIANUS stammt also nicht aus der hellenistischen Astrologie. Sie muss schon früh durch Verschmelzung von iranischen Vorstellungen mit babylonischen Lehren entstanden sein und wurde dann offenbar im Mithrakult bis in die Zeit des JULIANUS überliefert.

Die Sonne als höchster Gott

Es ist bekannt, dass die Sonne als Sol invictus im späten Altertum hoch verehrt wurde[2]. Kaiser JULIANUS verherrlicht in seiner schon zitierten Schrift die Sonne als König des Weltalls. Mehrere Jahrhunderte früher schrieb CICERO (Somnium Scipionis 4): „Die Sonne hat ihren Platz in der Mitte, als Führer, König und Beherrscher der übrigen Himmelslichter, als Vernunft und Ordnung des Weltalls". CUMONT[3] hat viele Stellen bei griechischen und römischen Autoren zusammengestellt, wo die Sonne als König oder als „Chorführer im Reigen der Planeten" gefeiert wird.

Einige von diesen Autoren geben für die prominente Stellung der Sonne im Weltall eine gelehrte Begründung. Drei Argumente sind es vor allem, die immer wieder angeführt werden, nämlich:

1) Die Sonne schenkt uns nicht nur, wie jeder weiss, das Tageslicht, sondern sie verursacht durch ihren Lauf im Tierkreis auch den Wechsel der Jahreszeiten.

2) Die Planeten richten sich in ihren Bewegungen nach der Sonne. Venus und Merkur entfernen sich nie weit von der Sonne und kehren immer wieder zu ihr zurück. Die oberen Planeten kehren um und werden rückläufig, sobald sie eine gewisse Elongation von der Sonne erreicht haben. In diesem Sinne ist die Sonne tatsächlich der Chorführer im Reigen der Planeten.

3) Der Mond erhält sein Licht von der Sonne.

CUMONT führt diese gelehrte Sonnentheologie auf POSEIDONIOS, den Stoiker, als Urheber zurück. Aber DIOGENES LAERTIOS (VII 139) sagt ausdrücklich, dass POSEIDONIOS als leitende Macht im Kosmos den Himmel bezeichnet, KLEANTHES dagegen die Sonne. Bei KLEANTHES, dem Vorgänger des POSEIDONIOS in der Stoa, findet man bereits das Argument, dass das Licht der Sonne Tag und Nacht bestimmt und ihre Wärme die Jahreszeiten[4]. Die gleichen Ideen lassen sich nach

---

[1] W. GUNDEL: Dekane und Dekansternbilder Studien (Bibl. Warburg 1936).
[2] Siehe F. ALTHEIM: Der unbesiegte Gott. Rowohlts deutsche Enzyklopädie 1957.
[3] F. CUMONT, La théologie solaire, Mémoires présentés par divers savants à l'acad. des Inscr. *12* (1919) p. 447.
[4] P. BOYANCÉ, Etudes sur le songe de Scipion, p. 88.

BOYANCÉ auch schon bei den Orphikern und Pythagoreern, bei OINOPIDES und bei ARISTOTELES nachweisen.

Woher stammen diese Argumente?

1) Dass die Jahreszeiten durch den Stand der Sonne bedingt werden, ist für uns eine Selbstverständlichkeit, aber im Altertum war es das nicht. Manche glaubten, dass die Wärme der „Hundstage" durch Sirius, den Hauptstern des „grossen Hundes" verursacht werde, der Ende Juli seinen Morgenaufgang hat. Dass die Wärme von der Sonne herrührt, ist eine wissenschaftliche Erkenntnis. Diese Erkenntnis stammt aus Babylon: sie ist im Text MUL APIN, wie wir gesehen haben, klar ausgedrückt.

2) Die Babylonier wussten auch, dass die Planeten in ganz bestimmten Elongationen von der Sonne erscheinen und verschwinden, rückläufig und wieder rechtläufig werden. Auf diesem „Sonnenabstandsprinzip" beruhen, wie wir in Kap. V gesehen haben, alle genauen Berechnungen von Zeitintervallen in der babylonischen Planetenrechnung.

3) Dass der Mond sein Licht von der Sonne hat, ist eine griechische Erkenntnis. Die Babylonier hatten eine andere Theorie. Sie lehrten, wie wir aus einem Fragment des BEROSSOS wissen, dass der Mond eine Kugel ist, die aus einer hellen und einer dunklen Hälfte besteht, wobei die helle Hälfte immer der Sonne zugewendet ist[1]. Diese Theorie erklärt die Mondphasen genau so gut wie die griechische Lehre und sie lässt sich als Argument für die Überlegenheit der Sonne ebenso gut verwenden.

Es scheint also, dass die gelehrte Sonnentheologie, die wir bei den griechischen und lateinischen Autoren finden, letzten Endes auf die Babylonier zurückgeht.

ZERVANISMUS UND ASTRALFATALISMUS

Unter *Zervanismus* versteht man eine Richtung in der persischen Religion, die den Zeitgott Zervan oder Zurvan als höchsten Gott und Erzeuger aller Dinge betrachtet.

Unter *Astralfatalismus* verstehe ich die Vorstellung, dass „alles Werden und Vergehen von den Sternen abhängt", wie ARISTOTELES es ausdrückt. Ein unabwendbares Schicksal, so lehrt der Astralfatalismus, hält uns gefesselt. Wenn die Sterne nach Ablauf des „grossen Jahres" an dieselbe Stelle wiederkehren, wird alles auf Erden bis in die kleinste Einzelheit sich wiederholen. Wir haben diese Vorstellung bei den Pythagoreern angetroffen und auch bei PYTHAGORAS selbst, der lehrte, dass „alle Dinge, die einmal geschehen, nach gewissen Perioden wiederkehren und nichts wirklich neues ist". Den gleichen Fatalismus finden wir auch bei den Stoikern; denn bei NEMESIOS (Anthropologie 38) heisst es:

> Die Stoiker erklären: die Planeten kehren zu demselben Himmelszeichen zurück, wo jeder einzelne Planet im Anfang stand ...; in bestimmten Zeitumläufen bringen die Planeten Ver-

---

[1] P. SCHNABEL: Berossos Leipzig 1923), S. 211.

brennung und Vernichtung der Dinge zustande; danach tritt die Welt wieder von Grund auf an dieselbe Stelle, und während sich die Sterne wiederum ähnlich drehen, wird jedes einzelne Ding ... ohne Veränderung wiederhergestellt; es wird dann wieder einen Sokrates und einen Platon geben ... alles wird ebenso und unverändert sogar bis in die kleinsten Verhältnisse bestehen.

PLATON hat diese fatalistische Lehre nicht angenommen. Bei ihm sind die Seelen vor der Geburt frei, sich ihr Los selbst zu wählen. Sie können das Schicksal eines Tyrannen, eines Athleten oder eines gewöhnlichen Bürgers, eines Löwen oder einer Nachtigall wählen (Staat 617E–620D).

Den Astralfatalismus finden wir auch in mittelpersischen Quellen aus der Sassanidenzeit, d.h. zwischen 220 und 650 nach Chr. So heisst es in der Schrift *Maînôg-i Khirad* oder *Mênôk î Khrat*[1]:

Alles Glück und Unglück, was den Menschen widerfährt, kommt von den zwölf (Tierkreiszeichen) und den sieben (Planeten).

In Kap. 27 derselben Schrift steht:

... Denn zur festgesetzten Zeit geschieht das, was geschehen muss ...

Der Fatalismus des *Mênôk î Khrat* ist mit einer ausgesprochen zervanistischen Einstellung verbunden, wie überhaupt in den mittelpersischen Quellen Zervanismus und Astralfatalismus immer zusammen auftreten. In Kap. 27 werden das Schicksal (Bakht), der Augenblick und die Entscheidung wesentliche Attribute des Zurvān genannt. In Kap. 8 heisst es, dass Ormuzd alle Dinge schuf mit Zustimmung des unbegrenzten Zurvān.

Zervanismus und Astralfatalismus stehen in schroffem Gegensatz zum orthodoxen Zoroastrismus. Die Ethik des ZARATHUSTRA geht von der Entscheidungsfreiheit des Einzelnen aus. Nach der orthodoxen Lehre ist Ahura Mazdāh der höchste Gott und der Schöpfer: er hat keinen Zeitgott über sich. In gewissen mittelpersischen Quellen wird der Zervanismus als Ketzerei verurteilt[2].

Wir wollen nun versuchen, etwas über die Anfänge des Zervanismus zu erfahren. Das ist ein schwieriges Unternehmen, da die Zeugnisse spärlich sind.

Der Zeitgott Zervan[3]

Der Name des Gottes: *Zervan Akarana*, d.h. Grenzenlose Zeit, kommt im Awesta vor, allerdings nicht in den Gathas, sondern im jüngeren Yasna und im Vendidad. *Raum* und *Zeit*, Thwāsha und Zurvān werden in Yasna 72:10 als wesensgleiche Mächte zusammen genannt. Nach BIDEZ und CUMONT bedeutet Thwāsha „Raum", nach NYBERG „Luftkreis", nach DARMESTETER „Himmel". Zurvān wird im Awesta

---

[1] Maînôg-i Khirad VIII 8, ed. WEST, Sacred Books *24*, S. 32. NYBERG, Journal Asiatique *214*, S. 199.
[2] R. C. ZAEHNER: Zurvan, a Zoroastrian dilemma (Oxford, Clarendon Press 1945) p. 26. Zu zitieren als ZAEHNER, Zurvan.
[3] H. JUNKER: Über iranische Quellen der hellenistischen Aion-Vorstellung (Vorträge der Bibliothek Warburg 1921/22), Leipzig 1923. NYBERG, Religionen S. 380–389 und 397. G. WIDENGREN: Hochgottglaube im alten Iran, Upsala 1938.

nur ganz am Rande erwähnt, nicht als mächtiger Gott und nicht als Vater der
beiden Zwillinge „guter Geist" und „böser Geist".

Wichtig für die zeitliche Festlegung des Zervanismus ist ein Fragment des
EUDEMOS von Rhodos[1] über die Magier. In diesem Fragment spricht EUDEMOS
von einem Wesen „das die einen *Ort*, die anderen *Zeit* nennen und das alles
Intelligible in sich vereinigt". Aus diesem seien „der gute Gott und der böse
Dämon ausgeschieden, oder, wie einige sagen, Licht und Finsternis". Man könnte
auch so übersetzen: „der Gott Gut und der Dämon Böse".

Topos und Chronos, Ort und Zeit, dieses Paar entspricht genau dem Paar
Thwāsha und Zurvān im Awesta. Die Lehre von dem guten Gott und dem bösen
Dämon, die aus dem Zeitgott ausgeschieden sind, stimmt mit den Ansichten der
Magier in Vorderasien überein, wie wir noch sehen werden. Das Zeugnis des
EUDEMOS lehrt uns, dass diese Ansichten schon im 4. Jahrhundert vor Christus
von gewissen Magiern vertreten wurden.

Unter den klassischen Schriftstellern, die über die Religion der Perser und
Magier geschrieben haben, ist EUDEMOS der einzige, der den Zeitgott erwähnt.
In den Inschriften der Perserkönige ist Ahura Mazdāh der höchste Gott; Zervan
kommt nicht vor. Der Zervanismus führte, wie es scheint, im Perserreich eine Art
unterirdisches Dasein.

Der Zwillingsmythos

Die beiden Zwillinge, die EUDEMOS „den guten Gott und den bösen Dämon"
nennt, kommen bereits in den Gathas des ZARATHUSTRA vor, und zwar in Yasna
30:3—5 und 45:2 Die Deutung von Yasna 45:2 ist nicht umstritten:

> Ich will reden von den beiden Geistern zu Anfang des Lebens, von denen der heiligere
> also sprach zum argen: . . . (Übersetzung von BARTHOLOMAE).

Der „arge Geist" heisst *anghra mainyu*; daraus ist später Ahriman geworden.
Der gute heisst in 30:5 *spənishta mainyu*, d.h. heiligster oder ganz und gar guter
Geist. Später (nicht in den Gathas) hat man ihn mit Ahura Mazdāh identifiziert
und Ormuzd genannt.

In Yasna 30:3, wo die beiden Geister zum ersten Mal erwähnt sind, werden
sie als Zwillinge bezeichnet. Ich gebe zunächst die Übersetzung von BARTHOLO-
MAE, mit der die von HINZ fast wörtlich übereinstimmt:

> Die beiden Geister zu Anfang, die sich durch ein Traumgesicht als Zwillingspaar offen-
> barten, (sind) das Bessere und das Böse in Gedanken, Wort und Tat . . .

Auch WIDENGREN (Numen *2*, 1955) deutet den Text ähnlich. Das Wort
xvafna, das BARTHOLOMAE mit „durch ein Traumgesicht" übersetzt, gibt WIDEN-
GREN mit „im Tiefschlaf" wieder und erläutert es durch „in Trance". Nach seiner

---

[1] DAMASKIOS, De primis princ., cap. 125 bis (ed. RUELLE). BIDEZ et CUMONT, Les mages hellénisés I, p. 62 und
II, p. 69. EUDEMOS, ein Schüler des ARISTOTELES, lebte um 320 vor Christus.

Deutung hat ZARATHUSTRA eine Vision gehabt, in der die Zwillinge sich als das Bessere und das Böse zu erkennen gaben.

Diese Deutung schliesst natürlich die Annahme nicht aus, dass die Ur-Zwillinge im Kreise des ZARATHUSTRA schon aus einer älteren Tradition bekannt waren. WIDENGREN führt verschiedene Argumente zu Gunsten dieser Annahme an. Er weist insbesondere auf einen indischen Mythos hin, der mehrere Einzelheiten mit dem Zervanistischen Zwillingsmythos gemeinsam hat[1]. Wir werden nachher noch weitere Gründe anführen, die für das hohe Alter des Zwillingsmythos sprechen.

NYBERG, HERZFELD und HUMBACH übersetzen Yasna 30:3 anders. Nach ihrer Deutung beruft sich ZARATHUSTRA in 30:3 ausdrücklich auf eine alte Überlieferung (oder nach HERZFELD auf ein altes Lied) über die Zwillinge. Für die Übersetzung von NYBERG siehe dessen „Religionen...", S. 201. Die von HUMBACH lautet:

> Dies sind die beiden grundlegenden Bestrebungen (*Mainyū*), die Zwillinge, die als beiderlei Träume (*xvafnā*) bekannt geworden sind, als beiderlei Gedanken und beiderlei Worte, als beiderlei Werke, das bessere und das schlechte.

Der Unterschied zur traditionellen Übersetzung liegt darin, dass *xvafnā* als Nominativ Dual: „beiderlei Träume" aufgefasst wird. Analog *manahicā* = beiderlei Gedanken, etc. Das Wort *asrvātəm*, das HUMBACH durch „bekannt geworden" übersetzt, bezeichnet nach ihm „das altbekannte und in Mythen und Hymnen überlieferte Wissensgut." HUMBACH hat diese Deutung in der Zeitschr. d. Deutsch. Morgenl. Ges. *107*, S. 262 und 370 näher begründet.

Es ist nicht meine Sache, in diesem Streit zwischen den besten Kennern der Sprache der Gathas Partei zu ergreifen. Ich stelle nur fest, dass bei der traditionellen Deutung der Stelle jedenfalls die Möglichkeit offen bleibt, dass ZARATHUSTRA auf einen älteren Zwillingsmythos anspielt, und dass er sich nach der anderen Deutung sogar ausdrücklich auf eine ältere Überlieferung beruft.

Um mehr über den Zwillingsmythos zu erfahren, muss man andere Quellen heranziehen. Nach EUDEMOS stammen die Zwillinge von einem Wesen ab, das die einen Ort, die anderen Zeit nennen. Die Zwillinge selbst heissen „der gute Gott und der böse Dämon" oder „Licht und Finsternis."

Der Mythos, über den EUDEMOS berichtet, kann nicht gut aus dem Traumgesicht des ZARATHUSTRA hergeleitet werden. Von Raum und Zeit steht kein Wort in den Gathas. Nach Yasna 44:5 sind Licht und Finsternis Schöpfungen von Ahura Mazdāh; sie können also nicht von einem Urgott „Zeit" oder „Raum" abstammen. Nirgends im Awesta werden Licht und Finsternis mit den Zwillingen identifiziert.

Dass Licht und Finsternis oder Tag und Nacht Schöpfungen der Zeit sind, ist ein ganz natürlicher Gedanke, aber aus der Vision des ZARATHUSTRA lässt sich

---

[1] WIDENGREN, Numen *1* (1954), S. 17 und die dort zitierte Literatur. DUCHESNE-GUILLEMIN, La religion de l'Iran ancien, p. 187.

dieser Gedanke nicht herausspinnen. Viel eher kann man sich vorstellen, dass ZARATHUSTRA einen älteren Zwillingsmythos vorfand und dass er die Zwillinge als das Gute und das Böse deutete, um dadurch seine Lehre von der Unverträglichkeit von Gut und Böse und von der Wahl, die jeder zu treffen hat, eindrücklich klar zu machen. In Yasna 45:2 lässt er den Heilvollen so zum Bösen sprechen:

> Nicht stimmen unsere Gedanken, nicht unsere Anweisungen, nicht unsere Geister, nicht unsere Aussprüche, nicht unsere Werke, nicht unsere Gesinnungen und nicht unsere Atemhauche zusammen.

Ausführliche Berichte über die zervanistische Fassung des Zwillingsmythos finden wir bei christlichen Autoren des 5. Jahrhunderts. Der armenische Kirchenvater EZNIK und der syrische Autor THEODOR BAR KONAI berichten[1], wie nach der schrecklichen Lehre des ZERDUSHT (ZARATHUSTRA) Zruan oder Zerwan tausend Jahre opferte um einen Sohn zu bekommen und dann am Erfolg zweifelte. Schliesslich wurden zwei Söhne erzeugt, der eine (Ormizd oder Hormizd) zufolge des Opfers, der andere (Ahriman) zufolge des Zweifels. Dieser Teil des Mythos ist uralt, denn das Opfer und der Zweifel finden sich auch in der Legende des indischen Gottes Prajāpati[2]. Dann wird erzählt, wie Ahriman durch eine List zur Herrschaft für neuntausend Jahre gelangte.

Die gemeinsame Quelle dieser Berichte ist vielleicht eine Streitschrift „über die Magier in Persien" des Bischofs THEODOROS von Mopsuesta (um 400), von der PHOTIOS ein Résumé gibt. Der kilikische Bischof wettert darin gegen „die abscheuliche Lehre der Perser, die ZARADES (= ZARATHUSTRA) eingeführt hat, von *Zuruam* (= Zurvan), dem Urheber aller Dinge, den er auch *Tyche* nennt" (BIDEZ-CUMONT II, Fragment D 14).

Die Identifizierung des Gottes Zurvan mit dem Schicksal (Tyche) ist sehr bemerkenswert. Sie zeigt, dass nicht nur im Osten unter den Sassaniden, sondern auch im Westen Zervanismus und Fatalismus zusammengehen[3].

Die Magier in Kilikien, gegen die sich die Streitschrift des Bischofs von Mopsuesta richtete, sprachen aramäisch und wurden Maguseer genannt (BIDEZ-CUMONT I, p. 35). Der Bischof BASILIOS von Kaisarea (gestorben 379) versichert uns, dass ihre Vorfahren von Babylon kamen und dass sie ihre Abstammung auf den Gott Zurvan zurückführten.

Der männlich-weibliche Gott

Anspielungen auf die Zwillinge Hormizd und Ahraman (oder Hormuz und Ahriman), die von Zurwān im gleichen Mutterschoss erzeugt wurden, finden sich

---

[1] Die Texte findet man bei ZAEHNER: Zurvan, p. 419 oder bei BIDEZ et CUMONT: Les mages hellénisés II.
[2] J. DUCHESNE-GUILLEMIN: La religion de l'Iran ancien, p. 187.
[3] Dazu H. S. NYBERG: Cosmologie Mazdéenne, J. Asiatique *214*, S. 193—310 und *219*, S. 1—134.

auch in den Akten der persischen Märtyrer[1]. Die Märtyrer, die hier zu Wort
kommen, waren Christen, die vor ihren sassanidischen Richtern die Ungereimt-
heiten der Mazdareligion hervorheben wollten. Der Mythos, auf den sie sich
beziehen, ist im grossen Ganzen derselbe, über den auch EZNIK und THEODOR
BAR KONAI berichten. In den Märtyrerakten erscheinen aber zwei verschiedene
Versionen dieses Mythos. Nach der einen hatten die Zwillinge (wie bei EZNIK)
eine Mutter, nach der anderen war Zurvan mannweiblich und erzeugte die Zwillinge in seinem eigenen Schoss. Der Ausdruck „mannweiblich" steht in der Rede
des ANÂHÊDH mit ausdrücklicher Bezugnahme auf Zurwān, und in der Rede des
ÂDHURHORMIZD heisst es:

> ... so zeigt sich auch Zurwân fern von aller Eigenschaft als Gott, da er ja nicht einmal
> wusste, was in seinem Leibe gebildet wurde (ZAEHNER, Zurvan p. 435).

Einen männlich-weiblichen höchsten Gott, der alles aus sich hervorbringt,
findet man auch in pythagoreischen und orphischen Quellen, die FESTUGIERE
(Révélation d'Hermes IV S. 43) zusammengestellt hat. Zunächst zitiert FESTU-
GIERE aus den Theologumena Arithmetika des Neupythagoreers IAMBLICHOS
(Anfang 4. Jahrh. nach Chr.):

> Die Pythagoreer nennen die Einheit (Monas) nicht nur Gott, sondern auch Vernunft und
> Männlich-Weiblich ... Insofern die Einheit der Keim aller Dinge ist, bestimmen die Pytha-
> goreer sie als Männlich-Weiblich und zwar nicht nur deswegen, weil sie das Ungerade als
> männlich betrachten, da es schwer zu teilen ist, das Gerade aber als weiblich, da es leicht zu
> teilen ist, und weil die Einheit gerade und ungerade ist, sondern auch weil sie als Vater und
> Mutter betrachtet wird, da sie den Grund (Logos) für Materie und Form enthält ...

Man sieht hier, wie IAMBLICHOS oder seine Quelle die Mannweiblichkeit der
Einheit unter Verwendung der Begriffe Form (Eidos) und Materie (Hyle) philosophisch zu begründen sucht. Der ursprüngliche Gedanke war aber, wie mir scheint,
nicht philosophisch, sondern mythologisch. Die Begriffe Vater und Mutter haben
in einer philosophischen Prinzipienlehre nichts zu suchen, wohl aber in einer
Theogonie. Wenn es bei EZNIK und THEODOR BAR KONAI heisst, dass Zervan am
Anfang ganz allein war und nichts ausser ihm existierte, und wenn dann im weiteren
Verlauf des Mythos von einer Mutter die Rede ist, so ist das ein störender Widerspruch, den einige Zervanisten offenbar dadurch gelöst haben, dass sie erklärten,
Zervan habe die Zwillinge im eigenen Leibe gezeugt und sei Vater und Mutter
zugleich. Die mythologische Begründung der Mannweiblichkeit des Schöpfer-
gottes scheint mir die ursprüngliche zu sein, die philosophische nur eine nach-
trägliche Umformung.

In der Tat ist die Vorstellung, dass der Schöpfergott mannweiblich sein muss,
auch auf griechischem Boden lange vor IAMBLICHOS nachweisbar. Zunächst zeigt
FESTUGIERE, dass die Begriffe Einheit, mannweiblich, Gott, etc. in derselben

---

[1] Die Texte findet man bei ZAEHNER, Zurvan p. 432–437. Kommentare: A. CHRISTENSEN, L'Iran sous les
Sassanides, 1. Aufl. (Kopenhagen 1936) p. 148. H. NYBERG, J. Asiatique *269*, p. 83. ZAEHNER, Zurvan, p. 74, etc.

Reihenfolge wie bei Iamblichos auch bei Nikomachos von Gerasa (2. Jahrh. nach Chr.) entwickelt wurden. Ferner weist er auf Verse von Valerius Soranus (um —100) hin, in denen Jupiter als "Progenitor genetrixque deum, deus unus et omnes", angeredet wird. Der lateinische Dichter hat nach Festugiere einen orphischen Hymnos imitiert, in dem Zeus sowohl „männlich" als auch „unsterbliche Nymphe" genannt wird. Dieser Hymnos enthält sehr alte Verse, auf die schon Platon anspielt.

Diogenes von Babylon, der Stoiker (um —200), zitiert den Spruch „Zeus männlich, Zeus weiblich". Vielleicht hat er dabei an den gleichen orphischen Vers gedacht. Jedenfalls setzt er den Spruch als allgemein bekannt voraus.

Die Tatsache, dass die Vorstellung vom mannweiblichen Schöpfergott gerade bei den Pythagoreern und Orphikern vorkommt, bei denen auch sonst starke Einflüsse vom Orient her nachweisbar sind, spricht stark dafür, dass diese Vorstellung aus dem Orient kommt, wie es Norden (Agnotos Theos S. 229) schon vermutet hat.

Auf die Beziehung zwischen dem orphischen Zeitgott Chronos ageraos und dem iranischen Zeitgott Zervan akarana kommen wir nachher zurück.

Chronos apeiros

In der an Kilikien grenzenden Landschaft Kommagene am Euphrat errichtete der König Antiochos I um 60 vor Chr. ein Denkmal mit einer griechischen Inschrift, in der persische Götter wie Oromazdes und Mithra griechischen Göttern (Zeus, Helios, etc.) gleichgesetzt wurden. In der Inschrift wird auch die „grenzenlose Zeit" erwähnt. Der betreffende Abschnitt lautet:

> „Das heilige Gesetz möge allen Generationen der Menschen zur Norm gesetzt sein, welche die grenzenlose Zeit zur Nachfolge dieses Landes bestimmen wird, einen jeden mit seinem besonderen Los im Leben".

Bereits Schaeder[1] hat den hier erwähnten „Chronos apeiros" mit Zervan akarana identifiziert. Cumont und Nyberg sind ihm darin gefolgt. In der Inschrift erscheint die Zeit als Schicksalsgott, der jedem Menschen sein Los im Leben zuteilt. Auch Theodoros von Mopsuesta und Eznik von Kolb setzen, wie erinnerlich, Zurvan dem Schicksal gleich.

Der Gott mit dem Löwenkopf

In manchen Mithräen gibt es Abbildungen eines geflügelten Gottes mit einem Löwenkopf und einem Menschenleib, um den sich eine Schlange windet (Bild 27). Wer ist dieser Gott?

Ein Gott mit Löwenkopf, um dessen Leib sich eine Schlange windet, wird in mehreren Zauberpapyri erwähnt. Er heisst dort *Aion*, d.h.. Leben, Lebenszeit oder Ewigkeit[2]. In einem dieser Papyri wird Aion „Gott der Götter" und „gren-

---

[1] H. H. Schaeder: Urform und Fortbildungen des manichäischen Systems, S. 138.
[2] R. P. Festugiere, La révélation d'Hermès Trismégiste IV, p. 182.

zenlos" genannt. Der löwenköpfige Gott ist also die grenzenlose Zeit, Zervan akarana[1].

Die Zauberpapyri und die Abbildungen des löwenköpfigen Gottes zeigen, wie weit der Einfluss des Zervanismus in der spätantiken Zeit reichte. Auch in den Büchern des „Hermes trismegistos" spielt der Gott Aion eine grosse Rolle. Aion ist in diesen Texten nach FESTUGIERE IV, p. 152—175 sowohl der unendliche Raum als die unendliche Zeit und der Schöpfer der Welt.

Die Bücher des Hermes sind nicht genau datierbar, aber es gibt zwei Texte aus dem 1. Jahrhundert vor Christus, die ebenfalls Aion als Schöpfer der Welt bezeichnen. Der eine Text ist ein Fragment des römischen Augurs MESSALA (53 vor Chr.), der Aion mit Janus identifizierte[2]. Das Fragment fängt so an:

„Janus, der alles erschafft und alles regiert . . ." (FESTUGIERE IV, p. 176).

Der andere Text ist eine Inschrift auf einer Statue des Aion in Eleusis aus der Zeit des AUGUSTUS, gewidmet von einem Römer namens QUINTUS POMPEIUS. Die Inschrift lautet:

Aion, der ewig im Gleichen durch seine göttliche Natur der gleiche bleibt, der mit der einzigen Welt identisch ist, der solcherart keinen Anfang, keine Mitte und kein Ende hat der keiner Veränderung teilhaftig wird, der das Ganze der göttlichen, lebendigen Natur geschaffen hat (FESTUGIERE IV, p. 181).

Wir können aber zeitlich viel weiter zurückgehen. Der löwenköpfige Zeitgott kommt nämlich schon in einer Theogonie vor, die dem ORPHEUS zugeschrieben wird.

Die Theogonie des Orpheus

Der Neuplatoniker DAMASKIOS berichtet über die „Theogonie nach HIERONYMOS und HELLANIKOS". Der christliche Apologet ATHENAGORAS gibt eine Darstellung der gleichen Theogonie und schreibt sie ORPHEUS zu[3]. Wir können also annehmen, dass diese Theogonie in gewissen „Büchern des ORPHEUS" dargestellt war.

Nach dieser Theogonie wurde aus den ersten zwei Prinzipien Wasser und Erde ein drittes Prinzip geboren.„Es war eine Schlange mit den Köpfen eines Stieres und eines Löwen, dazwischen war das Gesicht eines Gottes. An den Schultern hatte er Flügel und er hiess *Chronos ageraos* (nie alternde Zeit) oder auch Herakles. Zugleich mit ihm war Ananke (Notwendigkeit), von derselben Natur wie Adrasteia, unkörperlich im ganzen Kosmos ausgebreitet und seine Grenzen berührend".

---

[1] Über den löwenköpfigen Gott siehe auch J. DUCHESNE-GUILLEMIN, La Nouvelle Clio 10 (1960) und M. J. VERMASEREN: Mithra, ce dieu mystérieux, p. 98.

[2] LYDOS, De mensibus IV 1, S. 64 Wachsmuth.

[3] O. KERN: Orphicorum Fragmenta (Berlin 1922), Fragment 54 und 57. W. K. C. GUTHRIE: Orpheus and Greek Religion (2nd ed., London 1952), Chapter IV.

In einer anderen Theogonie, der „Theologie der sogenannten Orphischen Rhapsodien", die DAMASKIOS „die übliche Orphische Theologie" nennt (KERN, Fragment 60) ist *Chronos* sogar der erste Gott, der alles aus sich hervorbringt. In der Aufzählung der Generationen von Göttern, die auf Chronos folgen, sind die beiden Theogonien einander sehr ähnlich.

Wann die „Bücher des ORPHEUS" geschrieben wurden, wissen wir nicht. Sicher ist aber, dass es zur Zeit PLATONs schon „einen ganzen Stoss Bücher von MUSAIOS und ORPHEUS" gab, in denen die Genealogie der Götter beschrieben war (PLATON, Staat 364 E und Timaios 40 D). Was PLATON uns von dieser Genealogie mitteilt, stimmt mit den uns überlieferten orphischen Theogonien gut überein. Diese gehen also sicher auf eine alte Quelle zurück.

ARISTOTELES meinte, die als orphisch bekannten Verse seien nicht von ORPHEUS, sondern von ONOMAKRITOS (siehe KERN, Fragment 27). Dieser ONOMAKRITOS, der auch bei HERODOTOS VII 6 erwähnt wird, lebte im 6. Jahrhundert vor Chr. Auch Pythagoreer des 6. Jahrhunderts werden als Autoren Orphischer Verse genannt. Wir können also ohne weiteres annehmen, dass es im 6. Jahrhundert schon „Bücher des ORPHEUS" gab, in denen eine Genealogie der Götter entwickelt wurde, die im wesentlichen mit den uns erhaltenen Exzerpten übereinstimmte.

Da nun in *beiden* uns überlieferten Theogonien ein Gott Chronos vorkommt, müssen wir annehmen, dass dieser Zeitgott schon im 6. Jahrhundert in den orphischen Schriften erwähnt war.

Unabhängig davon können wir einen Urgott namens Chronos bei PHEREKYDES von Syros nachweisen, der um die Mitte des 6. Jahrhunderts gelebt hat[1]. PHEREKYDES hat eine Theogonie in Prosa verfasst, von der einige wörtliche Fragmente erhalten sind. Fragment B 1 fängt so an:

> Zas und Chronos waren immer, auch Chthonie.

DAMASKIOS zitiert diesen Satz und berichtet weiter, dass Chronos aus seinem Samen Feuer, Luft und Wasser entstehen liess. Dass die Erde in der Reihe der erschaffenen Elemente nicht genannt wird, ist ganz in Ordnung, denn Chthonie, die Erde, war immer schon da.

Wir vergleichen nun die Lehren des „ORPHEUS" und des PHEREKYDES mit dem Zervanismus.

1. In der Theogonie nach HIERONYMOS und HELLANIKOS entspricht der Name „Chronos ageraos" genau dem altpersischen „Zervan akarana". Das Flügeltier mit Schlangenleib und Löwenkopf ist unzweifelhaft ein orientalisches Fabelwesen. Löwenkopf, Flügel und Schlange sieht man auch auf den Abbildungen des Aion in den Mithrasmysterien. Der Zusammenhang dieser Theogonie mit dem orientalischen Zervanismus ist also gegeben.

---

[1] Art. PHEREKYDES in PAULY-WISSOWA, Realenzyklopädie, Neue Bearbeitung. Für die Fragmente siehe DIELS, Fragmente der Vorsokratiker. Über den Gott Chronos siehe auch K. ZIEGLER: CHRONOS bei SOLON, Miscellanea in memoria di A. ROSTAGNI, Torino 1963, S. 647.

2. In der rhapsodischen Theogonie ist Chronos der erste Gott, der alles aus sich hervorbringt, wie der orientalische Zervan.

3. Bei PHEREKYDES ist Chronos ebenfalls ein Urgott, der immer da war, und ein Schöpfergott, der alles aus seinem eigenen Samen hervorbringt, wie der Gott Zervan bei den Magiern.

Im Awesta wird Zervan akarana erwähnt. Dass PHEREKYDES oder die orphischen Schriften das Awesta beeinflusst hätten, wird wohl niemand annehmen. Also bleibt nur die Möglichkeit, dass PHEREKYDES und die Orphiker vom Zervanismus beeinflusst wurden.

Die Datierung des Zervanismus

Für PHEREKYDES sind verschiedene Datierungen überliefert. Nach dem spätesten Ansatz (Diog. Laert. I 121) war der Höhepunkt seines Lebens 544 vor Chr. Wenn er vom Zervanismus beeinflusst wurde, muss dieser vor —550 schon existiert haben.

Für ZARASTHUSTRA sind ebenfalls mehrere Datierungen überliefert. Nach dem spätesten Ansatz war der Höhepunkt seines Lebens um 540 vor Chr. Wir haben Gründe angeführt, die dafür sprechen, dass ZARATHUSTRA den Zwillingsmythos schon vorfand und ihm eine neue, ethische Deutung gab. In der ursprünglichen Fassung, die EUDEMOS uns erhalten hat, war ein Urwesen „Zeit" oder „Raum" der Vater der Zwillinge. Wenn ZARATHUSTRA diese Fassung vorgefunden hat, muss sie um —550 schon existiert haben.

Die beiden unabhängigen Argumente bestätigen sich gegenseitig. Sie führen beide auf die Zeit vor der Eroberung Babylons durch KYROS (539 vor Chr.), also auf die neubabylonische Zeit.

Träger des Zervanismus sind bei EUDEMOS und in allen späteren Berichten die Magier. Die Magier waren nach HERODOTOS ursprünglich ein medischer Volksstamm. Also können wir annehmen, dass der zervanistische Zwillingsmythos aus Medien stammt.

Dieser Abschnitt war schon geschrieben, als ich eine Bronze aus Luristan zu Gesicht bekam, die die Frühdatierung des Zervanismus schlagend bestätigt (Bild 29). Die auf der Bronze dargestellte Szene wurde von R. GHIRSHMAN in Artibus Asiae 21, S. 37 einleuchtend gedeutet. In der Mitte sieht man einen geflügelten Gott, aus dessen Schultern die Zwillinge hervorzugehen scheinen. Der Gott hat oben einen männlichen Kopf und auf der Brust ein weibliches Gesicht. Erinnern wir uns nun daran, dass in einer von syrischen Autoren überlieferten Version des Zwillingsmythos der Vater der Zwillinge, der Zeitgott Zurvan, mannweiblich war und die Zwillinge in seinem eigenen Schoss erzeugte, so sehen wir, dass die Bronze aus Luristan als Illustration zu dieser Version des Zwillingsmythos aufgefasst werden kann.

Der Gott auf der Bronze hat Flügel. Der Zeitgott der orphischen Theogonie hatte auch Flügel, ebenso der löwenköpfige Gott in den Mysterien des Mithra (Bild 27).

Nach der Erzählung des EZNIK übergibt Zruan (Zurvan) seinem Sohne Ormizd den Opferzweig (*barsom*). Auch die Zwillinge auf der Bronzeplatte halten eine Art Zweige in der Hand.

Auf der Bronze sind Jünglinge, reife Männer und Greise zu sehen; sie stellen offenbar die drei Lebensalter dar. Auch das passt sehr gut zu einem Zeitgott. In den Akten der persischen Märtyrer trägt Zurvan die Namen *Asôqar, Frasôqar, Zarôqar, Zurwân*. Den ersten drei Namen entsprechen die Beiworte *arsôkara, frasô-kara, marsôkara* des Gottes Verethraghna in Yasht 14 des Awesta (NYBERG, Religionen S. 382). Sie bedeuten nach NYBERG „zum Mann machend", „glänzend machend" und „gebrechlich und abgenutzt machend"[1].

Die Bronzeplatte stammt nach GHIRSHMAN aus dem 8. oder 7. Jahrhundert vor Christus. Luristan liegt im südlichen Teil des alten Medien. Unsere Schlussfolgerung, dass der Zwillingsmythos aus Medien stammt und um −550 schon existierte, wird also durch die Luristanbronze glänzend bestätigt.

ENTWICKLUNGSSTUFEN DER STERNRELIGION UND DER ASTROLOGIE

Im Vorangehenden haben wir eine Mehrzahl von religiösen Bewegungen kennen gelernt, die wir einzeln ein Stück weit verfolgt haben. Es wird Zeit, die Fäden einmal zusammenzufassen und die Beziehungen zwischen den einzelnen Tendenzen zu untersuchen. Sodann soll auch die Entwicklung der Astrologie untersucht und zur Entwicklung der Sternreligion in Beziehung gesetzt werden.

Die Entwicklung der Sternreligion

Die religiösen Richtungen, die wir im Vorangehenden einzeln betrachtet haben, können in Gruppen zusammengefasst werden, die zeitlich so aufeinander folgen:

Erste Gruppe:
Babylonisch-Assyrische Sternreligion

Zweite Gruppe:
Mithrakult
Zervanismus
Orphismus

Dritte Gruppe:
Zoroastrismus
Verehrung des Himmels (als höchsten Gott)
Monotheistische Tendenzen
Vergeistigung des Gottesbegriffs

---

[1] Zur Deutung der drei Attribute des Zurvan siehe auch ZAEHNER, Zurvan. S. 219.

BILD 29 Bronze aus Luristan (wahrscheinlich 8. oder 7. Jahrhundert vor Chr.), gedeutet von R. GHIRSHMAN, Artibus Asiae 21, S. 37. In der Mitte ein geflügelter Gott mit zwei Gesichtern, einem männlichen oben und einem weiblichen auf der Brust. Aus seinen Schultern kommen zwei Männlein hervor, die als Zwillinge gedeutet werden können. Links drei Jünglinge und drei reife Männer, rechts drei Greise. Der Gott ist also ein Gott der Lebensalter, ein Zeitgott. Die Bronze kann als Illustration zu einem vorzoroastrischen Zwillingsmythos aufgefasst werden (S. 239). Photo Cincinnati Art Museum

BILD 30 Relief aus weissem Marmor, veilleicht aus Rom, jetzt im Museum Modena No 2676 (VERMASEREN I, Fig. 197). Der orphische Gott Phanes wird aus einem Ei geboren. Durch die 12 Tierkreiszeichen ringsherum ist das Ei als Weltall gekennzeichnet. Die zwei Hälften des eben geborstenen Eies sind oben und unten noch einmal abgebildet. Die Schlange, die sich um den Leib des jungen Gottes windet, ist sonst immer ein Kennzeichen des Zeitgottes Aion. Hier erscheint also Phanes mit den Attributen des Aion. Photo Bandieri

BILD 31 Skulptur aus einem Mithraeum in Chapel Hill (Borcovicium) in England (VERMASEREN, I, Fig. 226).
Die Skulptur stellt den Gott Phanes dar, der eben aus dem Weltei geboren wird. Da in einer Inschrift aus Rom
Mithra mit Phanes identifiziert wird, ist es möglich, dass auch hier Mithra in der Gestalt des Phanes gemeint ist.
Siehe S. 241. Photo Museum of Antiquities, The University, Newcastle upon Tyne.

III   II   I

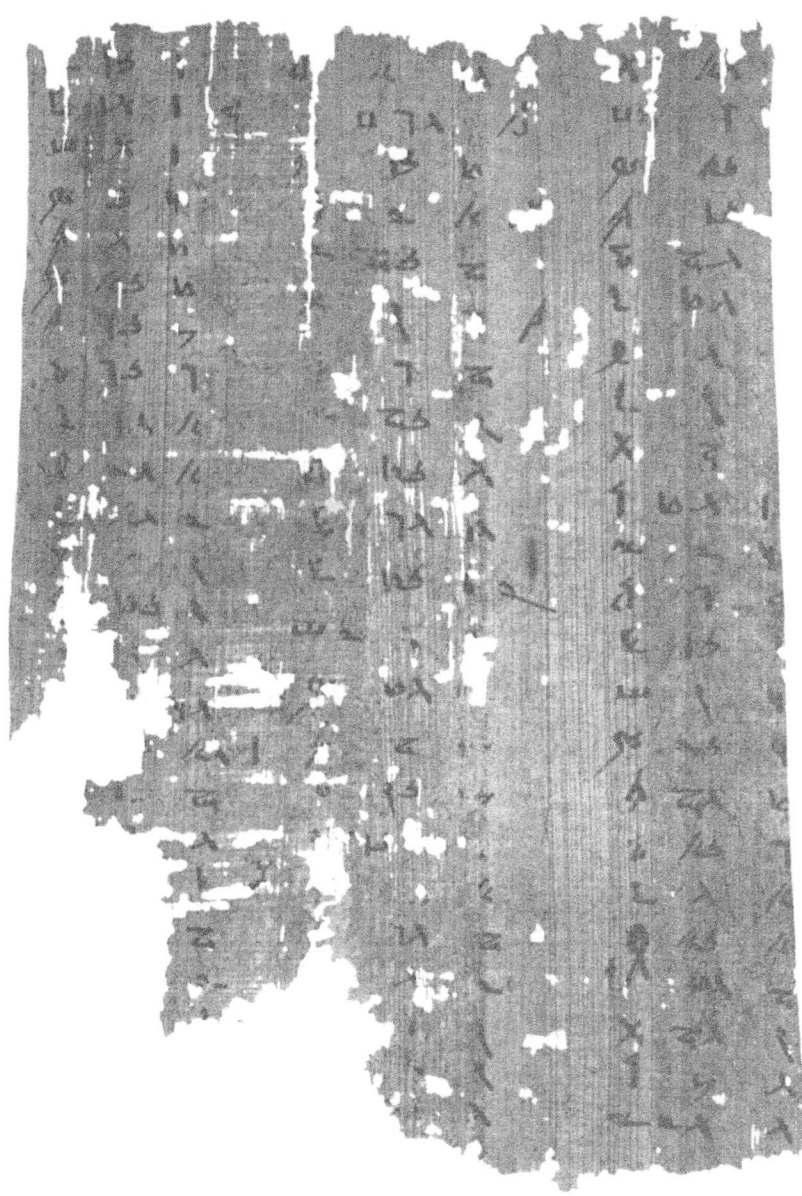

BILD 32   Die ersten drei Kolonnen des Papyrus P. 8279 aus Fayum, jetzt im Museum in Berlin. Publiziert von
W. SPIEGELBERG, Orient Literatur-Zeitung 5 (1902). Ausführlich behandelt von NEUGEBAUER, Egyptian planetary texts, Transactions Amer. Philos. Soc. 32 (1942) p. 209–250. Die drei Kolonnen I, II, III sind von rechts
nach links und von oben nach unten zu lesen. Photo Staatliche Museen zu Berlin

Die zeitliche Festlegung der babylonisch-assyrischen Sternreligion bietet keine Schwierigkeit. Wir haben ein altbabylonisches „Gebet an die Götter der Nacht" und andere Zeugnisse aus der Hammurapizeit. Die Venusbeobachtungen unter AMMIZADUGA und die alte Omen-Astrologie hängen zweifellos auf das engste mit der altbabylonischen Sternreligion zusammen.

Wie lebendig diese Sternreligion noch in der spätassyrischen Zeit war, dafür haben wir ein Zeugnis in der Bibel. Im zweiten Buch der Könige wird über MANASSE, der um −670 König von Juda war, berichtet:

> Und er baute allem Heer des Himmels Altäre in beiden Höfen am Hause des Herrn. Und er liess seinen Sohn durchs Feuer gehen und achtete auf Vogelgeschrei und Zeichen und hielt Wahrsager und Zeichendeuter . . .

Unter den Wahrsagern und Zeichendeutern des MANASSE wird es wohl auch Astrologen gegeben haben. Am assyrischen Hof blühte jedenfalls zu eben dieser Zeit die Astrologie.

In der zweiten Gruppe können wir nur den Orphismus zuverlässig datieren. Seine Blütezeit in Griechenland war das sechste Jahrhundert vor Chr.

Was den Zervanismus betrifft, so haben wir Gründe dafür angeführt, dass er ebenfalls im sechsten Jahrhundert schon vorhanden war. Ferner haben wir gesehen dass Zervanismus und Orphismus eng miteinander zusammenhängen. In Bild 30 ist ein Gott abgebildet, der gewisse Attribute des Zeitgottes (Menschenleib, um den sich eine Schlange windet) mit denen des Orphischen Gottes Phanes, der aus dem Ei geboren wird, verbindet.

Mithra war, wie wir gesehen haben, ein arischer Gott, der schon lange vor dem sechsten Jahrhundert in den arischen Ländern verehrt wurde. Durch einen Zufall können wir seine Verehrung in Persien gerade um die Mitte des 6. Jahrhunderts nachweisen. Der Schatzmeister des KORES = KYROS hiess nämlich nach der Bibel (ESRA 1,8) MITHREDATH.

Dass Mithrakult und Zervanismus miteinander zusammenhängen, das sieht man aus den vielen Abbildungen des Zeitgottes, die man in Mithräen gefunden hat (Bild 27). Träger der Mithrareligion und des Zervanismus waren im späten Altertum vor allem die Magier in der Gegend des Taurus.

Wir können auch direkt einen Zusammenhang zwischen Mithrakult und Orphismus nachweisen. Man hat nämlich in Rom am Fusse des Aventin drei griechische Inschriften[1] gefunden, von denen die ersten beiden „dem Gott Helios Mithras" gewidmet sind, die dritte aber „dem Gott Helios Mithras Phanes". Hier wird der orphische Gott Phanes offenbar mit Mithras identifiziert. Ferner hat man in einem Mithräum in England (Borcovicium, Chapel Hill) ein Bild des Phanes (oder Mithra) gefunden, der gerade aus der zweigeteilten Eierschale zum Vorschein kommt (Bild 31).

---

[1] M. VERMASEREN, Corpus Inscr. Mithr. I, Mon. 472—475.

Mithrakult, Zervanismus und Orphismus hängen also eng miteinander zusammen. Alle drei sind mit der Astrologie eng verknüpft. Alle drei existierten gleichzeitig im sechsten Jahrhundert. Wir können diese drei also getrost zu einer Gruppe vereinen.

Mithrakult und Zervanismus haben auch das gemeinsam, dass der orthodoxe Zoroastrismus sich mit beiden schlecht verträgt. ZARATHUSTRA hat die blutigen Stieropfer des Mithradienstes verdammt. Zervan wird in den Gathas gar nicht, im jüngeren Yasna nur beiläufig erwähnt. Wenn Ahura Mazdāh der höchste Gott und der Schöpfer ist, so kann Zervan es nicht sein.

Über die Lebenszeit des ZARATHUSTRA kann man verschiedener Meinung sein, aber im Westen des Perserreiches drang der Zoroastrismus sicher erst nach −530 durch. DAREIOS verkündigte in seinen Inschriften, dass Ahura Mazdāh der höchste Gott und der Schöpfer sei, und XERXES berief sich ausdrücklich auf Zoroastrische Lehren, indem er die Daēvas verdammte und befahl, dass nur Ahura Mazdāh zu verehren sei. Daher ist der Zoroastrismus zeitlich später anzusetzen als die religiösen Bewegungen der zweiten Gruppe.

Dass der Zoroastrismus mit der Verehrung des Himmelsgottes als höchsten Gott verbunden war, wurde am Anfang dieses Kapitels gezeigt. Als weitere Tendenzen im Zoroastrismus fanden wir die Neigung zum Monotheismus und die Vergeistigung des Gottesbegriffes. Die gleichen Tendenzen konnten wir bei XENOPHANES und EMPEDOKLES nachweisen. Auch PYTHAGORAS und HERAKLEITOS haben Lehren verkündigt, die viele Berührungspunkte mit zoroastrischen Lehren aufweisen.

Die kosmische Religion ist also in drei grossen Wellen von Iran und Babylon nach Westen geflutet. Die erste Welle ging von Babylon aus; sie kam in Juda mit der Jehovareligion in Konflikt. Die zweite und dritte Welle kamen von Iran über Babylon; sie erreichten Griechenland kurz nacheinander im 6. Jahrhundert.

Drei Stufen der Astrologie

Die alte Omen-Astrologie, die wir aus der Sammlung „Enuma Anu Enlil" und aus den Berichten der assyrischen Hofastrologen gut kennen, unterscheidet sich von der späteren Horoskop-Astrologie in zweierlei Hinsicht. Erstens kommen die *Tierkreiszeichen*, die in der Horoskopie die Hauptrolle spielen, in der älteren Astrologie überhaupt nicht vor. Zweitens beschäftigt die ältere Astrologie sich hauptsächlich mit Ereignissen von *allgemeinem* Interesse. Sie sagt gute oder schlechte Ernten, Krieg oder Frieden voraus. Zwar sind uns aus dem 2. Jahrtausend vor Chr. Geburtsomina überliefert, wie etwa:

> „Wenn im 12. Monat ein Kind geboren wird, so wird dieses Kind alt werden und es wird viele Kinder zeugen".

Jedoch haben diese Omina einen ganz anderen Charakter als die Regeln der Horoskopie, die uns lehren, aus dem Stand der Planeten im Augenblick der Geburt das Schicksal eines Einzelnen vorauszusagen.

Zwischen der alten und der neuen Astrologie gibt es noch eine Zwischenstufe, auf der zwar die Tierkreiszeichen vorkommen, aber noch keine Geburtshoroskope gestellt werden. Zu dieser Zwischenstufe gehören einige astrologische Fragmente des „ZOROASTER", die in der Kompilation „Geoponica" des CASSIANUS BASSUS enthalten sind[1].

Das griechisch geschriebene Werk „Ueber die Natur" des Pseudo-ZOROASTER, aus dem diese Fragmente vermutlich stammen, ist nach BIDEZ und CUMONT in vorchristlicher Zeit, wahrscheinlich zwischen −350 und −250 entstanden.

Unter den Fragmenten kommt eine „Dodekaeteris des Zeus" vor. Der Planet Jupiter (= Zeus) hat eine siderische Umlaufszeit von fast 12 Jahren; er verweilt also ungefähr ein Jahr in jedem der 12 Tierkreiszeichen. Die Dodekaeteris gibt für jedes der 12 Zeichen eine Voraussage über das Wetter und die Vegetation des betreffenden Jahres. Hier haben wir also allgemeine Prognosen, die nichts mit der Geburtshoroskopie zu tun haben, in denen aber die Tierkreiszeichen bereits benutzt werden.

Verschiedene solche Dodekaeteriden sind in der astrologischen Literatur überliefert[2]. Eine stammt nach BOLL aus Syrien aus der Zeit des AUGUSTUS. Eine andere wird ORPHEUS zugeschrieben[3]. Diese Art Tierkreisastrologie scheint also mit dem Orphismus zusammenzuhängen.

Zusammenhänge mit Babylon sind auch vorhanden. Zunächst wird die Dodekaeteris in der astrologischen Literatur öfter als eine „chaldäische Periode" bezeichnet. Sodann gibt es ein Geoponica-Fragment des ZOROASTER[4] in dem eine Methode zur Berechnung der Untergangs- und Aufgangszeiten des Mondes erklärt wird. Diese Methode beruht auf der Annahme, dass die tägliche Verspätung des Monduntergangs nach Neumond gerade $\frac{1}{15}$ der Nacht und die tägliche Verspätung des Mondaufganges nach Neumond ebenfalls $\frac{1}{15}$ der Nacht beträgt. Auf der gleichen Annahme beruht, wie wir gesehen haben, eine babylonische Rechenmethode, die um −700 bereits in Assyrien bekannt war. Pseudo-ZOROASTER war also ein guter Kenner der alten babylonischen Astronomie.

Die Astrologie der ZOROASTER-Fragmente macht, wenn man sie mit der Horoskop-Astrologie vergleicht, einen recht primitiven Eindruck. Wir sind also berechtigt, sie als „zweite Stufe" zwischen der alten Omen-Astrologie und der jüngeren Horoskop-Astrologie einzuordnen.

Nun hatten wir in der Sternreligion ebenfalls drei Stufen unterschieden. Die erste Stufe, die altbabylonische Sternreligion, hängt offenbar eng mit der Omen-Astrologie zusammen. Eine Erscheinungsform der zweiten Stufe ist der Orphismus, und dieser hängt, wie wir eben gesehen haben, mit der Astrologie der zweiten

[1] Für eine sorgfältige Edition dieser Fragmente siehe BIDEZ et CUMONT, Mages hellénisés II, O 37 bis O 52. Kommentar dazu: Mages hellénisés I, p. 107−127.
[2] Siehe den Art. Dodekaeteris von BOLL in PAULY-WISSOWA, Realenzyklopädie, neue Bearbeitung, sowie BIDEZ-CUMONT, Mages II, p. 187 (1).
[3] O. KERN, Orphicorum Fragmenta, p. 267−296.
[4] BIDEZ-CUMONT II, p. 174, Fragment O 39.

Stufe zusammen. Zur dritten Stufe der Sternreligion gehört schliesslich die Lehre von der himmlischen Herkunft der Seele, und diese gibt die religiöse Basis für die Horoskop-Astrologie ab. Wir erhalten also das folgende Entwicklungs-Schema:

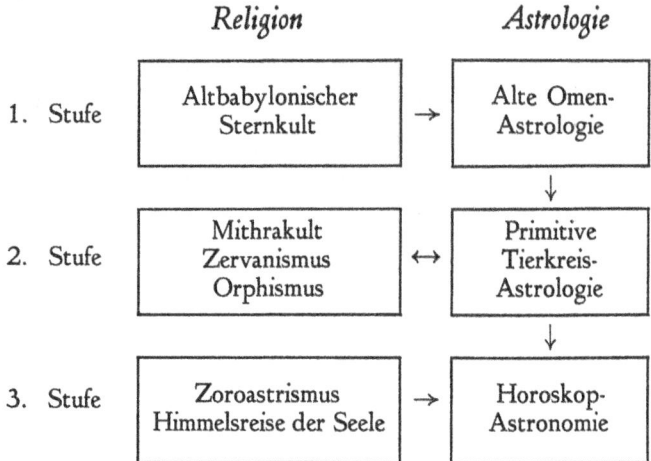

Religion   *Astrologie*

1. Stufe	Altbabylonischer Sternkult →	Alte Omen-Astrologie
2. Stufe	Mithrakult Zervanismus Orphismus ↔	Primitive Tierkreis-Astrologie
3. Stufe	Zoroastrismus Himmelsreise der Seele →	Horoskop-Astronomie

Zu diesem Schema ist noch zu bemerken, dass seine linke Hälfte zu stark schematisiert und vereinfacht ist. Die Vielfalt der religiösen Strömungen in Vorderasien, Ägypten und Griechenland lässt sich nicht ohne weiteres in ein dreiteiliges Schema hineinpressen. Die Abgrenzung zwischen der zweiten und dritten Stufe ist im Bereich der Religionen keineswegs scharf. Worauf es mir aber ankommt, ist die Einteilung der Astrologie in der rechten Hälfte des Schemas, die ganz scharf und klar ist, und ihre Wechselwirkung mit der kosmischen Religion, die in allen drei Fällen durch gute Zeugnisse belegt ist.

Sirius und die Ernte

Der römische Astrologe MANILIUS[1] berichtet, dass die Priester in der Gegend des Taurus von einem Berggipfel aus den Aufgang des Sirius beobachteten und danach die Ernte und das Wetter, Krankheiten, Bündnisse, Krieg und Frieden voraussagten.

Wie stellt man es an, aus Beobachtungen des Siriusaufgangs die Ernte und sonstige Ereignisse des kommenden Jahres vorauszusagen? Darüber belehren uns zwei astrologische Fragmente des ZOROASTER aus der Geoponica des CASSIANUS BASSUS[2]. Man soll darauf achten, so heisst es im Fragment O 40, in welchem Tierkreiszeichen der Mond beim Aufgang des Sirius am Morgen des 20. Juli steht[3]. Steht der Mond im Löwen, so werden Getreide, Öl und Wein reichlich sein, es

---

[1] MANILIUS, Astronomica I, 401—406.
[2] BIDEZ und CUMONT, Mages hellénisés I, p. 123—127 und II, p. 179—183, Fragmente O 40 und 41.
[3] Der 20. Juli ist ein traditionelles Datum für das Morgenerst des Sirius. Das Datum trifft für südliche Breiten (Babylon, Syrien, Ägypten) und für die Zeit von −800 bis +400 annähernd zu.

wird Schlachten geben, ein König wird erscheinen, etc. Nach dem zweiten Fragment O 41 soll man beim ersten Donnerschlag nach dem Morgenerst des Sirius das Tierkreiszeichen beachten, in dem der Mond steht. Je nach dem Tierkreiszeichen ergeben sich wieder verschiedene Prognosen.

F. Boll hat ein anderes Fragment publiziert[1], das aus Syrien stammt und in dem die gleiche Methode gelehrt wird wie im Fragment O 40 des Zoroaster. Der arabische Astrologe Apomasar schreibt dieselbe Methode den Einwohnern von Harran im Nordwesten von Mesopotamien zu[2].

Eine Andeutung, dass der Aufgang des Sirius mit der Ernte etwas zu tun hat, findet man bereits im Awesta. Yasht 8 des Awesta ist dem Sterngott Tishtrya gewidmet. Wie wir noch sehen werden, ist Tishtrya wahrscheinlich Sirius. Strophe 36 dieses Yasht sagt:

> Wir opfern dem Tishtrya . . . denn je nachdem, wie er aufgeht, wird das Jahr für das Land gut sein. Werden die arischen Länder ein gutes Jahr haben? (Darmesteter, Zend-Avesta II, S. 424).

Strophe 44 des Tishtrya-Yasht sagt:

> Wir opfern dem Tishtrya, dem herrlichen, siegreichen Stern, den Ahura Mazdāh als *Führer und Aufseher* über alle Sterne gesetzt hat (Darmesteter, Zend-Avesta II S.426).

Damit vergleichen wir nun das Zeugnis des Plutarchos (Isis und Osiris 47):

> Hierauf vergrösserte sich Horomazes selbst dreifach, entfernte sich von der Sonne so weit, wie die Erde von der Sonne absteht, und schmückte den Himmel mit Sternen. Einen Stern, den Sirius, stellte er allen voran als *Wächter und Späher*.

Aus der fast wörtlichen Übereinstimmung zwischen Plutarchos und Strophe 44 kann man schliessen, dass mit Tishtrya Sirius gemeint ist. Nimmt man das an, so stimmt die Aussage der Strophe 36: „je nachdem, wie er aufgeht, wird das Jahr für das Land gut sein" ausgezeichnet zu den Erntevoraussagen aus dem Siriusaufgang, die uns durch Manilius und die Zoroasterfragmente überliefert sind.

Wie haben wir uns den geschichtlichen Zusammenhang zwischen dem Tishtrya-Yasht und der Siriusastrologie des Zoroaster zu denken? Ist die Aussage der Strophe 36 aus der Astrologie heraus zu erklären oder eher umgekehrt? Um diese Frage zu klären, werden wir den historischen und geographischen Hintergrund des Tishtrya-Yasthes etwas näher untersuchen. Wir werden zeigen, dass der Kult des Tishtrya mit dem des Mithra zusammenhängt. Dieser Zusammenhang wird uns dazu verhelfen, den Tishtryakult genauer zu lokalisieren.

Der Zusammenhang zwischen dem Tishtryakult und dem Mithrakult ergibt sich schon daraus, dass im Tishtrya-Yasht ein Mithra-Mythos eingelegt ist. Das gleiche Volk, das Tishtrya verehrte, hat also auch Mithra verehrt. Wo lebte dieses Volk?

---

[1] Catalogus codicum astrologorum graecorum VII, p. 183. Dazu Bidez-Cumont, Mages II, p. 181.
[2] Cat. cod. astr. gr. IV, p. 124. Dazu Bidez-Cumont, Mages II, p. 181, (1).

In Strophe 36 des Tishtrya-Yasht war von den „arischen Ländern" die Rede. Derselbe Ausdruck kommt auch im Mithra-Yasht vor. Ariana, das Land der Arier, deckt sich grösstenteils mit dem heutigen Iran. Hier war also der Tishtrya-Kult zu Hause.

Der geographische Horizont des Mithra-Yasht ist, wie wir gesehen haben, die Gegend zwischen Samarkand und dem Aral-See. Im Tishtrya-Yasht spielt ein See *Vouru-kasha* eine Rolle. Nach NYBERG und anderen Forschern ist damit der Aral-see gemeint[1]. Eine andere Möglichkeit, die NYBERG für weniger wahrscheinlich hält, wäre das Kaspische Meer.

Der Tishtrya-Yasht ist, wie der Mithra-Yasht, von einem starken Naturgefühl getragen. Der Gott Tishtrya kommt in Pferdegestalt zum See Vouro-kasha und besiegt die Pairikās, die zwischen Himmel und Erde dahinfahren und den Regenfall verhindern. Der Sterngott Satavaēsa zerstreut die Wolken, und dank Tishtrya entladen sie sich des Regens und bewirken gute Ernte.

Wir haben hier offenbar einen nordiranischen Naturmythos vor uns, in dem von Tierkreiszeichen und astrologischer Gelehrtheit noch nicht die Rede ist. Tishtrya ist der helle Stern Sirius, der im Hochsommer am Morgenhimmel sichtbar wird, dann immer höher steigt und schliesslich im Herbst den ersehnten Regen bringt.

Die Zoroastrier haben die Götter Mithra und Tishtrya zuerst nicht anerkannt, dann aber doch in ihr Pantheon aufgenommen. Ahura Mazdāh bestätigt dem Gott Mithra im Mithrayasht und dem Gott Tishtrya im Tishtryayasht ihren Anspruch auf Verehrung und Opfer.

Den Mithrakult finden wir dann später bei den Maguseern in der Gegend des Taurus in einer veränderten Form, verquickt mit der babylonischen Astronomie. Eine ähnliche Verquickung können wir beim Siriuskult annehmen. Die alte iranische Vorstellung, dass Sirius den Regen bringt und den Ausfall der Ernte bestimmt, wurde mit babylonischen Vorstellungen über den Einfluss des Mondes und der Tierkreiszeichen verknüpft. So, nehme ich an, entstanden die Regeln für Erntevoraussagen, die dann nachträglich dem Propheten ZOROASTER zugeschrieben wurden.

Die Datierung der primitiven Tierkreisastrologie

Die Astrologie des ZOROASTER, die wir in den beiden vorigen Abschnitten umrissen haben, gehört in unserem Entwicklungsschema zur zweiten Stufe. Sie benutzt den Tierkreis, hat aber sonst einen recht primitiven Charakter und steht der alten Omen-Astrologie sehr nahe.

Die zahlreichen astrologischen Texte der assyrischen Zeit gehören ihrem Charakter nach ganz zur alten Omen-Astrologie. Der zwölfteilige Tierkreis wird in allen diesen Texten nirgends erwähnt. Der Übergang zur zweiten Stufe kann also erst nach der assyrischen Zeit stattgefunden haben.

---

[1] NYBERG, Religionen, S. 251 und 402.

Andererseits werden wir sehen, dass in der Zeit nach —450 die Horoskopie, also die Astrologie der dritten Stufe immer mehr überhand nahm. Die Astrologie der zweiten Stufe muss also zwischen —630 und —450 entstanden sein.

Ich glaube, wir können etwas weiter gehen und vermuten, dass diese mittlere Astrologie in der Zeit der Chaldäerkönige (—625 bis —538) entstanden ist.

Für diese Vermutung spricht vor allem der Zusammenhang zwischen der mittleren Astrologie und dem Orphismus. Es gibt ja eine „Dodekaeteris des ORPHEUS" und ein „grosses Jahr des ORPHEUS". Der Orphismus blühte in Griechenland in der Zeit des PHEREKYDES und des ONOMAKRITOS, also zwischen —570 und —510. Dass der Orphismus von orientalischen Lehren beeinflusst wurde, ist allgemein anerkannt. Zu diesen orientalischen Lehren gehörten offenbar der Zervanismus und die primitive Tierkreisastrologie, die wir aus den Fragmenten des ZOROASTER und des ORPHEUS kennen.

Die Horoskopie

Das älteste uns erhaltene keilschriftliche Horoskop wurde nach SACHS[1] für das Jahr —409 erstellt. Es stammt aus dem Archiv eines Tempels in Babylon. Weitere Horoskope stammen aus den Jahren —287, —262, —257, —234, usw.

Die babylonischen Horoskope enthalten in der Regel das Geburtsdatum des Kindes, die Stellungen des Mondes, der Sonne und der Planeten (meist nur das Tierkreiszeichen, gelegentlich auch die Länge innerhalb des Zeichens in Graden), die Sichtbarkeitsdauer des neuen Mondes und des Vollmondes am Morgen nach Sonnenaufgang, sowie die letzte Sichtbarkeit des Mondes. Die daraus hergeleitete Prognose ist meist eher summarisch; gelegentlich wird aber auch detailliert auf die Bedeutung der einzelnen Planeten eingegangen.

Auch griechische Zeugnisse bestätigen uns, dass die Horoskopie vor —400 schon existierte, und zwar werden als Astrologen vor allem „Magier" und „Chaldäer" genannt. Bei DIOGENES LAERTIOS (Leben und Meinungen der Philosophen II 45) steht:

> „ARISTOTELES berichtet von einem syrischen Magier, der, nach Athen gekommen, dem SOKRATES unter anderem Schlimmen auch sein gewaltsames Ende geweissagt habe."

SOKRATES starb —398 durch den Giftbecher. Wenn an unserem Bericht etwas Wahres ist, so muss die Horoskopie um —400 nach Griechenland gekommen sein.

Der Bericht des DIOGENES LAERTIOS wird gestützt durch die unzweifelhaft echten babylonischen Horoskope aus den Jahren —409, —287, etc. Ferner hat CICERO (De divinatione II 87) uns eine Meinungsäusserung von EUDOXOS (um —370) überliefert:

---

[1] A. SACHS, Babylonian Horoscopes, J. of Cuneiform Studies 6 (1952) p. 49.

„EUDOXUS hat geschrieben, dass man den Chaldäern in ihren Voraussagen und Angaben über das Leben eines Menschen aus dem Tage seiner Geburt nicht im mindesten glauben soll".

Aus noch älterer Zeit gibt es einen Bericht bei GELLIUS (Noctes Atticae XV 20):

„Ein Chaldäer weissagte aus den Sternen die glänzende Zukunft des EURIPIDES seinem Vater".

Die Erwähnung eines „Chaldäers", die auf einen Einzelmenschen bezügliche Voraussage und der ausdrückliche Zusatz „aus den Sternen", all das deutet unverkennbar auf die Horoskopie hin. EURIPIDES errang seinen ersten Tragödienpreis als Vierzigjähriger im Jahre —441. Da die Voraussage seinem Vater gemacht wurde, muss er noch jung und noch nicht berühmt gewesen sein. Die Voraussage wurde also, wenn überhaupt, vor —445 gemacht.

Auf etwa dieselbe Zeit führen uns auch die babylonischen Texte. Die schon erwähnten Texte Nr 1387 aus dem Jahre —445 und VAT 4924 aus dem Jahre —418 geben nämlich Positionen von Planeten in bezug auf Tierkreiszeichen an („Venus am Ende der Fische", „Jupiter und Venus im Anfang der Zwillinge", etc.). Diese Angaben sind keine direkten Beobachtungen: das Ende der Fische und der Anfang der Zwillinge sind nicht am Himmel markiert. Direkte Beobachtungen von Abständen zwischen Planeten und Fixsternen bilden eine gute Grundlage für astronomische Rechnungen, aber Angaben wie „Venus stand am Ende der Fische" haben für den Astronomen wenig Wert. Warum enthalten die Texte solche Angaben? Die Erklärung liegt auf der Hand: die Horoskop-Astrologie braucht gerade die Positionen der Planeten in bezug auf die Tierkreiszeichen.

Wir kommen also zu dem Schluss, dass die Horoskopie vor —450 in Babylonien aufkam und vor —440 bereits in Griechenland bekannt wurde.

Horoskope für Empfängnis und Geburt

Wir haben schon erwähnt, dass der Babylonier BEROSSOS, ein Priester des Bel, um —300 eine Astrologenschule auf der griechischen Insel Kos gründete. Sein Schüler ARCHINOPOLOS wendete die Methoden der Geburtshoroskopie auf den Augenblick der Empfängnis an (VITRUVIUS IX 4). Dieselbe Idee finden wir aber auch in einem babylonischen Horoskop für das Jahr —257, das KUGLER (Sternkunde und Sterndienst in Babel II, S. 558) publiziert hat. Dieser interessante Text (Rm IV 224) lautet so:

(Vorderseite) Jahr 53 ⟨Addaru II⟩ nachts den 1. (= —257 März 17) der Mond unterhalb des vorderen Sterns vom Anfang des Widders (= γ Arietis nach einer unpublizierten Untersuchung von Dr. TEUCHER).
Am 12. Äquinoktium.
Am 1. Tag der Mond[1] ... die Fische ...

---

[1] Nach KUGLER ist das ein Kopierfehler. Es sollte heissen: Sonne in den Fischen; denn der Mond stand nach Zeile 1 bereits im Widder.

(Rückseite) Jahr 54 Kislimu 1 (d.h. der vorangehende Monat hatte 30 Tage) nachts am 8. am Anfang der Nacht unterhalb des „Fisches" (= η Piscium) 1⅓ Ellen. Der Mond war bereits ⅓ Elle gegen Osten gerückt.

Am 20. Solstitium.

Am 13. (= −257 Dec. 20)... des Mondes.

Zu dieser Zeit war Jupiter im Steinbock, Venus im Skorpion, der Mond in ⟨den Zwillingen⟩, Merkur war im Osten im Schützen heliakisch untergegangen, Saturn und Mars in der Waage.

Das Datum −257 März 17, der erste Tag des Addaru II des Jahres 53, wird zweimal erwähnt, und zwar das zweite Mal ausserhalb der chronologischen Reihenfolge, nämlich nach der Erwähnung des Äquinoktiums am 12. Bei der zweiten Erwähnung werden die Fische erwähnt.

Das Datum −257 Dez. 20, der 13. Kislimu des Jahres 54, steht ebenfalls im Text ausserhalb der chronologischen Reihe. Für dieses Datum werden die Positionen der Planeten in den Tierkreiszeichen angegeben, wie in anderen Horoskopen dieser Zeit.

KUGLER hat weiter bemerkt, dass die beiden Daten März 17 und Dez. 20 gerade 279 Tage auseinander liegen. Da der Zweck der Zusammenstellung der Planetenpositionen für diese beiden Daten nur ein astrologischer sein kann, ist zu vermuten, dass das erste Datum sich auf die Empfängnis, das zweite auf die Geburt eines Kindes bezieht. Nun belehrt uns CENSORINUS (De die natali 8), dass nach chaldäischer Auffassung die Stellung der Sonne in einem Grad eines Tierkreiszeichens den Ort der Empfängnis bezeichnet. In der Tat erwähnt unser Text für das erste Datum, wenn KUGLERS Berichtigung zutrifft, den Ort der Sonne im Zeichen der Fische.

Wir haben also hier ein Empfängnis- und Geburtshoroskop für das Jahr −257 vor uns.

DIE ENTWICKLUNG DER ASTRONOMIE IM SECHSTEN JAHRHUNDERT

Zunächst sollen die Hauptergebnisse der vorangehenden Abschnitte, die von der *Sternreligion* und *Astrologie* handeln, kurz zusammengefasst werden. Sodann soll untersucht werden, was sich daraus für die Geschichte der *Astronomie* ergibt.

Zusammenfassung der bisherigen Ergebnisse

Wir haben gesehen, dass der alte Polytheismus nach dem Fall des assyrischen Reiches (−611) durch eine neue religiöse Bewegung zurückgedrängt wurde, die in zwei mächtigen Wellen von Iran aus nach Westen flutete. Die erste Welle war die des *Zervanismus;* sie erreichte Griechenland um −550 .Die zweite Welle war die der *Mazdareligion*, die um −500 zur offiziellen Religion des Perserreiches erhoben wurde. Mit ihr verbunden war die Lehre von der himmlischen Herkunft und Unsterblichkeit der Seele.

Wir haben ferner gesehen, dass die alte Omen-Astrologie um dieselbe Zeit oder etwas später durch eine neue Tierkreisastrologie abgelöst wurde, in der wieder zwei Stufen zu unterscheiden sind: die *primitive Tierkreisastrologie* und die *Horoskopie*. Die erstere ist in den Quellen mit dem Orphismus verbunden, der seinerseits mit dem Zervanismus aufs engste verknüpft ist. Die Horoskopie andererseits hängt mit der Lehre von der himmlischen Herkunft der Seele zusammen; sie ist in Babylon um −450 und in Griechenland um −440 nachweisbar.

Beziehungen zwischen Astrologie und Astronomie

Es ist von vornherein zu erwarten, dass den zwei Stufen der Astrologie auch zwei Entwicklungsstufen der Astronomie entsprechen. Die Tierkreisastrologie, auch die primitivste, braucht astronomische Begriffe und Beobachtungen, und die Horoskopie braucht eine höher entwickelte Astronomie. Das soll jetzt näher ausgeführt werden.

Um nach der Dodekaeteris des ORPHEUS oder nach der des ZOROASTER die Ereignisse eines Jahres vorauszusagen, muss man das Tierkreiszeichen kennen, in dem Jupiter in diesem Jahre steht. Dazu genügt meistens eine einzige Beobachtung am Anfang des Jahres; unter Umständen muss man einige Monate später noch einmal Jupiter beobachten. Um aber nach ZOROASTER die Ernte eines Jahres vorauszusagen, muss man das Tierkreiszeichen kennen, in dem der Mond am Morgen der ersten Sichtbarkeit des Sirius steht. Das ist schon schwieriger, denn der Mond bewegt sich schnell, und er kann an diesem Morgen unsichtbar sein. In den 14 Tagen vom Neulicht bis zum Vollmond ist der Mond nur am Abend sichtbar. Man wird also so verfahren, dass man den Mond am Abend beobachtet und aus seiner Lage zwischen den Sternen auf seine Lage relativ zu den Tierkreiszeichen schliesst. Den Mondort am Morgen kann man dann durch Interpolation zwischen zwei Abenden erhalten.

Demnach erfordert die Tierkreisastrologie (wenigstens am Anfang, so lange noch keine gute Theorie der Mondbewegung vorhanden ist) eine *systematische Beobachtertätigkeit*.

Um so mehr erfordert die Horoskopie eine regelmässige Beobachtung des Mondes und der Planeten. Ein Kind wird ja häufig am Tage geboren, wenn die Sterne nicht sichtbar sind. In der Nacht darauf ist der Himmel vielleicht bewölkt. Oft tritt man erst nach einiger Zeit an den Astrologen heran und verlangt von ihm ein Horoskop. Der Astrologe braucht dann entweder ein lückenloses Beobachtungsarchiv oder theoretisch berechnete Tafeln.

Wir müssen also erwarten, dass es zur Zeit der primitiven Tierkreisastrologie systematische Mondbeobachtungen gab, und dass in der Zeit der Horoskopie (also in der frühen Perserzeit) alle Planeten systematisch beobachtet wurden.

Die Beobachtungstexte bestätigen diese Erwartung. Zwar sind aus der neubabylonischen Zeit und der frühen Perserzeit nur wenige Beobachtungstexte erhalten, aber diese wenigen Texte haben genau den erwarteten Charakter. Das soll jetzt näher ausgeführt werden.

Beobachtungstexte aus dem 6. Jahrhundert

Zunächst sei daran erinnert, dass die Finsternisbeobachtungen, die in der assyrischen Zeit angefangen hatten, in der neubabylonischen Zeit und Perserzeit regelmässig fortgesetzt wurden. Folglich gab es fest angestellte Beobachter und Schreiber, die diesen Beobachtungsdienst versahen.

Am Anfang der Regierungszeit des NEBUKADNEZAR II stossen wir auf eine neue Art Beobachtungstexte. Ein Text, der vielleicht aus dieser Zeit stammt, enthält Beobachtungen des Laufes des Planeten Venus[1]. Aus dem Jahre −567, dem 37. Jahr NEBUKADNEZARS haben wir ferner ein astronomisches Tagebuch mit Mond- und Planetenbeobachtungen[2]. Leider ist der Teil des Textes, der sich auf das Ende des Monats Sivan bezieht, wo das Morgenerst des Sirius zu erwarten war, abgebrochen, aber am Anfang des gleichen Monats sind Mondpositionen für die Abende des 5. (vielleicht auch 6.), 8. 9. und 10. Sivan vermerkt, z.B.:

> Bei Beginn der Nacht des 5. überholte der Mond um 1 Elle den nördlichen Stern vom Fussende des Löwen nach Osten hin.

Beobachtungen dieser Art sind genau das, was man zur genäherten Berechnung von Mondörtern braucht. Hat man diese Beobachtungen und einen Fixsternkatalog, in dem die Längen der wichtigsten Zodiakalsterne vermerkt sind, so kann man die beobachteten Mondpositionen in Längen umrechnen und die Mondlängen auch für zwischenliegende Zeitpunkte interpolieren. Dass die Rechnung ungenau ist, ist unwichtig, da es für die Prognosen der primitiven Tierkreisastrologie nur auf das Tierkreiszeichen ankommt, in dem der Mond steht.

Wir nehmen also an, dass die Beobachtungen des Jahres −567 unter anderem dazu dienten, die Mond- und Planetenpositionen zu ermitteln, die für die Voraussagen der primitiven Tierkreisastrologie erforderlich waren. Dann aber muss diese Astrologie um −570 schon existiert haben und die Zwölfteilung des Tierkreises schon vorher.

Die Wahrsagekunst am Hofe der Chaldäerkönige

Die Gelehrten am assyrischen Hof waren nicht nur Astronomen, sondern auch Astrologen und überhaupt Wahrsager. Ebenso wird es am Hofe der Chaldäerkönige gewesen sein. Aus zwei Texten wissen wir, dass am Hofe des NABUNAID astrologische Träume gedeutet wurden[3]. Es ist daher zu vermuten, dass die Mond- und Planetenbeobachtungen, die wir in den Texten finden, nicht nur der Wissenschaft, sondern auch, vielleicht sogar hauptsächlich, der Astrologie dienten.

Diese Vermutung wird uns durch JESAIA bestätigt. Dieser weissagt den bevor-

---

[1] PINCHES-SACHS, Late Babyl. Astron. Texts (Providence 1955), Text 1386, p. xviii und 214.

[2] P. V. NEUGEBAUER und E. F. WEIDNER: Ein astronomischer Beobachtungstext. Ber. Sächs. Ges. Wiss. Leipzig 67 (1915) S. 29.

[3] E. F. WEIDNER: Studien zur babyl. Himmelskunde. Rivista degli Studi Orientali 9 (1922) p. 297.

stehenden Untergang des babylonischen Reiches und verhöhnt die Tochter Babylon mit folgenden Worten:

> Lass auftreten und dir helfen die Himmelsvermesser, die in den Sternen schauen jeden Neumond, was da kommen soll (JESAIA 47,13).

Die Bezeichnung „Himmelsvermesser" passt sehr gut zu den babylonischen Astronomen, die ja die Maasse des Himmels in ihren Texten angegeben haben. Die Beobachtungstexte enthalten für jeden Neumond Angaben über die Sichtbarkeitsdauer des Mondes, sowie über Planetenpositionen. JESAIA hat also die Tätigkeit der babylonischen Astronomen sehr gut charakterisiert. Wenn er nun am Schluss sagt, dass der Zweck ihrer Beobachtungen war, zu ermitteln, was da kommen soll, so können wir ihm ohne weiteres glauben.

Neben Ägyptern und anderen Völkern waren am chaldäischen Hof auch Meder und Perser (siehe E. F. WEIDNER in Mélanges syriens offerts à DUSSAUD II, p. 930). Die Frau des NEBUKADNEZAR war eine medische Prinzessin. Nun haben wir früher gesehen, dass die Lehre von den Weltperioden und Weltkatastrophen, die wir in griechischen Quellen seit —500 vorfinden, durch Verschmelzung von iranischen Vorstellungen mit babylonischen Lehren entstanden ist. Ich nehme an, dass diese Verschmelzung in der neubabylonischen Zeit stattgefunden hat.

Zwischen Hellas und dem chaldäischen Hof bestanden persönliche Beziehungen. ANTIMENIDAS, der Bruder des Dichters ALKAIOS, diente unter NEBUKADNEZAR. Nichts steht also der Annahme im Wege, dass um —550 zervanistische und astrologische Lehren nach Griechenland gekommen sind, die dann in die „Bücher des Orpheus" aufgenommen wurden.

Die Zeit nach Nebukadnezar

Aus den 30 Jahren nach dem Tode NEBUKADNEZARS haben wir ausser den fortlaufenden Finsternistexten keine Beobachtungstexte. Nach —530, unter KAMBYSES und seinen Nachfolgern, setzt eine neue Blüteperiode der babylonischen Astronomie ein (vgl. den Schluss des Kap. IV). In dieser Periode wurde die Mondrechnung erfunden, das Schaltsystem geordnet und die Beobachtungstätigkeit intensiviert. Der Text STRASSMAIER KAMBYSES 400, den wir in Kap. 3 besprochen haben, enthält Beobachtungen und Berechnungen für das Jahr —522. Ein anderer Text (PINCHES-SACHS 1393, p. xxix) enthält Jupiterbeobachtungen aus den Jahren —525 bis —488.

Ich vermute, dass diese neue Blüteperiode mit dem Aufkommen der Horoskopie zusammenhängt. Wenn diese Vermutung zutrifft, so folgt, dass die Planetenrechnung nicht lange nach der Mondrechnung erfunden sein kann; denn eine Mondrechnung ohne Planetenrechnung nützt für die Horoskopie nicht viel. Dazu stimmt wieder die Tatsache, dass die Marstheorie nach System A eine ganz ähnliche, sorgfältig durchdachte logische Struktur hat wie die Mondrechnung nach System A. Ich vermute, dass beide von einem und demselben hervorragenden Theoretiker herrühren, der NABU-RIMANNU hiess und um —500 lebte.

KAPITEL VII

DIE AUSBREITUNG DER BABYLONISCHEN ASTRONOMIE

Wie wir gesehen haben, hat sich die Horoskop-Astrologie mindestens seit —440 von Babylon aus über die ganze antike Welt ausgebreitet. Zum Aufstellen von Horoskopen braucht man aber Rechenmethoden, die es gestatten, für jeden beliebigen Augenblick den Aszendenten, d.h. den gerade am Horizont aufgehenden Punkt der Ekliptik, sowie die Positionen der sieben klassischen Planeten (Sonne und Mond eingerechnet) wenigstens annähernd zu berechnen. Jeder Astrologe braucht astronomische Tafeln; das war früher nicht anders als heute.

Griechische, trigonometrische Methoden zur Berechnung von Planetenpositionen gab es erst seit APOLLONIOS von Perga (um —200). Vor APOLLONIOS war man für die Berechnung von Tafeln auf die Methoden der babylonischen Astronomie angewiesen. So ist es nicht verwunderlich, dass wir überall dort, wo die Horoskopie hingekommen ist, auf Spuren von babylonischen Rechenmethoden stossen.

Aber nicht nur die Astrologen, sondern auch die griechischen Astronomen haben babylonische Rechenmethoden, Perioden und Beobachtungen gebraucht. Sie haben das wunderbare Gebäude ihrer geometrischen Astronomie auf der soliden Basis errichtet, die die Babylonier durch ihre fleissigen Beobachtungen und Berechnungen gelegt hatten. KALLIPPOS, HIPPARCHOS und PTOLEMAIOS haben babylonische Beobachtungen verwendet, METON und HIPPARCHOS haben babylonische Mondperioden benutzt, GEMINOS hat die babylonische Theorie der täglichen Bewegung des Mondes gekannt. Ohne die Arbeit der babylonischen Schreiber wäre die griechische Präzisionsastronomie unmöglich gewesen.

In diesem Kapitel soll die Ausbreitung der babylonischen Astronomie an Hand von griechisch-römischen, indischen und ägyptischen Quellen verfolgt werden. Ich habe den grössten Wert daraufgelegt, alle mir bekannten Zeugnisse vorzulegen. Dabei waren Wiederholungen von früher Gesagtem nicht zu vermeiden. Ferner muss ich natürlich mit in Kauf nehmen, dass die aus den Zeugnissen gezogenen Schlüsse manchmal unsicher sind. Es bleiben jedoch genug sichere Fälle übrig, die einen starken Eindruck von dem gewaltigen Einfluss vermitteln, den die babylonische Astronomie bis ins sechste Jahrhundert nach Chr. gehabt hat.

GRIECHISCHE UND RÖMISCHE TEXTE

Die Thalesfinsternis

HERODOTOS berichtet (I 74), dass während der Schlacht am Halys der Tag plötzlich Nacht wurde und dass THALES diese Finsternis für eben dieses Jahr den

Deliern vorausgesagt hatte. Man nimmt heute an, dass es sich um die Sonnenfinsternis vom 28. Mai −584 handelte.

Eine griechische Theorie, nach der man Finsternisse voraussagen könnte, gab
es damals sicher nicht. Also ist anzunehmen, dass THALES in Ägypten oder Kleinasien eine babylonische Methode kennen gelernt hat.

Welche Methode das sein könnte, haben wir in Kap. III unter *Finsternisvoraussagen* schon untersucht. Wie wir gesehen haben, kommt die 18-jährige Finsternisperiode, der sogenannte ,,Saros'', für die Thalesfinsternis nicht in Frage. Möglich
wäre eine Voraussage mittels der halbierten Periode von 47 Monaten. Die Thalesfinsternis fand nämlich $23\frac{1}{2}$ Monate nach der totalen Mondfinsternis vom 4./5.
Juli −586 statt.

Gnomon und Stundenteilung

HERODOTOS berichtet (Hist. II 109): ,,Polos und Gnomon und die zwölf Teile
des Tages haben die Griechen von den Babyloniern gelernt''. Was heisst das?

Die Griechen teilten den Lichttag und ebenso die Nacht in je 12 gleiche Teile,
die sie Horai (Stunden des Tages oder der Nacht) nannten. Die Dauer der Stunden
hing also von der Jahreszeit ab. Dass die Babylonier die Zwölfteilung des Tages
und der Nacht ebenfalls gekannt haben, das bestätigt das Elfenbeinprisma des
British Museum, auf dem die Dauer der Tages- und Nachtzwölftel für alle Monate
des Jahres angegeben ist.

Die gleiche Zwölfteilung benutzten übrigens auch die Ägypter. Siehe K. SETHE,
Die Zeitrechnung der Ägypter, Nachr. Ges. Wiss. Göttingen (Phil-Hist.) 1919
und 1920.

Der *Polos*, von dem HERODOTOS spricht, ist vielleicht der Schattenzeiger einer
halbkugelförmigen Sonnenuhr. Siehe dazu den Art. *Horologium* in PAULY-WISSOWA,
Realenzyklopädie des klass. Altertums, neue Bearbeitung.

Ein *Gnomon* ist ein senkrechter Stab, der seinen Schatten auf eine waagrechte
Platte wirft. Der Hauptzweck des Gnomons ist, aus dem Gnomonschatten die Tageszeit zu erkennen. Die Babylonier machten das mit Hilfe von Tabellen, wie wir sie
im Text ^{mul}APIN finden. Dieser Text enthält drei Tabellen: Eine für die Winterwende, eine für die Tag- und Nachtgleiche und eine für die Sommerwende.
Jedesmal wird zu gegebener Schattenlänge die Tageszeit angegeben. Zwischen
den Jahrespunkten scheint man lineare Interpolation angewandt zu haben.

Die Griechen hatten viel genauere Methoden. Sie ritzten auf der Gnomonplatte
Stundenlinien ein, die so konstruiert waren, dass am Ende der ersten Tagesstunde
die Schattenspitze auf die erste Stundenlinie fällt, u.s.w. ANAXIMANDROS hat in
Sparta einen Gnomon errichtet, der auch die Wenden und Gleichen aufzeigte
(DIOGENES LAERTIOS II 1).

Es ist anzunehmen, dass die Babylonier auf ihre Gnomonplatte zumindest die
sechste Stundenlinie eingeritzt haben, die genau von Nord nach Süd in der Ebene
des Meridians verläuft. Die Gnomontabellen des Textes ^{mul}APIN lassen einen

zur Mittagszeit im Stich; denn um die Mittagszeit ändert sich die Schattenlänge nur sehr wenig. Das einzige Mittel, die Mittagszeit am Gnomon zu erkennen, ist die Beobachtung der Richtung des Schattens. Zeigt er genau nach Norden, so ist es Mittag.

Zahl und Himmel bei den Pythagoreern

Nach ARISTOTELES (Metaphysik A5) kamen die Pythagoreer durch ihre Beschäftigung mit den Wissenschaften und den Zahlen zu den folgenden Ansichten:

> „Der Himmel ist Harmonie und Zahl."
> „Die Zahl ist die Essenz des Ganzen."
> „Die Dinge sind durch Nachahmung der Zahlen."

Ferner sagt ARISTOTELES: „Sie setzten den Himmel aus Zahlen zusammen" (Vom Himmel III und Metaphysik XIII).

Wir fragen nun: Wie konnten die Pythagoreer zu solchen Aussprüchen kommen? In welchem Sinne setzten sie den Himmel aus Zahlen zusammen? Wieso spielten die Zahlen in ihrem Weltbild eine so grosse Rolle?

Die Astronomie des ANAXIMANDROS und aller späteren griechischen Astronomen ist in erster Linie geometrisch. Die Griechen stellten sich die Bahnen der Sonne, des Mondes und der Planeten als Kreise im Raum vor oder sie dachten sich rotierende Sphären, die die Planeten bei ihrer Bewegung mitnehmen. Die Stundenlinien auf dem Gnomon, das Analemma, das Astrolab, alle beruhen sie auf geometrischen Konstruktionen und nicht auf Rechnungen. Viel später wurden die Konstruktionen durch trigonometrische Rechnungen ergänzt, aber so weit waren die Pythagoreer noch nicht.

Im Gegensatz dazu hatten die Babylonier von Anfang an eine rechnende Astronomie, in der Zahlen die Hauptrolle spielten. Wenn wir annehmen, dass PYTHAGORAS und seine Schüler diese rechnende Astronomie gekannt haben, so wird ihre Betonung der Wichtigkeit der Zahlen verständlich.

Unter den Zahlen, die in astronomische Rechnungen eingehen, sind diejenigen besonders wichtig, die die Verhältnisse der Umlaufszeiten bestimmen. Auch die geometrische Astronomie der Griechen braucht diese Umlaufszeiten. Die Pythagoreer brauchten sie unter anderem deswegen, weil sie Spekulationen über das „grosse Jahr" anstellten, das ein gemeinsames Vielfaches aller Umlaufszeiten ist. Zur Bestimmung der Umlaufszeiten der Planeten sind aber langjährige Beobachtungsreihen nötig, viel längere als den Griechen zur Zeit des PYTHAGORAS zur Verfügung standen. Noch in viel späterer Zeit griffen KALLIPPOS, HIPPARCHOS und PTOLEMAIOS immer dann, wenn sie genaue Periodenverhältnisse brauchten, auf babylonische Beobachtungen zurück. Daher ist anzunehmen, dass die Pythagoreer ihr Wissen um Planetenperioden ebenfalls aus babylonischer Quelle hatten, vielleicht auf dem Umweg über Ägypten.

Dieser Schluss wird dadurch bestätigt, dass die 59-jährige Saturnperiode, die

wir aus den Keilschrifttexten kennen, bei CENSORINUS (De die natali Kap. 18) als
„grosses Jahr des Pythagoreers PHILOLAOS" und bei AETIOS II 32 als „grosses
Jahr von OINOPIDES und PYTHAGORAS" erscheint.

Dass die Pythagoreer des 5. Jahrhunderts, die in Süditalien lebten, mit der
babylonischen Astronomie in direkte Berührung gekommen sind, ist unwahrscheinlich. Von Italien nach Babylon ist es sehr weit und die Perserkriege waren
einem friedlichen Kulturaustausch nicht förderlich. Es muss also wohl PYTHAGORAS
selbst, der aus SAMOS stammte und vor den Perserkriegen lebte, gewesen sein, der
astronomisches Wissen aus Mesopotamien oder Ägypten übernommen hat.

Diese Schlussfolgerung steht in vollem Einklang mit der griechischen Tradition,
die PYTHAGORAS einen Schüler der Magier oder der Chaldäer oder des „Chaldäers
ZARATAS" nennt. Wenn auch die Berichte über seine Reisen nach Ägypten und
Babylon nicht in allen Teilen zuverlässig sind, so beweisen sie doch, dass die
Griechen eine Abhängigkeit zwischen den ägyptischen und babylonischen Lehren
einerseits und den pythagoreischen anderseits erkannten.

Dass die Spekulationen über das „grosse Jahr" und der damit zusammenhängende astrologische Fatalismus aus Babylon stammen, wurde früher schon
gezeigt. Auch in der Mathematik sind zahlreiche Berührungspunkte zwischen der
babylonischen und der pythagoreischen Wissenschaft nachweisbar, wie wir in
Band I gesehen haben.

Der Tierkreis

Den eindrucksvollsten Beweis für den grossen Einfluss der Babylonier auf die
gesamte Entwicklung der Astronomie und Astrologie liefert die Geschichte des
Tierkreises.

Wir haben gesehen, dass die Schiefe der Sonnenbahn dem Schreiber des Textes
mulAPIN (um −700) bekannt war. In diesem Text wird die Sonnenbahn in 4 Teile
geteilt und das Jahr in 12 schematische Monate, derart, dass die Sonne in jedem
der 4 Teile 3 Monate verweilt. Von hieraus zur Zwölfteilung der Sonnenbahn
ist nur ein kleiner Schritt. Man braucht nur jeden der 4 Ekliptikteile in 3 Teile zu
teilen, in denen die Sonne je einen Monat verweilt. Da ferner jeder Monat schematisch gleich 30 Tagen gesetzt wurde, lag es nahe, die 12 Teile der Ekliptik
ebenfalls in je 30 Teile zu teilen. Die so erhaltene Ekliptikteilung ist, wie wir
wissen, für die klassische Astronomie grundlegend. Auch die Praxis der Horoskop-
astrologie beruht wesentlich auf ihr.

Die Namen der Zeichen

Die griechischen Namen, von denen die heutigen Bezeichnungen der Tierkreiszeichen abgeleitet sind, sind grösstenteils Übersetzungen von viel älteren babylonischen Sternnamen. Gehen wir die Zeichen der Reihe nach durch!

(1) An Stelle des babylonischen Lohnknechtes (ḫun.ga) haben die Griechen

einen Widder. Vielleicht hängt das damit zusammen, dass die Ägypter ihre Dekane „Widder" und den ersten Dekan „Die drei Widder" nannten.

(2) Gu.an.na bedeutet „Stier des Himmels", daher unser Stier.

(3) Mas.tab.ba.gal.gal bedeutet „Die grossen Zwillinge", daher unsere Zwillinge.

(4) Die Herkunft unseres Krebses ist nicht geklärt.

(5) Ur.a bedeutet wahrscheinlich Löwe oder Löwin.

(6) Spika, der Hauptstern der Jungfrau, heisst in den Keilschrifttexten ab.sin, d.h. Furche. Aber im Text ᵐᵘˡAPIN steht: „Der Stern absin ist die Ähre der Göttin Shala". Die Vorstellung einer Göttin oder Jungfrau, die eine Ähre trägt, findet sich auf einer Ritzzeichnung aus der Seleukidenzeit (Bild 11c). Der griechische Sternname Spika bedeutet Ähre.

(7) *Zibānītu* bedeutet Waage. In den griechischen Quellen heisst das Sternbild meistens *Χηλαί*, d.h. Schalen (des Skorpions). Auch diese Bezeichnung geht auf Babylon zurück, denn im ᵐᵘˡAPIN wird *qaran zuqāqīpi* (Horn des Skorpions) als Synonym von *zibānītu* erwähnt.

(8) Gir.tab = *zuqāqīpu* heisst Skorpion.

(9) Unser Schütze wird in Ägypten in der römischen Zeit (z.B. in Dendera, Bild 14b) als bogenschiessender Kentaur mit Flügeln dargestellt. Ein ganz ähnliches Fabelwesen findet man auf einem babylonischen Grenzstein aus der Kassitenzeit (Bild 14a). Das Tier hat zwei Schwänze und zwei Köpfe: einen Hundekopf nach hinten und einen menschlichen Kopf mit hoher Mütze nach vorn. Alle diese Attribute findet man in Dendera wieder. Die babylonische Herkunft des griechisch-ägyptischen Schützen ist also nicht zu bezweifeln.

(10) Das Sternbild *suhur-máš* kommt im ᵐᵘˡAPIN unter den „Gestirnen im Wege des Mondes vor. Suhur bedeutet Ziege und máš Fisch. Ein Fabelwesen mit Ziegenkopf und Fischkörper finden wir bereits auf einem Grenzstein aus der Kassitenzeit (Bild 14c). Genau dieselbe Kombination von Ziege und Fisch ist auch in Dendera an der Stelle unseres Steinbocks abgebildet (Bild 14d). Die Haltung der Vorderbeine ist dieselbe. Auf dem Rücken des Fisches steht, in Babylon wie in Dendera, ein Symbol eines Gottes. Der griechische Name Aigokeros bedeutet Ziegenhorn (latein: Capricornus).

(11) Was GU.LA bedeutet, wissen wir nicht, aber die Vorstellung eines Gottes, der aus zwei Krügen Wasser ausgiesst, wie wir sie in Dendera vorfinden (Bild 14f) stammt aus altbabylonischer Zeit (Bild 14e).

(12) Das Sternbild der Fische bestand in der Vorstellung der Griechen aus zwei Fischen, deren Schwänze in der Gegend von α piscium durch ein Band zusammengehalten werden. Den Ausdruck „Band der Fische" (*rikis nūni*) finden wir auch in Keilschrifttexten. Das Tierkreiszeichen Fische wird meistens „Schwänze" (*zibbāti*ᵐᵉˢ)

genannt. In älteren Keilschrifttexten finden wir zwei Sternbilder šim.mah und *anunitum*, die viel ausgedehnter waren als die griechischen Fische.

Der Tierkreis bei den Griechen

In Griechenland war der Tierkreis mit seinen 12 Zeichen nicht, wie in Babylon, das Ergebnis einer langen Entwicklung, sondern er tritt uns kurz nach der Mitte des 6. Jahrhunderts fertig entgegen. PLINIUS schreibt (Nat. Hist. II, 31):

> Die Schiefe (der Ekliptik) soll ANAXIMANDROS von Milet in der 58. Olympiade (548–545 vor Chr.) zuerst bekannt gemacht haben, darauf KLEOSTRATOS die Zeichen darin, und zwar zuerst die des Widders und des Schützen.

Die Aussage, dass ANAXIMANDROS die Schiefe der Ekliptik erkannt hat, ist richtig; denn wir wissen, dass die Bahnen der Sonne und des Mondes in seinem System schiefe Kreise waren. Es scheint also, dass die Mitteilung des PLINIUS aus einer guten Quelle stammt. Was am Schluss über den Widder und den Schützen gesagt wird, ist etwas rätselhaft[1]; aber, dass KLEOSTRATOS VON TENEDOS die Tierkreiszeichen in Griechenland bekannt gemacht hat, wird wohl richtig sein. KLEOSTRATOS hat wahrscheinlich vor −500 gelebt. Er soll am Berge Ida astronomische Beobachtungen angestellt haben[2].

Sonst haben wir zur Geschichte des Tierkreises in Griechenland nur Nachrichten aus etwas späterer Zeit. Nach AETIOS II 12,2 soll PYTHAGORAS die Schiefe des Tierkreises gefunden haben[3], aber OINOPIDES von Chios nahm diese Entdeckung für sich in Anspruch. Dieser OINOPIDES lebte nach PROKLOS um −440. Dass er sich mit dem Tierkreis befasst hat, wissen wir auch aus einem Exzerpt aus EUDEMOS bei THEON von Smyrna (Exp. rer. math. S. 198 HILLER), in dem es heisst, OINOPIDES habe als erster „die Eingürtelung des Tierkreises" gefunden. Was mit dieser Eingürtelung ($\delta\iota\acute{\alpha}\zeta\omega\sigma\iota\varsigma$) gemeint ist, ist nicht ganz klar. Stellt man aber diese Nachricht mit der des AETIOS zusammen, nach der OINOPIDES die Entdeckung der Schiefe des Tierkreises für sich in Anspruch nahm, so kann man beide Nachrichten zusammen doch wohl so deuten, dass OINOPIDES die Neigung der Ekliptik gegen den Äquator bestimmt hat.

Jedenfalls haben seine Zeitgenossen, die Pythagoreer, für diesen Neigungswinkel den Wert 24° angenommen. PROKLOS sagt nämlich in seinem Kommentar zu Euklid I 8, dass die Konstruktion des regelmässigen Fünfzehnecks wegen ihrer Wichtigkeit für die Astronomie in die Elemente aufgenommen wurde. Beschreibt man nämlich, sagt PROKLOS, in den Grosskreis durch die Pole des Äquators und der Ekliptik ein reguläres Fünfzehneck, so erhält man den Abstand dieser beiden Pole (360° : 15 = 24°). Das Theorem IV 16, das die Konstruktion des Fünf-

---

[1] Siehe die Diskussion zwischen FOTHERINGHAM und WEBB im Journal of Hellenic Studies, Vol. 39, 41, 45 und 48.
[2] A. REHM, Parapegmastudien, Abh. Bayer. Akad. München (Neue Folge) 19 (1941) S. 135.
[3] Den Anspruch des PYTHAGORAS brauchen wir nicht ernst zu nehmen, denn zur Zeit des AETIOS schrieb man PYTHAGORAS sehr viel zu, mit dem er sich bestimmt nie befasst hat. Siehe etwa W. BURKERT, Weisheit und Wissenschaft (1962).

zehnecks enthält, ist nach einem Scholion zu Euklid den Pythagoreern zu verdanken
Ich nehme an, dass 24° der von OINOPIDES gefundene Wert des Neigungswinkels
ist.

Um −430 veröffentlichte EUKTEMON einen Fixsternkalender, in dem das Jahr
in künstliche Monate eingeteilt wurde, die dadurch definiert waren, dass z.B. im
Monat „Krebs" die Sonne genau das Tierkreiszeichen des Krebses durchläuft. Die
Anfangspunkte der Zeichen Widder, Krebs, Waage, Steinbock fallen im System
des EUKTEMON mit den Jahrespunkten (Äquinoktien und Solstitien) zusammen.
Das bedeutet, dass die Anfangspunkte der Zeichen nach EUKTEMON nicht mit
denen der babylonischen siderischen Ekliptik zusammenfallen; denn diese lagen
zu seiner Zeit 8 bis 9 Grad vor den Jahrespunkten. Wir erinnern daran, dass im
System B der babylonischen Mondrechnung die Jahrespunkte bei 8° Widder etc.
angenommen wurden.

EUKTEMONS Zeitgenosse METON hat, wie es scheint, die babylonische Normier-
ung der Anfangspunkte der Zeichen beibehalten. Er legte nämlich, wie COLUMEL-
LA uns mitteilt, die Jahrespunkte bei 8° fest. In Kap. IV haben wir diese Mitteilung
schon zur Datierung des Systems B benutzt.

Das Parapegma des Euktemon

Im Jahre −431 beobachteten METON und EUKTEMON in Athen das Sommersolstitium (PTOLEMAIOS, Syntaxis III 1). Von dieser Beobachtung ausgehend, verfasste EUKTEMON ein Parapegma, d.h. einen Fixsternkalender, in dem die jährlichen Auf- und Untergänge der wichtigsten Fixsterne vermerkt waren[1]. Die
Grundlage dieses Parapegmas war ein „Zodiakalschema", d.h. eine Einteilung
des Sonnenjahres in 12 künstliche „Monate", die dadurch definiert waren, dass
die Sonne einen „Monat" in jedem Tierkreiszeichen verweilt. Ich nenne diese
Monate künstlich, weil die Griechen sonst mit Mondmonaten rechneten.

Das Sonnenjahr des EUKTEMON begann mit dem Sommersolstitium. Die ersten
5 „Monate" hatten je 31 Tage, die letzten 7 je 30 Tage. Das Jahr hatte $365\frac{5}{19}$ Tage
(etwas zu viel).

Wie man sieht, durchläuft in diesem System die Sonne einen Teil der Ekliptik
mit einer konstanten Geschwindigkeit von 30° in 31 Tagen, den Rest mit einer
ebenfalls konstanten Geschwindigkeit von 30° in 30 Tagen. Die Ähnlichkeit
dieser Einteilung mit dem System A der babylonischen Mondrechnung haben
wir im Kap. IV bereits hervorgehoben.

Der eigentliche Fixsternkalender bestand bei EUKTEMON aus einer Datenliste
und einer Differenzenliste. Genau so bestand auch der Fixsternkalender des
Textes ^{mul}APIN (um −700) aus einer Datenliste in bezug auf einen schematischen
Kalender und einer Differenzenliste.

Dass EUKTEMON von der babylonischen Astronomie beeinflusst wurde, ist

---

[1] A. REHM, Griechische Kalender III. Sitzungsber. Heidelberger Akad. (hist.) 1913, 3. Abh.

sicher, denn er hat die Tierkreiszeichen benutzt. Vermutlich hat er auch den neunzehnjährigen Schaltzyklus von den Babyloniern übernommen.

Die Phainomena des Eudoxos

Um —360 veröffentlichte EUDOXOS seine berühmten „Phainomena", ein Werk über die Erscheinungen des Fixsternhimmels, das später von ARATOS in Verse umgesetzt wurde. Die Phainomena des ARATOS sind uns erhalten, ebenso eine Kritik des HIPPARCHOS an den Phainomena des EUDOXOS. Aus diesen beiden Quellen kann man den Inhalt der verlorenen Phainomena des EUDOXOS grössten-teils rekonstruieren.

Einen Hauptteil dieses Werkes bildeten Listen von Sternen, die aufgehen oder untergehen, während die Anfangspunkte der Tierkreiszeichen aufgehen. Die mit einem Tierkreiszeichen mitaufgehenden Sterne heissen in der späteren astrolo-gischen Literatur *Paranatellonta* (von ἀνατελλων = aufgehend). Gleichzeitig unter-gehende oder kulminierende Sterne heissen Paranatellonta im weiteren Sinne.

Die Paranatellonta dienen bei EUDOXOS und ARATOS dazu, die Zeit während der Nacht zu schätzen. In jeder Nacht gehen nämlich 5 Tierkreiszeichen nachein-ander auf (das sechste, in dem die Sonne steht, sieht man nicht mehr aufgehen), und an den gleichzeitig auf- und untergehenden Sternen kann man erkennen, wie weit die Nacht fortgeschritten ist.

Um diese Methode anwenden zu können, muss man jeweils wissen, in welchen Tierkreiszeichen sich die Sonne befindet. Die Tierkreiszeichen sind babylonischen Ursprungs; also beruht die Methode jedenfalls auf einem babylonischen Funda-ment. Aber auch die Idee, gleichzeitig aufgehende, untergehende und kulmi-nierende Sterne zu beobachten, ist babylonisch. Der Text ᵐᵘˡAPIN enthält nämlich Listen von Sternen, die kulminieren oder untergehen, während andere aufgehen.

Die Anfangspunkte der Tierkreiszeichen sind nicht am Himmel markiert, wohl aber am Globus. Aus diesen und anderen Gründen nimmt man allgemein an, dass die Paranatellonta des EUDOXOS nicht am Himmel, sondern am Globus beobachtet wurden. Auf dem Globus waren die wichtigsten Sterne und die Anfangspunkte der Tierkreiszeichen eingetragen, der Globus war um die Pole drehbar und am festen Horizontring konnte man die Auf- und Untergänge ablesen.

R. BÖKER[1] hat mit Hilfe eines Präzessionsglobus die Angaben von EUDOXOS und ARATOS nachgeprüft und gefunden, dass sie für die Zeit und den Beobach-tungsort des EUDOXOS (—360 und Athen oder Kyzikos) nicht gut stimmen, wohl aber für die Zeit um —1000 und für eine geographische Breite von 33°, sofern man den Nullpunkt der Ekliptikteilung so wählt, dass der Schnittpunkt von Ekliptik und Äquator bei 15° Aries liegt. Wie ist das zu erklären?

EUDOXOS wusste, dass die Erde eine Kugel ist und dass man je nach der geo-

---

[1] R. BÖKER, Die Entstehung der Sternsphäre Arats, Ber. sächs. Akad. Wiss. Leipzig 99 (1952).

graphischen Breite verschiedene Paranatellonta erhält. Wenn er seinen Globus auf die Breite von Babylon und Phönizien einstellte und nicht auf eine griechische Breite, so kann das daran liegen, dass er Paranatellonta babylonischer Herkunft mit verwenden wollte.

Die Einstellung auf −1000 bedeutet, dass die Pole, um die sich der Globus drehte, in bezug auf die Fixsterne falsch gelagert waren. Diese Schlussfolgerung können wir an Hand des ARATOStextes direkt bestätigen. ARATOS beschreibt nämlich die Lage des Äquators und sagt, dass er durch die Sterne α Librae, ζ Ophiuchi, ε und ζ Pegasi, α Hydrae und δ Corvi hindurchgeht. Das ist annähernd richtig für den Äquator des Jahres −1000, aber nicht für die Zeit nach −400.

Man kann sich die Sache erklären, indem man annimmt, dass am Globus des EUDOXOS zuerst die Fixsterne in den richtigen Entfernungen voneinander, so wie die Beobachtung sie ergab, eingezeichnet wurden. Diese Entfernungen ändern sich praktisch nicht mit der Zeit. Sodann hat man, wie ich annehme, die Ekliptik eingezeichnet und die Anfangspunkte der 12 Zeichen markiert. Der Endpunkt der Jungfrau lag auf der Ekliptik des EUDOXOS 2° oder 3° hinter Spika. Soweit war die Konstruktion einwandfrei und von der Präzession der Äquinoktien (die EUDOXOS nicht kannte) unabhängig.

Als nächster Kreis konnte dann der Äquator eingezeichnet werden. Er macht auf dem Globus des EUDOXOS einen Winkel von etwa 24° mit der Ekliptik und geht durch die Mitte der Zeichen Aries und Libra. Zur Kontrolle der Konstruktion kann man auch die von ARATOS erwähnten Äquatorialsterne benutzen. In die Pole des Äquators wurden schliesslich, wie ich annehme, die beiden Zapfen eingebohrt, um die sich der Globus drehen sollte.

Nimmt man das alles an, so war der einzige Fehler, den EUDOXOS oder einer seiner Vorgänger bei der Konstruktion des drehbaren Globus gemacht hat, die Annahme, dass der Äquator durch die Mitten der Zeichen Aries und Libra und genähert durch die oben erwähnten Sterne hindurchgeht. Diese Annahme trifft bei der von EUDOXOS benutzten Ekliptikteilung und für seine eigene Zeit nicht zu. Wo kommt sie her?

Erinnern wir uns daran, wie in Babylon die Zwölfteilung der Ekliptik zustande kam. Nach ᵐᵘˡAPIN wurde die Sonnenbahn durch die zwei Parallelkreise, die den „Weg des Anu" nach oben und nach unten begrenzen, in 4 gleiche Teile geteilt (Fig. 10). Die Sonne verweilt 3 Monate auf jedem der 4 Teilbogen. Der Äquator verläuft in der Mitte zwischen den zwei Parallelkreisen, er halbiert also die zwei Teilbogen im Wege des Anu. Um die Tierkreiszeichen zu erhalten, muss man jeden der 4 Teilbogen in 3 gleiche Teile teilen, die von der Sonne in je einem Monat durchlaufen werden. Tut man das, so halbiert der Äquator automatisch zwei von den zwölf Zeichen.

Also: Aus Beobachtungen aus der Zeit des EUDOXOS ist sein grober Fehler nicht zu erklären, wohl aber aus der babylonischen Tradition.

Es scheint, dass EUDOXOS seinen Fehler später eingesehen und das Äquinoktium nach 8° Aries verlegt hat (COLUMELLA, De re rustica XI, Cap. 14). Auch darin folgte er wahrscheinlich, wie METON, einer babylonischen Tradition.

Beobachtungen und Perioden

Als ALEXANDER das Perserreich erobert hatte, wurden die Beziehungen zwischen der griechischen und der babylonischen Kultur noch intensiver als vorher.

BEROSSOS, ein Priester des Bel, schrieb ein griechisches Buch „Babyloniaka" und gründete eine Astrologenschule auf der Insel Kos[1]. „Chaldäer "und „Magier" verbreiteten überall die babylonische Astrologie und, notwendig damit verbunden, astronomische Rechenmethoden.

KALLISTHENES, der ALEXANDER auf seinem Feldzug begleitete, schickte seinem Onkel ARISTOTELES auf dessen Wunsch Beobachtungen aus Babylon[2]. Da ALEXANDER Babylon im Jahre −330 eroberte und da KALLISTHENES −326 hingerichtet wurde, müssen die Beobachtungen zwischen −330 und −326 verschickt worden sein. Zu dieser Zeit war ARISTOTELES in Athen. Sein astronomischer Berater war der Athener KALLIPPOS, der im Jahre −329 das Sommersolstitium beobachtete. Aus einem zufällig erhaltenen Fragment des HIPPARCHOS[3] wissen wir, dass KALLIPPOS seine eigene Beobachtung mit älteren babylonischen Beobachtungen verglichen und so gefunden hat, dass das Jahr $365\frac{1}{4}$ Tage hat. Vielleicht waren die Beobachtungen, die KALLIPPOS benutzt hat, eben dieselben, die ARISTOTELES von KALLISTHENES erhalten hatte[4].

Im Bericht des PORPHYRIOS heisst es, dass diese Beobachtungen sich über 31 000 Jahre bis zur Zeit des ALEXANDER erstreckten. Diese 31 000 Jahre sind von derselben Grössenordnung wie die 36 000 Jahre, die in der Chronologie des BEROSSOS von der Sintflut bis KYROS vergangen sind. BEROSSOS zählt die babylonischen Könige seit der Flut und ihre Regierungsjahre auf. Es ist sehr gut möglich, dass die Babylonier für einzelne dieser Könige Horoskope aufgestellt oder dass sie Planetenkonjunktionen rückwärts berechnet haben. Solche berechneten Konjunktionen oder Horoskope könnten sehr gut zwischen die Beobachtungsberichte geraten sein, die KALLISTHENES an ARISTOTELES übermittelt hat. Wir haben ja heute noch die grösste Schwierigkeit, in den keilschriftlichen Berichten Rechenergebnisse von Beobachtungen zu unterscheiden. An wirkliche Beobachtungen über einen Zeitraum von 31 000 Jahren glaubt heute wohl niemand.

In den zwei Jahrhunderten von KALLIPPOS bis HIPPARCHOS haben die Griechen selbst Beobachtungen angestellt. Besonders genau waren die Beobachtungen von TIMOCHARIS und ARISTYLLOS (um −290) und von HIPPARCHOS (um −140).

---

[1] P. SCHNABEL: Berossos und die babylonisch-hellenistische Literatur (1923).
[2] PORPHYRIOS bei SIMPLIKIOS, Kommentar zu De Caelo S. 506.
[3] THEON von Alexandrien, Kommentar zum Almagest III 1 ed. ROME (Studi e Testi Bibl. Vat. 106) S. 839.
[4] J. K. FOTHERINGHAM, The indebtedness of Greek to Chaldaean Astronomy, Quellen u. Studien Gesch. Math. B2, S. 28.

Aber diese Beobachtungen genügten dem HIPPARCHOS nicht, denn er brauchte auch Beobachtungen aus einer weiter zurückliegenden Zeit, die er nur aus babylonischen Quellen schöpfen konnte. Dass er ausserdem babylonische Mondperioden übernommen hat, wurde im Kap. IV bei der Besprechung des Systems B der Mondrechnung schon gezeigt.

PTOLEMAIOS (um +140) hat die Beobachtungen seiner griechischen Vorgänger benützt und selbst beobachtet, aber er hat auch babylonische Finsternis- und Planetenbeobachtungen ganz wesentlich benützt. Die Finsternisbeobachtungen stammen aus der Zeit von −720 bis −380. Mindestens die drei letzten wurden nach der Aussage des PTOLEMAIOS durch HIPPARCHOS vermittelt [1].

Der hellenistische Astrologe RHETORIOS erwähnt in einem Exzerpt aus ANTIOCHOS (Catalogus codicum astrol. graec. I, S. 163) die folgenden Planetenperioden:

> Saturn 265 Jahre (9 siderische Umläufe)
> Jupiter 427 Jahre (36 siderische Umläufe)
> Mars 284 Jahre (151 siderische Umläufe)
> Venus 1151 Jahre (720 synodische Perioden)
> Merkur 480 Jahre (1513 synodische Perioden).

Genau dieselben Periodenverhältnisse liegen, wie wir im Kap. V gesehen haben, auch der babylonischen Planetenrechnung zugrunde.

Im folgenden werden wir sehen, dass die Griechen und Römer von den Babyloniern nicht nur Beobachtungen und Perioden, sondern auch Rechenmethoden übernommen haben.

Die Berechnung der Leuchtzeit des Mondes

Wie wir im Kap. II gesehen haben, berechnen die älteren babylonischen Texte den Anfang und Untergang des Mondes auf Grund der Annahme, dass die tägliche Verspätung des Mondunterganges in der ersten Monatshälfte (bis zum Vollmond) und die tägliche Verspätung des Mondaufganges in der zweiten Monatshälfte beide gleich $\frac{1}{15}$ der ganzen Nacht sind.

Nun findet man auch bei VETTIUS VALENS, bei PLINIUS und im Geoponica-Kalender elementare Regeln zur Berechnung der Leuchtzeit des Mondes. In meiner Abhandlung Babylonian Astronomy III (J. of Near Eastern Studies 10, p. 27) habe ich gezeigt, dass alle diese Regeln auf genau derselben Grundannahme über die tägliche Verspätung des Unterganges und Aufganges des Mondes in der Nacht beruhen.

Einzig der Autor der Geoponica gibt die Quelle an, der er diese Rechenregeln entnommen hat, nämlich „ZOROASTER". Zwei andere Fragmente des ZOROASTER, ebenfalls aus der Geoponica des CASSIANUS BASSUS, haben wir im vorigen Kapitel unter „Sirius und die Ernte" schon behandelt. Wir haben gesehen, dass diese Fragmente einer primitiven Stufe der Tierkreis-Astrologie angehören,

---

[1] VAN DER WAERDEN, Drei umstrittene Mondfinsternisse, Museum Helv. *15*, S. 106.

die wahrscheinlich in der Zeit der Chaldäerkönige (−625 bis−538) in Babylon entstanden ist. Vermutlich sind es Magier gewesen, die diese primitive Tierkreis-astrologie überliefert und ihrem Propheten ZARATHUSTRA zugeschrieben haben.

Aufgangszeiten der Tierkreiszeichen

Die Zeiten, die die zwölf Tierkreiszeichen bei der täglichen Drehung der Fixsternsphäre zu ihrem Aufgang brauchen, sind für die Horoskopie wichtig. Daher findet man Regeln zur Berechnung dieser Zeiten in den astrologischen Werken von MANILIUS, VETTIUS VALENS und FIRMICUS MATERNUS. Bei MANI-LIUS werden die Aufgangszeiten nur für das Klima (d.h. für die geographische Breite) von Babylon angegeben, aber FIRMICUS berücksichtigt sechs Klimata und VETTIUS sieben[1]. Für jedes Klima bilden die Anfangszeiten der ersten sechs Zeichen eine steigende, der letzten sechs eine fallende arithmetische Progression. Eine Zusammenstellung dieser Progressionen findet man bei O. NEUGEBAUER, Trans. Amer. Philos. Soc. *32*, p. 257−260.

Der griechische Astronom HYPSIKLES erklärt uns in seinem erhaltenen Werk Anaphorikos[2], wie diese arithmetischen Progressionen zu berechnen sind. Er behandelt zwar nur das Klima von Alexandrien, aber seine Methode kann man für jedes Klima verwenden, sobald die Dauer des längsten Tages für dieses Klima gegeben ist.

HYPSIKLES nimmt an, dass der Anfangspunkt des Zeichens (1) der Frühlings-punkt ist. Die Aufgangszeiten der Zeichen (1), (2), . . . seien t_1, t_2, ... Die Zeiten t_1, . . ., t_6 mögen eine steigende, die Zeiten t_7, . . ., t_{12} eine fallende arithmetische Progression bilden, und zwar sind die Terme der zweiten Progression dieselben wie die der ersten in umgekehrter Reihenfolge:

$$t_7 = t_6, \quad t_8 = t_5, \ldots, t_{12} = t_1.$$

Gegeben sei die Dauer des längsten Tages für das betreffende Klima. Wie findet man die Aufgangszeiten?

Die Lösung beruht auf folgendem Grundgedanken. Wenn die Sonne etwa am Anfang des Zeichens (2) steht, so geht der Anfangspunkt dieses Zeichens mit der Sonne auf. Im Laufe des Tages gehen nacheinander die Zeichen (2) (3) (4) (5) (6) (7) auf. Am Ende des Tages geht die Sonne unter, also geht dann der gegenüberliegen-de Punkt der Ekliptik auf. Das ist aber gerade der Endpunkt des Zeichens (7). Also ist die Dauer des Tages, wenn die Sonne am Anfang des Zeichens (2) steht,

$$C_2 = t_2 + t_3 + t_4 + t_5 + t_6 + t_7.$$

Analoge Gleichungen gelten für die Anfangspunkte aller Zeichen. Insbesondere hat man

[1] Über die Klimata siehe E. HONIGMANN: Die sieben Klimata, Heidelberg 1929.
[2] K. MANITIUS, Des Hypsikles Schrift Anaphorikos, Programm d. Gymnas. heil. Kreuz. Dresden 1888.

$$C_1 = t_1 + t_2 + t_3 + t_4 + t_5 + t_6$$
$$C_4 = t_4 + t_5 + t_6 + t_7 + t_8 + t_9$$

Nun ist $t_1 + t_2 + t_3 = 3t_2$, weil t_1, t_2, t_3 eine arithmetische Folge bilden. Analog für $t_4 + t_5 + t_6$, etc. Also kann man die Gleichungen vereinfachen zu

(1) $$C_1 = 3t_2 + 3t_5$$
(2) $$C_4 = 3t_5 + 3t_8 = 6t_5.$$

C_1 ist die Dauer eines Äquinoktialtages und C_4 die des längsten Tages. Diese beiden Werte sind bekannt, also kann man t_2 und t_5 ausrechnen. Die Differenz d der arithmetischen Reihe ist

(3) $$d = \tfrac{1}{3}(t_5 - t_2).$$

Damit ist die ganze Reihe bekannt.

Für das Klima von Babylon nehmen alle unsere Autoren das Verhältnis des längsten Tages zur kürzesten Nacht als 3:2 an, wie die Keilschrifttexte. Berechnet man nun für dieses Klima die Tagesdauer C_1, C_2, ..., C_{12}, so findet man genau die gleichen Werte wie im System A der Mondrechnung.

Das ganze Rechenschema ist typisch „linear"; es erfordert keinerlei Trigonometrie. Die babylonischen Horoskopsteller brauchten natürlich die Aufgangszeiten t_1, ..., t_{12} genau so notwendig wie ihre griechischen und römischen Kollegen. Sie hatten schon im 3. Jahrhundert vor Chr. die Systeme A und B, aber sie hatten noch keine Trigonometrie. Aus diesem Grunde möchte ich mit NEUGEBAUER annehmen, dass die babylonischen Astronomen die arithmetischen Progressionen t_1, ..., t_6 und t_7, ..., t_{12} zumindest für das Klima von Babylon gekannt und benutzt haben.

Modifiziert man die Hypothesen des HYPSIKLES ein wenig, indem man die Differenz zwischen den mittleren Termen der Progression (t_3 und t_4) doppelt so gross annimmt wie die übrigen Differenzen, so erhält man statt (3)

(4) $$d = \tfrac{1}{4}(t_5 - t_2).$$

Berechnet man dann wieder t_1, ..., t_6, so erhält man eine andere Reihe von Aufgangszeiten, die man für verschiedene Klimata im Michigan Papyrus III 149 und für das Klima des Hellespont bei KLEOMEDES, MARTIANUS CAPELLA und GERBERT (Papst SYLVESTER II) findet. Siehe NEUGEBAUER, loc. cit. p. 255—257.

Das zweite Klima gehört nach dem Mich. Pap. zu Syria. Berechnet man für dieses Klima wieder die Tagesdauer C_1, C_2, ..., C_{12}, so erhält man genau die Werte, die zum System B der babylonischen Mondrechnung gehören. Der Papyrus gibt an, dass der Frühlingspunkt bei 8° liegt; das passt ebenfalls zum System B. Wiederum bestätigt sich, dass die ganze lineare Theorie der Anfangszeiten babylonisch ist.

Ob die Babylonier bereits Aufgangszeiten für verschiedene Klimata berechnet haben, ist sehr fraglich. Bis auf weiteres müssen wir annehmen, dass diese Erweiterung der Theorie griechisch ist.

Die Berechnung der Mondgeschwindigkeit

GEMINOS beschreibt in seiner Isagoge, d.h. in seiner Einführung in die Astronomie (ed. Manitius, Kap. 18) eine Methode, nach der die Chaldäer die tägliche Bewegung des Mondes berechneten. Der Passus ist für unser Verständnis der babylonischen Astronomie wichtig, weil GEMINOS nicht nur das Rechenschema angibt, sondern auch den Gedankengang, der dazu führt.

Das Rechenschema ist durch folgende Konstanten charakterisiert:

Kleinste tägliche Bewegung　　11° 6′35″
Mittlere tägliche Bewegung　　13°10′35″
Grösste tägliche Bewegung　　15°14′35″
Tägliche Zu- oder Abnahme　　18′.

Die Keilschrifttexte 190—196 (NEUGEBAUER, ACT I, p. 179—183) aus Uruk und Babylon beruhen alle auf dem von GEMINOS wiedergegebenen Schema. Durch Addition der täglichen Bewegungen werden in diesen Texten die Positionen des Mondes von Tag zu Tag berechnet.

Wenn man in der spätantiken Literatur auf den Ausdruck „Chaldäer" stösst, weiss man häufig nicht, ob damit babylonische Astronomen oder Astrologen gemeint sind oder überhaupt Astrologen aus dem Orient. Wir erkennen jetzt, dass die Chaldäer des GEMINOS tatsächlich Astronomen aus der babylonischen Schule waren.

Der Gedankengang der Chaldäer war nach GEMINOS folgender. Als Ausgangsperiode nahmen sie den „Exeligmos", d.h. eine ungefähr 54-jährige Mondperiode zu 669 synodischen Monaten oder 19 756 Tagen[1]. In dieser Zeit durchläuft der Mond 723 mal den Tierkreis und noch 32 Grade, also insgesamt 260 312° in 19 756 Tagen. Durch Division dieser Zahlen fanden die Chaldäer, dass die mittlere Bewegung des Mondes 13°10′35″ beträgt, sagt GEMINOS. Sein Bericht ist glaubwürdig, denn in den Keilschrifttexten findet man sowohl die 54-jährige Mondperiode als auch die mittlere tägliche Bewegung von 13°10′35″.

Der Exeligmos enthält nach GEMINOS 717 anomalistische Perioden und 19 756 Tage. Dividiert man diese Zahl der Tage durch 717, so erhält man für eine anomalistische Periode 27;33,20 Tage, sagt GEMINOS[2]. Dividiert man das durch 4, so erhält man 6;53,20. In soviel Tagen gelangt also der Mond von der kleinsten Bewegung zur mittleren und von der mittleren zur grössten Bewegung.

Die kleinste tägliche Bewegung des Mondes liegt nach der Beobachtung zwischen 11 und 12 Grad und die grösste zwischen 15 und 16 Grad, sagt GEMINOS.

Nun wird angenommen, dass die tägliche Bewegung jeden Tag um den gleichen Betrag d zu- oder abnimmt, dass man es also mit arithmetischen Reihen zu tun hat.

---

[1] Die gleiche Periode erwähnt auch PTOLEMAIOS im Almagest IV 2. Nach ihm wurde die 54-jährige Periode durch Verdreifachung der 18-jährigen Mondperiode gebildet, um eine ganze Zahl von Tagen zu erhalten. In einem Keilschrifttext aus Uruk (THUREAU-DANGIN, Tablettes d'Uruk No 14) werden die 18-jährige und die 54-jährige Periode beide erwähnt.

[2] In Wirklichkeit ist das Ergebnis der Division 27; 33,13. Auf diesen Fehler bei GEMINOS hat O. NEUGEBAUER hingewiesen.

Die Differenz d ist so zu bestimmen, dass 6;53,20 mal d, zur mittleren Bewegung 13;10,35 addiert, etwas zwischen 15 und 16 ergibt, und von 13;10,35 subtrahiert etwas zwischen 11 und 12. Diesen Bedingungen genügt d = 0;18. Multipliziert man das nämlich mit 6;53,20, so erhält man 2; 4. Die grösste Bewegung wird dann

$$13°10'35'+2° 4' = 15°14'35''$$

und die kleinste

$$13°10'35'-2° 4' = 11°6'35''.$$

Soweit GEMINOS, leicht gekürzt. Seine Ausführungen werfen ein gutes Licht auf die Gedankengänge der „Chaldäer''.

Die Bewegung der Planeten

Die babylonischen Zieljahrtexte benutzen, wie wir wissen, die folgenden genäherten Perioden der Planeten:

Saturn 59 Jahre
Jupiter 71 und 83 Jahre
Mars 47 und 79 Jahre
Venus 8 Jahre
Merkur 46 Jahre.

Genau dieselben Perioden benutzte auch HIPPARCHOS, wie uns PTOLEMAIOS im Almagest IX 3 mitteilt.

Die jeweils zuletzt genannten Perioden (also die von 59, 83, 79, 8 und 46 Jahren) finden wir auch in der astrologischen Literatur, nämlich in einem Fragment, das HELIODOROS (um 500 nach Chr.) zugeschrieben wird[1]. In dem gleichen Fragment findet man auch Angaben über die Planetenbewegung von folgender Art:

Jupiter. Während 9 Monaten rechtläufige Bewegung, insgesamt 43°. Während 4 Monaten rückläufig, insgesamt 9½°. Grösste Geschwindigkeit zwischen Konjunktion und erstem Kehrpunkt 4' pro Tag.

Wie NEUGEBAUER gezeigt hat, zeigen diese Angaben mehrere Berührungspunkte mit den Keilschrifttexten.

INDISCHE QUELLEN

Unsere Kenntnis der Frühgeschichte der indischen Astronomie verdanken wir vor allem zwei Werken aus dem 6. Jahrhundert nach Christus, nämlich dem Âryabhatiya des ÂRYABHATA und dem Pañchasiddhântikâ des VARÂHA MIHIRA.

---

[1] O. NEUGEBAUER, On a Fragment of Heliodorus (?) on Planetary Motion, Sudhoffs Archiv *42*, S. 237.

Die Astronomie, die wir im Âryabhatiya finden, ist von derselben Art wie die griechische: sie geht von einem Epizykelmodell aus und benutzt trigonometrische Tafeln. Geschichtliche Angaben finden wir darin fast keine. Historisch viel ausgiebiger ist das Werk des VARÂHA MIHIRA.

Der Pañchasiddhântikâ

Der Text dieses Werkes, den THIBAUT und DVIVEDI [1] mit Kommentar und englischer Übersetzung ediert haben, ist leider stark verdorben und an manchen Stellen unverständlich. Die Datierung auf das 6. Jahrhundert ist von zwei Seiten her gesichert:

1. Im Werk selbst wird die Epoche 505 erwähnt.

2. Nach der indischen Überlieferung ist VARÂHA MIHIRA im Jahre 587 gestorben.

Pañcha bedeutet Fünf und Siddhânta bedeutet Handbuch der Astronomie. Der Pañchasiddhântikâ enthält ausführliche Auszüge aus fünf Siddhântas, die jetzt verloren sind, aber zur Zeit des VARÂHA MIHIRA noch existierten. Drei davon, nämlich

> Sûrya-Siddhânta
> Romaka-Siddhânta
> Pauliśa-Siddhânta

benutzen trigonometrische Methoden. Die zwei übrigen:

> Paitâmaha-Siddhânta
> Vâsishṭha-Siddhânta

sind viel primitiver. Sie sind es, die uns hier vor allem interessieren.

VARÂHA MIHIRA teilt uns mit, dass die erstgenannten drei Siddhântas viel genauer sind als die letzten zwei. Ein ähnliches Nebeneinander von genaueren trigonometrischen und weniger genauen elementaren Methoden finden wir beim griechischen Astrologen VETTIUS VALENS im 2.Jahrhundert nach Chr. Dieser teilt uns in seiner Anthologie (ed. Kroll, p. 353) mit, dass er Tafeln von KIDENAS, SUDINES und APOLLONIOS benutzt hat. Die ersten beiden sind babylonische Astronomen; KIDENAS = KIDINNU ist, wie wir gesehen haben, sehr wahrscheinlich der Erfinder des Systems B der Mondrechnung. Dieses System ist elementar, APOLLONIOS dagegen verwendete Epizykel, Exzenter und Trigonometrie [2]. In der Zeit nach VETTIUS und PTOLEMAIOS setzte sich die Epizykel-Astronomie immer mehr durch.

Ähnlich war der Verlauf in Indien. Bei VARÂHA MIHIRA findet man sowohl elementare als auch trigonometrische Methoden, aber ÂRYABHATA, BRAHMAGUPTA

---

[1] THIBAUT and DVIVEDI, The Pañchasiddhântika of Varâha Mihira, Lahore 1930.
[2] O. NEUGEBAUER, Scripta Math. 24 (1959) S. 5 VAN DER WAERDEN, Archive f. Hist. of Exact Sciences 1 (1961) S. 107.

und die späteren Astronomen rechnen durchweg trigonometrisch auf Grund der Epizykelhypothese.

Die elementaren Rechenmethoden des Paitâmaha- und Vasishta-Siddhânta haben, rein oberflächlich betrachtet, eine grosse Ähnlichkeit mit babylonischen Methoden. In der Tat wird eine genauere Analyse eine ganze Reihe von Berührungspunkten mit der babylonischen Astronomie aufweisen.

Paitâmaha-Siddhânta

Paitâmaha oder Pitâmaha (= Grosser Vater, Grossvater) ist einer der häufigsten Namen des Brahma. Paitâmaha-Siddhânta bedeutet also „astronomische Lehre des Brahma". Es hat mehrere Werke unter dem Titel Brahma- oder Paitâmaha-Siddhânta gegeben; einige davon sind sogar erhalten[1]. Wir haben es hier nur mit dem Paitâmaha-Siddhânta zu tun, aus dem VAHÂRA MIHIRA in Kap. 12 des Pañchasiddhântikâ einen Auszug gibt.

Dieser Paitâmaha-Siddhânta ist zwischen 80 und 500 nach Chr. zu datieren. Einerseits ist er nämlich der primitivste unter den fünf Siddhântas des VARÂHA MIHIRA; er wird also schon einige Zeit vor VARÂHA MIHIRA existiert haben. Andereseits wird im Siddhânta selbst die Saka-Ära verwendet, deren erstes Jahr im Jahr 79 nach Chr. beginnt.

Wie THIBAUT in der Einleitung zum Pañchasiddhântikâ bemerkt, gehört der Paitâmaha-Siddhânta einer frühen, von der griechischen Astronomie noch nicht beeinflussten Stufe der indischen Sternkunde an. Der babylonische Einfluss zeigt sich am deutlichsten im letzten Vers des Kap. 12, in dem gelehrt wird, wie man die Dauer des Tages berechnet. Die Regel lautet so:

Wenn die Sonne nach Norden wandert (also in der Zeit von der Wintersonnenwende zur Sommersonnenwende) nehme man die Anzahl der Tage, die seit der Winterwende verflossen sind. Nach der Sommerwende nehme man die Anzahl der Tage bis zur nächsten Winterwende. Zu dieser Anzahl (die in der folgenden Formel durch x bezeichnet wird) addiere man 732, multipliziere mit 2, dividiere durch 61 und subtrahiere 12. Das Ergebnis ist die Dauer des Tages im muhûrtas. Ein muhûrta ist $\frac{1}{30}$ des Volltages. Die Formel lautet also:

$$t = \tfrac{2}{61}(732+x)-12 = \tfrac{2}{61}x+12.$$

Dabei läuft x von 0 bis 183 und wieder zurück. Die Dauer des Tages ist also eine lineare Zackenfunktion mit dem Minimum 12 und dem Maximum 18. Das Verhältnis des längsten zum kürzesten Tag ist 3 : 2, wie in der babylonischen Mondrechnung.

Mondort und Tagesdauer nach Vâsishṭha

Kapitel 2 des Pañchasiddhântikâ enthält nur 13 Stanzas. Die ersten 6 Stanzas lehren uns, wie man den Sonnenort und den Mondort berechnet. Stanza 8 betrifft

[1] Siehe die Einleitung zum Pañchasiddhântikâ des VARÂHA MIHIRA, S. XXI.

die Dauer des Tages und der Nacht. Stanzas 9—13 lehren die Berechnung der Schattenlänge des Gnomon. Am Ende des Kapitels heisst es: „Dies ist die Berechnung des Schattens nach dem Vâsishṭha Siddhânta". Mit THIBAUT und KUPPANA SASTRI nehme ich an, dass das ganze Kapitel aus dem Vâsishṭha Siddhânta stammt.

Für uns am interessantesten sind die Stanzas 2—6, in denen die Berechnung des Mondortes gelehrt wird. Es ist THIBAUT und DVIVEDI nicht gelungen, diese Stanzas zu erklären, aber SASTRI [1] hat sie überzeugend gedeutet. Im folgenden soll seine Deutung wiedergegeben werden. Zunächst aber einige Bemerkungen über den allgemeinen Charakter des Kapitels 2 des Pañchasiddhântikâ.

Im ganzen Kapitel wird keine Trigonometrie benutzt, sondern nur Additionen, Subtraktionen, Multiplikationen und Divisionen mit Rest. Die Dauer des Tages (Stanza 8) ist eine lineare Zackenfunktion mit Minimum 12 und Maximum 18 muhûrtas, wie im Paitâmaha Siddhânta und in der babylonischen Mondrechnung. In Stanza 2 wird eine Mondperiode von 248 Tagen benutzt, wie in den Keilschrifttexten bei der Berechnung der täglichen Bewegung des Mondes. In Stanza 5 werden Tierkreiszeichen, Grade und Minuten verwendet. Die tägliche Bewegung des Mondes wird, wie wir sehen werden, als lineare Zackenfunktion angenommen, wie in den Keilschrifttexten. All das deutet darauf hin, dass wir in diesem Kapitel eine Weiterentwicklung der babylonischen Astronomie vor uns haben.

Nun zur Berechnung des Mondortes!

Unter *Ahargaṇa* verstehen die indischen Astronomen die Anzahl der abgelaufenen Tage, von einer festen Epoche an gerechnet. Das Wort kommt im Text nicht vor, aber der Begriff wird in Stanza 2 vorausgesetzt. Es wird vorgeschrieben, zu dieser Zahl von Tagen 1936 zu addieren und durch 3031 zu dividieren (mit Rest). Der ganzzahlige Quotient ist die Zahl der *ghanas*. Ein *ghana* ist also eine Mondperiode zu 3031 Tagen. Diese Periode ist auch aus griechischen Texten der römischen Kaiserzeit bekannt: sie umfasst 110 anomalistische Perioden des Mondes [2].

Der Rest der Division ist die Anzahl der Tage, die vom laufenden *ghana* abgelaufen sind. Diese Anzahl wird nun mit 9 multipliziert und durch 248 dividiert. Der Quotient ist die Anzahl der *gatis* und der Rest ist die Zahl der *padas*, sagt der Text. Wir nennen die Zahl der *ghanas* x, die Zahl der *gatis* y und die Zahl der *padas* z.

Nach den Keilschrifttexten (und nach den eben erwähnten griechischen Texten) sind 248 Tage nahezu gleich 9 anomalistische Perioden des Mondes. Die Multiplikation mit 9 und die Division durch 248 bedeuten also, dass von der Anzahl der Tage möglichst viele anomalistische Perioden zu $\frac{248}{9}$ Tagen subtrahiert werden. Was übrig bleibt, ist eine ganze Anzahl Neunteltage oder *padas*. Diese Anzahl

---

[1] T. S. KUPPANA SASTRI: The Vâsishṭa sun and moon. J. of Oriental Research 25 (1957) p. 19.
[2] VAN DER WAERDEN, The Astronomical Papyrus Ryland 27, Centaurus 5 (1958), S. 177.

haben wir eben mit z bezeichnet. Der *Ahargaṇa* plus 1936 Tage erscheint also als Summe:

(1) $$A + 1936 = 3031x + \frac{248}{9}y + \frac{1}{9}z.$$

Die Länge des Mondes wird jetzt als Summe von 5 Posten

$$a + b + c + d + e$$

berechnet. Das Anfangsglied $a = 37°29'$ ist die mittlere Länge zu einer festen Zeit, 1936 Tage vor der Epoche des *Ahargaṇa*. Der zweite Posten b ist die mittlere Bewegung des Mondes in x *ghanas*, der dritte Posten c die mittlere Bewegung in y *gatis*. Die Berechnung von b und c geht von der Annahme aus, dass der Mond in einem *ghana*

$$111 \text{ Umläufe} - \tfrac{3}{4}\text{Tierkreiszeichen} + 2'$$

zurücklegt und in einem *gati*

$$1 \text{ Umlauf} + 184' + \frac{9'}{10}.$$

Nun ist noch die Bewegung des Mondes in z Neunteltagen oder *padas* zu addieren. Die mittlere Bewegung per *pada* wird als

$$1° + \frac{1754'}{63}$$

angenommen. Diese Bewegung ist mit z zu multiplizieren. Zunächst wird $1°$ mit z multipliziert; das gibt den Term

(1) $$d = z \cdot 1°$$

Die restliche mittlere Bewegung

(2) $$1754' \cdot \frac{z}{63}$$

wird mit der Korrektur von der mittleren zur wahren Bewegung kombiniert. Diese Korrektur ist in der ersten Hälfte der Periode von 248 Neunteltagen, also für die ersten 124 *padas* negativ und für die letzten 124 *padas* positiv, und zwar ist die negative Korrektur für $z \leqq 124$ nach SASTRI

(3) $$(5z - 665)\frac{z}{63}.$$

Minuten. Für $z > 124$ setze man $z^* = z - 124$. Die positive Korrektur ist dann

(4) $$(665 - 5z^*)\frac{z^*}{63}$$

Minuten. Addiert man zu (2) die negative Korrektur (3) für $z \leqq 124$, so erhält man als Summe

(5)
$$e = \{1094'+5'(z-1)\} \cdot \frac{z}{63}.$$

Genau nach dieser Formel rechnet der Text. Für $z = 124$ erhält man aus (5), auf ganze Minuten abgerundet,

$$e = 3364' = 56°4'.$$

Addiert man dazu $d = 124°$, so erhält man $180°\ 4'$ für die Bewegung in den ersten 124 *padas*, d.h. in der ersten Hälfte eines *gati*. Diese $180°\ 4'$ werden auch im Text erwähnt.

Ist $z > 124$, so hat man zu diesen $180°\ 4'$ noch die Bewegung in den restlichen $z^* = z-124$ Tagen zu addieren. Die mittlere Bewegung ist

(6)
$$z^* \cdot 1°+1754' \cdot \frac{z^*}{63}.$$

Addiert man dazu die positive Korrektur (4), so erhält man eine Summe, die man als $d + e$ schreiben kann, mit

(7)
$$d = 180°4'+z^* \cdot 1°$$

(8)
$$e = \{2414'-5'(z^*-1)\} \cdot \frac{z^*}{63}.$$

Die Rechenvorschrift des Textes (Stanzas 5—6) entspricht genau diesen Formeln.
Subtrahiert man von der nach diesen Formeln berechneten Länge des Mondes zur Zeit A die Länge zur Zeit A—1, so erhält man die tägliche Bewegung des Mondes in Minuten:

(9)
$$v = 702+10 \cdot \frac{z-9}{7} \quad \text{für } 9 \leqq z \leqq 124$$

(10)
$$v = 879-10\frac{z^*-9}{7} \quad \text{für } 9 \leqq z^* \leqq 124.$$

Stanza 4 des Kapitels 3 gibt eine Vorschrift zur Berechnung der täglichen Bewegung des Mondes, die genau den Formeln (9), (10) entspricht. Dehnt man den Geltungsbereich der Formel (9) bis $z = 133$ und den der Formel (10) bis $z^* = 133$ aus, so definieren die beiden Formeln zusammen eine lineare Zackenfunktion mit Minimum 702' und Maximum 879'. Durch Summation dieser linearen Zackenfunktion erhält man wieder die Summe $d + e$ nach (1) + (5) oder (7) + (8). Mit Sastri möchte ich annehmen, dass die lineare Zackenfunktion ursprünglich den Ausgangspunkt der Rechnung bildete und dass die Formeln für $d + e$ daraus durch Summation gebildet wurden.

Die Babylonier nahmen ebenfalls für die tägliche Bewegung des Mondes eine lineare Zackenfunktion an und berechneten den Mondort von Tag zu Tag durch Summation dieser linearen Zackenfunktion. Allerdings wurden für das Maximum, das Minimum und die tägliche Differenz ganz andere Werte angenommen als im *Vâsishtha Siddhanta*. Immerhin stimmt die mittlere tägliche Bewegung nach *Vâsishtha*, nämlich

$$\mu = 13°10'30''$$

so gut mit dem babylonischen Wert 13°10'35'' überein, als es bei der Abrundung auf ganze Minuten überhaupt möglich ist. Auch die dem ganzen Rechenschema zugrunde liegende Periode von $\frac{248}{9}$ Tagen ist babylonisch.

Der Lauf der Planeten nach Vâsishtha

Kapitel 18 des Pañchasiddhântikâ besteht aus zwei Teilen, die einen ganz verschiedenen Charakter haben. Der letzte Teil (Stanzas 61—81) ist eine selbständige Abhandlung, in der die Örter der Planeten vom Sonnenort aus berechnet werden. Dieser Teil ist hochinteressant, aber er hat, wie es scheint, mit der babylonischen Astronomie nichts zu tun. Wir beschränken uns daher hier auf die Stanzas 1—53, die den Hauptteil des Kapitels bilden.

Die Manuskripte bringen zu Stanza 5 eine Notiz: „Vâsishtha-Siddhânta''. Da die Stanzas 1—53 nach einem einheitlichen Schema aufgebaut sind, stammen sie wahrscheinlich alle aus derselben Quelle. In dem ganzen Abschnitt werden nur elementare Methoden verwendet, wie im Kapitel 2. Die Stanzas 1—53 behandeln der Reihe nach die 5 Planeten:

> 1— 5 Venus
> 6—13 Jupiter
> 14—20 Saturn
> 21—35 Mars
> 36—53 Merkur.

Jeder dieser fünf Abschnitte beginnt mit einer Regel zur Berechnung der heliakischen Aufgänge. Für Jupiter lautet die Regel so:

> Vom *Ahargana* subtrahiere vierunddreissig Tage und ebensoviele nâdikâs und dividiere durch 399; der Quotient ist die (Anzahl der) Aufgänge des Jupiter. Schreibe die (übrig bleibenden) Tage gesondert auf und addiere dazu den neunten Teil der Anzahl der Aufgänge. Multipliziere die Zahl der Aufgänge mit 36 und dividiere durch 391; der Rest plus 18 heisst *pada*.

Die erste Division beruht nach THIBAUT auf der Annahme, dass eine synodische Periode des Jupiter 399—$\frac{1}{9}$ Tage enthält. Die zweite Division beruht auf der Periodenrelation

$$36 \text{ Umläufe} = 391 \text{ synod. Perioden.}$$

Die entsprechende Relation für Saturn heisst

$$9 \text{ Umläufe} = 256 \text{ synod. Perioden.}$$

Beide Periodenrelationen sind aus den Keilschrifttexten bekannt. Auch für Venus wird im Kap. 18 die gleiche Periodenrelation angenommen wie in den

Keilschrifttexten, denn in Stanza 1 heisst es, dass Venus in jeder synodischen Periode 7 Tierkreiszeichen und 5½ Grad zurücklegt [1].

Die Periodenverhältnisse für Mars und Merkur sind viel schlechter als die der Keilschrifttexte. Wo sie herstammen, wissen wir nicht.

Anschliessend beschreibt der Text für jeden Planeten die Bewegung während einer synodischen Periode. Am einfachsten ist die Beschreibung der Venusbewegung vom Abenderst an. Sie fängt so an:

> In drei Perioden von je sechzig Tagen legt Venus siebzig Grade zurück, vermehrt mit vier, drei bezw. zwei, darauf in fünfundachtzig Tagen siebenundsiebzig Grade, dann in drei Tagen einen und einen Viertel Grad. Darauf wird Venus rückläufig und . . .

Wie man sieht, wird hier eine stückweise konstante Geschwindigkeit angenommen, wie immer in den Keilschrifttexten des Systems A. Die Geschwindigkeit beträgt von Ml bis Ae 75° in 60 Tagen, dann wird sie 74° in 60^d, dann 73° in 60^d, dann 72° in 60^d. Bis hierher ist die stückweise lineare Bewegung eine gute Annäherung an die Wirklichkeit. Die dann folgende Bewegung von 77° in 85 Tagen ist völlig falsch.

Das Geschwindigkeitsschema für Jupiter ist ähnlich dem Schema der Keilschrifttexte, aber die Zahlenwerte sind verschieden.

Sehr bemerkenswert ist die Beschreibung der Marsbewegung in Stanza 29—35. Die Ekliptik wird in sechs Teile geteilt, die aus je zwei Tierkreiszeichen bestehen, nämlich in die Teile

$$(2)+(3), \quad (4)+(5), \quad (6)+(7), \quad (8)+(9), \quad (10)+(11), \quad (12)+(1),$$

genau wie in den Keilschrifttexten des Systems A für Mars. Aber die Ähnlichkeit geht noch weiter!

Die Keilschrifttexte berechnen die rückläufige Bewegung des Mars im System A nach vier Methoden. Methode R beruht auf der Annahme, dass in den sechs Abschnitten des Tierkreises der rückläufige Bogen von Mk bis Op die folgenden Werte hat:

$$6;48 \quad 7;12 \quad 6;48 \quad 6;24 \quad 6 \quad 6;24$$

Methode S nimmt in den Tierkreiszeichen

$$(2) \quad (4) \quad (6) \quad (8) \quad (10) \quad (12)$$

die gleichen Werte an wie Methode R. Für Methode S kennen wir auch die totalen Rückläufigkeitsstrecken von Mk bis Ak. Man erhält sie, indem man die vorhin angegebenen Strecken mit 2½ multipliziert:

$$17° \quad 18° \quad 17° \quad 16° \quad 15° \quad 16°$$

Genau dieselben Werte für die gesamte Rückläufigkeitsstrecke in den sechs

---

[1] Berichtigter Text nach O. Schmidt; siehe O. Neugebauer, Proc. Amer. Philos. Soc. 98 (1954) S. 79, Fussnote 49.

Abschnitten des Tierkreises erhält man auch aus Varâha Mihira, wie Neugebauer bemerkt hat. Die Marsrechnung des Vâsishtha-Siddhânta stammt also ganz
sicher aus der babylonischen Astronomie.

In einem astrologischen Gedicht, das Sphujidhvaja im Jahre 270 gedichtet hat,
wird „der weise Vasishtha" erwähnt[1]. Wenn dieser der Autor des Vâsishtha-
Siddhânta war, so folgt, dass dieser Siddhânta im 3. Jahrhundert nach Chr. schon
vorhanden war.

Der Weg und die Zeit der Übermittlung

Das zuletzt erwähnte astrologische Gedicht von Sphujidhvaja trägt den Titel
Yavanajâtaka. Das Wort Yavana ist mit Ionier verwandt und bedeutet allgemein
Grieche. Das Gedicht geht nach Pingree auf eine griechische astrologische Schrift
zurück, die in der ersten Hälfte des 2. Jahrhunderts nach Chr. in Alexandrien
geschrieben und um 150 von Yavaneśvara ins Sanskrit übersetzt wurde. Ein
anderer griechischer astrologischer Text wurde ebenfalls im 2. Jahrhundert
übersetzt. Es scheint, dass die spätere indische Horoskopie grösstenteils auf diesen
beiden Sanskritübersetzungen beruht.

Der letzte Teil des Gedichtes von Sphujidhvaja enthält eine Planetentheorie,
die nach Pingree im System und in den numerischen Konstanten genau mit den
Keilschrifttexten der Seleukidenzeit übereinstimmt. Die Überlieferung ist also
in diesem Fall den folgenden Weg gegangen:

> Babylon (Seleukidenzeit)
> ↓
> Alexandrien (um 100 nach Chr.)
> ↓
> Indien (Yavaneśvara um 150, Sphujidhvaja um 270).

In einem anderen Fall hat O. Neugebauer mit ziemlicher Sicherheit den Weg
der Übermittlung feststellen können[2]. Es gibt nämlich eine schematische Berechnung der Aufgangszeiten der Tierkreiszeichen, die zum System A der babylonischen Mondrechnung gehört. Die Anthologia des Vettius Valens (152—188)
enthält nämlich, wie wir schon sahen, eine schematische Berechnung der Aufgangszeiten der Tierkreiszeichen, die zum System A der babylonischen Mondrechnung
gehört. Die gleiche Zahlenreihe wie bei Vettius findet sich auch, Zahl für Zahl
in der astrologischen Schrift *Brhat Jataka* von Varâha Mihira. Auch in diesem Fall
wurden die babylonischen Methoden zuerst von den hellenistischen Astrologen
übernommen und dann nach Indien übermittelt.

Bei dieser Übermittlung hat Persien möglicherweise als Zwischenstufe eine
Rolle gespielt. Jedenfalls wurde die Anthologia das Vettius Valens in die mittelpersische Pahlavi-Sprache übersetzt, wie Al-Biruni uns mitteilt[3].

---

[1] D. Pingree: Astronomy and Astrology in India and Iran, Isis *54*, S. 235—236.
[2] O. Neugebauer, Archives Internat. d'Histoire des Sciences *8*, No. 31 (1955) p. 166.
[3] O. Nallino, Raccolta di Scritti VI, p. 291—296.

Von den Fixsternen und insbesondere von den 36 Dekanen und den mit ihnen
aufgehenden Sternbildern handelte ein Werk von Teukros (Anfang unserer Zeitrechnung), das verloren ist, aber aus dem wir umfangreiche Auszüge in griechischen
indischen und persischen Quellen haben [1]. Porphyrios nennt Teukros einen
Babylonier. Gundel deutete das so, dass Teukros aus dem ägyptischen Babylon
in der Nähe von Kairo stammte, aber nach Tarn und Neugebauer [2] ist es wahrscheinlicher, dass das Wort „Babylonier" bei Porphyrios die damals und heute
noch übliche Bedeutung hat. Wie dem auch sei, die Lehre von den Dekanen und
ihren Paranatellonta war jedenfalls ein Teil der späthellenistischen Astrologie.
Diese Lehre nun hat Warburg im Brhat Jataka des Varâha Mihira und in der
„Grossen Einführung" des islamischen Astrologen Abu Mashar oder Apomasar
wiedergefunden.

Abu Mashar unterscheidet persische, indische und griechische „Sphären",
d.h. Arten die Sternbilder zu bezeichnen. Nach Boll und Nallino war die persische
Quelle des Abu Mashar eine Pahlavi-Übersetzung des Teukros aus dem Jahre 542.

In Persien wurden nach Taqizadeh (Bull. of the School of Oriental Studies 9,
p. 133) im 3. Jahrhundert nach Chr. die Astronomie und Astrologie sehr aktiv
betrieben. Man hat ein Werk des griechischen Astrologen Dorotheos von Sidon
übersetzt [3], und unter Shapur I (um 250) sogar den Almagest des Ptolemaios [4].

Varâha Mihira gehörte nach D.K. Biswas und D. Pingree einer Klasse von
Priestern an, die sich *Maga Brâhmanas* nannten, und die von den iranischen *Pahla-
vas* abstammten [5]. Es ist möglich, dass Varâha Mihira die Werke von Vettius
Valens und Teukros aus Pahlavi-Übersetzungen kannte.

Riesenperioden

Das System der Riesenperioden oder Yugas, das wir bei den indischen Astronomen (z.B. bei Brahmagupta und im Sûrya-Siddhânta) voll ausgebaut vorfinden, ist relativ alt. Es wird ausführlich erklärt im zwölften Buch des *Mahâbhârata* und etwas kürzer, aber in allen Hauptsachen übereinstimmend, im ersten
Buch der Gesetze des Manu. Nach G. Bühler [6] gehen beide Erklärungen auf
eine gemeinsame Quelle zurück. Da nun die Gesetze des Manu in der uns vorliegenden Form nach der gut begründeten Meinung von Bühler im 2. Jahrhundert
nach Chr. schon existierten, so folgt, dass die gemeinsame Quelle vor dieser Zeit
zu datieren ist [7].

Manu und Mahâbhârata setzen ein „Jahr der Götter" gleich 360 gewöhnlichen

---

[1] Siehe F. Boll: Sphaera (1903); A. Warburg, Gesammelte Schriften II, S. 461 und 631; W. Gundel: Dekane
und Dekansternbilder (1936).
[2] O. Neugebauer, Archives int. Hist. Sc. *8*, No 31, p. 168, Fussnote 7.
[3] O. Neugebauer, loc. cit. p. 172.
[4] R. C. Zaehner: Zurvan, A Zoroastrian Dilemma, Oxford 1955, p. 139.
[5] D. Pingree, Isis *54*, p. 240.
[6] The Laws of Manu, Sacred Books of the East XXV (1886), S. lxxxii-xc.
[7] Dasselbe meint auch Pingree, Isis *54*, S. 238.

Jahren. Zwölftausend „Jahre der Götter", also 4 320 000 gewöhnliche Jahre, nennen sie ein *Yuga* der Götter. Bei den späteren Astronomen heisst diese Periode *Mahâyuga*, d.h. Grosses Yuga oder Grosses Jahr.

Dieses grosse Yuga wird bereits in den älteren Quellen in vier kleinere Yugas eingeteilt, deren Dauer sich wie 4:3:2:1 verhalten. Die letzte Teilperiode, das *Kaliyuga*, in dem wir jetzt leben, enthält also 432 000 Jahre. In den vier Teilperioden werden die Zustände immer schlechter, wie in dem Goldenen, Silbernen, Ehernen und Eisenen Zeitalter des HESIODOS.

Tausend Yugas der Götter bilden nach Mahâbhârata und MANU einen „Tag des Brahman". Bei den Astronomen sind tausend Mahayugas ein *Kalpa*. Ein Kalpa oder Tag des Brahman hat also 4 320 Millionen Jahre. Ebenso lange dauert die Nacht des Brahman. Am Anfang eines Tages erschafft er die Welt jedesmal neu. Alle Kreaturen verhalten sich in jeder neuen Schöpfung genau so wie in jeder früheren Schöpfung.

Wir treffen also in Indien am Anfang der christlichen Ära die gleichen Anschauungen über das „Grosse Jahr" und die ewige Wiederkehr aller Geschehnisse an, die wir bei den Orphikern, den Pythagoreern und den Stoikern vorfanden. Allerdings stimmen die Zahlen, die die Dauer der indischen Yugas ausdrücken, nicht mit den in griechischen Quellen genannten Zahlen überein.

Gerade diese Zahlen aber verraten uns, wo das Yuga-System letzten Endes her kommt. Sie sind nämlich alle durch 60^3 teilbar. Das Mahâyuga enthält 20 mal 60^3 und die vier kleineren Yugas der Reihe nach

$$8.60^3, \quad 6.60^3, \quad 4.60^3, \quad 2.60^3$$

Jahre. Die Zahlen werden also sehr einfach, wenn sie im babylonischen Sexagesimalsystem ausgedrückt werden. Das indische Zahlsystem war von jeher rein dezimal. Man kann daraus schliessen, dass das Mahâyuga und vermutlich auch die vier kleineren Yugas aus Babylon stammen.

Eine weitere Bestätigung kommt dazu. Nach dem Bericht des BEROSSOS[1] ergeben die Regierungsjahre der babylonischen Könige vor der Flut zusammen 120 Saroi. Dabei umfasst ein Saros (babylonisch SAR) 60^2 = 3 600 Jahre. Die 120 Saroi des BEROSSOS dauern also 432 000 Jahre, das ist genau so lang wie das Kaliyuga nach der indischen Überlieferung. Das Kaliyuga bildet eine Teilperiode des Mahâyuga und ebenso bilden die 120 Saroi der Könige vor der Flut offenbar eine Teilperiode des „grossen Jahres" des BEROSSOS. An der Sommerwende dieses „grossen Jahres" findet nämlich eine Feuerkatastrophe statt und an der Winterwende eine Flutkatastrophe. Siehe SENECA, Quaestiones naturales III 29 oder VAN DER WAERDEN, Hermes *80*, S. 140.

Die grosse Schöpfungsperiode, die in den hier behandelten Texten *Kalpa* oder „Tag des Brahman" heisst, kommt nach einer Mitteilung von PINGREE (Isis *54*,

---

[1] P. SCHNABEL: Berossos (1923), Fragmente 29—30a.

p. 238) in einem eschatologischen Zusammenhang schon im vierten und fünften Felsenedikt des Königs Ashoka (um −250) vor. Das Yugasystem scheint also in der persischen oder frühhellenistischen Zeit nach Indien gekommen zu sein.

ÄGYPTISCHE PLANETENTAFELN

Die Texte

Drei ägyptische Planetentafeln, die wir mit P, S und T bezeichnen werden, sind uns ganz oder teilweise erhalten, nämlich:

P: Papyrus P 8279 aus Berlin
S: „Stobart-Tafeln"
T: Teptunis Papyrus II 274.

Ein Ausschnitt aus dem Text P ist als Bild 32 beigegeben. Für den vollständigen Text verweisen wir auf die grundlegende Publikation von O. Neugebauer. Egyptian Planetary Texts, Trans. Amer. Philos. Soc. *32* (1942), p. 209.

Alle diese Texte enthalten *Eintrittsdaten der Planeten in die Zeichen des Tierkreises*, also genau die Daten, die ein Astrologe zur Aufstellung eines Horoskopes braucht. P umfasst die Jahre 14 bis 41 des Augustus nach dem ägyptischen Kalender. Das Jahr x des Augustus beginnt im Sommer des julianischen Jahres −30 + x; der Text beginnt also im Jahre −16 und endigt im Jahre +12.

S besteht aus drei Teilen:

Teil A für die 7 Jahre 4—10 des Vespasianus (71 bis 78).
Teil C für die 14 Jahre von Trajanus 9 bis Hadrianus 3 (105 bis 119).
Teil E für die 7 Jahre 11—17 des Hadrianus (126 bis 133).

Der griechische Text T enthält nur wenige Eintrittsdaten für die Jahre 10—18 des Hadrianus. Wir lassen diesen Text im folgenden ganz beiseite. Die beiden Texte P und S sind in demotischer Schrift.

Neugebauer hat nachgewiesen, dass der Text S nicht den ägyptischen, sondern alexandrinischen Kalender benutzt. Im ägyptischen Kalender hat jedes Jahr 365 Tage, im alexandrinischen Kalender ist jedes vierte Jahr ein Schaltjahr mit 366 Tagen.

Damit der Leser einen klaren Eindruck von der Einrichtung der ägyptischen Planetentafeln erhält, geben wir hier einen Ausschnitt aus Teil C des Textes S wieder. Jedes Eintrittsdatum besteht aus einer Monatsnummer (von I bis XII) und einer Tageszahl (von 1 bis 30). Die Nummern der Tierkreiszeichen, in die der Planet eintritt, sind eingeklammert. Rückläufige Eintritte sind mit r bezeichnet.

Die Ekliptikteilung

Neugebauer hat die Planetenpositionen in P und S mit der modernen Rechnung verglichen und gefunden, dass im zweiten Jahrzehnt der Regierungszeit des Augustus die Längen der Texte durchschnittlich um 4° grösser sind als die moder-

nen Längen und dass diese systematische Differenz im Laufe der Zeit abnimmt.
Reduziert man die modernen Längen auf die siderische Ekliptikteilung, die mit
dem Frühlingspunkt des Jahres − 100 anfängt, so wird die systematische Differenz
konstant gleich 4 bis 5 Grad, wie in den babylonischen Texten. Das bedeutet
offenbar, dass die ägyptischen Rechner eine siderische Ekliptikteilung zugrunde
gelegt haben, die fast mit der babylonischen zusammenfällt.

Jahr 9			Venus			II 9	(8)
Saturn			I 16	(6)		III 3	(7)r
I 1	(9)		II 10	(7)		III 17	(8)
III 5	(10)		III 4	(8)		IV 13	(9)
Jupiter			III 29	(9)		IV 30	(10)
I 1	(5)		IV 22	(10)		V 18	(11)
XII 28	(6)		V 16	(11)		VI 9	(12)
Mars			VI 10	(12)		VI 20	(11)r
I 16	(9)		VII 4	(1)		VII 22	(12)
II 27	(10)		VII 29	(2)		VIII 8	(1)
IV 5	(11)		VIII 24	(3)		VIII 22	(2)
V 13	(12)		IX 18	(4)		IX 10	(3)
VI 23	(1)		X 13	(5)		X 8	(4)
VIII 3	(2)		XI 8	(6)		XI 10	(3)r
IX 19	(3)		XII 16	(7)		XI 12	(4)
XI 1	(4)		Merkur			XII 10	(5)
XII 22	(5)		I 19	(7)		XII 28	(6)

Diese Ekliptikteilung deutet auf babylonischen Einfluss, aber sie beweist noch
nicht, dass unsere Texte nach babylonischen Methoden berechnet waren.

Wie waren die Tafeln berechnet?

NEUGEBAUER hat schon bemerkt, dass die Tafeln die Eintritte der Planeten in
die Tierkreiszeichen auch dann vermerken, wenn die Planeten unsichtbar sind.
Die Eintritte müssen also mindestens zum Teil berechnet sein. Es fragt sich, wie.

Gesetzt, die Tafeln wären nach griechischen Methoden berechnet, mit Epizykeln
oder Exzentern unter Anwendung der Trigonometrie. Dann müsste, wie Neugebauer schon bemerkt hat, die Annäherung an die Wirklichkeit während der
Rückläufigkeit der Planeten ungefähr gleich gut sein wie auf den rechtläufigen
Strecken. Die Annäherung ist jedoch in der Nähe der Rückläufigkeit weit schlechter.

Eine genaue Analyse der Venusbewegung im Text S zeigt ferner, dass die
Geschwindigkeit der Venus mindestens zwei Sprungpunkte aufweist: sie springt
kurz nach dem Morgenkehrpunkt von 31° in 44 Tagen auf 30° in 25 Tagen,
und kurz vor dem Abendkehrpunkt von 30° in 25 Tagen auf 34° in 47 Tagen.
Bei einer Epizykel- oder Exzenterbewegung ändert sich die Geschwindigkeit
niemals sprunghaft.

Es ist auch sehr schwer, aus der Epizykel- oder Exzentertheorie die Eintrittsdaten der Planeten in die Tierkreiszeichen zu berechnen. Eine solche Rechnung für eine lange Reihe von Jahren für sämtliche Planeten durchzuführen, wäre eine fast unmenschliche Aufgabe.

Wir werden die Lösung des Problems also in anderer Richtung zu suchen haben.

Vergleich mit babylonischen Texten

Im babylonischen Text Rm 678, publiziert von EPPING und STRASSMAIER (Zeitschr. f. Assyriol. 5, S. 354) sind die Eintrittsdaten der Venus in die Zeichen des Tierkreises für das Jahr −83 angegeben. Bildet man ihre Differenzen, so findet man die Durchlaufungszeiten der Tierkreiszeichen (4) bis (11). Sie sind

$$24 \quad 25 \quad 25 \quad 25+25 \quad 26 \quad 28+35.$$

Dabei bedeutet 25 + 25, dass die Summe der Durchlaufungszeiten der Zeichen (7) und (8) 50 Tage beträgt. Das Eintrittsdatum in (8) ist abgebrochen, aber es liegt auf der Hand, es so zu ergänzen, dass die Durchlaufungszeiten der Zeichen (7) und (8) beide 25 Tage betragen. Ebenso wurde die Summe der Durchlaufungszeiten der Zeichen (10) und (11) plausibel aufgeteilt.

Ganz ähnlich ist der Verlauf der Zahlen in den von KUGLER (Sternkunde u. Sterndienst II, S. 471) publizierten Texten SH 103 und SH 492 für das Jahr −75. Aber auch im Text P ist der Verlauf ähnlich. Für die Jahre 16 und 17 des AUGUSTUS sind die Durchlaufungszeiten der Zeichen nach P im rechtläufigen Teil der Bewegung

(10)	(11)	(12)	(1)	(2)	(3)	(4)	(5)	(6)	(7)	(8)	(9)
25	25	25	25	25	24	22	22	23	24	24	25
25	25	26	27	29	35						

Die Zahl 25 kommt auch hier sehr häufig vor, wie in den babylonischen Texten. Es scheint, dass man für Venus auf langen Strecken eine konstante Geschwindigkeit von 30° in 25^d angenommen hat. In der Mitte der rechtläufigen Bewegung finden wir etwas kürzere Zeiten, also grössere Geschwindigkeiten. Gegen Ende der rechtläufigen Bewegung wird die Geschwindigkeit allmählich kleiner: zunächst wird ein Zeichen in 26, dann in 27, dann in 29, dann in 35 Tagen durchlaufen.

Ganz anders ist der Verlauf der Zahlen im Text S. Im Jahre 9 des TRAJANUS sind die Durchlaufungszeiten der Zeichen

(6)	(7)	(8)	(9)	(10)	(11)	(12)	(1)	(2)	(3)	(4)	(5)	(6)
24	24	25	23	24	24	24	25	25	24	25	25	38.

Wir finden hier in den Tierkreiszeichen (8) und (9), in der Mitte der rechtläufigen Bewegung, eine kleine Unregelmässigkeit, die wir später dadurch erklären werden, dass die Rechnung jeweils beim Abenderst neu anfing. Sonst sind die Durchlaufungszeiten in dieser Gegend immer 24 und 25, wobei wir in der Mitte der rechtläufigen Bewegung am häufigsten die Zahl 24 finden, gegen Ende aber viel häufiger

die Zahl 25. Dann springt die Durchlaufungszeit plötzich auf einen viel grösseren
Wert: die Bewegung wird plötzlich langsamer. Welches Jahr wir auch nehmen,
immer finden wir eine solche plötzliche Abnahme der Geschwindigkeit.

Wir schliessen daraus, dass P und S nicht nach dem gleichen Schema berechnet
sind. Aus der Ähnlichkeit zwischen P und den babylonischen Texten kann man
mit einiger Wahrscheinlichkeit schliessen, dass P nach einem babylonischen Geschwindigkeitsschema berechnet wurde, das irgendwie dem ägyptischen Kalender
angepasst wurde. Die Rekonstruktion dieses Schemas dürfte eine sehr lohnende
Aufgabe für die künftige Forschung sein. Die Lösung dieser Aufgabe ist jedoch
durch den schlechten Erhaltungszustand des Textes P und durch die Lücken-
haftigkeit der erhaltenen babylonischen Fragmente erschwert.

Beim Text S befinden wir uns in einer besseren Lage. Erstens ist der Text gut
erhalten und ziemlich sorgfältig berechnet. Zweitens kommt uns der indische
Astronom Varâha Mihira zu Hilfe, der ein Geschwindigkeitsschema für Venus
überliefert hat, das genau zum Text S passt. Das soll jetzt erläutert werden.

Die Venusbewegung nach Varâha Mihira

Im 18. Kapitel des Pañchasiddhântikâ gibt Varâha Mihira an, dass Venus „bei
der Sonne" in 60 Tagen 75° zurücklegt, dann in 60 Tagen 74°, dann in 60 Tagen
73°, dann in 60 Tagen 72°. Mit den 60 Tagen „bei der Sonne" meint Varâha
Mihira die Zeit von Ml (Morgenletzt) bis Ae (Abenderst), wo Venus nahe bei der
Sonne weilt und unsichtbar ist. Diese Zeit liegt genau in der Mitte der rechtläufigen
Bewegung. Nimmt man nun an, dass die Geschwindigkeit in dreimal 60 Tagen
vor Ml ebenso in drei Stufen zunimmt wie sie nach Ae in drei Stufen abnimmt,
so erhält man das folgende Geschwindigkeitsschema für 420 Tage, also für den
grössten Teil der rechtläufigen Bewegung der Venus:

<blockquote>
Venus durchläuft in 60 Tagen 72°,
 dann in 60 Tagen 73°,
 dann in 60 Tagen 74° bis zum Ml,
 dann in 60 Tagen 75° bis zum Ae,
 dann in 60 Tagen 74°,
 dann in 60 Tagen 73°,
 dann in 60 Tagen 72°.
</blockquote>

Vor dem Anfang und nach dem Ende dieser 420 Tage ist die Geschwindigkeit
nach Varâha Mihira bedeutend kleiner, genau wie im Text S .Die aus dem obigen
Geschwindigkeitsschema abgeleiteten Durchlaufungszeiten der Tierkreiszeichen
stimmen genau überein mit den Durchlaufungszeiten, die man im Text S findet.
In den ersten und letzten 60 Tagen ist die Durchlaufungszeit eines Zeichens

$$\tfrac{30}{72} \cdot 60^d = 25^d$$

und in den mittleren 60 Tagen

$$\tfrac{30}{75} \cdot 60^d = 24^d$$

genau wie in S.

Wir können also versuchen, die Eintrittsdaten des Textes S aus dem Geschwindigkeitsschema des VARÂHA MIHIRA abzuleiten. Dazu müssen wir zuerst die genaue Lage der Sprungpunkte der Geschwindigkeit am Anfang und Ende der 420 Tage bestimmen.

Für die Durchführung dieser Bestimmung verweise ich auf S. 104—107 meiner Arbeit „Babylonische Methoden in ägyptischen Planetentafeln", Vierteljahrsschrift der Naturf. Ges. Zürich *105* (1960). Ich führe hier nur die Ergebnisse für die Jahre 8—16 des TRAJANUS, also für 5 gut erhaltene synodische Perioden des Textes S an:

Periode	I	II	III	IV	V
Erster Sprungpunkt	(12)26	(8)9	(3)9	(10)17	(5)22
Letzter Sprungpunkt	(6)5	(1)14	(8)14	(3)24	(10)26

Der zurückgelegte Weg vom ersten bis zum letzten Sprungpunkt sollte nach dem Schema des VARÂHA MIHIRA

$$72+73+74+75+74+73+72 = 513$$

Grade betragen, also 17 Tierkreiszeichen und 3°. In Wirklichkeit ist der Weg, wie man sieht, etwas grösser und von Fall zu Fall verschieden. Das liegt daran, dass der Rechner des Textes S jeweils beim Ae die Rechnung neu angefangen hat. Die Lage des Ae kann ermittelt werden, indem man vom letzten Sprungpunkt aus nach dem Schema des VARÂHA MIHIRA rückwärts rechnet, d.h. 72+73+74 Grade subtrahiert. Man erhält so:

Periode	I	II	III	IV	V
Ort des Ae	(10)26	(6)5	(1)5	(8)15	(3)17

Das zugehörige Datum wurde in meiner Arbeit so bestimmt, dass die nach dem Schema berechneten Eintrittsdaten möglichst gut mit den Eintrittsdaten des Textes übereinstimmen. Die Daten sind

Jahr TRAJANUS	9	10	12	14	15
Monat; Tag	V 13	XII 26	VII 23	III 1	X 6

Der ägyptische Rechner hat natürlich nicht vom letzten Sprungpunkt aus rückwärts, sondern von Ae aus vorwärts gerechnet. Wir können diese Rechnung jetzt reproduzieren und die so gefundenen Daten mit denen des Textes vergleichen. Die Rechnung fängt z.B. für das Jahr TRAJANUS 9 so an:

Ae: Datum V 13, Ort (10)26.

Bis zum Eintritt in das Zeichen (11) sind noch 4° zurückzulegen. Dazu braucht Venus nach dem Geschwindigkeitsschema $\frac{4}{73}.60^d$, also etwas mehr als 3 Tage. Das Eintrittsdatum ist also V 16, wie es im Text steht. Rundet man alle Eintrittsdaten nach unten ab, so erhält man bis zum Sprungpunkt acht Eintrittsdaten in genauer Übereinstimmung mit dem Text.

Aehnlich gut ist die Uebereinstimmung in den übrigen Jahren. So findet man in den Jahren TRAJANUS 10 und 11 dreizehnmal eine genaue Uebereinstimmung und fünfmal eine Abweichung von einem Tag. Die rechtläufigen Eintritte der Venus im Text S sind also nach dem Geschwindigkeitsschema des VARÂHA MIHIRA berechnet.

Der Ausgangspunkt der Rechnung war jedesmal das Abenderst. Die Daten und Örter des Ae für die Jahre TRAJANUS 9 bis 15 wurden oben schon angegeben. Für die darauf folgende achtjährige Periode erhält man die Örter, indem man $2\frac{1}{2}$ Grade zurückgeht und die Daten entsprechend reduziert.

Vermutlich wurde die rückläufige Bewegung der Venus ebenso vom Abendkehrpunkt (Ak) aus berechnet und der Anfang der rechtläufigen Bewegung vom Morgenkehrpunkt (Mk) aus. Wenn das zutrifft, so war der Ausgangspunkt der ganzen Rechnung eine Tafel der Kardinalpunkte, analog den babylonischen Kardinaltafeln. Von einem Kardinalpunkt aus hat man dann jeweils nach dem Geschwindigkeitsschema weitergerechnet bis zum nächsten Kardinalpunkt, wo die Rechnung dann wieder neu anfing. Wir haben leider zu wenige rückläufige Eintritte, um diese Hypothese in alle Einzelheiten nachzuprüfen, aber für die rechtläufige Bewegung vor und nach Ae ist die Rechenmethode gut gesichert.

Es sei noch bemerkt, dass für die Daten und Örter des Ae das Sonnenabstandsprinzip gilt. Das bedeutet, dass im Augenblick des Abenderst die Längendifferenz zwischen Venus und der mittleren Sonne immer dieselbe ist, nämlich 8°. Die Belege findet man in meiner anfangs zitierten Arbeit, S.100.

Die Marsbewegung in S

Wir haben schon gesehen, dass VARÂHA MIHIRA genau dieselbe Einteilung der Ekliptik in 6 Zonen zu je zwei Tierkreiszeichen verwendet, die auch in der babylonischen Theorie des Mars zugrunde liegt. Dass im Text S dieselbe Einteilung benutzt wird, ist sehr leicht zu sehen. Beschränkt man sich nämlich auf die rechtläufige Bewegung des Mars und lässt die etwas langsamer durchlaufenen Strecken am Anfang und Ende der rechtläufigen Bewegung ausser Betracht, so sieht man, dass sehr häufig zwei aufeinanderfolgende Tierkreiszeichen wie (2)+(3), (4)+(5), etc. bis (12)+(1) die gleichen Durchlaufungszeiten aufweisen. Zum Beispiel finden wir in den Jahren TRAJANUS 9—10 die folgenden Durchlaufungszeiten:

Tierkreiszeichen	(9)	(10)(11)	(12)(1)	(2)(3)	(4)(5)	(6)
Durchlaufungszeiten	41	38 38	40 40	46 42	51 54	48

Die Paare gleicher Zeiten 38 38 und 40 40 fallen sofort auf. Ebenso sind die Durchlaufungszeiten in den Jahren TRAJANUS 11—12:

Zeichen	(9)	(10)(11)	(12)(1)	(2)(3)	(4)(5)	(6)(7)	(8)(9)
Zeiten	43	38 38	41 41	46 44	48 51	48 48	44 52

Hier findet man sogar drei Paare gleicher Zeiten.

Die Normalzeiten, die im ganzen Text am häufigsten vorkommen, sind die folgenden:

Zeichen	(2)+(3)	(4)+(5)	(6)+(7)	(8)+(9)	(10)+(11)	(12)+(1)
Normalzeiten	46	54	48	42	38	40 oder 41

Die Abweichungen von diesen Normalzeiten sind von dreierlei Art:

1. Am Anfang und am Ende der rechtläufigen Bewegung findet man grössere Durchlaufungszeiten, z.B. in den Jahren 11—12 die Zeit 43 am Anfang und die Zeiten 44 und 52 am Ende. Es ist ja auch ganz natürlich, dass in der Nähe der Kehrpunkte die Bewegung langsamer wird. Bei Venus war das auch so.

2. In der Mitte der rechtläufigen Bewegung treten immer kleinere Durchlaufungszeiten auf, z.B. in TRAJANUS 11—12 die Zeiten 44, 48 und 51, die kleiner sind als die Normalzeiten 46, 54 und 54. Wir werden nachher sehen, dass es sich um die Strecke von Al bis Me handelt, die schneller durchlaufen wird. Die kürzesten Durchlaufungszeiten, die hier auftreten, sind:

Zeichen	(2)+(3)	(4)+(5)	(6)+(7)	(8)+(9)	(10)+(11)	(12)+(1)
Minimalzeiten	42	48	43½	39	36	38

3. Weitere Ausnahmen von den Normalwerten findet man vor der Mitte, aber niemals nach der Mitte der rechtläufigen Bewegung. Zum Beispiel findet man in den Jahren TRAJANUS 13—14:

Zeichen	(12)(1)	(2)(3)	(4)(5)	(6)(7)	(8)(9)	(10)(11)
Zeiten	43 43	48 48	53 49	45 48	42 42	38 39

Am Anfang sind die Zeiten 43 und 48 grösser als die Normalzeiten für (12)+(1) und (2)+(3). In der Mitte findet man dann die Zeiten 53, 49 und 45, die kleiner sind als die Normalzeiten, aber grösser als die Minimalzeiten. Nach der Mitte kommen die Zeiten 48, 42, 42 und 38, die genau gleich den Normalzeiten sind. Am Ende kommt dann noch die Durchlaufungszeit 39, die etwas grösser ist als die Normalzeit.

Wenn wir die Eintrittszahlen durch eine Regel erklären wollen, so tun wir gut daran, uns auf die regelmässig wiederkehrenden Normal- und Minimalzeiten zu beschränken und die Ausnahmen 1. und 3. zunächst beiseite zulassen.

Die Normal- und Minimalzeiten können mit der babylonischen Theorie in Verbindung gebracht werden. Wir haben seinerzeit den Begriff „Schritt" eingeführt. Die Tierkreisabschnitte

$$(2)+(3) \quad (4)+(5) \quad (6)+(7) \quad (8)+(9) \quad (10)+(11) \quad (12)+(1)$$

wurden in je

$$n = 24 \qquad 36 \qquad 27 \qquad 18 \qquad 12 \qquad 16$$

Schritte eingeteilt. Zwischen den Schrittzahlen n und den Normalzeiten t besteht nun eine einfache Beziehung, nämlich

$$(1) \qquad\qquad t = \tfrac{2}{3} n + 30,$$

wie man sofort verifiziert. Ebenso besteht zwischen den Schrittzahlen n und den Minimalzeiten t_m die Beziehung

$$(2) \qquad\qquad t_m = \tfrac{1}{2} n + 30.$$

Dadurch ist schon bewiesen, dass die Eintritte des Mars in S mit der babylonischen Theorie zusammenhängen. Man kann aber noch weiter gehen und die genauen Eintrittsdaten in der Mitte und nach der Mitte der rechtläufigen Bewegung aus der babylonischen Theorie herleiten (Siehe Teil III meiner vorhin zitierten Arbeit Vierteljahrsschr. Naturf. Ges. Zürich 105). Für die Strecke von Al bis Me verläuft die Herleitung so:

Man denke sich die Örter und Zeiten von Al und Me nach der babylonischen Theorie bestimmt. Nach dieser Theorie legt Mars von Al bis Me 30 oder 33 Schritte zurück, während die Elongation des Mars von $+15°$ auf $-15°$, also um $30°$ abnimmt. Nun machen wir folgende Hypothese: *Bei jedem Schritt, den Mars von Al bis Me zurücklegt, nimmt die Elongation um 1 Grad ab.* Insgesamt sind es dann 30 Schritte von Al bis Me. Ist die Schrittlänge in dem betreffenden Ekliptikabschnitt

$$(3) \qquad\qquad \sigma = \frac{60}{n}$$

so legt Mars also bei jedem Schritt τ Grade zurück, und die Sonne muss bei jedem Schritt $\sigma + 1$ Grade zurücklegen. Dazu braucht sie ungefähr $\sigma + 1$ Tage. Die Zeit τ, in der Mars einen Schritt zurücklegt, ist also genähert

$$(4) \qquad\qquad \tau = \sigma + 1$$

Tage. Insgesamt enthält ein Tierkreiszeichen $\tfrac{1}{2} n$ Schritte. Multipliziert man also (4) mit $\tfrac{1}{2} n$, so erhält man für die Zeit zum Durchlaufen eines Tierkreiszeichens

$$t_m = \tfrac{1}{2} n \, \tau = \tfrac{1}{2} n \, \sigma + \tfrac{1}{2} n = \tfrac{1}{2} n + 30.$$

Damit ist die Formel (2) hergeleitet. Ebenso kann man (1) herleiten, wenn man die folgende Hypothese aufstellt: *Bei jedem Schritt, den Mars nach Me zurücklegt, nimmt die Elongation um $\tfrac{4}{3}$ Grad ab.*

Um nun auf Grund dieser beiden Hypothesen die Eintrittsdaten zu berechnen, stellen wir zunächst eine Kardinaltafel für Al, Me und Mk nach babylonischem

Muster auf. Wir nehmen an, dass Mars von Al bis Me 30 Schritte zurücklegt und von Me bis Mk 63 Schritte, und wir beschränken uns auf die Jahre TRAJANUS 9 bis HADRIANUS 3 (Teil C des Textes S).

Jahr	Al : Ort		Datum	Me : Ort		Datum	Mk : Ort		Datum
TRAJANUS 9/10	(2)	0	VIII 7	(4)	15	XI 26	(8)	30	VIII 11
TRAJANUS 11/12	(3)	15	IX 22	(5)	15	XII 26	(11)	15	X 26
TRAJANUS 13/15	(4)	20	X 28	(6)	20	I 27	(1)26;15		I 3
TRAJANUS 15/17	(5)	20	XI 29	(7)	30	III 8	(3)12;30		II 20
TRAJANUS 18/19	(6)	26;40	I 1	(9)	30	V 9	(4)18;20		III 26
HADRIANUS 1/2	(8)	10	II 15	(12)22;30		VIII 2	(5)18;20		III 27
HADRIANUS 3	(10)	15	IV 21	(2)	20	IX 30			

Von diesen Örtern und Daten ausgehend, kann man nun in jedem Jahr die Eintrittsdaten berechnen. Dabei bedient man sich zwischen Al und Me der Formel (4) und nach Me der entsprechenden Formel

$$(5) \qquad\qquad \tau = \sigma + \tfrac{4}{3} \,.$$

Die Anwendung dieser Formel gestaltet sich folgendermassen. Wenn von einem Al bis zum Ende eines Tierkreiszeichens noch ein Weg s zurückzulegen ist, so ist die Anzahl der Schritte, die Mars bis zum Ende des Zeichens zurückzulegen hat,

$$n' = \frac{s}{\sigma} = \frac{s}{60}\, n,$$

wobei n jeweils bekannt ist: n = 24 in (2)+(3), etc. Multipliziert man nun (4) mit n', so erhält man für die Zeit, die Mars bis zum Ende des Tierkreiszeichens braucht:

$$(6) \qquad\qquad t = n'\tau = s + n' = s\left(1 + \frac{n}{60}\right).$$

Ebenso erhält man nach Me aus der Formel (5)

$$(7) \qquad\qquad t = s + \frac{4}{3}\, n' = s\left(1 + \frac{n}{45}\right).$$

Die so berechneten Eintrittsdaten stimmen in den meisten Fällen auf den Tag genau mit denen des Textes überein.

Viel mehr Unsicherheiten gibt es bei der Berechnung der Bewegung von Mk bis Al. Das liegt daran, dass die rückläufige Bewegung nach der babylonischen Theorie und nach VARÂHA MIHIRA ganz anders berechnet wird als die rechtläufige Bewegung. Durch diese Rechnung kommt in der Gegend des Ak eine Unregelmässigkeit hinein, die dann bis zum Al wieder ausgeglichen werden muss. Die nähere Ausführung findet man auf S. 129—132 meiner erwähnten Arbeit.

Die Jupiterbewegung

Das babylonische System A teilt die Ekliptik in einen „schnellen" und einen „langsamen" Bogen, auf denen Jupiter in jeder synodischen Periode 36° und 30° zurücklegt. Im System A' kommen noch zwei mittlere Bogen hinzu, auf denen der synodische Weg 33°45' beträgt. Zu jedem dieser Systeme gehören ferner Geschwindigkeitsschemata mit stückweise konstanten Geschwindigkeiten.

Wenn man versucht, nach diesen Systemen die Eintrittsdaten zu berechnen und sie mit dem Text S zu vergleichen, so findet man zunächst, dass das System A besser passt als A'. Nach System A ist nämlich in den Zeichen (4) (5) (6) (7) (8) der synodische Weg 30°. Das bedeutet, dass Jupiter jedes dieser Tierkreiszeichen genau in einer synodischen Periode durchläuft. Die Dauer einer synodischen Periode ist die Zeit, die die Sonne braucht um 390° zurückzulegen, das sind fast 396 Tage. Wir werden also nach System A erwarten, dass Jupiter jedes dieser fünf Zeichen in ungefähr 396 Tagen durchläuft. Nach System A' würden wir dasselbe Ergebnis nur für die Zeichen (5) (6) (7) erwarten: in (4) und (8) müssten die Durchlaufungszeiten erheblich kürzer sein. Einem Unterschied von 3°45' im zurückgelegten Weg entspricht nämlich ein Unterschied von mehr als 30 Tagen in der Durchlaufungszeit.

Die Durchlaufungszeiten, die wir im Text S vorfinden, sind

im Zeichen (4) : 393 (zweimal)
im Zeichen (5) : 398 (zweimal)
im Zeichen (6) : 395 und 398
im Zeichen (7) : 387, 394 und 396
im Zeichen (8) : 380 und 392.

Wie man sieht, sind Abweichungen vorhanden. Die Zeiten 387 und 380 für die Zeichen (7) und (8) in den Jahren 4—6 des VESPASIANUS stimmen gar nicht. In den übrigen Jahren findet man Abweichungen bis zu 4 Tagen, die ich nicht erklären kann. Es scheint sich nicht um Rechen- oder Schreibfehler zu handeln, denn die abweichenden Durchlaufungszeiten 393 für das Zeichen (4) und 398 für das Zeichen (5) kommen je zweimal vor.

Im Text P findet man ebenfalls zweimal die Durchlaufungszeit 393 für das Zeichen (4), und viermal die Durchlaufungszeit 400 für die Zeichen (5) bis (7).

Hat einer meiner Leser Lust, die Texte P und S von neuem mit den babylonischen Lehrtexten und mit VARÂHA MIHIRA zu vergleichen?

Merkur und Saturn

Auch bei Merkur und Saturn findet man Anzeichen, die darauf hindeuten, dass der Text S nach einer babylonischen Theorie berechnet wurde[1]. Jedoch ist es mir

---

[1] VAN DER WAERDEN, Egyptian „Eternal Tables" II, Proc. Kon. Ned. Akad. 50, p. 782.

nicht gelungen, die Berechnung der Eintrittsdaten zu rekonstruieren. Hier liegt
noch ein grosses Feld für künftige Forschungen brach.

In der soeben zitierten Arbeit hatte ich die Hypothese aufgestellt, dass die
ägyptischen Planetentafeln zuerst nach babylonischer Art in Tithis berechnet und
dann in den ägyptischen Kalender umgerechnet wurden. Diese Hypothese habe
ich inzwischen aufgegeben. Aus der genauen Uebereinstimmung der Daten für
Venus mit den nach VARÂHA MIHIRA berechneten Daten folgt, dass die Tafeln
direkt in Tagen berechnet wurden.

Eine ägyptische Merkurtafel

Neuerdings hat R. A. PARKER[1] einen Papyrus veröffentlicht, aus dem in viel
direkterer Weise folgt, dass die Aegypter in der römischen Kaiserzeit oder vielleicht schon vorher Planetenörter nach babylonischen Methoden berechnet haben.
Es handelt sich um den Papyrus CARLSBERG 32. Nach der einleuchtenden Deutung
von O. NEUGEBAUER, die PARKER am Ende seiner Arbeit in einer Note mitteilt,
handelt es sich um die Bewegung des Merkur, von Tag zu Tag berechnet, vom
Morgenkehrpunkt zum Morgenletzt. Die Tafel enthält, wie die Keilschrifttexte,
sexagesimal geschriebene Zahlen. Sie fängt so an:

0; 5,27,17	0; 5,27,17
0;10,54,34	0;16,21,51
0;16,21,51	0;32,43,42
0;21,49, 8	0;54,32,50
. . . .	. . . .

Wie man sieht, bilden die Zahlen in der ersten Kolonne eine arithmetische Reihe
mit der konstanten Differenz 0; 5,27,17. Die der zweiten Kolonne entstehen durch
Summation aus denen der ersten Kolonne; sie bilden also eine arithmetische Reihe
zweiter Ordnung. Die erste Kolonne gibt die tägliche Bewegung des Merkur, die
zweite den gesamten zurückgelegten Weg.

Nach der gleichen Methode haben die Babylonier im Text 310 (O. NEUGE-
BAUER, ACT II, p. 326 und III, Plate 169, Col. I) die Bewegung des Merkur
berechnet.

Der Papyrus stammt nach PARKER wahrscheinlich aus der römischen Kaiserzeit.

ZUSAMMENFASSUNG

Wir haben in den Kapiteln IV und V die „linearen Methoden" der babylonischen Astronomen kennen gelernt. Im Kap. VII haben wir gesehen, dass sie im
späten Altertum von Rom und Ägypten bis Indien überall angewandt wurden.
Die linearen Methoden waren zwar weniger genau als die trigonometrischen,
aber viel einfacher zu handhaben. Mit ihrer Hilfe konnte man ganz leicht die

---

[1] R. A. PARKER, Two demotic astronomical papyri, Acta Orientalia 25 (1960) S. 143.

Eintritte der Planeten in die Tierkreiszeichen berechnen. Es ist daher nicht zu verwundern, dass besonders die Astrologen die linearen Methoden bevorzugten und auch dann dabei blieben, als nach APOLLONIOS, d.h. nach —200 die genaueren trigonometrischen Methoden verfügbar wurden. In Ägypten hat man lineare Methoden noch zur Zeit des HADRIANUS (117—138) angewandt, in Indien sogar bis ins sechste Jahrhundert. Nachher wurden die linearen Methoden von den trigonometrischen verdrängt.

Bei der Behandlung der Aufgangszeiten der Tierkreiszeichen haben wir gesehen, dass die linearen Methoden von den Griechen weiter entwickelt und verfeinert wurden. Ein ähnlicher Fall scheint bei der Berechnung der Eintrittsdaten der Planeten in die Tierkreiszeichen vorzuliegen. In den ägyptischen Planetentafeln aus der Zeit des AUGUSTUS ist die Art, wie die Geschwindigkeit der Venus vor dem Abendkehrpunkt allmählich kleiner wird, ganz ähnlich wie in Keilschrifttexten aus den Jahren —83 und —75. In dem späteren Text S aus der Zeit des HADRIANUS aber finden wir ein ganz anderes Geschwindigkeitsgesetz, nach dem die Geschwindigkeit mit einem grossen Sprung plötzlich kleiner wird. Dieses Gesetz haben wir bei VARÂHA MIHIRA im 6. Jahrhundert nach Chr. wiedergefunden. Die dem Text S zugrunde liegende Venustheorie ist genauer und besser als die Systeme A_0, A_1 und A_2 der Keilschrifttexte. Es ist sehr gut möglich, dass diese verbesserte Theorie nicht in Babylon, sondern in Kleinasien, Syrien oder Ägypten aufgestellt wurde.

Auf welchem Wege die verbesserte lineare Planetentheorie nach Indien übermittelt wurde, wissen wir nicht. Es scheint, dass „der weise VASISHTHA", der vor +270 lebte, sie bereits kannte. Jedenfalls hat VARÂHA MIHIRA sie im Vasishṭha-Siddhânta vorgefunden.

REGISTER

REGISTER

1. ABKÜRZUNGEN

A = Asiatic collection Oriental Institute Chicago
ACT = O. Neugebauer: Astronomical Cuneiform Texts. Lund Humphreys, London 1955
Ae = Abenderst
Ak = Abendkehrpunkt
Al = Abendletzt
AO = Antiquités orientales, collection du Louvre, Paris
Bidez-Cumont = J. Bidez et F. Cumont: Les mages hellénisées. Paris 1938 (2 Vol.)
BM = British Museum
CBS = Catalogue Babylonian Section, University of Pennsylvania Museum
Erg. = Ergänzungshefte zu Kugler SSB (Drittes Erg. von J. Schaumberger)
Festugiere = A.-J. Festugiere: La révélation d'Hermès Trismégiste. Paris, Gabalda et Cie.
   1949–1954 (4 Vol.)
Harper = R. F. Harper: Assyrian and Babylonian Letters. Chicago 1892–1914
HS = Hilprecht-Sammlung Jena
Me = Morgenerst
Mk = Morgenkehrpunkt
Ml = Morgenletzt
MM = Metropolitan Museum, New York
Nyberg Religionen = H. S. Nyberg: Die Religionen des alten Iran, deutsch von H. H. Schaeder
   Leipzig 1938
Op = Opposition
Pinches-Sachs = Late Babylonian astronomical and related texts, copied by T. G. Pinches
   and J. G. Strassmaier, published by A. J. Sachs. Brown Univ. Press, Providence 1955
Reports = R. C. Thompson: The reports of the magicians and astrologers. London 1900
Rm = Rassam collection (Brit. Mus.)
SH = Shemtob collection (Brit. Mus.)
Sp = Spartali collection (Brit. Mus.)
SSB = F. X. Kugler: Sternkunde und Sterndienst in Babel (2 Bde + 3 Ergänzungshefte).
   Münster, Aschendorffsche Verlagsbuchhandlung 1907–1935 (3. Erg. von J. Schaumberger)
U = Uruk collection Istambul Museum
VAT = Vorderasiatische Tontafelsammlung Staatliche Museen Berlin

2. Verzeichnis der keilschriftlichen Sternnamen (von P. Huber)

Die Sternnamen sind in den Texten teils phonetisch-akkadisch, teils ideographisch geschrieben (vgl. S.30). Im zweiten Fall ist die Aussprache nur in seltenen Fällen durch Glossen oder phonetisch geschriebene Parallelstellen gesichert; sie kann sumerisch oder akkadisch oder beides sein. Die Transkription der Ideogramme ist deshalb weitgehend konventionell; wir folgen hier derjenigen von Gössmann, Planetarium Babylonicum, Rom 1950. Das Gleichheitszeichen (=) weist auf ausgewählte andere in der Literatur vorkommende Transkriptionen derselben Zeichengruppe hin. Akzente und angehängte Nummern dienen nur dazu, genau anzugeben, welches Keilschriftzeichen im Text steht, z.B. entsprechen u, ú = u_2, ù = u_3, u_4 vier verschiedenen Zeichen mit dem Lautwert u.

Akkadische Wörter sind kursiv, Ideogramme und sumerische Wörter mit Kapitälchen oder (seltener) mit gewöhnlichen kleinen Buchstaben wiedergegeben.

In den Originaltexten steht fast durchwegs das Zeichen mul (sum. „Stern", akk. *kakkabu*) als Determinativ vor den einzelnen Sternnamen; es ist im folgenden Verzeichnis weggelassen. Es ist übrigens nicht klar, wann dieses Zeichen bloss eine stumme Lesehilfe ist und wann es auszusprechen ist.

A Abkürzung f. UR.A (s.d.)

A_2^{mušen} (= ID.ḪU) („Adler", akk. *našru*) Adler 57,59ff., 67f., 71,73f.

AB.SIN$_2$ (= AB.ŠIM), ABSIN („Aehre") Spica, auch Tierkreiszeichen der Jungfrau 68,71ff., 77,124,126, Fig. S.68

A.EDIN = ERU$_3$ (s.d.)

AL.LUL (= AL.LUB = AL.LU$_5$) (synonym zu NANGAR, s.d.) viell. in älterer Zeit Procyon, später Praesepe 59ff., 67f., 71, 73, 75, 77, Fig. S.68

alluttum wahrscheinlich identisch mit AL.LUL 57,60

AN.GUB.BA^{meš} (= AN.TUM.MA.MEŠ = AN.DU.BA.MEŠ) („die stehenden Götter") α, β Ophiuchi + α Herculis 75

AN.TA.GUB. (das „Aeusserste", „Drüberstehende") 56

Anunītu („die Himmelsbewohnerin") nordöstl. Teil d. Fische + mittlerer Teil d. Andromeda 57, 59ff., 66ff., 71, 73, 77, Fig. S.66, 258

APIN („Pflug", akk. *epinnu*) Dreieck + γ Andromedae 57, 59ff., 67f., Fig. S.66, 86, 129, 134

aribu = UGA^{mušen} (s.d.)

BAL.UR.A 75

BAN, ^{giš}BAN („Bogen", akk. *qaštu*) δ Canis maioris + benachb. Sterne 51, 55ff., 59f., 67ff. 71,73, Fig. S.69

bašmum („Viper") 51

BIR („Niere", akk. *kalītu*) 57, 59ff.

DA.MU 57, 59ff.

DIL.BAT (= DILI.PAT$_2$) (Aussprache wohl delepat nach Hesych δελεφατ) Venus 57, 59f., 62f.

DIL.GAN$_2$ = IKU (s.d.)

EN.TE.NA.MAŠ.LUM (= −.MAŠ.ŠIG = −.BAR.GUZ) Centaurus 57, 59f., 67, 71, 73

ERU$_3$ (= A.EDIN) γ Comae Berenices 75

GAB.GIR$_2$.TAB („Brust des Skorpions", akk. *irat aqrabi*) Antares 71, 73

GAG.SI.SÁ$_2$ = KAK.SI.DI (s.d.)

GAM$_3$ („Krummsäbel", akk. *gamlu*) Fuhrmann od. Capella 70f., 73ff., 77

MUL.MUL, MUL₂.MUL₂, MUL, MUL₂ (MUL.MUL ist Plural von MUL „Stern"; akk. Glosse *zappu* „Borste" am Nacken des Stiers) Pleiaden, später auch Tierkreiszeichen des Stiers 56f., 59f., 64, 66, 71, 73, 75, 77, 124

MUŠ („Schlangendrache", akk. *mušḫuššum*) Hydra + β Cancri 51, 57, 59ff., 67f., 71, 73f., Fig. S.68

NANGAR (= KUŠU₂, Ausspr. vermutl. *alla* o.ä.) (jüngerer Name von AL.LUL, s.d.) Praesepe, auch Tierkreiszeichen des Krebses 60, 64, 99, 124, Fig. S.68

nibiru („der Ueberschreiter") Jupiter 61f.

ᵈNIN.DAR.AN.NA („bunte Herrin des Himmels") Venus 49

NIN.MAḪ („erhabene Herrin") 57, 59ff.

nīrum s. ŠUDUN

NU.MUŠ.DA („Gewimmel", akk. *namaššu*) 57, 59ff.

NUNᵏⁱ, NUNᵏⁱ ᵈE₂.A („Stadt Eridu des Gottes Ea") Canopus 68, 71–74

PA Abkürzung für PA.BIL.SAG (s.d.)

PA.BIL.SAG (der *Gott* Pabilsag ist ein Kriegs- und Jagdgott) Schütze, auch Tierkreiszeichen 71, 73,f. 77, 124

PAN = BAN (s.d.)

PIRIG₂.KA.DU₈.A = UD.KA.DUḪ.A (s.d.)

qaštum s. BAN

RIN₂, ᵍⁱˢRIN₂ („Waage", akk. *zibanītu* s.d.) Waage, auch Tierkreiszeichen 30, 60

SAG.ME.GAR Jupiter 61

sal-bat-a-nu Mars 57, 59–63

šarru = LUGAL (s.d.)

SIBA.ZI.AN.NA, SIBA.AN.NA, SIBA.ZI.NA („getreuer Hirte am Himmel", „Hirte am Himmel", „getreuer Hirte"; hethit. ši-pa-zi-an-na; akk. *šitaddaru, šitaddalu* „der mit der Waffe gespaltene") Orion 51, 56f., 59ff., 67f., 71, 73f., 77

ŠIM₂.MAḪ, ŠIM₂ („grosse Schwalbe"; Glosse mu-ul-ši-im-maḫ; akk. *šinunutu* „Schwalbe") südwestl. Teil der Fische (+ Sterne bis zu ε Pegasi) 57, 59ff., 66ff., 71, 73, 77, 99, Fig. S.66, 258

ši-nu-nu-tum s. ŠIM₂.MAḪ

SIR = MUŠ (s.d.)

ši-ta-ad-da-ru-um s. SIBA.ZI.AN.NA

ŠUDUN („Joch", akk. *nīru*) Arktur 51,76

ŠUDUN ANŠE EGIR-ti („hinteres Eselsjoch") ξ Bootis 76

ŠU.GI („Greis", auch „Wagenlenker") Perseus (+ nördl. Teil d. Stiers?) 52, 57, 59ff., 67, 71, 73, 75, 77

SUḪUR.MAŠ₂, SUḪUR („Ziegenfisch") Steinbock, auch Tierkreiszeichen 68, 77, 124, 257

ŠUL.PA.E₃ („Herr des strahlenden Aufgangs") Jupiter 57,60

ŠU.PA Arktur 53, 55ff., 59ff., 67, 71ff., 75

tak-šat, taš-ka-a-ti = UR-*ka-a-ti* α Herculis 101

UD.AL.TAR (=U₄.AL.TAR) („der schrecklich Helle") Jupiter 59–63

UD.KA.DUḪ.A (andere Transkriptionen: 1. Zeichen UD = U₄ = PIRIG₂, 3. Zeichen DUḪ = TUḪ = GAB = DU₈) („Maulaufreissender Sturmdämon", „Panthergreif"; hethit. qa-ad-du-uḫ-ḫa) Schwan + α, ξ, ι, δ, ζ μ Cephei 57, 59ff., 71, 73, 75

UGAᵐᵘˢᵉⁿ (= U₂.NAG.GA = U₂.ELTEG.GA) („Rabe"; Glosse mu-ul-ú-ga; akk. *aribu*) Rabe 57, 59f., 67f., 71, 73, Fig. S.68

UR.A, A („Löwe") Löwe, auch Tierkreiszeichen. Vgl. UR.GU.LA. 59f., 64, 67, 124, 257

3. Keilschrifttexte und Papyri

A 3415 = ACT 400
A 3417 = ACT 185
A 3424 = ACT 300
A 3425 = ACT 310
A 3426 = ACT 640
A 3429 = ACT 502
A 3433 = ACT 604
A 3434 = ACT 601
A 3436 = ACT 300
ACT 9 Seite 143
ACT 13 136–142
ACT 18 159
ACT 70 169
ACT 122 160–167
ACT 185 167–168
ACT 191–194 167
ACT 200h 169
ACT 300 200
ACT 300a 199
ACT 300b 199
ACT 310 200, 288
ACT 400 196
ACT 410 198
ACT 411 198
ACT 412 198
ACT 420 197–198
ACT 430 197–198
ACT 500 193–195
ACT 501 186–187
ACT 502 186, 193–195
ACT 504 193
ACT 510 195–196
ACT 600 174–178
ACT 601 179
ACT 603 177
ACT 604 179
ACT 606 179
ACT 611 107, 181
ACT 620 181–182
ACT 622 182
ACT 640 183
ACT 654 183
ACT 655 183
ACT 801 185

ACT 802 185
ACT 811 187
ACT 811a 188–193
ACT 813 114, 178–183
ACT 814 179
ACT 821 177
ACT 821b 197–198
ACT Colophon Zq 159
AO 6476 = ACT 600
AO 6477 = ACT 801
AO 6478 76
AO 6480 = ACT 620
AO 6481 = ACT 501
AO 7540 = MUL APIN 64
Astrolab B 57–62
Astrolab K 58–63
Astrolab P 59–63
Astrolab Z 60–62
BM 273 (80–7–19) 85
BM 1136 (56–9–3) = Elfenbeinprisma 87
BM 32 209 = Pinches 1411
BM 32 238 = Pinches 1414
BM 32 363 = Pinches 1418
BM 33 801 = ACT 811
BM 34 081 = ACT 813
BM 34 128 = ACT 410
BM 34 222 = ACT 410
BM 34 570 = ACT 611
BM 34 571 = ACT 603 + 821
BM 34 578 = ACT 622
BM 34 580 = ACT 122
BM 34 593 = ACT 411
BM 34 597 = Pinches 1428
BM 34 604 = ACT 13
BM 34 622 = ACT 813
BM 34 628 = ACT 13
BM 34 629 = ACT 655
BM 34 676 = ACT 811a
BM 34 846 = ACT 813
BM 34 934 = ACT 70
BM 35 203 = ACT 200h
BM 35 495 = ACT 420
BM 35 661 = ACT 13
BM 35 853 = ACT 412

5. Bilder

Moderne Sternkarte
1. Grabdeckel des TEFABI aus Assiut.
2. Grabdeckel des TEFABI, untere Hälfte.
3. Inschrift im Kenotaph SETI I.
4. Ausschnitt aus der Decke des Grabes von SENMUT.
5. Deckengemälde des Grabes von SETI I.
6. Grab von RAMSES VII.
7. Die ersten 32 Dekane im Tempel von Edfu.
8. Der „runde Tierkreis" auf der Decke des Tempels von Dendera.
9. Fresco im Palazzo Schifanoia, Monat März.
10. Fresco im Palazzo Schifanoia, Monat April.
11. Ritzzeichnungen aus der Seleukidenzeit.
    a. Mond, Plejaden und Stier.
    b. Jupiter, Löwe und Hydra.
    c. Merkur, Jungfrau und Rabe.
12. Grenzstein aus der Kassitenzeit.
13. Zeichnung des Rundbildes von Dendera.
14. Schütze, Ziegenfisch und Wasserman auf babylonischen Grenzsteinen und auf dem Rundbild von Dendera.
15. Mondrechnungstext 200 h aus Babylon.
16. Text 603 mit Lehrtext 821.
17. Venustafel 420 mit Lehrtext 821b.
18. Opfer für einen Sterngott.
19. Monumentalhoroskop des ANTIOCHOS I. von Kommagene.
20. ANTIOCHOS I. und Apollon-Mithras-Helios.
21. Mosaik des Vogels Phönix.
22. Kopf einer Statue auf der West-Terrasse des Nemrud Dagh.
23. Stiertötender Mithras im Circus Maximus in Rom.
24. Mithräum unter der Kirche San Clemente.
25. a. Stiertötender Mithra aus Sidon.
25. b. Gemme aus Udine.
26. Stiertötender Mithra aus Osterburken mit Tierkreiszeichen.
27. Der geflügelte Gott Aion.
28. Inschrift aus einem Mithräum in Altofen: Deo Arimanio.
29. Bronze aus Luristan.
30. Relief im Museum Modena: Phanes wird aus einem Ei geboren.
31. Skulptur aus Chapel Hill: der Gott Phanes.
32. Drei Kolonnen des Papyrus P. 8279.

The manufacturer's authorised representative in the EU is Springer
Nature Customer Service Centre GmbH, Europaplatz 3, 69115 Heidelberg,
Germany. If you have any concerns regarding our products, please
contact ProductSafety@springernature.com

Printed and bound by CPI Group (UK) Ltd, Croydon, CR0 4YY

27/04/2026

02097851-0004